JN028329

バイオインフォマティクス入門

第2版

日本バイオインフォマティクス学会 編

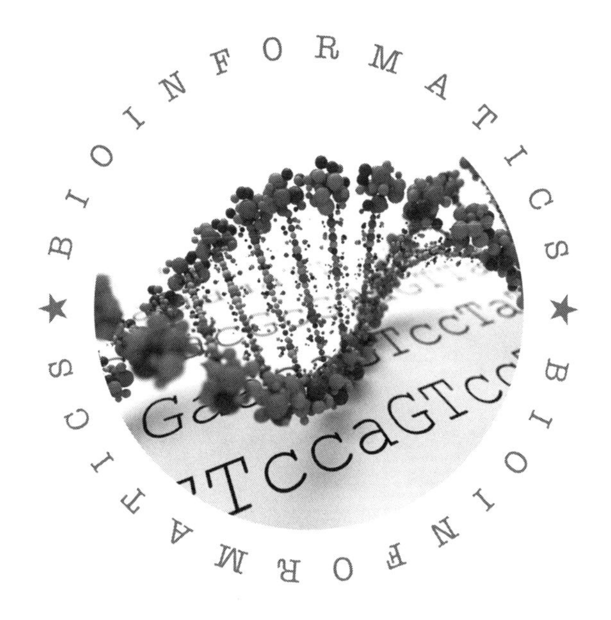

慶應義塾大学出版会

はじめに

この本を手に取られた皆さんは、ゲノム創薬で新しい抗がん剤ができたというニュース、あるいは遺伝子診断で将来罹る病気がわかるといった広告を目にされたことがあるかもしれません。あるいはiPS細胞を作るのに、コンピュータで24個の遺伝子を絞り込んだというドキュメンタリーを見た人もいると思います。

バイオインフォマティクスは、これらのすべての研究や技術の背景にある学問で、主にコンピュータを使って生命現象をデータ(数理)解析する理論や技術の研究を行います。生物学の進展により莫大な量のデータが生み出されたことで、この学問の重要性は著しく高くなりました。

しかしながら現在、バイオインフォマティクス人材は著しく不足しているという問題が指摘されています。この本を手に取られた方は、ぜひページをめくって内容を見てください。大学生や大学院生の方でも、この本の内容をすべて講義で習ったという人は、ほとんどいないはずです。バイオインフォマティクスを系統的に教育できる学校は、まだ日本には数えるほどしかありません。

日本バイオインフォマティクス学会はこの問題を重視し、人材育成を主な目的としてバイオインフォマティクス技術者認定試験を実施してきましたが、この分野が生物学から情報学までを含む総合的な学問であるため、参考書が絞りにくいことが指摘されてきました。そこで、過去に出題された認定試験問題の解説を中心に、その背景知識を項目別に最先端の研究者が解説した、初の学会認定教科書が平成27年に刊行(初版)されました。しかし、その後もバイオインフォマティクスは発展を続け、新しい知識が認定試験に出題されるようになりました。これを受けてこの教科書も大幅な増補が必要になり、今回(令和3年)第2版の出版に至りました。

この本は、バイオインフォマティクスに興味のある社会人から高校生までの方々の入門書として活用できるように作られています。実際にアンケートから、認定試験受験者の過半数はバイオインフォマティクスの腕試しとして受験した他の専門分野の方であることが分かっています。この認定試験は平成19年から毎年一回実施され、これまでおよそ3000名が受験し、約1000名の合格者に学会から認定証が交付されています。また、これまでの最年少合格者は15歳(中学3年生)です。ぜひあなたも、この本から豊潤なバイオインフォマティクスの世界へ旅立って下さい。

最後になりましたが、本書の刊行にあたり慶應義塾大学出版会の浦山毅氏と奥田詠二氏には大変なご尽力を賜りました。この場を借りて感謝申し上げます。

2021年11月

編者(p.196)を代表して　白井　剛

この本の使いかた

〔1〕バイオインフォマティクスの入門書として

この本は，興味のある項目から順序に関係なく読み進められます。登場する語句が他項目で説明されている場合は，語句の上に“▼2-3”のように項目番号が示されており，必要箇所を参照しながら学習できます。また，詳しく説明できなかった内容については，なるべく書店や図書館で手に入る参考書籍を項目ごとに示しています。この本は高校高学年の学生から取り組めるレベルを意識してつくられていますが，なるべく最新の内容に触れていただくために，そのレベルをある程度超えた記述もあります。難しいと思われた項目は，参考書籍などを手がかりにより深い理解をめざしてください。語句の調査には，この本と同じ日本バイオインフォマティクス学会編の『バイオインフォマティクス事典』（共立出版，2006年）の活用をお勧めします。さらに，各項目の見開き右ページに認定試験の練習問題（過去問）と解説があり，理解度の確認ができます。このように，バイオインフォマティクスに興味のある方の独習や，大学初年レベルの教科書として使用することができます。

〔2〕バイオインフォマティクス技術者認定試験対策として

この本は，認定試験では初めて全分野を網羅した教科書で，項目は現時点（令和2年度）の出題キーワードに準拠しています。練習問題（過去問）の分野構成は実際の試験に準拠しており，出題時の正答率と難易度が示されています。難易度は，正答率などにより問題を，難しい（A），平均的（B），ややややさしい（C），かなりやさしく基本的（D）に適宜ランキングしたもので，理解度の目安として参考にしてください。巻末（p.195）に「解答一覧」がありますので，過去問を模擬試験として解くことができます。認定試験は令和2年からCBT方式で開催されており，120分で60問を解答し，およそ6割正解が合格の目安です。また，まずはじめに問題をすべて解いてみて，理解が十分でなかった項目について解説を熟読するといった使い方も可能です。認定試験については学会ホームページもぜひ参照してください（https://www.jsbi.org/）。このように，この本一冊で基本的な試験準備を行なうことができます。

第1章 生命科学

第2章 計算科学

第4章 構造解析

第5章　遺伝・進化解析

第6章 オーミクス解析

1-1 原核細胞と真核細胞

細胞の分類とウイルス

Keyword 細胞，原核生物，真核生物，ウイルス，逆転写

細胞の基本構造のちがいから，生物は大きく原核生物と真核生物に分類される。原核生物はほぼすべて単細胞生物で，核をもたず，環状のゲノムDNAが細胞質中に存在する。真核生物は多細胞生物として複雑な組織・器官構造をとる。真核細胞のゲノムDNAは直鎖状で，核の中でタンパク質とともにクロマチンとして存在し，有糸分裂の際は染色体として観察される。ウイルスは細胞構造をもたず，核酸と殻タンパク質の複合体からなる構造体である。自己増殖はできず，宿主の細胞に感染し，その細胞機能を利用して複製される。

≫原核生物

原核細胞からなる原核生物(真正細菌と古細菌)は，地球上の生物進化の過程で，真核生物が誕生する以前に生じたと考えられることから，このように命名されている。環境への適応が速いという進化の形態をとったため，現在も地球上でもっとも数が多く，分布範囲も広い。多くの生物が生きられない高温状態や無酸素状態などの極限環境下で生きられるものも存在する。

原核細胞は真核細胞に比べて小さく，ほぼすべてが単細胞生物として生存する(藍藻などの原核生物には群体を形成するものがあるが，一般には多細胞生物とはみなされない)。ミトコンドリア，小胞体などの細胞内小器官[▼1-2]はなく，核[▼1-15]ももたない(**図1**)。ゲノムDNAは環状で，リボソーム[▼1-6]や他の細胞内タンパク質とともに細胞質の中に存在する。したがって，DNAの転写と翻訳[▼1-5]が行なわれる場が同一であるため，遺伝子の転写産物がすぐにリボソームにより翻訳されてタンパク質[▼1-9]が合成される。

原核生物である真正細菌(単に細菌あるいはバクテリアともいう)は，おもにペプチドグリカンからなる細胞壁[▼1-2]をもち，細菌のもっとも基本的な分類基準であるグラム染色に対する染色性によってグラム陽性菌とグラム陰性菌に区別される。ペプチドグリカンは*N*-アセチルグルコサミン，*N*-アセチルムラミン酸とオリゴペプチドで構成されている。グラム陽性菌の細胞壁は一層の厚いペプチドグリカン層が主であるため，グラム染色で細胞内に入ったクリスタルバイオレットが漏出せず，青色を呈する。グラム陰性菌は薄いペプチドグリカン層と，その外側にリポ多糖とタンパク質を含む脂質二重層[▼1-10]からなる外膜を有する。

古細菌(一般にバクテリアに対してアーキアという)は，原核生物の特徴である環状DNAをもち，核はないが，細胞壁がペプチドグリカンではなく，おもに糖タンパク質[▼1-11]であり，細胞膜がエーテル脂質であるなど真正細菌とは異なる性質をもつ。古細菌は高度好塩菌，超好熱菌など過酷な条件下で生存できるものが多い。古細菌の性質の一部は真核生物と共通するため，古細菌を真核生物の祖先とみなす説もある。

≫真核生物

真核細胞からなる真核生物は，進化の過程で安定した環境に適応し，多数の細胞が集まった多細胞生物として複雑な構造をとるようになった。真核細胞は原核細胞に比べて細胞が大きい(1,000倍以上のものもある)ため，遺伝子の複製やタンパク質の合成に際して細胞内物質の移動距離が長い。そのため，真核細胞内では物質を効率よく運搬するための機能が必要となり，細胞骨格や細胞内小器官[▼1-2]が発達したと考えられている。ゲノムDNAは核に納められている(**図1**)。DNAからRNAを合成する転写[▼1-5]は核内で行なわれ，RNAが核膜を透過して細胞質のリボソームにより翻訳[▼1-6]されてタンパク質が合成される。このように，真核細胞の場合は転写と翻訳の場が異なっていて複雑に制御されていることから，遺伝子発現は遺伝子の転写と時間的にも空間的にも一致しない。

真核細胞のゲノムDNAは直鎖状で，ヒストンというタンパク質に巻きついた複合体(ヌクレオソーム)の状態で存在する(**図2**)。ヌクレオソームはさらにコンパクトに折りたたまれて，さまざまな酵素や転写因子などのタンパク質と結合し，クロマチン(染色質)として核膜で覆われた核の内部に分散している。有糸分裂の際はさらに

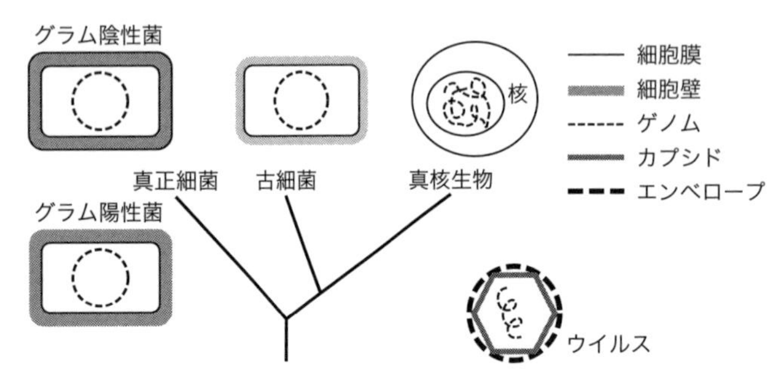

図1. 細胞の構造
それぞれの細胞は現在の定説とされる系統樹[▼5-7]の上に示している。ウイルスはこの系統に属さず，その起源はトランスポゾン[▼1-16]などの元は細胞に存在した可動遺伝子の一部であると考えられている。細菌に感染するウイルスはファージともよばれる。

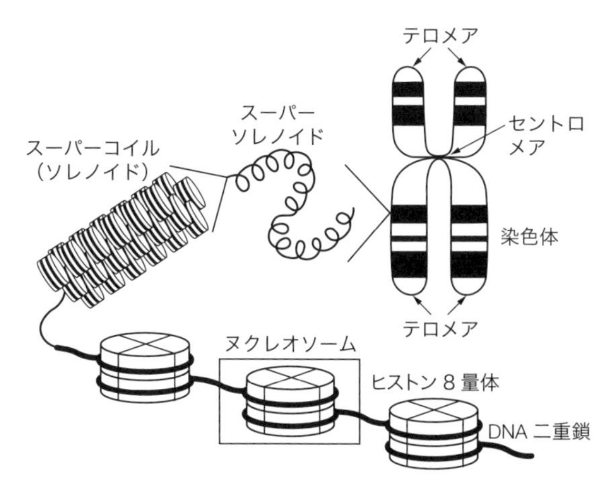

図2. ヌクレオソーム・染色体の構造
ヒストンは8つのタンパク質(H2A, H2B, H3, H4それぞれ2分子)からなる8量体タンパク質で,糸巻き状に約150塩基対のDNA▼1-7を巻きとる。この構造単位をヌクレオソームとよぶ。この状態にあるDNAがクロマチン(染色質)である。クロマチンはスーパーコイル(ソレノイド),スーパーソレノイドなどの構造を経て凝集し染色体となる。

スーパーコイル構造をとり,染色体▼1-3として光学顕微鏡で観察できるほど凝縮する。

原核生物のDNAとの大きなちがいは,真核生物のDNAは環状でないために末端があり,ここにテロメア(短い配列の繰り返し構造で,DNA複製▼1-15のたびに短くなる部分)をもつことと,ゲノムDNAがアミノ酸配列をコードするエキソン▼1-5部分とアミノ酸配列情報とは関連のないイントロン部分からなることである。

≫ウイルス

ウイルスは,サイズがきわめて小さく(20〜300 nm。1 nmは10^{-9} m),細胞構造をもたない単純な構造体(ウイルス粒子という)である(**図1**)。ウイルス粒子の基本構造は,ゲノムとしてDNA▼1-7またはRNAと,それを保護するカプシドとよばれるタンパク質▼1-9との複合体(ヌクレオカプシド)である。さらにその外側を,リポタンパク質からなる外膜(エンベロープ)に覆われているものもある。

ウイルスは自己増殖することはできず,偏性細胞寄生性,つまり宿主の細胞に感染しその細胞機能を利用して増殖する。宿主によって動物ウイルス,植物ウイルス,バクテリオファージ(細菌を宿主とするウイルス)などとよばれる。

ウイルスの増殖は,分裂ではなく「複製」で行なわれる。その過程は,①宿主細胞に受容体を介して吸着,②侵入,③脱殻(カプシドが外れウイルスDNAまたはRNAのみとなる),④核酸の複製とカプシドの合成,⑤ウイルス粒子の形成(核酸とカプシドが集合する),⑥宿主細胞からの放出,と段階的に進み,新しく産生された子ウイルス粒子を放出した感染細胞は死滅するか崩壊するものが多い。

RNAウイルスは,ゲノムとしてもっているRNAからRNAを複製あるいは転写し,タンパク質を合成する。一部,エイズウイルスなどレトロウイルス科のRNAウイルスは逆転写酵素をもち,ゲノムRNAからいったんDNAに逆転写する反応を自己複製に利用する。

練習問題 出題▶H19(問6) 難易度▶C 正解率▶78.7%

次に示したゲノムDNA(染色体DNA)に関する説明文の中で,不適切なものはどれか。1つ選べ。

1. 原核生物には,核が存在しない。
2. 真核生物のゲノムDNAは,ヒストンに巻きついてヌクレオソーム構造を形成している。
3. 真核生物においては,高等生物になるほど染色体の数が多くなっている。
4. 原核生物のゲノムDNAは,ほとんどの場合環状である。

解説 選択肢1および4の内容は,原核細胞は核をもたず,環状のゲノムDNAは細胞質内に存在しているので正しい。スピロヘータなどの細菌は直鎖状DNAをもつが,例外的である。選択肢2の内容は,真核生物のゲノムDNAは直鎖状で,核内でヒストンに巻きついたヌクレオソーム構造をとって存在しているので正しい。選択肢3の内容は,真核生物が核内にもつ染色体数は決まっているが,その数と進化の高度は必ずしも一致しない。たとえば,ヒトの染色体数は$2n=46$本であるが,ウニの染色体数は$2n=50$本,イヌの染色体数は$2n=78$本である。高等動植物は両親から受け継いだ染色体のセットを2組もつ二倍体生物なので,1組の染色体の数をnとしてその2倍($2n$)で表わす。

参考文献

1)『ブラック微生物学(第2版)』(J. G. ブラック著,神谷茂ほか監訳,丸善出版,2007)第4章,第10章

細胞内小器官とその役割

Keyword 細胞内小器官，細胞内局在性，動物細胞，植物細胞

真核細胞の内部において生体膜で区画された構造を細胞内小器官（オルガネラ）といい，それぞれの細胞内小器官は生命活動に重要な役割を果たしている。真核生物の細胞内小器官（図 1）には脂質二重層からなる生体膜 1 枚（単一膜）で区画された細胞膜，小胞体，ゴルジ体（ゴルジ装置），リソソームなどと，内膜と外膜の 2 つの膜（二重膜）からなる核，ミトコンドリア，葉緑体がある。核ゲノムのほかに，ミトコンドリアと葉緑体は独自の環状 DNA ゲノムを膜構造内に保持している。細胞膜の内部を充填している液体を細胞質という。また，動物細胞と植物細胞とでは，細胞内小器官の種類が異なっている。

≫核

核は遺伝情報を保存する細胞内小器官であり，すべての真核細胞[1-1]に存在する。核は内膜と外膜の 2 枚の脂質二重層[1-10]（核膜）によって細胞質から区画されている（**図 2a**）。核膜に多数存在する核膜孔を通して，タンパク質[1-9]，アミノ酸，糖などが選択的に輸送される。核内のクロマチンは，ヒストンタンパク質に DNA が糸巻きのようにコンパクトに巻き取られた構造をとる。球状の核小体では，リボソーム RNA が合成される。核に保存された染色体 DNA は細胞分裂時に複製[1-4]され，種の保存に役立っている。DNA から RNA への転写[1-5]もまた，核内で行なわれている。DNA の遺伝情報を転写したさまざまな mRNA は核膜孔を通過してリボソーム[1-6]へ到達し，タンパク質に翻訳[1-6]される。

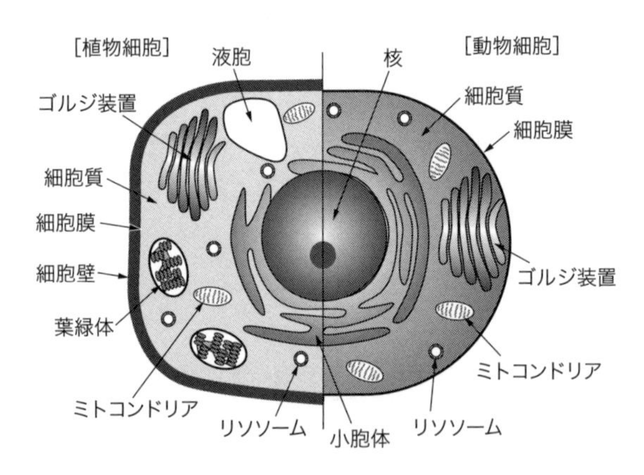

図 1. 真核細胞の細胞内小器官

≫ミトコンドリア

ATP の合成を担うミトコンドリア[1-12]は，長さ 1.0～3.0 μm 程度の糸状または円筒状の形をとっている。細胞の ATP 消費量に応じてミトコンドリアの数は異なるが，ATP 供給が必要な筋肉細胞や神経細胞にはとりわけ多く存在する。ミトコンドリアもまた内膜と外膜をもつが，2 つの膜にはさまれた領域を膜間腔という。内膜はひだ状の構造（クリステ）をとっており，内膜の内側はマトリックスとよばれる（**図 2b**）。マトリックスにはミトコンドリア DNA のほか，その転写や翻訳に寄与する RNA やリボソーム，ATP 合成酵素，電子伝達系のタンパク質複合体などが存在する。

哺乳類の精子に含まれるミトコンドリアは受精後に卵細胞の中で分解されて消滅し，卵由来のミトコンドリアのみが残るため，ミトコンドリア DNA はつねに母性遺伝する。ミトコンドリアは独自のミトコンドリア DNA をもつので，進化の過程で細胞に共生した好気性細菌に起源をもつとされており（共生説），ミトコンドリアと核の染色体では DNA が翻訳される際のコドン[1-6]が一部異なっている。

≫葉緑体

植物細胞のみに存在し，光合成（光エネルギーを使って ATP を合成）を行なう。また，核に存在する染色体とは別に，独自の DNA（葉緑体 DNA，葉緑体ゲノム）をもつため，ミトコンドリア同様，共生した光合成細菌が葉緑体の起源であると考えられている（**図 2c**）。

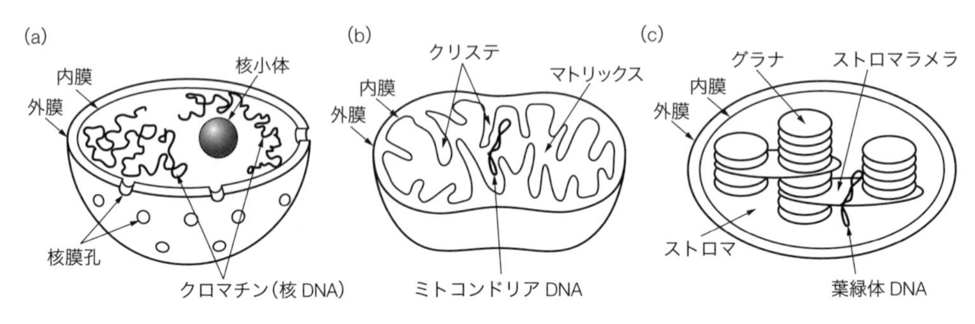

図 2. 二重膜をもつ細胞内小器官
(a)核，(b)ミトコンドリア，(c)葉緑体。

≫小胞体

タンパク質への糖鎖修飾[▼1-11]，タンパク質や脂質などの物質輸送を行なう。また，リボソームが結合している粗面小胞体ではタンパク質の合成が行なわれる。膜の一部が輸送小胞として出芽し，内容物を細胞内の他の領域に輸送する。

≫ゴルジ体(ゴルジ装置)

おもに小胞体から供給されるタンパク質への糖鎖修飾，およびタンパク質の選別輸送を行なう。膜の一部が輸送小胞(分泌小胞)として出芽し，膜タンパク質などを細胞内および細胞表面へ輸送する(**図3**)。

その他，細胞外の物質を取り込むエンドソーム，不要物を分解するリソソーム，有毒分子を酸化するペルオキシソーム，物質を貯蔵しておく液胞などがある。また，細胞の外側を包む細胞膜，翻訳が行なわれタンパク質を合成するリボソーム，細胞の内部を満たす細胞質を細胞内小器官に数える場合もある。

≫細胞内局在

リボソームで合成されたタンパク質は，個々の機能を発揮すべき細胞内小器官に移行する。この現象は，タンパク質の細胞内局在化とよばれる。タンパク質が最終目的地に輸送される過程で適切な翻訳後修飾[▼1-11]を受けることにより，タンパク質が成熟する。

タンパク質の多くは，アミノ酸配列中に細胞内局在性を決定づけるシグナル配列(局在化シグナル)をもつ。代表的な局在化シグナルには，小胞体膜の透過を誘導するシグナルペプチドのほか，核移行シグナル，ミトコンドリア移行シグナル，ペルオキシソーム移行シグナルなどが知られている。

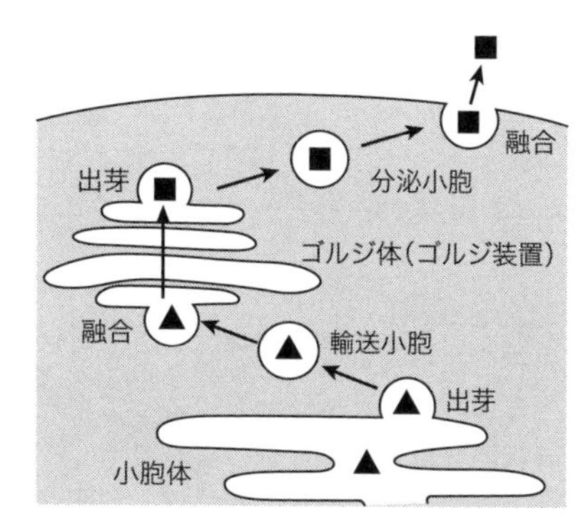

図3. 細胞内小器官のあいだの物質輸送
三角や四角の記号は輸送されるタンパク質などの物質を表わし，三角はゴルジ体で修飾される前の，四角は修飾されたあとのタンパク質である。物質は細胞内小器官の膜からの小胞の出芽と，膜への融合を繰り返して輸送される。このとき，生体膜をはさんで細胞内(灰色の領域)と細胞外(白色の領域)を区別する細胞トポロジーからみると，物質は終始，細胞外に存在する。

練習問題 出題▶H19（問1） 難易度▶D 正解率▶98.4%

次に示す図は，真核生物の細胞を模式的に描いたものである。(ア)から(オ)で示している細胞内小器官のうち，ミトコンドリア，ゴルジ体(ゴルジ装置)，核に相当するものはどれか。選択肢の中から，正しい組み合わせを1つ選べ。

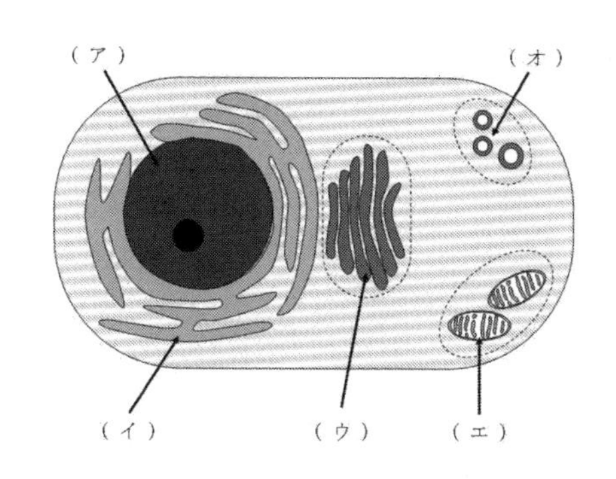

	ミトコンドリア	ゴルジ体(ゴルジ装置)	核
1.	(ウ)	(ア)	(エ)
2.	(オ)	(ウ)	(イ)
3.	(エ)	(ウ)	(ア)
4.	(イ)	(オ)	(ア)

解説 典型的な動物細胞のモデル図である。小胞体(図中(イ))が，(ア)で表わされた核(大きな丸状の構造で，rRNA[▼1-7]合成の中心である仁がある)の周辺を覆っている。小胞体(通常，互いに連絡しあった経路のような形状)で生成される輸送小胞は(ウ)のゴルジ体(扁平な袋がいくつか積み重なった形状)へ到達する。動物細胞においては，生体エネルギーATPの多くは(エ)のミトコンドリア(楕円状の二重膜の内部にマトリックスに陥入したクリステがある)で合成されている。したがって，正解は選択肢3である。

参考文献

1)『はじめてのバイオインフォマティクス』(藤博幸編，講談社，2006) 第1章
2)『生命科学』(金原粲監修，実教出版，2007) 第1章
3)『プロッパー細胞生物学』(G. プロッパー著，中山和久監訳，化学同人，2013) 第1章

細胞分裂と細胞周期

Keyword 細胞周期，体細胞分裂，減数分裂，相同組換え

１個の親細胞から２個の娘細胞ができるとき，DNA 複製とそれにつづく細胞分裂はきちんと順序だって行なわれる。娘細胞がさらに次の世代の娘細胞をつくるために分裂しつづけることは，DNA の複製を伴った細胞分裂の周期的繰り返しと見ることができ，これを細胞周期という。細胞分裂では，遺伝情報を担う染色体や細胞質の成分および細胞内小器官などがまったく同じように２つの細胞に配分されることが重要である。細胞周期の進行は正確に順序だって制御された過程であり，各段階において，進行するか中止するかを決めるチェック機構を有する。細胞周期の制御はがん化やプログラム細胞死とも密接に関係している。

≫細胞分裂と細胞周期

多細胞生物のからだは多数の細胞でできており，からだを構成する体細胞は体細胞分裂によって増殖する。分裂する前の細胞を母細胞，分裂によって新しく生じた細胞を娘細胞という。細胞分裂の過程は，細胞が分裂を始めてから終了するまでの分裂期〔M(mitosis)期〕と，分裂終了から次の分裂開始までの間期に分けられている。間期はさらに，DNA の複製[▼1-4]が行なわれる合成期〔S(synthesis)期〕と，DNA 合成の準備期間である G_1 期(Gap)と分裂の準備期間である G_2 期に分けられており，**図 1** に示すように，M 期，G_1 期，S 期，G_2 期を経て再度 M 期に入る細胞分裂の過程を細胞周期という。M 期はさらに，以下の 4 つの期間に分けられる。①前期：染色体[▼1-16]が凝集してひも状になり，相同染色体どうしが対合して二価染色体を形成，前期の終わりには核膜と核小体が見えなくなる。ヒトなどの二倍体生物は，ゲノムのセットを父親と母親から 2 セット($2n$)受け取っており，父母で対応する染色体どうしをお互いに相同染色体とよぶ。②中期：中心体から紡錘糸が伸び，その一部が染色体上に通常 1 カ所ある動原体に結合して染色体が赤道面に並ぶ。③後期：相同染色体が対合面から分離し，紡錘糸に牽引されて両極へ移動する。④終期：赤道面でくびれが生じ，細胞質が分裂する。植物細胞ではこのとき，核膜形成体がつくられる。

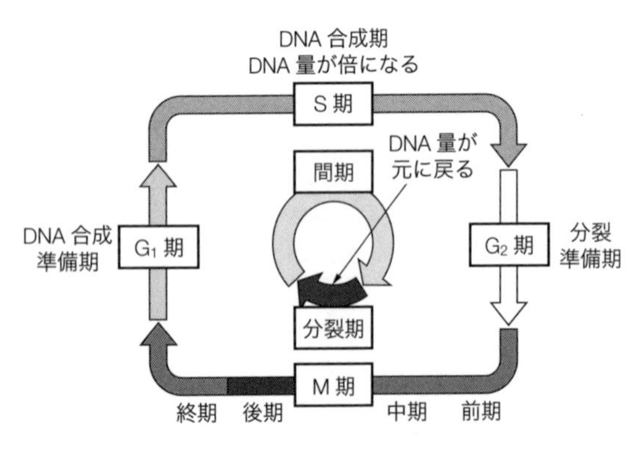

図 1. 細胞周期
細胞が分化して機能している状態，あるいは休眠していてここに示した細胞分裂の周期上にない状態を G_0 期とよぶ場合もある。

≫体細胞分裂と減数分裂

体細胞分裂は，上述の細胞周期に従って分裂を繰り返す。これに対して，動物の卵や精子などの生殖細胞は通常染色体数が半減する減数分裂を経て形成される。減数分裂は，連続して起こる 2 回の細胞分裂からなる。最初の細胞分裂である第一分裂，引きつづいて起こる細胞分裂である第二分裂により，1 個の母細胞から 4 個の生殖細胞が形成される。減数分裂では，第一分裂において，体細胞分裂ではみられない，対合した相同染色体間での相同組換え(DNA が父由来と母由来の染色体のあいだで，対応する位置でつなぎ変えられる)が起こり，両親からの遺伝子は混ぜ合わされる(シャッフルされる)(**図 2**)。相同組換えにより，配偶子の染色体構成に無数の

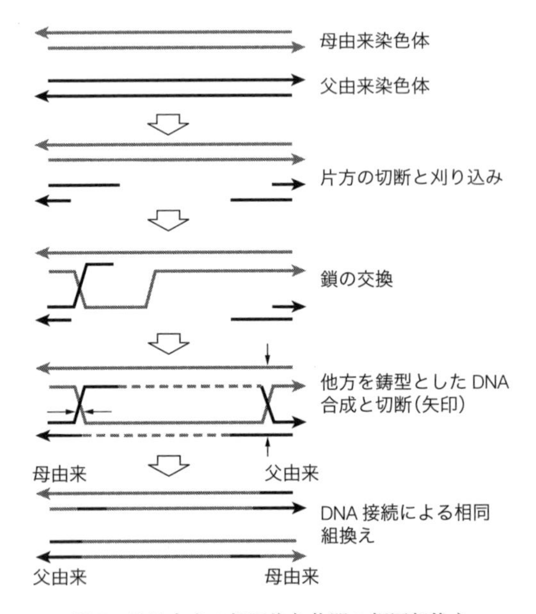

図 2. 父母由来の相同染色体間の相同組換え
相同組換えは，一方の相同染色体 DNA が切断されて，他方の染色体の相補的な DNA を鋳型[▼1-4]として合成される過程で起こる。この DNA 交換状態を解消する際の DNA の切断・接続のパターンにより，図の最下段のように，この箇所で父母由来の相同染色体が組み換えられる。切断・接続のパターンによっては，この近傍だけが相同染色体間で交換された染色体ができる場合があるが，そのような相同組換えは一方の DNA の損傷を他方の DNA を参考にして修正する DNA 修復のために行なわれる。

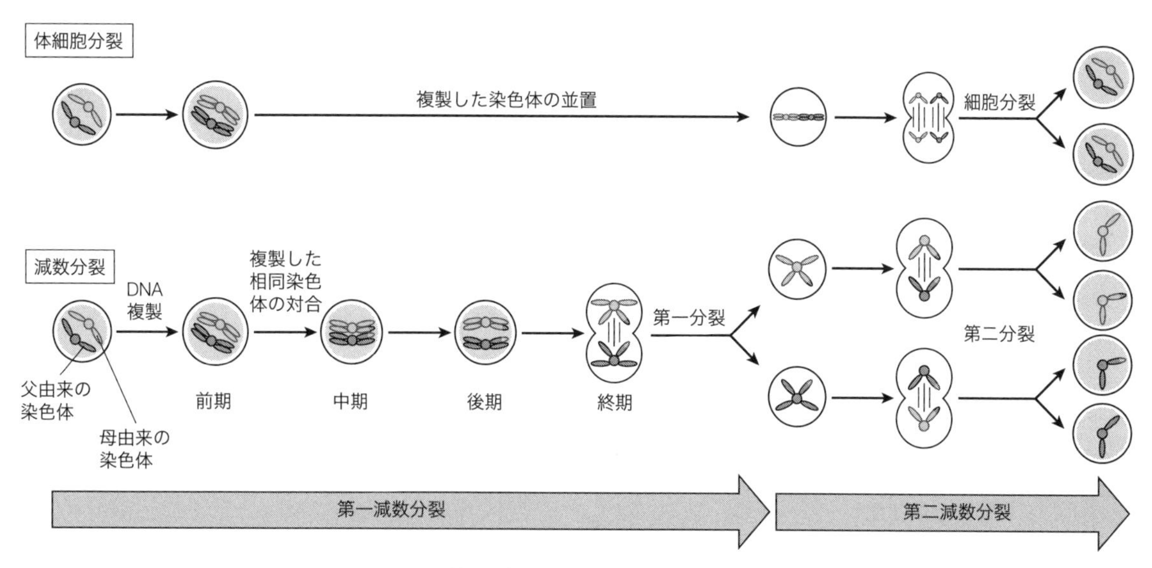

図3. 体細胞分裂と減数分裂

組合せを生じさせ，きわめて多様な対立遺伝子[1-14]の構成をもった生殖細胞を形成することが可能となっている。これら体細胞分裂と減数分裂の概要を**図3**に示した。

練習問題 出題▶H19（問3） 難易度▶B 正解率▶50.8%

細胞分裂における細胞周期では，細胞の状態は4つの「期」に分けられて解釈されている。この細胞周期における4つの期の順序として適するものを選択肢の中から1つ選べ。ただし，G_0期は考慮しないものとする。

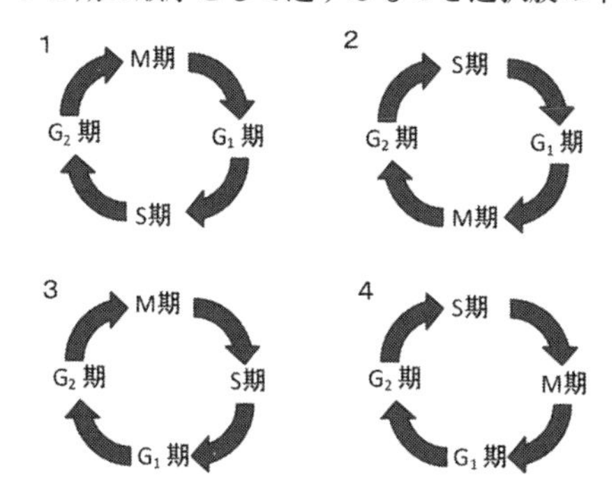

解説 M期とS期をどちらを先に考えればよいのかは，タマゴが先かニワトリが先かの議論のようにも感じるが，歴史的な流れを考えるとわかりやすい。遺伝子の本体がDNAであることが示されたのは，細胞の詳細を顕微鏡で観察できるようになった時期からすればずっと最近のことであり，細胞増殖の観察は，DNAの複製よりももっぱらダイナミックな変化が見られる分裂が中心であったことが容易に想像がつく。そのため，本来ならDNAを複製したあとに分裂するのが自然であるが，分裂期であるM期をはじめに考え，DNAの合成期であるS期があととなっている。G期はギャップ期であり，M期とS期のあいだ(ギャップ)を意味するため，M期をはじめと考えると，M→G_1→S→G_2という順番になる。よって選択肢1が正解である。問題文中にあるG_0期とは静止期にあたり，細胞分裂も分裂の準備も行なわれておらず，細胞周期から分かれた活動停止状態を指す。また，細胞分裂を終了し，分化して本来の機能を行なっている細胞の状態をG_0期とよぶ場合もある。

参考文献

1）『生物』（大島泰郎著，実教出版，2004）pp.43-45
2）『分子生物学』（東中川徹ほか著，オーム社，2013）pp.306-311

1-4 DNA の複製

ゲノム DNA の半保存的複製

Keyword 半保存的複製，DNA ポリメラーゼ，複製フォーク，不連続的複製，複製開始点

DNA は遺伝子の本体であるため，すべての細胞に受け継がれるためには細胞分裂に先立って複製される必要がある。真核細胞の DNA の複製は，細胞周期の S 期にのみ起こる[▼1-3]。2 本の DNA 鎖がそれぞれを鋳型として複製され，元の鎖と新しい鎖の組合せとなる半保存的複製が行なわれる。複製は複製開始点から始まり両方向に進むが，DNA ポリメラーゼによる DNA 鎖の合成は一方向であるため，リーディング鎖では連続的に進行し，ラギング鎖では不連続的複製となる。

≫半保存的複製

細胞の DNA[▼1-7] は二本鎖で二重らせん構造をとっている。向かい合う二本鎖が一本鎖ずつに分かれ，それぞれの鎖を鋳型として相補的な塩基配列をもつ新しい DNA 鎖が合成される。したがって，新たにできた二本鎖 DNA は必ず元の DNA 鎖と新しい DNA 鎖の組合せである。このことを半保存的複製という（**図 1**）。

≫ DNA ポリメラーゼ

真核生物の DNA ポリメラーゼには α，β，γ，δ，ε があり，核の DNA 複製においては DNA ポリメラーゼ δ と ε の働きが重要である。一方，原核生物の DNA ポリメラーゼには I，II，III があり，DNA ポリメラーゼ III が DNA 複製において主たる働きをする。

図 2 のように，DNA ポリメラーゼは，鋳型[▼1-7]となる DNA 鎖上を 3′ → 5′ 方向に移動しながら，鋳型 DNA の塩基配列に相補的な A，T，G，C のいずれかの塩基をもつデオキシリボヌクレオチドを 5′ → 3′ 方向に結合していく働きをもつ酵素[▼1-9]である。しかし，DNA ポリメラーゼは，もともとあるヌクレオチド鎖の 3′ 末端に次のヌクレオチドをつなげることはできるが，単独では合成を開始することはできない。そこで，新しい DNA 鎖が合成される際は，まずプライマーゼとよばれる酵素が鋳型 DNA 鎖を認識し，その塩基配列に相補的なリボヌクレオチドを結合して短い RNA 断片（15 塩基程度）をつくる。これをプライマーという。DNA ポリメラーゼは，このプライマーを足がかりとしてデオキシリボヌクレオチドをつなげていき，新しい DNA 鎖が合成される。合成された DNA 鎖どうしは最終的に DNA リガーゼ（DNA

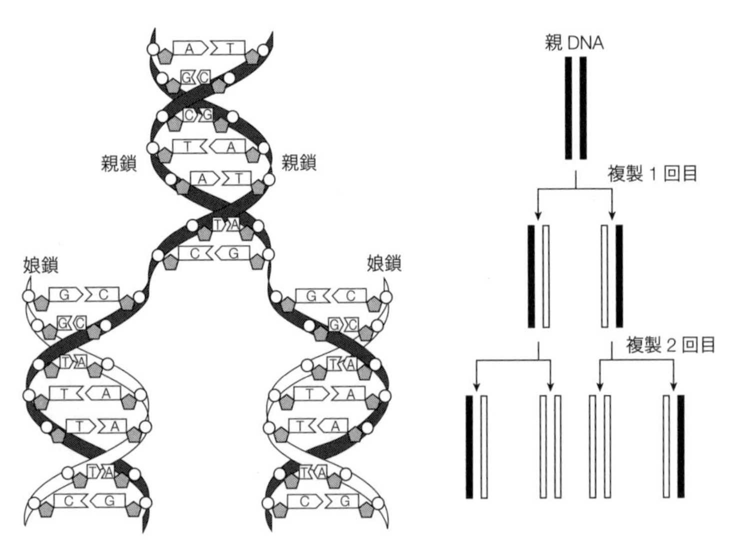

図 1. 半保存的複製
DNA は決まった塩基のあいだ（A と T または G と C）で相補的な塩基対[▼1-7]を形成するので，DNA 二重らせんの一方の鎖だけから塩基の重合により他方を完全に複製できる（左）。このとき，親鎖の解離と相補鎖（娘鎖）の重合を繰り返して複製されるため，最初の 2 本の親鎖（右の黒線）と，その後に重合された塩基からなる娘鎖（右の白線）だけが存在し，両者が 1 本の鎖に入り混じったものはできない。親鎖側は完全に保存されるので，このような DNA 複製を半保存的複製とよぶ。

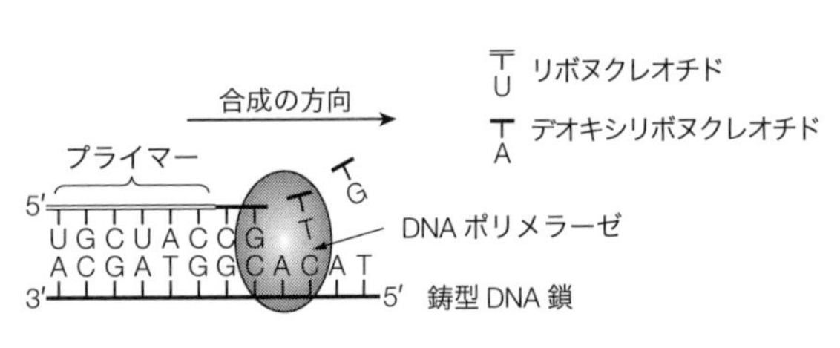

図 2. DNA ポリメラーゼによる DNA 鎖の合成

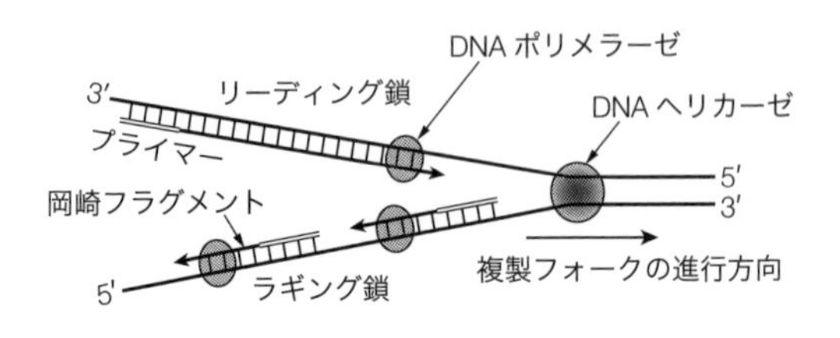

図 3. 不連続的複製

どうしを結合する酵素)によって結合されるが，その際にプライマーRNAはDNAポリメラーゼなどによって除去され，すべてDNAに置き換わる。

≫不連続的複製

DNAの二本鎖は非常に安定であり，通常は一本鎖にはならないが，DNAヘリカーゼの働きにより，ゲノム上のDNA複製の開始位置である複製開始点から二本鎖が解かれ，一本鎖となっていく。この部分を，その形状から複製フォークという。

DNAの複製は，ほどけてできた一本鎖DNAの両方で行なわれる。しかし，元のDNA鎖は逆向きに向かい合っていたため，複製の方向は互いに反対となる。**図3**に示すように，DNAポリメラーゼによるDNA鎖の合成は5′→3′方向に進行するため，これが複製フォークの進行方向と同じ場合は連続的に行なわれる。しかし，もう一方のDNA鎖では逆方向となるため不連続的に合成されることになる。前者をリーディング鎖，後者をラギング鎖とよぶ。ラギング鎖とリーディング鎖の合成は，それぞれ異なるDNAポリメラーゼが主として行なうと考えられている。たとえば真核生物では，DNAポリメラーゼδがラギング鎖，εがリーディング鎖を合成する。ラギング鎖で不連続な合成によってできる短いDNA鎖(真核生物では100塩基程度)を，発見者の名前をとって岡崎フラグメントといい，岡崎フラグメントどうしはDNAリガーゼによって結合される。

≫超らせんの解消

DNAヘリカーゼの働きによってDNA鎖の二重らせんが巻き戻されると，複製フォークの進行に伴ってDNAが回転し，強いねじれが蓄積される。これを超らせんといい，二重らせんが完全に開かず複製ができなくなる。これを解消するのがトポイソメラーゼである。トポイソメラーゼは二本鎖DNAの片方あるいは両方を一時的に切断し，ねじれの張力を解消して再結合する働きがある。

≫複製開始点

複製が開始されるDNA上の位置を複製開始点といい，ここから複製フォークが両方向に進行していく。原核生物▼1-1では環状のDNA上に1カ所のみ*Ori*とよばれる複製開始点をもつ。

一方，真核生物のゲノムDNAの複製開始点は複数ある。それぞれの複製開始点から合成される単位をレプリコンといい，両方向に進む複製フォークどうしが出合ったところでレプリコンが連結される。このように多くの起点から複製が開始され同時に進行していくので，DNA全体の複製が短時間で完了する。

練習問題 出題▶H21（問9） 難易度▶C 正解率▶69.4%

DNA複製に関する次の記述のうち，もっとも適切なものを選択肢の中から1つ選べ。

1. DNA複製は細胞周期の分裂期(M期)に起こる。
2. 大腸菌のゲノムDNAの複製は*Ori*領域からスタートする。
3. DNA複製に関与するDNAポリメラーゼは鋳型を必要としない。
4. 合成されたリーディング鎖のことを岡崎フラグメントとよぶ。

解説 選択肢1の内容は，細胞周期のS期にDNA複製が行なわれてDNA量は2倍になり，M期で分裂する細胞それぞれにDNAが受け継がれるので，まちがっている。選択肢2の内容は，大腸菌のDNAの複製開始点は1カ所の*Ori*領域のみであるので，正しい。よって選択肢2が正解である。選択肢3の内容は，DNAポリメラーゼは一本鎖DNAを鋳型として相補的な塩基配列のDNA鎖を5′→3′方向に合成するので，まちがっている。選択肢4の内容は，リーディング鎖(リードは「先導する」の意)では複製フォークの進行方向と同じ向きに合成が進むため，途切れることなく長いDNA鎖となる。一方，ラギング鎖(ラグは「遅れる」の意)では，複製フォークで元のDNAが一本鎖に開かれるにつれて少しずつ新しい鎖が合成されるため，短いDNA鎖(岡崎フラグメント)となることから，まちがっている。

参考文献

1)『生命科学（改訂第3版)』（東京大学教養学部理工系生命科学教科書編集委員会編，羊土社，2009）第2章
2)『トコトンわかる図解基礎生物学』（池田和正著，オーム社，2006）第4章

1-5 転写

ゲノムDNAからのさまざまなRNAの合成

Keyword RNA，転写調節，スプライシング，遺伝子発現，マイクロRNA

DNAがもっている遺伝情報は4種類の塩基の配列に保存されていて，DNA複製によって受け継がれる。また，この配列がRNAに転写され，その遺伝暗号がアミノ酸の配列情報に翻訳されてタンパク質が生合成される。この情報の流れをセントラルドグマ（分子生物学の中心原理）という。遺伝情報はすべての細胞で共通だが，そのうちどの部分の情報をどのくらいの量で転写しタンパク質を合成するかは，各組織によってあるいはその生理状態によって異なるため，複雑な遺伝子発現調節機構が存在する。

≫転写

DNAの二本鎖[▼1-7]のうち，遺伝子の「意味のある」塩基配列をもつほう，つまり翻訳[▼1-6]される塩基配列をもつほうをセンス鎖といい，他方は相補的な配列をもつだけで意味をもたないアンチセンス鎖という。アンチセンス鎖を鋳型DNAとして相補的な配列をもつRNAが合成されるため，センス鎖と同じ配列情報がRNAに「写し取られる」ことになる。よってこの過程を転写という。

まずDNA上の転写開始点にRNAポリメラーゼを含む転写開始複合体が形成され，転写がスタートする。RNAポリメラーゼは，DNA二本鎖をほどき，アンチセンス鎖を3′→5′方向に読みながら，その配列に相補的なリボヌクレオチドを5′→3′方向に連続的に結合していく(**図1**)。この方向性は，DNAの複製[▼1-4]においてDNAポリメラーゼがデオキシリボヌクレオチドを結合する場合と同じである。RNAを構成するリボヌクレオチドの塩基はシトシン(C)，グアニン(G)，アデニン(A)，そしてウラシル(U)であり，それぞれDNAのG，C，T，Aと相補対[▼1-7]を形成する。たとえば，3′-ACGTAC-5′という塩基配列をもつDNAが転写されると，5′-UGCAUG-3′という塩基配列のRNA鎖が合成されることになる。合成されたRNA鎖はすぐに鋳型DNAから離れ，DNA鎖は二本鎖に戻っていく。RNAポリメラーゼが転写の終了を示すターミネーターとよばれる配列に達するまでRNA分子の合成が行なわれる。このようにして，DNAのセンス鎖の配列と同じ(ただしTがUに置き換わっている)配列をもつRNAが合成される。遺伝情報はDNA鎖の両方に点在しているため，どちらの鎖を鋳型とするかによって転写の方向は反対になる(**図1**)。

真核細胞のRNAポリメラーゼは3種類(RNA pol I，II，III)あり，それぞれおもにrRNA(リボソームRNA：タンパク質と複合体を形成しリボソーム[▼1-6]となる)，mRNA(メッセンジャーRNA：タンパク質合成のためのアミノ酸配列情報をもつ)，tRNA[▼1-6](トランスファーRNA：タンパク質合成に必要な特定のアミノ酸を結合して運搬する)の合成に関与している。

≫ RNAのプロセシング

真核細胞では，RNAはまず前駆体として合成され，その後，切断や塩基の修飾といったさまざまなプロセシングを経てそれぞれの機能をもつRNA分子となる。とくにmRNA[▼1-6]の3つのプロセシングは翻訳の効率や情報の多様化にかかわっており重要である。

①5′末端に，タンパク質合成の際リボソームが結合し，正しい位置から翻訳を開始するために必要なキャップ構造〔メチル化されたG(グアニン)塩基〕が付加される。

②3′末端に，数十以上のA(アデニン)の連続配列であるポリA鎖が付加される。

③真核細胞や古細菌では，転写されたままのmRNA前駆体には，アミノ酸配列をコードする塩基配列(エキソン)とアミノ酸配列情報とは関連のない塩基配列(イントロン)が存在する。イントロンはエキソンよりもはるかに長い。イントロンの両端の配列はほとんどが5′-GU……AG-3′であり，これを目印としてイントロンが除去され，タンパク質の設計図として必要なエキソンのみが再結合される。この過程をスプライシングという(**図1**)。このとき，特定のエキソンを使用しなかったり，複数のエキソンのうち1つを選んで使用したりして，mRNAのバリエーション(スプライシングバリアント)が生成される場合がある。これを選択的

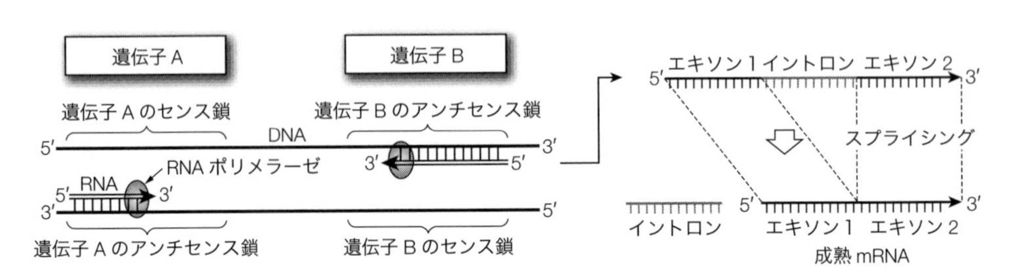

図1. 転写とスプライシング

スプライシングとよぶ。

これらのプロセシングを受けた成熟mRNAは，核膜を透過して細胞質へと輸送され，タンパク質合成に使われる。

≫転写因子

転写調節を受けるための情報も塩基配列としてDNA上に書かれており，これをシスエレメント（シス配列）という。また，ここに結合するタンパク質を転写因子（トランスエレメント）という。

転写開始点のすぐ上流には，転写を開始させるためのプロモーターとよばれる領域がある。TATAボックス（TATAAA），CATボックス（CCAAT），GCボックス（GGCGGG）など特徴的な共通配列が存在する。転写開始点から離れたところにもシスエレメントがあり，転写を活性化する配列をエンハンサー，転写を抑制する配列をサイレンサーという。エンハンサーは遺伝子の上流だけでなく，内部や下流に存在する場合もある。転写を終了させる目印となる配列は遺伝子の下流にあり，ターミネーターという。

転写開始にあたってはまずプロモーターに複数の基本転写因子とRNAポリメラーゼが結合し，さらに上流にあるエンハンサーに複数の転写因子[▼6-6]が結合する。転写因子は基本転写因子に結合してDNAの立体構造を変え転写開始複合体を形成する。転写因子は，ヘリックス－ターン－ヘリックス，ロイシンジッパー，ジンクフィンガーなどのDNAの結合にかかわる特徴的な部分構造（DNA結合ドメインやDNA結合モチーフ[▼4-3]）をもつタンパク質が多い。転写因子に活性化されたRNAポリメラーゼによってRNAの合成が開始される。

転写因子の中には同時に複数の遺伝子発現を制御するものや，ホルモンなどの受容体としての機能をあわせもつものもある。たとえば，エストロゲン受容体は女性ホルモンのエストロゲンと結合すると核内に移行し，転写因子としてDNA上のエストロゲン応答配列というシスエレメントに結合し，転写が誘導される。

≫その他の遺伝子発現機構

真核細胞では，DNAのCにメチル基が結合したり（DNAのメチル化[▼1-20]），DNAとともにクロマチンを形成するヒストン[▼1-1]の特定の位置のアミノ酸にアセチル基やメチル基が結合したり（ヒストンのアセチル化，メチル化）することで，クロマチンの構造[▼6-3]が変化し転写が促進あるいは抑制される。クロマチンの構造が緩んでDNAがほどけやすくなり転写にかかわるタンパク質が接近できる状態になっている部分をユークロマチン，強く凝集して遺伝子が不活性な状態にある部分をヘテロクロマチンという。

近年，イントロン中に存在する短いRNA断片（マイクロRNA：miRNA）が，mRNAの3′非翻訳領域に結合して，mRNAの不安定化や翻訳抑制によってタンパク質の生合成を抑制することや，タンパク質をコードしない領域から転写された非コードRNAが，さまざまな生理的な機能をもっていることがわかってきた。

練習問題 出題▶H19（問12） 難易度▶B 正解率▶58.2%

ゲノムDNAに結合して転写調節機能を担うタンパク質群を転写因子とよんでいる。転写因子のもつDNA結合領域の構造の中で特徴的なものには，呼び名が付けられている。次に示した用語の中で，転写因子の構造の呼び名と関係の低いものを1つ選べ。

1. ロイシンジッパー
2. ジンクフィンガー
3. ヘリックス－ターン－ヘリックス
4. バレル

解説 転写調節に関与するおもな転写因子の特徴的なドメイン[▼4-4]を覚えておくとよい。疎水性のロイシン残基が7残基ごとに現われるロイシンジッパー，亜鉛（Zinc）イオンにシステインやヒスチジンが配位したジンクフィンガー，αヘリックスどうしがβターンで直角につながったヘリックス－ターン－ヘリックス[▼4-3]，ヘリックス構造をとらないループが2つのαヘリックスのあいだに存在するヘリックス－ループ－ヘリックスなどがある。バレルもタンパク質の立体構造の名称の1つであり，大きなβシートがねじれてコイル状になった構造をいうが，主として細胞膜貫通型タンパク質に見られる。よって選択肢4が正解である。

参考文献

1）『生命科学（改訂第3版）』（東京大学教養学部理工系生命科学教科書編集委員会編，羊土社，2009）第4章

1-6 翻訳

タンパク質の生合成

Keyword tRNA，遺伝暗号，コドン，リボソーム，翻訳

DNAからmRNAに写し取られた遺伝情報は，コドンとよばれる3つずつの塩基配列がアミノ酸の種類を指定する（コードするという）ことでアミノ酸配列情報に変換される。これを翻訳という。鋳型となるmRNA上のコドンはリボソーム内で相補的なアンチコドンをもつtRNAによって読み取られ，tRNAが運んでくるアミノ酸が順次結合してタンパク質が合成される。

≫遺伝暗号

mRNAには，タンパク質を合成する際のアミノ酸の配列情報が遺伝暗号として写し取られている。RNAはC, G, A, Uのいずれかの塩基をもつヌクレオチド[▼1-7]（核酸）が連続的に結合しており，3つずつのヌクレオチドの並び方が20種類のアミノ酸[▼1-8]のいずれかに対応している（**表1**）。この3つずつのヌクレオチドの組をコドンという。たとえばCGUはアルギニンを，ACGはトレオニンをコードするコドンである。対応するアミノ酸がないUAA，UAG，UGAは終止コドンとよばれ，この位置で翻訳が終了することを意味する。またメチオニンをコードするコドンはAUGのみであり，これは同時に翻訳の開始コドンでもある。同じアミノ酸をコードする異なるコドンを，互いに同義コドンであるという。コドン表はほぼすべての生物で共通であるが，ミトコンドリアではUGAが終止コドンではなくトリプトファンに対応するなど，若干のちがいがある。

≫ tRNA

tRNAは，タンパク質を合成する際にアミノ酸を運搬する役割をもつRNAである。tRNAは部分的に水素結合[▼4-5]によって二本鎖を形成した独特の形状をしており，その内部にアンチコドンとよばれる配列と，3′末端に1分子のアミノ酸を結合できる構造をもっている（**図1**）。アンチコドンは，mRNAのコドンと相補的な3つのヌクレオチドの並びで，結合するアミノ酸を指定している。たとえば，mRNA上のCGUはアルギニンをコードしている。CGUに相補的なアンチコドンをもつtRNA（$tRNA^{Arg}$）は，その3′末端にアルギニンを結合して運搬する。

≫リボソーム

リボソームは複数のrRNAとタンパク質の複合体で，大小のサブユニットからなる。真核生物では60Sと40S，原核生物と古細菌では50Sと30Sとよばれ，Sは沈降係数を表わす。小サブユニットに含まれるrRNA（原核では16S，真核では18S）は生物種の同定に利用される。リボソーム内には，tRNAが入り込めるP（ペプチド）部位とA（アミノ酸）部位が存在する。

≫翻訳

翻訳はmRNAの5′末端近くの開始コドン（AUG）からスタートし，**図2**のように連続的に進行する。まず，①開始コドン上にメチオニンを結合したtRNA（$tRNA^{Met}$）のアンチコドンが相補的に結合し，これらをリボソームが覆った開始複合体が形成される。このとき$tRNA^{Met}$はリボソーム内のP部位に収まっている。②空いているA部位には，開始コドンの次のコドン（たとえばGCU）に対応するアミノ酸（アラニン）をもつtRNA（$tRNA^{Ala}$）が入り，アンチコドンで結合する。次に，③メチオニンがtRNAから外れ，$tRNA^{Ala}$のアラニンに転移（ペプチド結合を形成）する。④メチオニンを結合していたtRNAはリボソームから離れ，リボソームはmRNA上を3′側へ1コドン分移動する。その結果，メチオニン－アラニンを結合したtRNAはP部位に収まることになる。⑤再び，空いたA部位に次のコドンに対応するアミノ酸をもつtRNAが入る。これ

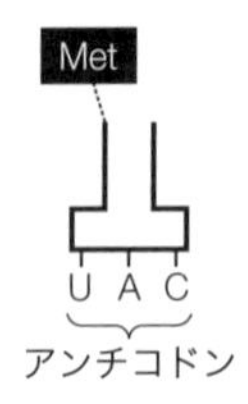

図1. tRNA

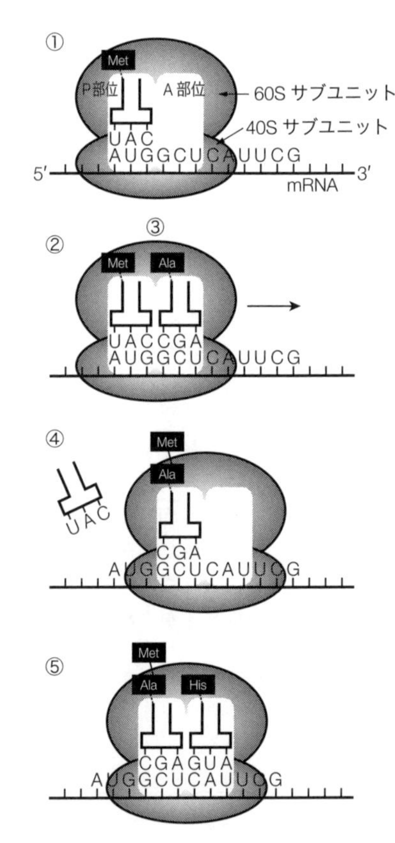

図2. 翻訳のメカニズム

らが連続的に繰り返されてアミノ酸が次々に結合してゆき，リボソームがmRNA上の終止コドン部位に至るまでつづく。実際には，1本のmRNA上に複数のリボソームが結合し（この状態をポリソームという），タンパク質が次々と同時に合成されている。翻訳の方向は5′→3′の一方向のみであり，これはつまりタンパク質をN末端▼1-9→C末端の向きに合成することに対応する。

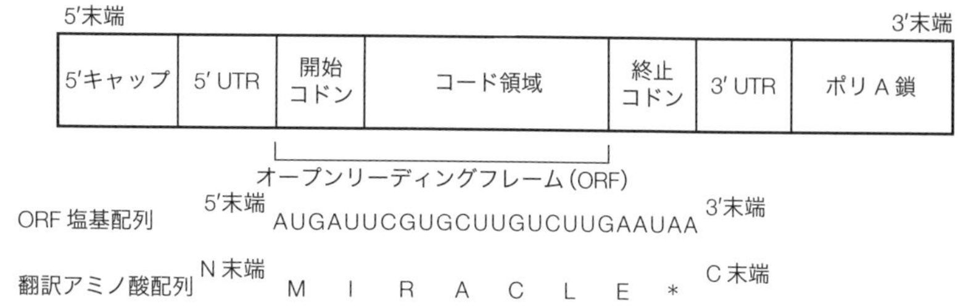

5′末端
3′末端
5′キャップ | 5′UTR | 開始コドン | コード領域 | 終止コドン | 3′UTR | ポリA鎖
オープンリーディングフレーム（ORF）
ORF塩基配列 5′末端 AUGAUUCGUGCUUGUCUUGAAUAA 3′末端
翻訳アミノ酸配列 N末端 M I R A C L E ＊ C末端

図3. mRNAの構造と翻訳
5′キャップ構造とポリA鎖▼1-5はゲノムにコードされず，転写後にmRNAに付加される。アミノ酸配列に翻訳される開始コドンから終止コドンまでがコード領域であり，1つのオープンリーディングフレーム（ORF）に相当する。

翻訳はmRNA上の開始コドンから始まって，終止コドンで終了する（**図3**）。このあいだでアミノ酸配列に翻訳される領域をコード領域（coding sequence; CDS）という。5′末端と3′末端にはタンパク質に翻訳されない塩基配列があり，これを非翻訳領域（untranlated region; UTR; 5′UTR, 3′ UTR）という。

3塩基が1つのコドンに対応することから，一本の塩基配列に対してコドンの対応づけ方（読み方）は3通りある。これを読み枠（リーディングフレーム）というが，開始コドンで始まり，終止コドンで終わる1つの読み枠がコード領域の候補となる。これをオープンリーディングフレーム（ORF）といい，長いORFを探すことがコード領域を推定する重要な手掛かりとなる（3-8参照）。

練習問題 出題▶H22（問9） 難易度▶C 正解率▶70.2%

タンパク質の翻訳とそこで用いられる標準型のコドンについて，以下の記述の中でもっとも不適切なものを選択肢の中から1つ選べ。

1. 翻訳される塩基配列の方向は5′から3′の一方向のみである。
2. 翻訳の開始コドンは1種類あるが終止コドンは3種類存在する。
3. 対応するアミノ酸が決まっているコドンは全部で20種類である。
4. コドンは相補的なアンチコドンを持つtRNAによって読みとられる。

解説 選択肢1の内容は，リボソームはmRNA上を5′→3′の方向に移動しながらアミノ酸を順次結合してゆき，反対方向にはけっして翻訳されないので正しい。コドンの組合せは4×4×4＝64種類あるが，このうち3種類の終止コドンを除いた61種類は，すべて20種類のアミノ酸のどれかに対応している（**表1**）。よって選択肢2の内容は正しいが，選択肢3は誤っているので，これが正解である。翻訳の開始コドンAUG（メチオニンに対応）および終止コドン3種類は覚えておくとよい。選択肢4の内容は，mRNA上のコドンと相補的なアンチコドンをもつtRNAが結合し，対応するアミノ酸が運搬されるので正しい。

表1. コドン表

1文字目（5′末端側）	2文字目								3文字目（3′末端側）
	U		C		A		G		
U	UUU	Phe	UCU	Ser	UAU	Tyr	UGU	Cys	U
	UUC	Phe	UCC	Ser	UAC	Tyr	UGC	Cys	C
	UUA	Leu	UCA	Ser	**UAA**	**終止**	**UGA**	**終止**	A
	UUG	Leu	UCG	Ser	**UAG**	**終止**	UGG	Trp	G
C	CUU	Leu	CCU	Pro	CAU	His	CGU	Arg	U
	CUC	Leu	CCC	Pro	CAC	His	CGC	Arg	C
	CUA	Leu	CCA	Pro	CAA	Gln	CGA	Arg	A
	CUG	Leu	CCG	Pro	CAG	Gln	CGG	Arg	G
A	AUU	Ile	ACU	Thr	AAU	Asn	AGU	Ser	U
	AUC	Ile	ACC	Thr	AAC	Asn	AGC	Ser	C
	AUA	Ile	ACA	Thr	AAA	Lys	AGA	Arg	A
	AUG*	**Met**	ACG	Thr	AAG	Lys	AGG	Arg	G
G	GUU	Val	GCU	Ala	GAU	Asp	GGU	Gly	U
	GUC	Val	GCC	Ala	GAC	Asp	GGC	Gly	C
	GUA	Val	GCA	Ala	GAA	Glu	GGA	Gly	A
	GUG	Val	GCG	Ala	GAG	Glu	GGG	Gly	G

＊開始コドン

参考文献

1）『生命科学（改訂第3版）』（東京大学教養学部理工系生命科学教科書編集委員会編，羊土社，2009）第3章

DNA と RNA の構造と機能

Keyword DNA，二重らせん，mRNA，tRNA，rRNA

生物の存続には，種の特徴が情報として次世代へ受け継がれていくことが必要である。種として生きるために必要な情報は遺伝子として蓄積され，生殖細胞を通して親から子へ世代を越えて遺伝する。DNA（核酸）がこの遺伝情報を保持していることは今ではよく知られている。ノーベル生理学・医学賞を受賞したDNAの二重らせん構造の発見により，比較的単純な化学構造をもったDNAが遺伝情報を保持する媒体に必要な性質をすべて備えていることが示された。二重らせん構造に基づく洗練されたDNA複製機構は，膨大な量の遺伝情報を正確に母細胞から娘細胞へ遺伝することができる。

≫ヌクレオチド・核酸

ヌクレオチドは，五炭糖（単に糖という）の骨格に塩基〔アデニン（A：adenine），グアニン（G：guanine），シトシン（C：cytosine），チミン（T：thymine），ウラシル（U：uracil）など〕とリン酸が結合した分子であり（塩基と糖からなる部分はヌクレオシドとよばれる），糖の5′位の位置にあるリン酸が3′位の位置にあるヒドロキシ基とホスホジエステル結合（O-PO_2-O）により結合して高分子化したものを核酸とよぶ（**図1**）。このため，核酸は5′末端から3′末端への方向性（5′→3′）をもち（**図2**），この方向の塩基の並びを塩基配列という。糖の2位の位置にOHがあるものをリボ核酸（RNA），ない（Hに置き換わった）ものをデオキシリボ核酸（DNA）とよぶ。DNAとRNAは塩基の種類が若干異なり，DNAはA，T，G，Cの4種類を含むが，RNAはTの代わりにUを使用し，A，U，G，Cの4種類を含む。

≫デオキシリボ核酸（deoxyribonucleic acid；DNA）

DNAは，A，T，G，Cの4種類のヌクレオチドが鎖状に結合したポリヌクレオチド鎖である。DNA二重らせん構造は，2本のポリヌクレオチド鎖の塩基間の水素結合[▼4-2]により形成される（**図2**）。4種類の塩基は対（塩基対）になっており，AはTと，GはCとそれぞれ2本および3本の水素結合で結合する（**図3**）。そのため，それぞれのDNA鎖はもう一方の鎖と厳密に相補的な塩基配列をもつ。この相補性により，二重らせんの一方の鎖から，もう一方の鎖を完全に複製することができる。これを半保存的複製[▼1-4]とよび，遺伝情報は正確に，ほぼ不変なまま保存され，次代へと受け継がれていく。DNAの塩基配列の長さは，その中に含まれる塩基対（bp＝base pair，二重らせんであるので対で数える）の数で表わす。

DNAの機能・役割には遺伝情報を次世代へと引き継ぐ働きと，タンパク質の設計図となるべくアミノ酸配列を決定する働きがある。DNAが表わす遺伝情報は，塩基配列によって決定される。また，タンパク質の機能は，20種類のアミノ酸がペプチド上でN末端からC末端へ，どのような順番（アミノ酸配列）で並んでいるかで決まる[▼1-9]。DNAを鋳型にメッセンジャーRNA（mRNA）がつくられ，mRNAの塩基配列に従ってタンパク質に翻訳されて機能する。このプロセスを遺伝子発現という。塩基配列は3塩基で1つのアミノ酸を指定する。3塩基の組はコドンとよばれ，コドンとアミノ酸の対応を示した表をコドン表[▼1-6]とよぶ。

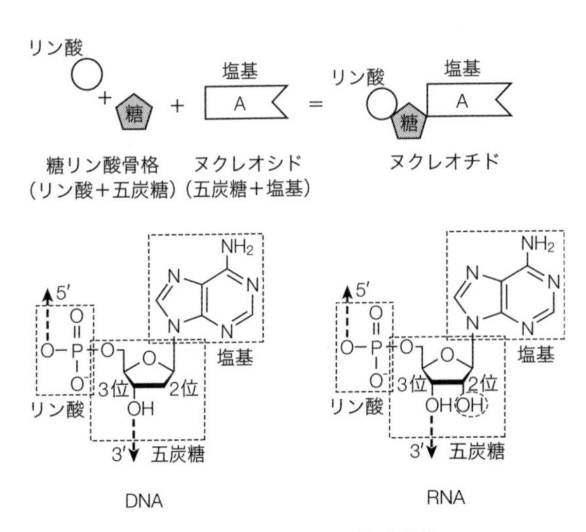

図1. DNAとRNAの構成単位
下はデオキシリボヌクレオチド（左）とリボヌクレオチド（右）の構造であり，点線で囲んだ2位のOH基だけが両者で異なる。

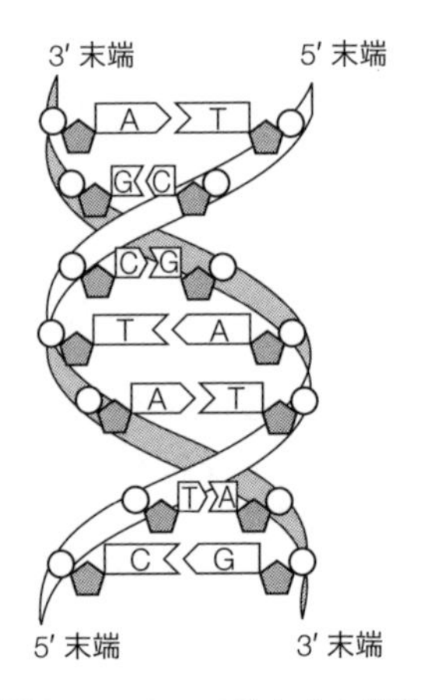

図2. DNAの二重らせん構造
ヌクレオチドがリン酸基で接続（重合）されて鎖状になる。鎖の向きは5′末端から3′末端である。2本の鎖は逆向きに対合して二重らせんを形成する。

≫リボ核酸(ribonucleic acid；RNA)

RNAは，DNAの糖(デオキシリボース)の2位に水酸基(-OH)が結合したリボースからなる核酸である。遺伝子発現にはメッセンジャーRNA(mRNA[▼1-5])，トランスファーRNA(tRNA)，リボソームRNA(rRNA)の3種類のRNAが重要な働きをする。まず，遺伝情報を表わすDNAの塩基配列がmRNAの塩基配列に読み取られる転写が行なわれる。この転写は二重らせんの複製と同様に，塩基間の相補性によって，読み取られるDNAと相補的なRNA鎖が合成されるが，DNAのTはRNAではUに置き換えられる。mRNAに転写された塩基配列をtRNAがコドン表に則り，rRNAとタンパク質の複合体であるリボソーム上でアミノ酸配列に翻訳[▼1-6]する。翻訳後のmRNAはRNA分解酵素(リボヌクレアーゼ)によって個々のヌクレオチドに分解され，リサイクルされる。RNAは遺伝情報をタンパク質へとつなぐ橋渡しとなる重要な情報伝達物質である。

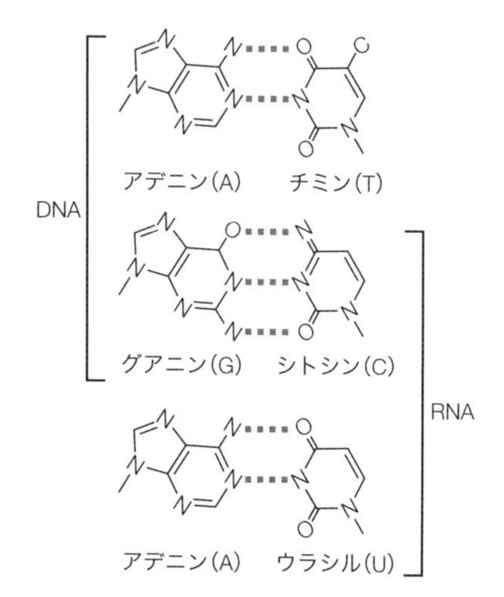

図3. 塩基対

点線は塩基間に形成される水素結合[▼4-2]を示す。DNAの塩基対A-TはRNAではA-Uに相当するが，塩基対G-Cは共通である。

≫歴史

DNA二重らせんは，J. ワトソン(アメリカ)とF. クリック(イギリス)により1953年に発見された(1962年ノーベル生理学・医学賞受賞)。彼らは，紙で作成した塩基の模型を組み合わせて，AとTまたはGとCの組合せの場合に，塩基対のあいだに複数の安定な水素結合を形成可能で，なおかつ塩基対に対するリン酸骨格の配置がどちらもほぼ同じになる(つまり塩基配列によらずリン酸骨格の構造が規則的になる)ことを見つけた(**図3**)。また，この考えに基づいて作成されたDNA二重らせんのモデルから推定される数値と，R. フランクリンとM. ウィルキンス(イギリス)が求めたDNA結晶のX線回折像[▼1-20]がよく一致したことが，モデルの信憑性を裏づけたことが知られている。

練習問題 出題▶H19(問8) 難易度▶C 正解率▶77.9%

遺伝情報を保持するDNAの化学構造に関する次の説明文について，(a)から(d)内に入る語句の組み合わせとしてもっとも適切なものを選択肢の中から1つ選べ。

「DNA鎖は，ヌクレオチドがリン酸を介した(a)結合によって連結し高分子を形成している。遺伝情報は，DNA鎖に結合した塩基の並びによって保持されている。この塩基には4種類あり，A(アデニン)とT(チミン)の塩基は(b)本，G(グアニン)とC(シトシン)の塩基は(c)本の(d)結合を形成し2本のDNA鎖による二重らせん構造を維持している。」

1. (a) 水素 (b) 2 (c) 3 (d) ホスホジエステル
2. (a) 水素 (b) 3 (c) 2 (d) ホスホジエステル
3. (a) ホスホジエステル (b) 2 (c) 3 (d) 水素
4. (a) ホスホジエステル (b) 3 (c) 2 (d) 水素

解説 単分子DNA鎖は，ホスホジエステル結合によって連結された塩基(ヌクレオチド)によって構成される。DNA鎖間の塩基の相補的結合においては必ず結合相手が決まっており，アデニン(A)とはチミン(T)が，グアニン(G)とはシトシン(C)が，それぞれ2本および3本の水素結合によって特異的に塩基対になる。そのため，アデニンとチミンの結合エネルギーよりも，グアニンとシトシンの結合エネルギーは大きい。したがって，選択肢3が正解である。

参考文献

1)『はじめてのバイオインフォマティクス』(藤博幸編，講談社，2006) 第1章
2)『生命科学』(金原粲監修，実教出版，2007) 第1章
3)『二重らせん』(J. ワトソン著，江上不二夫・中村桂子訳，講談社，1986) pp.188-219

20種類の生体アミノ酸の構造と性質

Keyword α-アミノ酸，アミノ基，カルボキシ基，側鎖，光学異性体

アミノ酸とは，アミノ基（$-NH_2$）とカルボキシ基（-COOH）の両方の官能基を同一分子内にもつ化合物の総称である。この2つの官能基が同一の炭素原子（α炭素：C_α）に結合しているものをα-アミノ酸といい，生体でおもに利用されるものは20種類ある。これらのα-アミノ酸はそれぞれ異なる側鎖構造をもっており，親水性・疎水性，塩基性・酸性などの性質に分けられる。

≫アミノ酸の構造

タンパク質[1-9]を構成するアミノ酸をα-アミノ酸といい，炭素(C_α)を中心に，アルカリ性に解離するアミノ基($-NH_2$)，酸性に解離するカルボキシ基(-COOH)，水素原子(-H)，側鎖(-R，アミノ酸の種類によって側鎖の構造が異なる)が結合した構造をとる(**図1**)。プロリンの場合のみ側鎖がアミノ基の窒素原子に結合し環状構造を形成しているため，厳密にはイミノ酸に分類される。α-アミノ酸には立体化学的に鏡像の関係にあるD型[4-1]とL型が存在するが，一部の例外を除いて天然のタンパク質はL型(L-α-アミノ酸)で構成されている。

≫アミノ酸の性質

生体内で利用されるα-アミノ酸は20種類あり，それぞれ固有の原子団が結合した側鎖によって性質が決まる。**図2**に，各アミノ酸の化学構造とともに，中性pHの水溶液中におけるアミノ酸の性質を塩基性(イオン化して

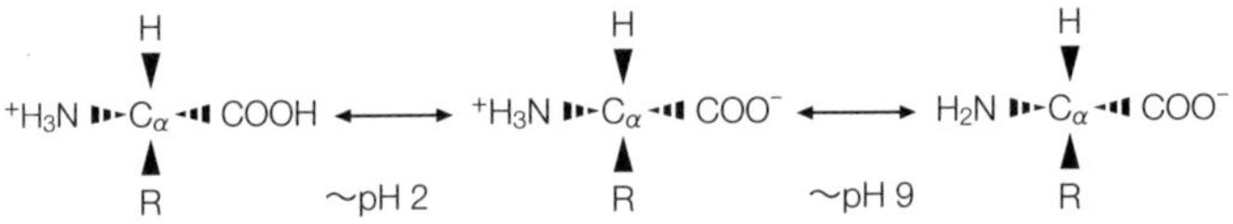

$$^+H_3N-C_\alpha(H)(R)-COOH \xleftrightarrow{\sim pH\,2} {}^+H_3N-C_\alpha(H)(R)-COO^- \xleftrightarrow{\sim pH\,9} H_2N-C_\alpha(H)(R)-COO^-$$

図1. L-α-アミノ酸の化学式

立体化学的[4-1]には，α炭素(C_α)の結合はHとR(側鎖)が紙面手前に，アミノ基(NH_2やNH_3^+)とカルボキシ基(COOHやCOO^-)は紙面奥に伸びている。アミノ基とカルボキシ基の解離状態はpHによって異なる。アミノ酸によって値は異なるが，図に示されたpH付近で矢印の左右の状態をとる分子数がほぼ同じになる(これをpKa値という)。

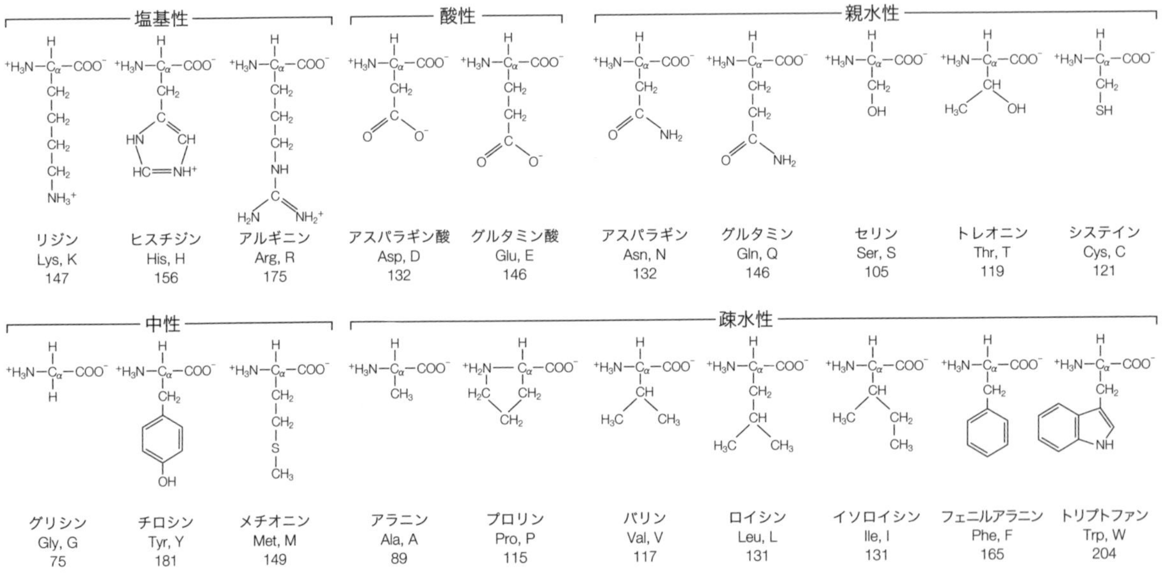

性質	名前	表記	分子量
塩基性	リジン	Lys, K	147
塩基性	ヒスチジン	His, H	156
塩基性	アルギニン	Arg, R	175
酸性	アスパラギン酸	Asp, D	132
酸性	グルタミン酸	Glu, E	146
親水性	アスパラギン	Asn, N	132
親水性	グルタミン	Gln, Q	146
親水性	セリン	Ser, S	105
親水性	トレオニン	Thr, T	119
親水性	システイン	Cys, C	121
中性	グリシン	Gly, G	75
中性	チロシン	Tyr, Y	181
中性	メチオニン	Met, M	149
疎水性	アラニン	Ala, A	89
疎水性	プロリン	Pro, P	115
疎水性	バリン	Val, V	117
疎水性	ロイシン	Leu, L	131
疎水性	イソロイシン	Ile, I	131
疎水性	フェニルアラニン	Phe, F	165
疎水性	トリプトファン	Trp, W	204

図2. タンパク質を構成する20種類のα-アミノ酸

アミノ酸の性質ごとに，その化学構造，名前，3文字表記，1文字表記，分子量(同位体比率に依存する小数点以下は切り捨てている)を示す。リジンはリシン，トレオニンはスレオニンと表記される場合がある。生理的条件で荷電を考慮するべき基はすべて荷電状態で示されている。タンパク質中のアミノ酸残基の分子量は，脱水縮合[1-9]によるH_2O(分子量18として)の脱離を考慮して，それぞれ示した分子量から18を引くと求められる。塩基性と酸性のアミノ酸は，大分類では親水性に属する。セリン，トレオニン，アラニン，プロリンは中性に，チロシン，メチオニンは疎水性に分類される場合もある。

正電荷をもつ），酸性（イオン化して負電荷をもつ），親水性（極性無電荷，電荷をもたないが水に溶けやすい。塩基性，酸性アミノ酸も含めて親水性と分類する場合がある），中性，疎水性（非極性で水に溶けにくい）のグループに分けて示した（多少異なる分類法も存在する）。分子の極性とは，化学結合した原子の電気陰性度（電子を引きつける傾向）が大きく異なる場合に，電子が一方の原子に局在することで，正電荷と負電荷に見かけ上，帯電している傾向をいう。炭素（C）の電気陰性度は酸素（O）や窒素（N）に比べて低いので，炭化水素の極性は酸アミド基（-CONH）やヒドロキシ基（-OH）より低く，極性分子である水（H_2O）には溶けにくい性質をもつ。

中性pHの水溶液中において，アミノ基はプロトン（H^+）を結合することで$-NH_3^+$となる。一方，カルボキシ基はH^+を解離して$-COO^-$となる。中性pH7では，アスパラギン酸とグルタミン酸の側鎖のカルボキシ基は負に荷電しており，アルギニン，リジン，ヒスチジンの側鎖のアミノ基やアミド基は正に荷電している。これらのアミノ酸は周囲のpHが変化するとプロトン化あるいは脱プロトン化する。たとえば，ヒスチジンはpH5の水溶液中では脱プロトン化によって電荷を失ってしまう。このように，アミノ酸は弱い電解質の性質をもち，その電離は周囲のpHの変化に応じて正にも負にも荷電する。これを両性電解質という。

荷電性以外の側鎖の構造に着目すると，酸アミド基をもつ（アスパラギンとグルタミン），ヒドロキシ基をもつ（セリン，トレオニン），芳香環をもつ（チロシン，フェニルアラニン，トリプトファン），硫黄を含む（システイン，メチオニン），炭化水素鎖をもつ（バリン，アラニン，イソロイシン，ロイシン，プロリン）アミノ酸にそれぞれ分けることができる。

自らの代謝作用によって十分な量を生成することができないため，摂取しなければならないアミノ酸を必須アミノ酸という。ヒトの場合は，バリン，ロイシン，イソロイシン，メチオニン，ヒスチジン，リジン，フェニルアラニン，トリプトファン，トレオニンの9つである。

練習問題 出題▶H25（問7） 難易度▶A 正解率▶42.6%

1文字コードで表わしたアミノ酸D，E，I，K，N，Q，R，Vを，中性pH条件下の側鎖の性質により塩基性・酸性・疎水性・（電荷をもたない）親水性の4種に分類したい。もっとも適切なものを選択肢の中から1つ選べ。

1. 塩基性［K，R］ 酸性［N，Q］ 疎水性［I，V］ 親水性［D，E］
2. 塩基性［D，E］ 酸性［K，R］ 疎水性［N，Q］ 親水性［I，V］
3. 塩基性［K，R］ 酸性［D，E］ 疎水性［I，V］ 親水性［N，Q］
4. 塩基性［D，E］ 酸性［N，R］ 疎水性［K，Q］ 親水性［I，V］

解説 中性pH条件下の水溶液における問題文中の8つのアミノ酸に関して，塩基性アミノ酸はKとRであり，側鎖に正に荷電したアミノ基（$-NH_3^+$）をもつ。酸性アミノ酸はDとEであり，側鎖に負に荷電したカルボキシ基（COO^-）をもつ。疎水性アミノ酸はIとVであり，側鎖に非極性の炭化水素鎖（$-CH_3$や$-CH_2-$）をもつため，水に溶けにくい。親水性アミノ酸はNとQであり，側鎖に極性の高い酸アミド基（-CONH）をもつ。以上のことから選択肢3が正解である。

参考文献

1）『生物学入門（第2版）』（石川統ほか編，東京化学同人，2001）第1章
2）『理系総合のための生命科学（第3版）』（東京大学生命科学教科書編集委員会編，羊土社，2010）第4章
3）『マッキー生化学（第4版）』（T. マッキー，J. R. マッキー著，市川厚監修，福岡伸一監訳，化学同人，2010）第5章
4）『カラー図説タンパク質の構造と機能』（横山茂之監訳，宮島郁子翻訳，メディカル・サイエンス・インターナショナル，2005）第1章
5）『タンパク質の構造入門（第2版）』（C. ブランデン，J. ツーズ著，勝部幸輝ほか訳，ニュートンプレス，2000）第1章
6）『細胞の分子生物学（第5版）』（B. アルバートほか著，中村桂子・松原謙一監訳，ニュートンプレス，2010）第3章

1-9 タンパク質の階層構造

タンパク質の役割と一次〜四次構造

Keyword 一次構造，二次構造，三次構造，四次構造，フォールディング

DNA の情報は mRNA に転写され，α-アミノ酸がペプチド結合によって連なったポリペプチド鎖へと翻訳される。このポリペプチド鎖上のアミノ酸の配列を一次構造という。ポリペプチド鎖は局所的にαヘリックスやβシートなどの二次構造を形成する。二次構造の形成を含めて，ポリペプチド鎖全体の折りたたみ（フォールディング）が進行し，安定な固有の三次構造（立体構造）を形成する。さらに，他のタンパク質と相互作用することで複合体（多量体）を形成する。これを四次構造という。ポリペプチド鎖が正しく固有の構造に折りたたまれることで，タンパク質は機能することができる。

≫タンパク質

タンパク質は遺伝子の塩基配列をアミノ酸配列に翻訳[1-6]することで生成される。生体内での化学反応(代謝)や，遺伝子の制御，細胞構造の構築などは，さまざまなタンパク質によって実行される。DNA 複製や転写を含めた化学反応を触媒するタンパク質を酵素[1-12]という。遺伝子発現を制御する転写因子[1-5]，細胞膜を通じてイオンなどを輸送するチャネル，物質を輸送するトランスポーター[1-10]，生体を防御する免疫に関与する抗体[1-12]，細胞外からのシグナルを伝える受容体(レセプター[1-13])，クロマチンにおけるヒストン[1-1]や，細胞接着[1-10]などの構造形成に関与する分子もすべてタンパク質である。タンパク質はアミノ酸配列に従って多様な固有の立体構造[4-2, 4-3]をとり，多彩な機能を発揮することができる。

≫一次構造

タンパク質はα-アミノ酸[1-8]どうしがペプチド結合(**図1**)によってつながった直鎖状のポリペプチド鎖である。ポリペプチド鎖の両端のうち，遊離アミノ基をアミノ末端あるいはN末端，遊離カルボキシ基をカルボキシ末端あるいはC末端という。また，ペプチド結合とα炭素(C_α)の骨格〔$\cdots C_\alpha$-C(=O)-NH-$C_\alpha \cdots$〕を主鎖といい，主鎖から分かれたアミノ酸ごとに異なる部分を側鎖(-Rと表わす)という。N末端からC末端へのアミノ酸の順番を一次構造あるいはアミノ酸配列という。ポリペプチド鎖中の個々のアミノ酸をアミノ酸残基ともいう。

≫二次構造

タンパク質主鎖のアミノ酸残基のアミノ基(N-H)とカルボニル基(C=O)のあいだに結ばれる水素結合[4-2](N-H…O=C)により形成される局所的な規則的構造を二次構造といい，代表的なものにαヘリックス，βシート，βターンがある(**図2**)。

αヘリックスは，ポリペプチド鎖が右巻きらせん構造を形成する。一次構造上のi番目のアミノ酸残基のカルボニル基の酸素原子と，$i+4$番目のアミノ基の水素原子とのあいだで水素結合を形成する。アミノ酸残基3.6個がらせん1巻きにあたり，その長さは5.4 Å(1 Å = 10^{-10} m)である。側鎖はらせんの外側に向かって配置される。

βシートは，ポリペプチドが伸びた構造をしており，隣り合ったペプチド鎖間でカルボニル基の酸素原子とアミノ基の水素原子とのあいだで水素結合を形成し，シート(板)状の構造をとる。隣接するペプチド鎖(βストランドとよぶ)の進行方向が同じ場合を平行βシート，逆の場合を逆平行βシートという。いずれの場合でも側鎖

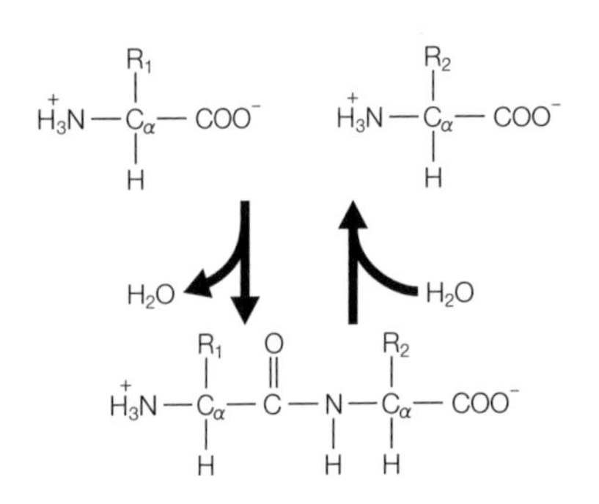

図1. ペプチド結合の形成と加水分解

アミノ酸のアミノ基と，他のアミノ酸のカルボキシ基のあいだで脱水縮合することによって，ペプチド結合が形成される。生体内において，ペプチド結合は加水分解酵素の働きによって切断される。ペプチド結合を含む6つの原子〔C_α-C(=O)-NH-C_α〕は同一平面上に位置する。

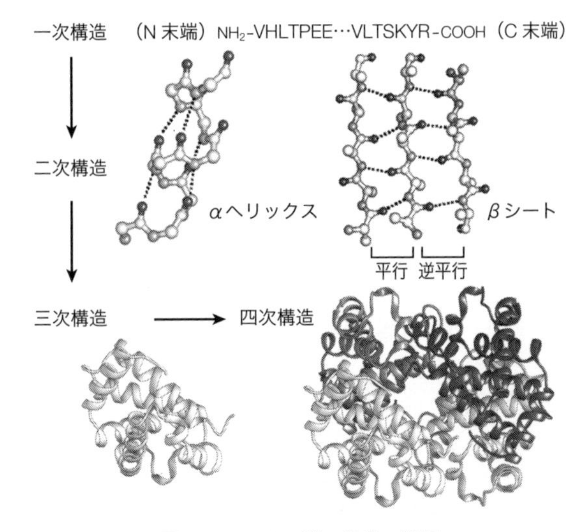

図2. タンパク質の構造の階層

二次構造の点線は水素結合を表わしている。四次構造(ヘモグロビン)では4つのサブユニットが異なる濃さで示されている。

はシートに垂直に，かつ交互にシートの裏表に向かって配置される。

β ターン[4-3]は，ポリペプチド鎖の向きが反転する領域に存在し，i 番目と $i+3$ 番目のアミノ酸残基のカルボニル基の酸素原子とアミノ基の水素原子とのあいだで水素結合がつくられる。

ポリペプチド鎖で特定の二次構造をとらない領域を，ループもしくはランダムコイルといい，二次構造をつなぐ領域や末端付近に存在する。

≫三次構造

タンパク質分子は空間的に折りたたまって，特定の三次構造をとる。タンパク質が折りたたまる過程をフォールディングという。一次構造上では離れていた部分でも，三次構造では空間的に接近することが可能である。フォールディングの過程で，分子内で水素結合，疎水性相互作用，静電相互作用などの非共有結合や，システイン残基側鎖間のジスルフィド結合を含む共有結合などの残基間相互作用[4-2]が形成され，タンパク質は安定した三次構造を形成する。

≫四次構造

生体内では複数のタンパク質が複合体として会合して機能する場合が多い。このようなタンパク質の会合構造を四次構造といい，複合体を構成する個々のタンパク質をサブユニットもしくは鎖(チェイン)という。複合体を形成しないタンパク質は単量体，n 個のタンパク質でできた複合体は n 量体(2 量体，3 量体，4 量体など)とよぶ。サブユニットの個数を特定しない場合は多量体とよばれる。とくに，同じタンパク質で形成された複合体をホモ多量体，異なるサブユニットが混在する場合はヘテロ多量体である。三次構造形成に働くのと同様の相互作用が，四次構造の形成にも働く。たとえば血液中で酸素を運搬するヘモグロビン[5-8]は，α 鎖 2 分子と β 鎖 2 分子のヘテロ 4 量体である(**図 2**)。酸素分圧の高い肺では，ヘモグロビン分子内に結合しているヘム基の鉄原子に酸素分子が結合し，酸素分圧の低い末梢組織では，ヘモグロビンの四次構造が変化することで，速やかに酸素を放出することができる。

練習問題　出題▶H25（問 20）　難易度▶C　正解率▶73.8%

タンパク質の折りたたみ(フォールディング)を助ける分子として，もっとも適切なものを選択肢の中から 1 つ選べ。

1. オペロン
2. シャペロン
3. インターフェロン
4. イントロン

解説　選択肢 1 のオペロンとは，原核生物における mRNA への転写の際，1 つのプロモーター[1-5]によって制御される複数の遺伝子群をいう。たとえば，大腸菌におけるラクトースオペロンは，ラクトース分解にかかわる複数の酵素の遺伝子群である。オペロンは F. ヤコブと J. モノーによって 1961 年に発見・提唱された。選択肢 2 のシャペロンは，分子シャペロン，タンパク質シャペロンともいう。シャペロンは，他のタンパク質が正しくフォールディングできるようにする役割を担っている。代表的なシャペロンは籠(かご)のような構造をもち，フォールディング途上の不安定な中間体や変性したタンパク質など異常なものを選択的に捕捉して，籠構造の内部で再フォールディングさせる。選択肢 3 のインターフェロンとは，動物体内で細菌やウイルスや腫瘍細胞などの異物に反応して，細胞が分泌するタンパク質であり，抗ウイルス作用をもつ細胞間シグナル[1-13]分子サイトカインの一種である。選択肢 4 のイントロン[1-5]は，mRNA 前駆体からスプライシングによって除去される，アミノ酸配列には翻訳されない配列上の領域をいう。以上のことから，正解は選択肢 2 である。

参考文献

1)『理系総合のための生命科学（第 3 版）』（東京大学生命科学教科書編集委員会編，羊土社，2010）第 4 章
2)『マッキー生化学（第 4 版）』（T. マッキー，J. R. マッキー著，市川厚監修，福岡伸一監訳，化学同人，2010）第 5 章
3)『カラー図説タンパク質の構造と機能』（横山茂之監訳，宮島郁子翻訳，メディカル・サイエンス・インターナショナル，2005）第 1 章
4)『タンパク質の構造入門（第 2 版）』（C. ブランデン，J. ツーズ著，勝部幸輝ほか訳，ニュートンプレス，2000）第 2 章
5)『細胞の分子生物学（第 5 版）』（B. アルバートほか著，中村桂子・松原謙一監訳，ニュートンプレス，2010）第 3 章

1-10 生体膜と膜タンパク質

生体膜の構造と膜タンパク質の機能

Keyword 脂質二重層，生体膜，膜タンパク質，細胞接着

ヒトは約 270 種類，60 兆個の細胞でできており，これらすべての細胞は脂質二重層の細胞膜（生体膜）によって包まれている。この細胞膜によって，細胞の内側と外界とを隔絶でき，細胞内部の環境が維持される。さらに真核生物の細胞内には，同様に脂質二重層の膜で区画されたミトコンドリアや小胞体などの細胞内小器官（オルガネラ）がある。生体膜には膜タンパク質が埋め込まれており，細胞にとって必要あるいは不必要な物質の選択的な輸送を担っている。多細胞生物では細胞どうしの接着や，細胞と細胞外基質との接着によって組織が構成されている。

≫生体膜

細胞を構成する生体膜を細胞膜▼1-1といい，外界との障壁として細胞内部の環境を維持する役割を担っている。真核細胞内にはさらに，同様の生体膜によって区画された膜系細胞内小器官▼1-2も存在する。これら生体膜は厚さ 5〜10 nm の脂質二重層（脂質分子が二重になった膜）を基本構造としている（**図 1** 左）。生体膜を構成するおもな脂質は，リン脂質，糖脂質，コレステロールである。これらの構成成分の種類と比率は，細胞の種類や組織，脂質二重層の内側と外側で異なっており，細胞の種類の個性を特徴づけている。

脂質の基本構造は，親水性（水に溶けやすい）の頭部と，疎水性（水に溶けにくい）の炭化水素鎖 2 本の尾部からなる。したがって，脂質は 1 つの分子内に親水性と疎水性の相反する性質をもつ両親媒性分子である。この性質により，脂質分子は水中では親水性の頭部を水相側に向け，疎水性の尾部を他の脂質分子の尾部と向かい合わせて凝集することによって脂質二重層の膜を形成する（**図 1** 右）。脂質どうしは結合していないので，脂質膜内で拡散したり，二重層のあいだを行き来したりする（フリップ・フロップ）など，流動的な分子運動をしている（これを流動モザイクモデルとよぶ）。

≫膜タンパク質

ガス（CO_2，O_2，N_2）や電荷をもたない極性の低分子（H_2O，尿素，エタノール，ベンゼン）は生体膜を透過することができる。しかし，イオン（H^+，Na^+，K^+，Ca^{2+}，Cl^-，Mg^{2+}）や大型で電荷をもたない極性分子（グルコース，スクロース）は透過できない。そのため，細胞の生命維持のために必要に応じて生体膜を通じてこれらの分子を輸送する必要がある。このような役割を担っているのが膜タンパク質である。

膜タンパク質には，生体膜にほぼ全体が埋まっているタイプ（膜貫通型タンパク質あるいは内在性膜タンパク質）（**図 1** 右），膜表面に横たわって存在するタイプ（表在性膜タンパク質）がある。膜貫通型タンパク質はポリペプチド鎖が 1 回あるいは複数回にわたって膜を縫うように貫通する。貫通部分の多くは α ヘリックス▼1-9の構造をとるか，β ストランドが樽のように複数回貫通する構造（β バレルという）をとる。

膜タンパク質の代表的な機能として，イオンを輸送するイオンチャネル（たとえば K^+ チャネル），比較的大きな分子を輸送するトランスポーター（ABC トランスポー

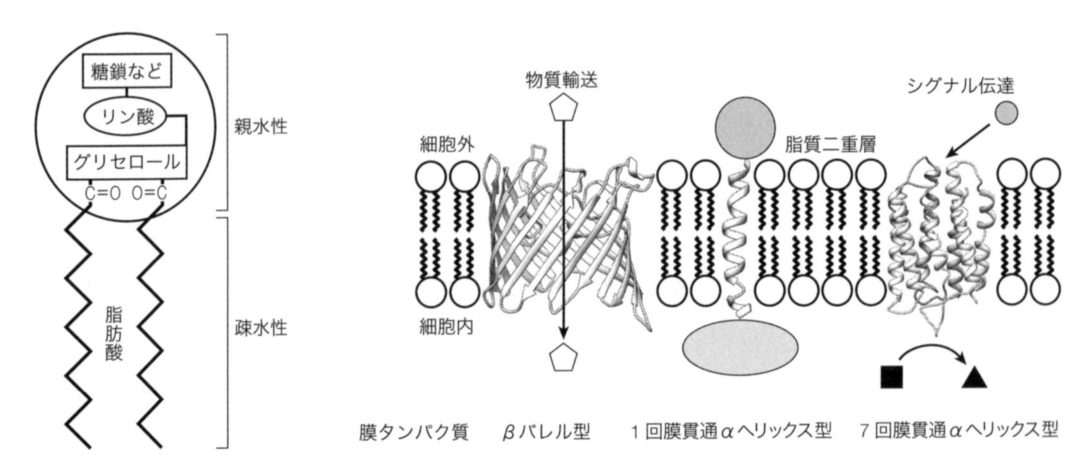

図 1. 脂質（左）と脂質二重層の膜（右）の構造

右に，βバレル型（筒状のβシート），1 回膜貫通αヘリックス型および 7 回膜貫通αヘリックス型の代表的な膜タンパク質の構造▼1-9を示す。これらの膜タンパク質は，物質輸送ではタンパク質内部の空隙を通って特定の物質だけを透過させる。シグナル伝達▼1-13では，物質自体は透過せず，タンパク質による化学反応を介して細胞内にシグナルが伝達される場合もある。

ター），細胞外からのシグナル分子を受容するレセプター（Gタンパク質共役型受容体），呼吸や光合成などのエネルギー変換（光複合体），さまざまな酵素（ナトリウムポンプ〔Na^+/K^+ATPアーゼともよばれ，ATP加水分解と共役してNa^+を細部外に，K^+を細胞内に能動的に輸送する〕）などがある。物質輸送を行なう膜タンパク質のうち，チャネルは輸送にエネルギーを使わず，特定の物質をそれ自体の細胞内外における濃度勾配に応じて受動的に輸送する。これに対して，ATP[1-12]の加水分解などによって得られるエネルギーを利用して，能動的に物質を輸送するものをトランスポーターまたはポンプとよぶ。

≫細胞接着

多細胞生物では，多くの細胞が集まり組織が形成されており，またさまざまな組織から器官が構成されている。組織や器官の構築には細胞接着が必要不可欠で，細胞接着にはカドヘリン，セレクチン，インテグリンなどのタンパク質が関与している。

カドヘリンは膜貫通型タンパク質であり，上皮組織を形成する細胞にみられるE-カドヘリンや神経細胞のN-カドヘリンなど，組織特異的に存在する。同じ種類のカドヘリンどうしが結合することが知られており，組織構築における細胞選別に重要な役割を果たしている。セレクチンもまた細胞接着機能をもった膜貫通型タンパク質で，他の細胞の表面に分布する特定の糖鎖を認識して選択的に接着する。インテグリンは，細胞と細胞外基質（ECMとよばれ糖鎖やペプチドから形成される）との接着に関与している膜タンパク質である。インテグリンは，細胞外基質を形成するタンパク質に存在するRGD（Arg-Gly-Asp）の3アミノ酸残基を認識し結合する。

細胞接着は，結合特異性により細胞を選別して組織や器官を構築するだけではなく，細胞接[1-13]着を引き金とする細胞間のシグナル伝達にも重要な役割を果たしている。

練習問題 出題▶H20（問10） 難易度▶C 正解率▶80.0%

生体膜に関する以下の記述について(a)から(d)内に入る語句の組合せとして適切なものはどれか。選択肢の中から1つ選べ。

生体膜の基本をなすのは(a)であり，それ以外にステロールや糖脂質が含まれる。(a)は(b)の部分と炭化水素鎖の(c)の部分からなる極性分子であり，(b)の部分を外側に，(c)の部分を内側に向けて互いに集まり，流動性の脂質二重層を作るか，または(d)として球状の構造になる。

1. (a) 糖鎖　(b) 疎水性　(c) 親水性　(d) ミセル
2. (a) リン脂質　(b) 親水性　(c) 疎水性　(d) ミセル
3. (a) 糖鎖　(b) 親水性　(c) 疎水性　(d) ラフト
4. (a) リン脂質　(b) 疎水性　(c) 親水性　(d) ラフト

解説 生体膜を構成する主要成分は，リン脂質，糖脂質，コレステロールである。リン脂質の構造は，リン酸基＋グリセロールの頭部と，2本の炭化水素鎖からなる脂肪酸の尾部からなる（**図1**）。頭部は極性（親水性）であり，尾部は非極性（疎水性）の性質をもっている。このため，水相側に親水性の頭部を向け，疎水性の尾部は水相側を避け，互いに凝集することによって脂質二重層の膜，あるいはミセル（脂質が尾部を寄せ集めて球状に集合した状態）を形成する。ラフトとは，生体膜において，局所的にスフィンゴ脂質とコレステロールの組成が高い領域を指す。この領域は膜が厚くなっており，シグナル伝達に関与するタンパク質の会合や，細胞接着あるいは細胞内小胞輸送などに重要な役割を果たしている。以上のことから正解は選択肢2となる。

参考文献

1)『理系総合のための生命科学（第3版）』（東京大学生命科学教科書編集委員会編，羊土社，2010）第9章，第14章
2)『マッキー生化学（第4版）』（T. マッキー，J. R. マッキー著，市川厚監修，福岡伸一監訳，化学同人，2010）第11章
3)『細胞の分子生物学（第5版）』（B. アルバートほか著，中村桂子・松原謙一監訳，ニュートンプレス，2010）第10章

1-11 翻訳後修飾

タンパク質の翻訳後修飾とその役割

Keyword 翻訳後修飾，糖鎖修飾，リン酸化，ユビキチン化，メチル化

真核生物における翻訳後のタンパク質中のアミノ酸側鎖が受ける化学変換を翻訳後修飾といい，多くのタンパク質において正常な機能発現に必要なプロセスである。さらに，タンパク質の寿命およびタンパク質間相互作用（またはタンパク質と核酸，糖鎖，脂質，リン酸，酢酸との相互作用）に基づく複合体形成の制御，細胞内シグナル伝達ネットワークの制御において重要な役割を果たしている。

≫タンパク質の部分的な切断

細胞外へ輸送されるタンパク質などでは，N末端にシグナル配列またはシグナルペプチド[▼3-9]とよばれる短い配列がある。このシグナル配列はタンパク質の輸送先を決定する情報をもっており，通常は輸送後に特異的なペプチド分解酵素で切断・除去される。また，血液凝固に関与するフィブリノーゲンというタンパク質では，活性化される際にフィブリノペプチド[▼5-6]という活性に不要な領域が切断される。このように，タンパク質は翻訳後にさまざまな切断を受ける場合がある（**図1**）。

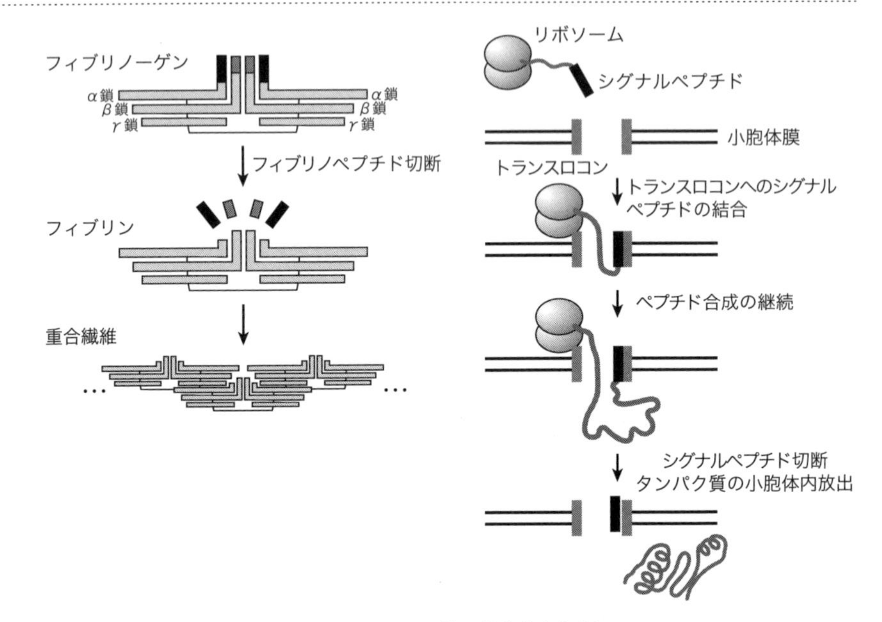

図1. タンパク質の部分的な切断

（左）フィブリノペプチドの存在下ではフィブリノーゲンは重合できないが，これらが出血により誘発されるペプチド切断で除かれてフィブリンに変換され，次々と重合することで血液を凝固させる繊維状構造を形成する。（右）シグナルペプチドは小胞体膜[▼1-2]のトランスロコンという膜タンパク質[▼1-10]に結合し，翻訳されるタンパク質が小胞体内に放出されたのちに切断される。これによりシグナルペプチドのあるタンパク質は細胞外輸送[▼1-2]されることになる。

≫糖鎖修飾（糖鎖付加，グリコシル化）

真核生物における粗面小胞体とゴルジ体[▼1-2]における糖転移酵素によって糖鎖の付加が行なわれる。糖鎖に利用される単糖には，グルコース，ガラクトース，マンノース，*N*-アセチルグルコサミンなどがある。

タンパク質への糖鎖修飾には*N*-グリコシル化〔修飾を受けるタンパク質中のアスパラギン側鎖のアミド基 $-C(=O)-NH_2$ のN原子への糖鎖付加（**図2**）〕と，*O*-グリコシル化（セリンあるいはトレオニン側鎖のヒドロキシ基 $-OH$ のO原子への糖鎖付加）の2種類のタイプがある。細胞膜などに存在する脂質もさまざまな糖鎖修飾を受ける。糖鎖修飾を受けたタンパク質や脂質は，それぞれ糖タンパク質，糖脂質という。糖鎖修飾は，タンパク質の安定化，細胞間接着の制御，各細胞内小器官へのタンパク質の正確な輸送と細胞外への分泌などの役割を担っている。

≫リン酸化・脱リン酸化

真核生物のタンパク質のセリン，チロシン，トレオニン，ヒスチジン残基にリン酸基が付加される（**図2**）。原核生物の場合はこれら4種類に加えてアルギニンとリシン残基にも付加される。タンパク質へのリン酸化は，キナーゼ酵素が細胞質基質内のATP[▼1-12]から触媒反応によってリン酸を転移することである。一方，脱リン酸化は，ホスファターゼ酵素が加水分解反応によってリン酸を外

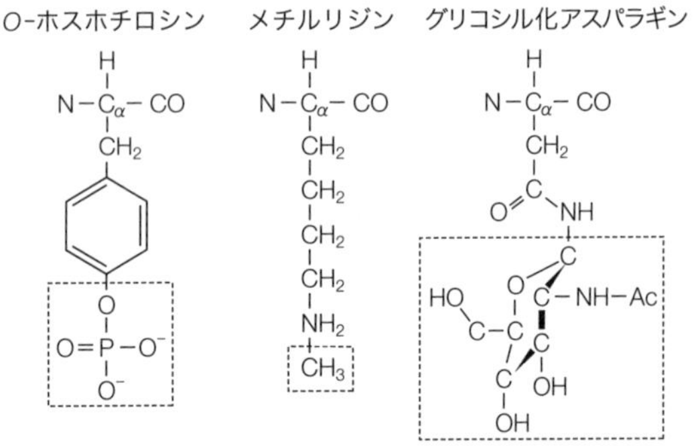

O-ホスホチロシン　メチルリジン　グリコシル化アスパラギン

図2. 代表的な修飾アミノ酸残基（修飾基を点線で囲った）

すことである。このリン酸化と脱リン酸化は可逆的反応である。タンパク質にリン酸が付加されると，周辺の疎水的な領域を親水性かつ塩基性に変化させ，構造変化をもたらす。また，リン酸基はタンパク質間の相互作用[▼6-6]にも影響を与え，スイッチのオン・オフのようにタンパク質が活性化あるいは非活性化される。

細胞外からの刺激は細胞内の複数のタンパク質間のリン酸化の連鎖反応によりカスケード（滝）状に伝達される。このように小さなシグナルを効率よく増幅して伝えることをシグナル伝達という[▼1-13]。

≫ユビキチン化（ユビキチン付加）

真核生物において，ユビキチン転移酵素などの働きによって，標的タンパク質のリジン側鎖のアミノ基（$-NH_2$）に，ユビキチン（76残基程度のタンパク質）のC末端のグリシンが結合する（**図3**）。このような，アミノ基-カルボキシ基間以外のペプチド結合をイソペプチド結合とよぶ。ユビキチン自身もさらにイソペプチド結合により重合し，ポリユビキチン鎖を形成する。ポリユビキチン修飾されたタンパク質は，プロテアソーム（巨大なプロテアーゼ酵素複合体）により認識され分解を受ける。それ以外にも，エンドサイトーシス（細胞外からの物質の取り込み），DNA修復，翻訳調節，シグナル伝達などさまざまな生命現象にかかわる。

≫メチル化

標的タンパク質のアルギニンあるいはリジン残基に，メチルトランスフェラーゼ酵素の働きによってメチル基（$-CH_3$）が結合されることをいう（**図2**）。ヌクレオソーム構造を担うヒストン[▼1-1]におけるメチル化は，クロマチン・リモデリングとよばれる遺伝子発現の制御[▼1-20]にかかわっており，タンパク質のメチル化はタンパク質の機能調節に重要である。タンパク質以外にも，プロモーター領域[▼1-5]のDNAのメチル化による遺伝子発現の不活化やRNAのメチル化による代謝調節が知られている。

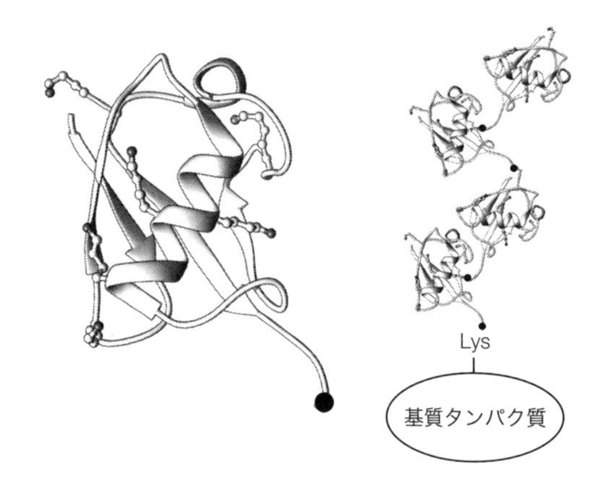

図3. ユビキチン化

（左）ユビキチンの構造。C末端（黒丸）で基質となるタンパク質または他のユビキチンに結合する。ユビキチン自身のリジンには側鎖[▼1-8]が示されている。（右）複数あるユビキチン自身のリジンに，次々に他のユビキチンがC末端で結合することでポリユビキチンが修飾される。

練習問題　**出題▶H25（問13）　難易度▶A　正解率▶12.3%**

タンパク質の翻訳後修飾に関する記述として，もっとも不適切なものを選択肢の中から1つ選べ。

1. *N*-グリコシル化はアスパラギン酸残基への糖鎖付加によって起こる。
2. *O*-グリコシル化はセリン残基やトレオニン残基への糖鎖付加によって起こる。
3. リン酸化はセリン残基，トレオニン残基，チロシン残基，およびヒスチジン残基へのリン酸の付加によって起こる。
4. メチル化はアルギニン残基やリジン残基へのメチル基の付加によって起こる。

解説　各選択肢の翻訳後修飾によって修飾されるアミノ酸残基（カッコ内は1文字表記と3文字表記）は以下のとおりである。

1. *N*-グリコシル化：アスパラギン（N，Asn）
2. *O*-グリコシル化：セリン（S，Ser），トレオニン（T，Thr）
3. リン酸化：セリン（S，Ser），トレオニン（T，Thr），チロシン（Y，Tyr），ヒスチジン（H，His）
4. メチル化：アルギニン（R，Arg），リジン（K，Lys）

中性条件下において，アスパラギンは側鎖にアミド基をもち，極性だが電荷をもたない[▼1-8]。アスパラギン酸は側鎖に負電荷（$-COO^-$）をもつ酸性のアミノ酸である。アルギニンとリジンは側鎖に正電荷（$-NH_2^+$, $-NH_3^+$）をもつ塩基性のアミノ酸である。セリンとトレオニンはアルコール性のヒドロキシ基をもち，チロシンはフェノール性のヒドロキシ基をもつアミノ酸である。以上のことから正解は選択肢1となる。

参考文献

1）『理系総合のための生命科学（第3版）』（東京大学生命科学教科書編集委員会編，羊土社，2010）第4章，第15章
2）『マッキー生化学（第4版）』（T. マッキー，J. R. マッキー著，市川厚監修，福岡伸一監訳，化学同人，2010）第19章
3）『細胞の分子生物学（第5版）』（B. アルバートほか著，中村桂子・松原謙一監訳，ニュートンプレス，2010）第3章

抗体による免疫・生体内物質の代謝パスウェイ

Keyword 抗体，体液性免疫，細胞性免疫，代謝，ATP

免疫は体を外部からの攻撃に対して防御するしくみである。細菌などの侵入に対する最初の防御機構は皮膚であるが，侵入を許したあとにマクロファージの食作用などにより対応するしくみを自然免疫（先天性免疫），また，生体が侵入物を認識・学習してリンパ球などにより対応するしくみを獲得免疫（後天性免疫）という。一方，生命体を維持し，生命活動をつづけるためには，つねにエネルギーが必要である。このエネルギーを生み出すしくみや，産生したエネルギーを用いて細胞，体，DNAなどをつくっていくしくみなど，生体におけるすべての化学反応を代謝といい，おもにタンパク質である酵素がその反応を担っている。

≫免疫

生体内に異物(たとえば病原微生物)が侵入した際，白血球の一種である好中球やマクロファージがその食作用により異物を捕食する。また，同じく白血球の一種であるナチュラルキラー(NK)細胞によりウイルス感染細胞などを破壊したり，補体系で対応したりする。それでも防ぎきれない場合，獲得免疫である体液性免疫と細胞性免疫により対処する。

体液性免疫は，生体にとっての異物である抗原と結合できる抗体(免疫グロブリン，immunoglobulin；Ig)を産生するB細胞が担っている。抗体は，**図1**に模式的に示したような構造をもつタンパク質である。抗体はL鎖とH鎖の2種類の鎖からなっており，それぞれ抗原結合部位である可変領域と定常領域とを有している。抗原結合部位は，さまざまな種類の抗原と結合できるよう配列が多様化した「超可変領域」を含んでいるが，1つのB細胞からは1種類の抗体しかつくられないので，多様な抗原を認識する抗体を産生するために，それに応じた多様なB細胞がつくられることになる。産生された抗体は異物に結合し，凝集作用や溶菌作用，ウイルス[▼1-1]の不活化や，細胞性免疫での識別対象になることでさらなる免疫応答の活性化などの機能を有している。この抗体にはクラスがあり，主要なIgであるIgGや，分泌作用を有し，唾液(だえき)，涙，腸などで活躍するIgA，抗原に結合し補体を活性化させる初期の抗体応答で活躍するIgMなどが知られている。

一方，細胞性免疫では，T細胞が病原体に感染した細胞を殺すことによって，細胞内で増殖する病原体に対抗している。T細胞には，感染細胞などを殺すキラーT細胞や，B細胞やマクロファージなどの活性を刺激するヘルパーT細胞がある。T細胞は，感染細胞の表面にMHCタンパク質(主要組織適合性遺伝子複合体，HLAともよばれる)を介して提示される抗原を認識することにより活性化される(**図2**)。移植臓器[▼5-5]の拒絶にもかかわるMHCは，免疫応答において自己と非自己を識別して異物を的確に認識するのに役立っており，2つのクラスに分類される。クラスⅠ分子は全身の細胞の表面に発現され，キラーT細胞に認識されるが，クラスⅡ分子は免疫細胞に抗原を提示する細胞の表面に発現しており，ヘルパーT細胞に識別されると，この細胞を活性化し，同じ抗原を認識するB細胞を刺激して抗体を産生させる。

≫代謝

生体内でAという物質がEという物質になるまでの，A→B→C→D→Eのような化学反応の道筋を代謝経路とよび(代謝パスウェイ，代謝ネットワークともよば

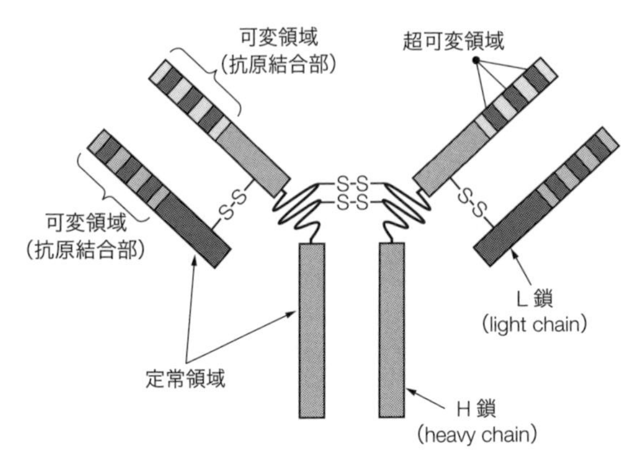

図1. 抗体の構造

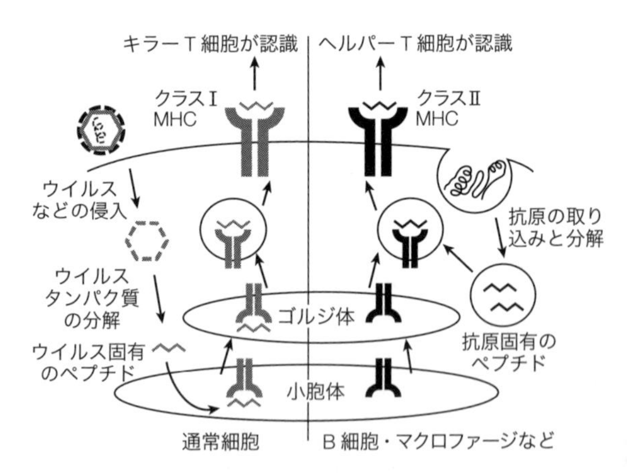

図2. MHCタンパク質による抗原の提示

MHCタンパク質は細胞内で分解されたウイルスなどに由来するペプチドのうち，自己には存在しないアミノ酸配列をもった抗原ペプチドに結合し，細胞膜に輸送[▼1-2]されて免疫系細胞に抗原を非自己の異物として提示する。通常の細胞ではクラスⅠ MHC(左)が，B細胞などではクラスⅡ MHC(右)が機能する。

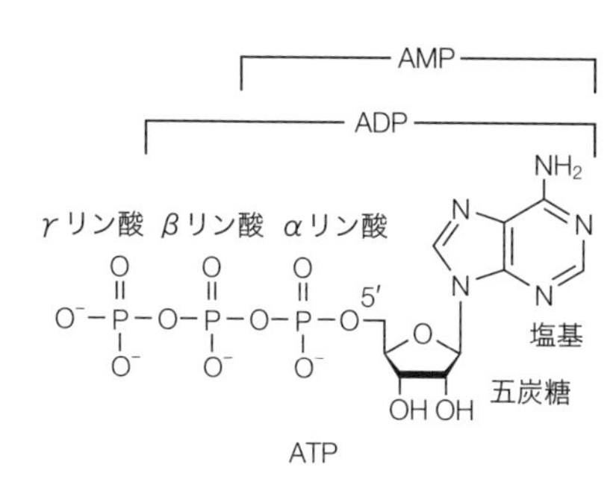

図3. ATPの構造
リボヌクレオチド▼1-7の5′側にさらに2つのリン酸基が結合している。γリン酸がとれるとADPに，さらにβリン酸がとれるとAMPになる。

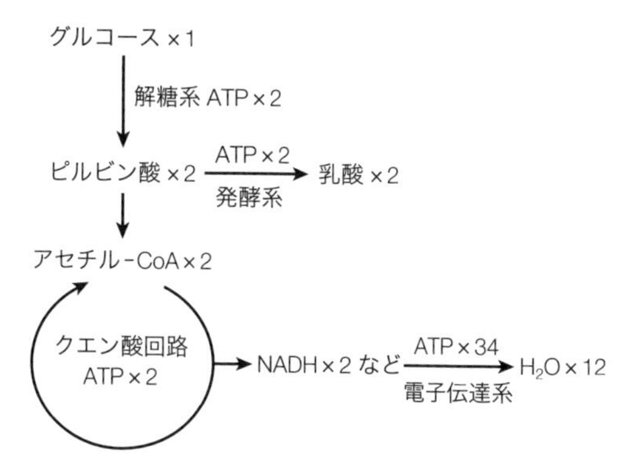

図4. 解糖系，クエン酸回路，電子伝達系の模式図
それぞれの経路は，実際には何段階もの代謝反応からなる。

れる)，代謝される物質を代謝物という。物質を分解してエネルギーを取り出す経路を異化，エネルギーを利用して物質をつくる経路を同化という。タンパク質のうち，代謝の化学反応を促進する触媒として機能するものを酵素(エンザイム)とよび，生体内の代謝は発現制御された酵素が触媒して決められた順序で起こる。

生体のエネルギーは，代謝の過程で，リボヌクレオチド(RNA)の一種であるATP(アデノシン三リン酸)として生産・保持され，ATPからγリン酸基がとれてADP(アデノシン二リン酸)になるときに生じるエネルギーとして利用される(**図3**)。解糖系，クエン酸回路，電子伝達系(酸化的リン酸化経路ともいう)は，ほとんどの生物がもつ重要なエネルギー代謝(ATP生産)経路である(**図4**)。摂取したデンプンなどの炭水化物はグルコース(ブドウ糖)にまで分解されたあと，嫌気的な経路である解糖系において2分子のピルビン酸にまで代謝され，この間にATPはグルコース1分子あたり2分子産生される。2分子のピルビン酸が好気的に代謝される際は，ミトコンドリア▼1-2に入り2分子のアセチル-CoAとなる。1分子のグルコースから，好気的な経路であるクエン酸回路と電子伝達系を経由して，合計36分子(解糖系を含めると38分子)のATPが生じる。微生物が嫌気的にエネルギーを得るための代謝を発酵というが，ピルビン酸は嫌気的に代謝(乳酸発酵やアルコール発酵)されることにより，乳酸やエタノールになる。グルコース以外に，アミノ酸▼1-8や脂肪酸▼1-10からもエネルギーを取り出す代謝経路があり，生物種により多様性に富んでいる。代謝物の網羅的な解析をメタボローム解析▼6-4とよぶ。

練習問題 **出題▶H25（問12） 難易度▶C 正解率▶68.9%**

ATPに関する記述として，もっとも不適切なものを選択肢の中から1つ選べ。

1. 生物体で用いられるエネルギー保存および利用に関与するヌクレオチドである。
2. ATPをADPとリン酸に加水分解すると，約11〜13kcal/molのエネルギーを放出する。
3. 酸化的リン酸化や光リン酸化の過程で合成される。
4. 発酵の過程では生成されない。

解説 ATPは，生体で用いられるほぼすべてのエネルギーに関与しており，アデニンヌクレオチド(RNA)の一種である。ATP(アデノシン三リン酸)をADP(アデノシン二リン酸)にすることにより，約30.5kJ/molのエネルギーが，またADPをAMP(アデノシン一リン酸)にすることにより，約45.6kJ/molのエネルギーが得られる。しかし，このエネルギーは反応溶液のイオン強度やMg^{2+}や他の金属イオン濃度に依存しており，典型的な細胞の条件下ではATPからADPになる際に約50.2kJ/molのエネルギーが得られる。そのため，選択肢2の正誤は条件によるが，典型的な細胞の条件下では正しい。一方，発酵はおもに微生物が嫌気的条件下で糖質などを分解してエネルギーを得る過程のことで，発酵の過程でATPは生成することから，選択肢4の記述は誤りであり，これが正解である。

参考文献

1)『生物』（大島泰郎著，実教出版，2004）pp.51-66，120-124
2)『Essential 細胞生物学』（B. アルバートほか著，中村桂子ほか訳，南江堂，2011）p.142
3)『ベーシック生化学』（畑山巧編著，化学同人，2009）pp.113-172

1-13 シグナル伝達

細胞間のシグナル伝達によるコミュニケーション

Keyword 受容体，レセプター，神経伝達物質，シグナル伝達

多細胞生物は細胞間で情報を交換しながら，細胞周期，接着，分化などの制御を行なっている。また，細胞は環境の変化を感知し，状況を核に伝え，遺伝子発現を制御することで恒常性を維持している。環境の変化を，細胞は温度，圧力，伝達物質などのシグナルとしてそれぞれのシグナルに特異的な受容体（レセプター）を介して受け止め，細胞の外にある情報を直接および間接的に細胞内に取り込んでいる。

≫シグナル分子の経路

情報を発信する細胞が特定のシグナル分子を放出し，受け手となる細胞の受容体(レセプター)タンパク質がそのシグナル分子を受け取って，細胞内シグナル経路が活性化される。通常，シグナル分子はアミノ酸[▼1-8]やペプチド，タンパク質(サイトカインなど[▼1-9])や脂質誘導体[▼1-10]などさまざまな化合物が利用されている。このシグナル伝達は，速さと距離に応じて4種類に分類できる(**図1**)。

(a)の内分泌型では，シグナル分子であるホルモンが内分泌細胞から放出され，毛細血管に取り込まれて血中に入り，全身に運ばれて標的細胞に達する。細胞は一様にホルモンにさらされるが，受容体を発現している細胞のみが選択的に標的細胞となり，シグナルを受け取ることができる。これは血流を介して伝わるシグナルで，到着するまでに時間を要する。これに対し，(b)のパラクリン型のシグナル分子である局所仲介物質は血中には入らず，細胞外液に拡散して近傍の標的細胞に作用する。放出されたシグナル分子を自らの受容体で受けて応答する様式はオートクリン型とよばれている。(c)の神経型は，内分泌系と同様に遠い距離にシグナルを伝達することができ，その速度は速い。神経軸索末端は神経細胞(ニューロン)とは遠く離れたところで標的細胞と接触構造(シナプス)をつくる。通常，神経細胞外にはNa^+が，細胞内にはK^+が多く存在しており，かつ細胞内は細胞外に加えてカチオン(正電化のイオン)濃度が低く保たれている。神経細胞に刺激が加わるとNa^+が流入して細胞膜電位に変化が生じ，それが電気シグナルとして軸索末端まで伝えられる。シナプスでは，神経伝達物質が分泌され，標的細胞の受容体に作用する。もっとも近距離の伝達法である(d)の接触型では，細胞はシグナル分子を分泌せず，細胞表面に存在する膜タンパク質がシグナル分子として働く。いずれにおいてもシグナル分子と受容体の関係は1対1であり，特定の標的細胞のみに対して代謝[▼1-12]や遺伝子発現[▼1-5]，細胞の形や動きを調節する。また，同じシグナル分子でも，それを受け取る標的細胞によって異なる応答を示すことができる。

≫シグナル伝達

一般に，シグナル分子が水溶性の場合その受容体は細胞膜[▼1-10]に，疎水性の場合は細胞内に存在している。水溶性シグナル分子の場合は，細胞膜を貫通して存在している

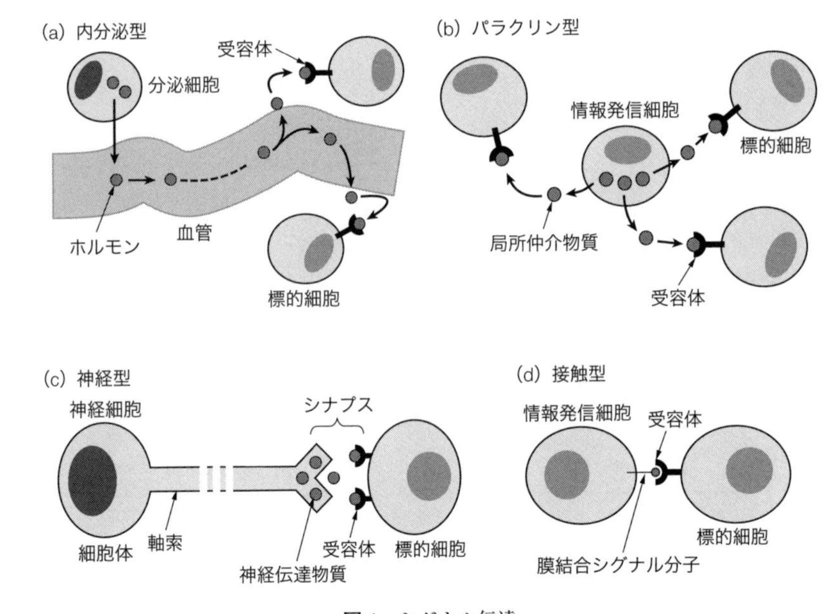

図1. シグナル伝達

膜タンパク質が受容体となり，細胞外にあるシグナルを受け取ると，受容体の構造変化や活性化に伴い細胞内のタンパク質や酵素に作用し，その構造や活性に変化を与えることで細胞外の情報を細胞内に伝えることができる。疎水性シグナル分子は細胞膜を透過できるので，受容体は細胞質でシグナル分子と結合する。細胞内でのシグナルの伝達経路は，受容体や受容体で活性化された分子が直接細胞内の状態を変化させる場合と，まず核▼1-2に移行して遺伝子発現を制御し，遺伝子発現の変化により間接的に細胞内の状態を変化させる場合があり，前者のほうが細胞は速く応答できる（**図2**）。

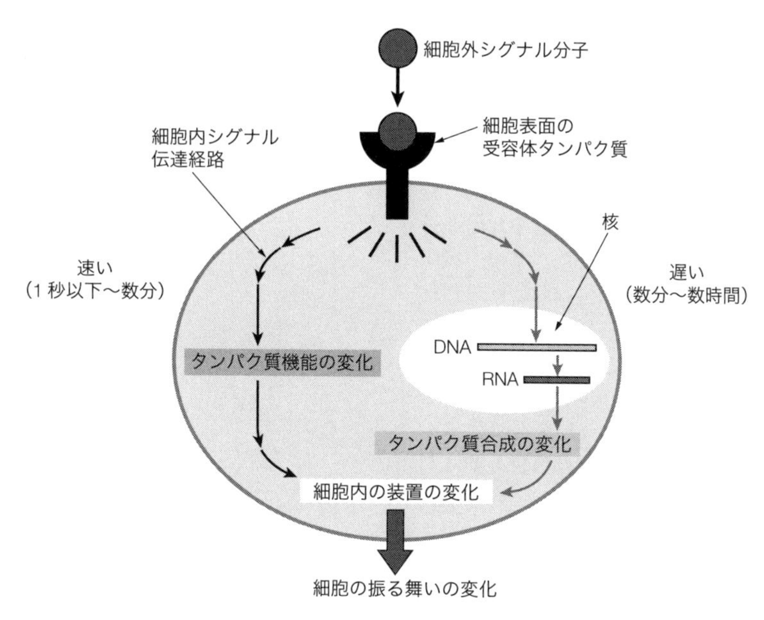

図2. シグナル分子と受容体タンパク質の結合による遺伝子発現の調節

練習問題 出題▶H25（問18） 難易度▶C 正解率▶80.3%

ヒトにおける神経細胞の興奮と筋細胞の収縮に密接に関わるイオンの組み合わせとして，もっとも適切なものを選択肢の中から1つ選べ。

1. H^+ Na^+ Cl^-
2. Mg^{2+} K^+ Ca^{2+}
3. Na^+ K^+ Cl^-
4. Na^+ K^+ Ca^{2+}

解説 細胞膜は膜タンパク質であるナトリウムポンプ▼1-10により，Na^+を細胞外へ運び出し，K^+を細胞内に運び込む能動輸送を行なっている。しかし，静止状態の細胞膜はK^+を通しやすいため，細胞内のK^+はK^+チャネルなどを通じて細胞外へ受動的に流出し，その結果，細胞内は細胞外に比べて電気的にマイナスに維持されている。刺激が加わると，細胞膜のNa^+透過性が上がるため，Na^+が流入し，細胞内がプラスを帯びることになる。この電位差が神経の興奮として神経細胞上を伝搬する。一方，筋肉の収縮は筋小胞体からのCa^{2+}の放出により行なわれる。そのため，これらの3種のイオンがすべて提示されている選択肢4が正解である。

参考文献

1）『ベーシック生化学』（畑山巧編著，化学同人，2009）pp.241-249
2）『Essential 細胞生物学』（B. アルバートほか著，中村桂子ほか訳，南江堂，2011）pp.532-568

1-14 遺伝

メンデルの法則による遺伝子の世代間継承

Keyword 遺伝，メンデルの法則，遺伝子型，表現型，対立遺伝子

G. メンデル（1822〜1884）によるエンドウを用いた交配と形質発現の関係性をまとめた論文“Experiments in Plant Hybridization”（Proceedings of the Natural History Society of Brünn，1865）が，後年 C. コレンスらによって再発見され，メンデルの法則とよばれた。メンデルの法則は，顕性（優性）の法則，分離の法則，独立の法則の３つからなり，これらの発見は今日の遺伝学を誕生させるきっかけになっている。

≫メンデルの法則

メンデルが生きていた時代には遺伝子は発見されておらず，彼は何らかの物質が親から子に引き継がれて性質や特徴（形質）を決めていると仮説を立てた。まず，エンドウの純系である以下の７つの対立形質〔同時に現われない形質：①種子の形（丸形/しわ形），②種子の色（黄色/緑色），③花の色（紫色/白色），④さやの形（ふくれ/くびれ），⑤さやの色（黄色/緑色），⑥花のつき方（茎に沿う/茎の頂端），⑦茎の高さ（高い/低い）〕をもつ種子を用意して交配実験を行なった。メンデルは形質の基になるものを要素（エレメント）と表現している。これは現在では遺伝子とよばれ，染色体[▼1-1]に DNA として存在することがわかっている。遺伝子が存在する位置を遺伝子座[▼5-2]といい，相同染色体のあいだで座をいわば奪い合う関係にあるのが対立遺伝子（アレル）である。

≫顕性（優性）の法則

種子が丸形であるエンドウと，しわ形のものを交配させたところ，すべて丸形の種をもつ子（F1：雑種第一世代）が得られた。他の対立形質に関しても同じであり，片方の親の形質のみが現われた。このように，親の形質のうち現われた形質を与える遺伝子が顕性（優性）遺伝子，現われなかったほうが潜性（劣性）遺伝子であり，顕性（優性）遺伝子があると潜性（劣性）遺伝子は発現しない。これを顕性（優性）の法則という。顕性（優性）・潜性（劣性）とは，形質の優劣ではなく，形質が現われる/現われないを意味している点に注意したい。この例で，丸やしわのように遺伝子の働きによって現われる形質を表現型という。一方，細胞がもつ遺伝子の組合せが遺伝子型である。ここで，丸形の遺伝子型を AA，しわ形のそれを aa とすると，F1 において得られる可能性がある遺伝子型と現われる比率は，AA：Aa：aa＝0：4：0 となる。A は a に対して顕性（優性）であるため，現われる可能性がある形質と比率は，丸形：しわ形＝4：0 となる。以上のことから，F1 ではすべて遺伝子型 Aa をもつ表現型[▼5-2]が丸形の種子が得られる。

≫分離の法則

次にメンデルは，F1 で得られたエンドウを自家受精によって雑種第二世代（F2）をつくった。その結果，表現型として顕性（優性）遺伝子の形質と潜性（劣性）遺伝子の形質がほぼ 3：1 の割合で現われた（**表 1** のように遺伝子型は，AA：Aa：aa＝1：2：1）。これは，２つ１組の対立遺伝子（ここでの例では A と a）は減数分裂[▼1-3]で分離して，どちらか片方のみが親から子に遺伝することによって，F1 では現われなかった潜性（劣性）の形質が F2 に現われる。これを分離の法則という。

表 1. F1 配偶子と雑種第二世代 F2 の遺伝子型

		F1（雄）の配偶子	
		A	a
F1（雌）の配偶子	A	AA	Aa
	a	Aa	aa

表 2. 二遺伝子雑種

		F1（雄）の配偶子			
		AB	Ab	aB	ab
F1（雌）の配偶子	AB	AABB	AABb	AaBB	AaBb
	Ab	AABb	AAbb	AaBb	Aabb
	aB	AaBB	AaBb	aaBB	aaBb
	ab	AaBb	Aabb	aaBb	aabb

≫独立の法則

メンデルはさらに，二対の対立形質にも着目して交配（二遺伝子雑種）させた実験も行なった。たとえば，種子が丸形で子葉が黄色のもの（遺伝子型 AABB）と，しわ形で緑色のもの（aabb）のエンドウを交配させた〔ここで，子葉が黄色（B）は緑色（b）に対して顕性（優性）である〕。その結果，得られた F1 の遺伝子型はすべて AaBb となり，表現型は丸形・黄色であった。次に F1 の自家受精による F2 では，**表 2** のように得られる遺伝子型と比率が，AABB：AABb：AAbb：AaBB：AaBb：Aabb：aaBB：aaBb：aabb＝1：2：1：2：4：2：1：2：1 となった。また，表現型と比率は，丸形・黄色：丸形・緑色：しわ形・黄色：しわ形・緑色＝9：3：3：1 で現われていた。このように，２つの対立遺伝子が異なる染色体上にあるとき，それぞれの遺伝子は互いに影響せずに独立に分配されて遺伝することを独立の法則という。

≫歴史

メンデルはオーストリア帝国（いまのチェコ）の修道士であった。彼は２年間かけて選び出した 22 品種のエン

ドウを用いて8年間交雑実験を繰り返し，結果を統計的にまとめ，のちにメンデルの法則とよばれる上記の3つの結果を導き出した〔1865年，『Versuche über Pflanzen-Hybriden』（植物雑種の研究。英語表記で“Experiments in Plant Hybridization”）として報告された〕。しかし，当初その考えは受け入れられず，メンデルは修道院長や気象学者として余生を過ごしている。メンデルの報告から35年後の1900年，ド・フリース（オランダ）による類似した内容の発表をきっかけに，コレンス（ドイツ）がメンデルの業績を「メンデルの法則（Mendel's laws）」としてまとめ，フォン・チェルマク（オーストリア）が麦の育種に積極的に応用して世の中に知られることとなり，現在ではメンデルは遺伝学の祖とされる。1936年，統計学で有名なフィッシャー（イギリス）はメンデルのデータがそろいすぎている（誤差[▼2-13]を含むはずの実験データとしては，統計的に期待される以上にメンデルの法則に一致する）と批判し改竄（かいざん）を示唆したが，近年の分析ではメンデルの記録に不正はなかったと考えられている。

練習問題　出題▶H20（問5）　難易度▶C　正解率▶79.0%

エンドウの種子の形には「丸」と「しわ」の対立形質があり，子葉の色には「黄」と「緑」の対立形質がある。純系の「丸・緑」と「しわ・黄」のF1は「丸・黄」となるが，そのF2表現型の分離比（丸・黄：丸・緑：しわ・黄：しわ・緑）は次のうちのどれになるか。もっとも適切なものを選択肢の中から1つ選べ。

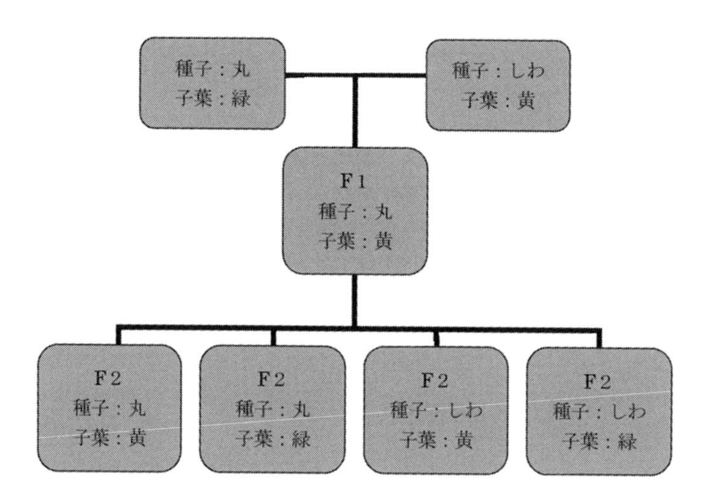

1. 9：3：3：1
2. 4：2：2：1
3. 1：1：1：1
4. 2：1：2：1

解説　F1の交配結果から，種子の形質は丸がしわに対して，子葉の形質は黄が緑に対して，それぞれ顕性（優性）であることがわかる。以下のようにそれぞれの遺伝子型は，種子が丸形：CC，種子がしわ形：cc，子葉の色が黄色：YY，子葉の色が緑色：yyとする。Cはcに対して，Yはyに対して顕性（優性）である。

親世代である図の左側と右側の遺伝子型はそれぞれCCyy，ccYYである。これらを交配すると，遺伝子型がすべてCcYyのF1が得られる。顕性（優性）の法則から，F1の形質は種子：丸，子葉：黄色であり，図と一致する。F1どうしの遺伝子型CcYyを交配させると，得られるF2の遺伝子型と比率は，CCYY：CCYy：CCyy：CcYY：CcYy：Ccyy：ccYY：ccYy：ccyy＝1：2：1：2：4：2：1：2：1となる。このことから，F2の形質と比率は，丸・黄：丸・緑：しわ・黄：しわ・緑＝9：3：3：1となる。よって，選択肢1が正解である。

参考文献

1)『生物学入門（第2版）』（石川統ほか編，東京化学同人，2001）第4章
2)『理系総合のための生命科学（第3版）』（東京大学生命科学教科書編集委員会編，羊土社，2010）第8章
3)『細胞の分子生物学（第5版）』（B. アルバートほか著，中村桂子・松原謙一監訳，ニュートンプレス，2010）第8章
4)『天才たちの科学史』（杉晴夫著，平凡社，2011）第6章

1-15 ゲノムと生物

生物ゲノムのサイズと遺伝子地図

Keyword ゲノム，ゲノムサイズ，遺伝子重複，反復配列，遺伝子地図

生物の遺伝情報の根幹をなすゲノムは，細菌，植物，昆虫，脊椎動物と生物の複雑さが増すにつれてサイズ（塩基対の数＝bp で計る）が大きくなる傾向にある。しかしこの関係は，生物の進化の過程で生じるゲノムの反復配列，遺伝子の重複，あるいは染色体の倍数性の変化により厳密には成り立たない。ゲノムの構造を解析する際，連鎖地図，物理地図といった遺伝子地図が用いられる。遺伝子地図の作成には，DNA（遺伝子）マーカーとよばれる目印の役割を果たす DNA 配列を利用する。ゲノムの反復配列は，近縁生物種で繰り返し回数が異なっている場合があり，DNA（遺伝子）マーカーとしても利用される。

≫ゲノム

特定の生物種がもつ基本的な遺伝子の集合をゲノムとよぶ。以前はタンパク質をコードする遺伝子を中心に考えられていたが，生物の DNA 上には，遺伝子発現の調節に必要な塩基配列[1-5]や，マイクロ RNA，非コード RNA[1-5] などの，翻訳されずに機能する領域が非常に多く存在することがわかってきた[1-16]。また，生物の全 DNA の塩基配列を解析することが容易になったため[1-18]，現在では特定の生物のもつ全 DNA の塩基配列の情報をゲノムとよぶことが多い。

≫ゲノムサイズ

生物の複雑さとゲノムの大きさはほぼ正比例し，原核生物よりも真核生物[1-1]，その中でも単細胞生物よりも脊椎動物と，ゲノムのサイズは大きくなる（**表 1**）。ゲノムのサイズは繰り返し配列や遺伝子の数によって変化し，生物の複雑さとの正比例関係が成り立たない例外も多い〔**表 1** のコムギ（植物）など〕。

≫反復配列

ゲノム上に繰り返し現われる 1～数千塩基対[1-7]（bp）のよく似た DNA 配列を反復配列とよぶ。大きなゲノムほど反復配列の繰り返し回数が多いとされている。反復配列は大きく分けて以下の 2 種類がある（**図 1**）。

1）縦列性反復配列（タンデムリピート）

ミニサテライト：約 5～30 bp の反復単位が，全長 20 kb 程度繰り返す。例として，染色体の末端では

表 1. おもな生物種のゲノムサイズとタンパク質をコードした遺伝子数

生物種	ゲノムサイズ（bp＝塩基対数）	タンパク質をコードした遺伝子数
大腸菌	460 万	4,000
酵母	1,200 万	6,000
線虫	9,550 万	18,000
ショウジョウバエ	1 億 7,000 万	14,000
コムギ	170 億	124,000
イネ	4 億 7,000 万	51,000
ニワトリ	10 億	20,000～23,000
ヒト	29 億	20,000～25,000

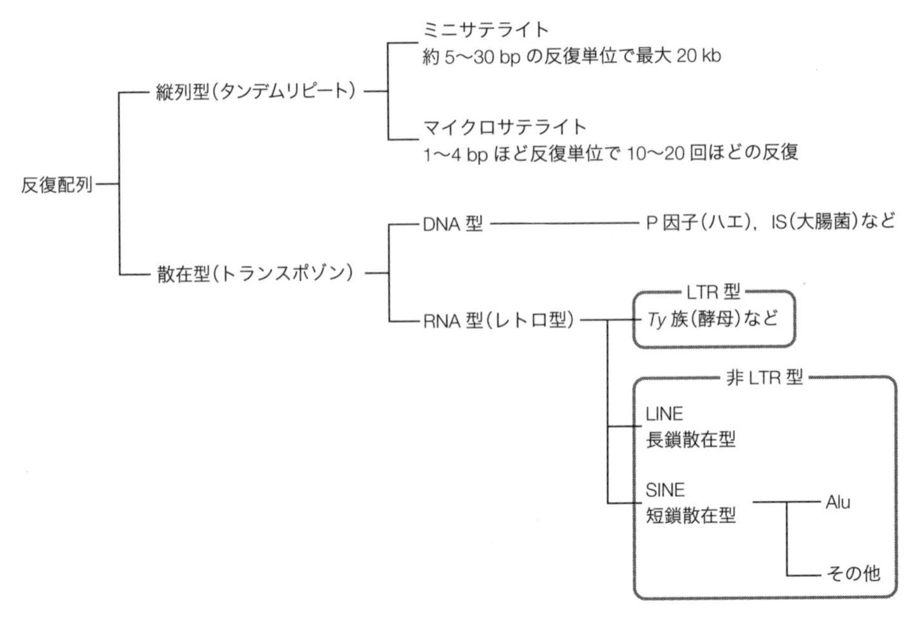

図 1. 反復配列の分類

テロメア[1-1]リピート“TTAGGG”の繰り返しがみられる。

マイクロサテライト：1〜4 bp の反復単位で 10〜20 回ほど繰り返す。例として“ATATATAT…”などがある。

2）散在性反復配列

可動遺伝因子またはトランスポゾン由来とされる配列で，自己複製してゲノム内で拡散（転移）すると考えられている。DNA 断片が直接転移する DNA 型と，転写と逆転写[1-1]の過程を経る RNA 型がある。RNA 型のトランスポゾン（レトロトランスポゾン）には転位に必要なタンパク質をコードした長さが 100〜1000 bp ほどの長鎖散在反復配列（LINE）と，長さが 80〜400 bp ほどでタンパク質をコードしておらず転位には LINE の酵素を利用する短鎖散在反復配列（SINE）が含まれる。Alu はヒトと近縁種のゲノム上に存在する SINE の一種であり，ヒトゲノム中には 100 万コピーも存在する。

≫遺伝子重複

ゲノムの進化において，遺伝子の重複によって新たな遺伝子が生成される。これらは，異なる染色体上に反復配列などの類似した配列がある場合に，類似配列のあいだで誤った染色体の組換え[1-3]が起こったり，レトロトランスポゾンが遺伝子を複製して転移したりして生じると考えられている。遺伝子重複の結果として，ゲノム上に遺伝子ファミリーが並んだクラスターを構成する場合もある。体節の形成を制御するホメオティック遺伝子，酸素を運搬するグロビン遺伝子[5-8]などが遺伝子クラスターの代表例である。

≫ゲノム全体の重複

同一種または近縁種間で，一方の種に対して整数倍の染色体数をもつ現象を倍数性という。倍数性が変化する倍数化は，減数分裂時に染色体[1-3]が分離されないことにより起こると考えられている。倍数化によって染色体数，ゲノムサイズ，遺伝子数が急激に増大する。倍数性を示す個体を倍数体という。コムギ（六倍体）やマス（三倍体）などの植物や魚類に多くみられ，器官や個体が大型化する例が報告されている。倍数体は以下の 2 種類がある。

同質倍数体：同じ種類のゲノムを複数もつ倍数体。例として，通常の生物がもつ染色体を A とすると，ゲノム構成が AA，AAA，AAAA の場合はそれぞれ同質二倍体，同質三倍体，同質四倍体とよぶ。

異質倍数体：2 種類以上のゲノムで構成されている倍数体。異質四倍体を例にとれば，AAAB，AABB，AABC，ABCD などがこれにあたる。

≫遺伝子地図

染色体上にどの遺伝子がどこにあるか（遺伝子座[5-2]）を表わした地図を遺伝子地図という。また，その地図上の目印となるのが DNA（遺伝子）マーカーである。DNA（遺伝子）マーカーの種類には，1 塩基多型（SNP），制限酵素断片長多型（RFLP）のほか，マイクロサテライト[5-3]などがある。遺伝子地図には 2 種類ある。1 つは組換え率から得られた DNA（遺伝子）マーカー間の距離を基に作成した連鎖（遺伝）地図である。連鎖地図のマーカー間の距離は cM（センチモルガン）という単位で表わされ，1 cM は 1％ の確率でマーカー間の組換えが起こる距離である。もう 1 つは制限酵素切断箇所や DNA（遺伝子）マーカー間の距離を塩基対数（bp）で表わした物理地図である。近年では，次世代シークエンサ[6-2]の圧倒的な塩基配列解読量を活かしてホールゲノムショットガン[1-18]法を用いることで，あらかじめ遺伝子地図作成を行なわずにゲノム解析を行なう場合もあるが，一般には遺伝子地図を作製したほうが高精度な解析が可能になる。

練習問題　出題▶H25（問 1）　難易度▶A　正解率▶44.3%

ゲノムサイズが小さい生物から大きい生物への並びとして，もっとも適切なものを選択肢の中から 1 つ選べ。

1. 大腸菌＜ショウジョウバエ＜コムギ＜ヒト
2. 大腸菌＜ショウジョウバエ＜ヒト＜コムギ
3. 大腸菌＜コムギ＜ショウジョウバエ＜ヒト
4. ヒト＜ショウジョウバエ＜コムギ＜大腸菌

解説　それぞれの生物種のおおよそのゲノムサイズは**表 1** のとおりである。大腸菌，ショウジョウバエ，ヒトのあいだでは，より高等になるほどゲノムサイズが増大する関係が成立する。ただし，コムギのゲノムサイズは倍数性（六倍体）により非常に大きいことが知られている。よって選択肢 2 が正解である。

参考文献

1）『ゲノム（第 3 版）』（T. A. ブラウン著，村松正實・木南凌監訳，メディカル・サイエンス・インターナショナル，2007）第 3 章，第 7 章

1-16 ヒトゲノム

ヒトゲノムの構造と遺伝的多型

Keyword ヒトゲノム，染色体，リピート，CpG アイランド，遺伝的多型

ヒトゲノムは 2003 年に国際共同プロジェクトによって，その塩基配列の解読完了が宣言された。この解析により，主要な遺伝子の数は約 22,000 であること，ゲノム中に多くの反復配列が散在することなどが明らかになった。また，引きつづき行なわれた ENCODE，1000 人ゲノムなどのさまざまな全ゲノム解析プロジェクトの成果は，詳細なゲノムの構造解析や，ゲノムの個人差の情報を基に，がんをはじめとする遺伝病の研究に貢献し，個人の疫学的な特徴に即したテーラーメイド医療の発展が期待されている。

≫ヒトゲノムの構造

ヒトは 22 対の常染色体と X，Y の性染色体(男性の場合 XY，女性の場合 XX)をもち，ゲノム(22 本の常染色体＋X または Y)の塩基配列長は約 3×10^9 bp である。それぞれの染色体は線状の構造をもち，両末端には他の真核生物と同様にテロメアとよばれる反復配列[▼1-1, 1-15]を有する。国際共同プロジェクトにより，2003 年にヒトゲノムの解読完了が宣言された。

ゲノム配列中のグアニン(G)とシトシン(C)の合計の割合である GC 含量[▼3-11]はヒトでは平均約 40% だが，ゲノム中で均等ではなく，染色体領域ごとに大きく異なる。また，GC 含量の高い領域に含まれる CpG アイランドとよばれる C と G の反復配列(GC 含量が 50% 以上，塩基数が 200 bp 以上のとき CpG アイランドとよばれる)は，ヒトの約 70% の遺伝子のプロモーター領域[▼1-5]に存在する。CpG アイランドはメチル化を受けることで，遺伝子発現の調節に関与している。

また，ゲノム中の反復配列がゲノム全体の約 50% に相当することもわかった(**図 1**)。反復配列には細胞内でゲノム上を転移する散在性反復配列であるトランスポゾン[▼1-15]も含まれる。また，GC 含量の高い領域には Alu 配列(短鎖散在型，SINE に属するトランスポゾン)が 100 万コピーも存在する。他の生物との比較から，SINE や LINE などの非 LTR 型の反復配列が哺乳類の進化過程で急速に増えたことが示され，これらの反復配列が高等生物の進化に関与する可能性が考えられている。

さらに，タンパク質をコードした遺伝子座[▼5-2]は約 22,000 であることが示された。このうち約 20,000 が既知の遺伝子，約 2,000 は未知の遺伝子をコードすると推定された。ヒトのゲノムサイズなどから予想されていた遺伝子座数は 70,000〜100,000 個であったので，22,000 という数の少なさは，生物としての複雑さと遺伝子の数は必ず

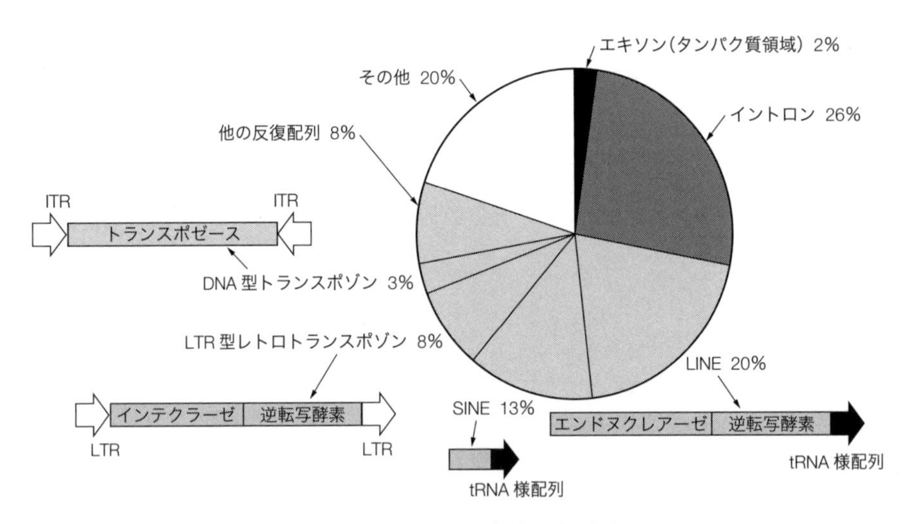

図 1. ヒトゲノム中の各種配列の割合

黒で示したエキソン[▼1-5]と濃灰色のイントロンが通常の遺伝子に相当する。薄灰色は各種の反復配列[▼1-15]であり，全ゲノムの約半分を占める。LTR 型レトロトランスポゾンは両側に LTR(long terminal repeat)とよばれる特徴的な DNA 配列をもち，逆転写により数を増やしつつゲノム中で転移する(いったん RNA に転写されたのちに逆転写酵素によって DNA に変換され，インテグラーゼにより DNA を切断し侵入する。これは一部のウイルスの増殖過程と同じメカニズムであり，これらのトランスポゾンはウイルスの起源または細胞内に侵入して居着いたウイルスではないかと考えられている)。SINE と LINE は非 LTR 型トランスポゾンとよばれ，tRNA[▼1-6]様の配列を使った逆転写とエンドヌクレアーゼの DNA 切断によってゲノム中で転移するが，SINE は自身の酵素をもたず，LINE に相乗りして転移する。DNA 型トランスポゾンは両端に ITR(inverted tandem repeat)配列をもち，ITR を認識して切断するトランスポゼースで自身を DNA から切り出し，ゲノムの他の位置に転移する。

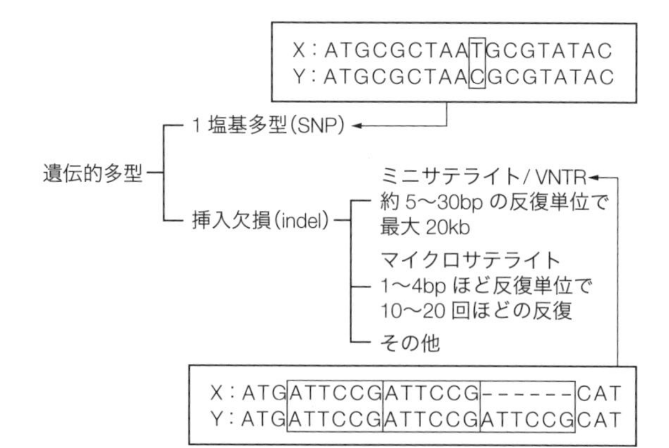

図2. 遺伝的多型の種類
1塩基多型(SNP)とVNTRについて，同種の個体XとYのあいだのDNA配列のちがいを例として示した。

しも比例関係にはないことを示していた。また，この遺伝子数には議論があり，いまだに確定していない。タンパク質をコードした領域はゲノム全長の1.2%に相当しており，これも予想より少なかった。

しかしながら1つの遺伝子は，エキソンを選択的に使用(特定のエキソンを使わない，あるいは複数並んで存在するエキソンから1つを選んで使用するなど)する選択的スプライシング[▼1-5]で，転写産物のバリエーション(スプライスバリアント)をつくり出すことができる，これまでの解析では，ヒトの1遺伝子あたりのスプライスバリアントは，他の生物の平均である2.6〜3.2個よりも多いと見積もられていて，ヒトでは少ない遺伝子からより多くのバリエーションを生み出していると考えられている。このことから，ヒトゲノムはタンパク質をコードした遺伝子のほかにどのような情報を含むのかが議論となり，ENCODEという国際プロジェクトが2007年から2012年まで行なわれた。その結果，ヒトゲノムの80%の領域はタンパク質をコードしていないが，別の役割をもったマイクロRNA[▼1-5]などのRNAに転写されるか，染色体内部で相互作用して遺伝子発現の調節をするなどの，新規な生物学的機能を担うことが明らかとなった。

≫ヒトゲノムの活用

人種，民族といった特定の集団や個人の遺伝子やゲノム塩基配列のちがいを遺伝的多型という。遺伝的多型には1塩基多型(SNP)や塩基の挿入・欠失(indel)があり，indelにはマイクロサテライトやミニサテライトまたはVNTR(variable number of tandem repeats)とよばれる縦列反復配列の繰り返し回数の変化が含まれる(**図2**)。縦列反復しない長いゲノム領域の重複数のちがいはコピー数多型(copy number variation；CNV)とよばれる。1塩基多型(SNP)[▼5-3]は同一生物種内のゲノムで対応する1塩基が異なる現象であり，個体(人)差を生み出す役割があると考えられている。

近年，個人のゲノム塩基配列を解読し，公開されているヒトゲノム情報との比較から遺伝的多型を検出するリシークエンス[▼1-18]も行なわれている。リシークエンスで得られた多型情報を基に，人種，民族といった特定の集団がもつ表現型と遺伝的多型の関連について，ゲノム全体を対象として探索するゲノムワイド関連解析[▼5-3]は，疾患原因の究明や個人差に対応して最適な処置を施すテーラーメイド医療に応用されようとしている。

従来，ゲノム解読は多くの時間と費用を必要としたが，次世代シークエンサ[▼6-2]やスーパーコンピュータといった技術革新により，解読コストは軽減され，異なる民族グループ1,000人分のゲノムを解読し，遺伝的多様性を解析する1000人ゲノムプロジェクトも行なわれている。

練習問題 出題▶H22（問14） 難易度▶C 正解率▶71.0%

ヒトのゲノムについて，以下の記述の中でもっとも不適切なものを選択肢の中から1つ選べ。

1. ヒトゲノムは核ゲノムとミトコンドリアゲノムからなる。
2. ヒトのゲノムにはSNPとよばれる1塩基多型を示す部位が存在する。
3. ヒトのゲノムにあるタンパク質をコードする遺伝子の数は約10万である。
4. ヒトの核ゲノムは通常46本の染色体DNAからなり，そのうち2本は性染色体である。

解説 ゲノムは特定の生物のもつDNA全体であるので，選択肢1の内容は正しい。1塩基多型(SNP)はヒトを含む多くの生物の主要な遺伝子多型であるので，選択肢2の内容は正しい。ヒトの遺伝子数は，ゲノムが完全解読するまでは約10万という説もあったが，解読の結果約22,000となっている。よって選択肢3の内容は不適切であり，これが正解である。ヒト染色体の数と構成は，半数染色体(n)では常染色体22本+XまたはYの23本だが，核には二倍体の46本($2n$)の染色体が存在するので，選択肢4の内容のとおりである。

参考文献

1)『ヒトゲノムの未来』（C. デニス，R. ガラガー著，藤山秋佐夫監訳，徳間書店，2002）pp.100-152
2)『ゲノム医学・生命科学研究総集編（実験医学増刊）』（榊佳之ほか編，羊土社，2013）pp.66-71
3)「1000 Genomes」（1000人ゲノムプロジェクト）http://www.1000genomes.org/
4)「The ENCODE project」http://www.genome.gov/10005107

1-17 遺伝子組換え

主要な遺伝子組換え技術

Keyword クローニング，ベクター，プラスミド，制限酵素，PCR

農業や畜産業では，より質が高く生産性のよい品種をつくり出すことが試みられてきたが，交配で得られた雑種の中から望ましい形質をもつ個体を選抜し，かけ合わせを繰り返していくため，目的の形質をもった品種を確立するためには偶然を期待しなければならず長い時間がかかっていた。近年，バイオテクノロジーの発展により，目的の形質をもった個体を人為的かつ効率的につくり出すことができるようになってきた。それは，ある生物から遺伝子を取り出し，他の生物のDNAに組み込む遺伝子組換え技術の利用である（**図1**）。遺伝子をクローニング（特定の遺伝子を含むDNAを選別して増やす）して，大腸菌に導入して目的タンパク質を効率よく生産させたり，動植物や微生物に導入して目的とするDNAやタンパク質の機能を評価したりするなど，さまざまな分野で利用されている。

≫ベクター

クローニングしたい遺伝子[▼1-5]を組み込んで，導入する細胞にその遺伝子を運び込み，自身も細胞内で増幅されるDNAのことをベクターとよぶが，一般にはプラスミドとほぼ同意義で使われることが多い。大腸菌などの細菌[▼1-1]は，自身の染色体以外に，生存には必須ではない小型環状のプラスミドというDNAを保持しており，プラスミド上の遺伝子は大腸菌に毒性や薬剤耐性などの付加的な機能を与えている。このプラスミドを保持する能力を外来遺伝子の運び屋として利用すれば，目的とする新たな機能を導入する細胞に付与することができる。

≫制限酵素とDNAリガーゼ

制限酵素とは，DNAの特定の塩基配列を認識して切断する酵素である。クローニングしたい遺伝子を含むDNAを取り出し，制限酵素で目的配列を切り出し断片化させ，この断片化させたDNAを，同じ制限酵素で切断し開環させたプラスミドと混合し，DNAリガーゼ（DNAどうしを結合させる酵素）により結合することにより，形質転換可能なベクターを構築することができる。

≫形質転換法と転換体の取得

ベクターを細胞に導入することを形質転換といい，ベクターを保持している細胞を宿主細胞という。大腸菌の形質転換（ベクターの導入）は，一般に熱を加えるヒートショック法が用いられるが，植物に遺伝子導入する際に使われるアグロバクテリウムなどには電気パルスを与えて導入するエレクトロポレーション法，直接植物細胞に導入する際にはパーティクルガン法が，動物細胞にはリポフェクション法など，目的に応じてさまざまな方法が用いられている。

目的の遺伝子が導入されたことが容易にわかるように，ベクターには薬剤選択マーカーが入っている。たとえば，抗生物質であるアンピシリンを分解する酵素の遺伝子をベクターに入れておくことにより，形質転換された細胞は，目的遺伝子の他にアンピシリン存在下でも増殖できるようになる。そのため，アンピシリンを塗布した寒天培地で培養することにより，形質転換がうまくいっている大腸菌のみを選択的に増殖させることが可能となり，コロニー（同一の細胞から増殖したクローン細胞の集団）として取得することができる。大腸菌以外の細胞でも基本的には同様な選択法が用いられているが，酵母の場合のように，栄養要求性株（特定の栄養合成酵素の遺伝子が欠損した株）に対して，ベクターに栄養素合成酵素遺伝子を組み込んで，形質転換が行なわれた場合にのみ増殖できるようにする方法もある。遺伝子組換え実験は生態系への影響を考慮し，定められた法令・指針[▼1-22]に準拠して実施する必要がある。

≫PCR

ベクターや大腸菌などを用いずに，試験管内で特定のDNA配列を選択的に増幅するクローニング方法に，PCR（polymerase chain reaction）がある。PCR法は，増幅させたい目的のDNA配列（テンプレート）をはさみこんで，テンプレート二重鎖のそれぞれ異なる鎖の約20塩基に相補的[▼1-7]な短い2つのDNAをプライマー〔それぞれ，F（フォワード）プライマー，R（リバース）プライマーなどとよんで区別される〕として用いて，以下の3つのステップによってDNAの増幅を行なう手法である。第1ステップは熱変性によりテンプレート2本鎖DNAを1本鎖にすることである。第2ステップで温度を下げてプライマーを相補部分に結合させるアニーリングを行なう。第3ステップにおいて，DNAポリメラーゼ[▼1-4]（DNA合成酵素）により相補鎖から2本鎖DNAを複製する。プライマーはDNAポリメラーゼによるDNA合成の開始に必要であり，DNAポリメラーゼによって鋳型となるDNAの3′末端まで相補鎖が伸張される。この第1～第3ステップが1サイクルで，2つのプライマーにはさまれた鋳型DNAの領域を2倍に増やすことができる。十分な量のプライマーが供給されていれば，これらのステップを30～40サイクル繰り返すことで，鋳型DNAを理論的には2^{30}～2^{40}倍にすることが可能である。プライマーの特異性ときわめて微量のサンプルから増幅できることから，DNAのクローニングや発現解析といった研究のみならず，親子鑑定や細菌・ウイルス[▼1-1]の同定を含む診断などきわめて多彩な応用が試みられている。

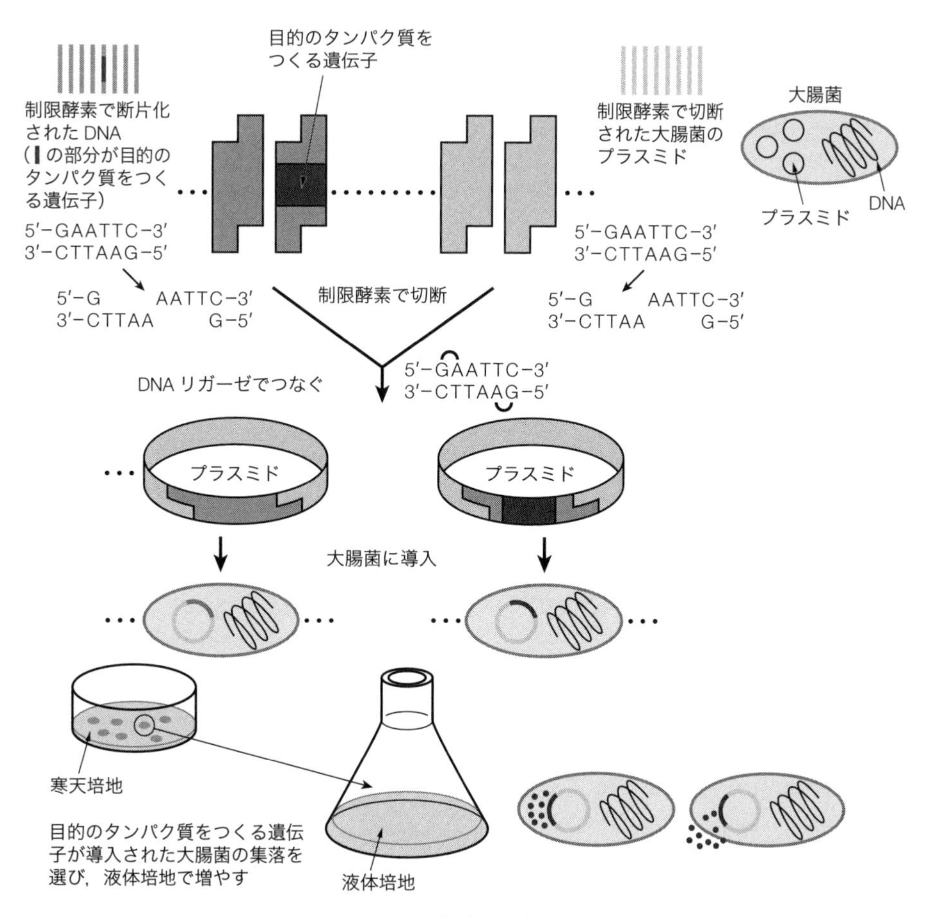

図 1. 組換え体の作製

ある種類の制限酵素は DNA を切断する際に 2 本の鎖を互いちがいに切断することで，1 本鎖の部分を残す。この 1 本鎖の部分をのりしろとして，同じ DNA 配列を切断する酵素で切断した他の DNA(図の場合はプラスミド)と相補鎖を形成させて DNA リガーゼでつなぐことができる。

練習問題 出題▶H25（問 17） 難易度▶B 正解率▶63.1%

酵素の種類の英語名と，その酵素に直接関連する生化学反応の組み合わせとして，もっとも不適切なものを選択肢の中から 1 つ選べ。

1. kinase－糖鎖修飾
2. phosphatase－脱リン酸化
3. endonuclease－核酸の切断
4. protease－ペプチドの分解

解説 キナーゼ(kinase)は，対象とするタンパク質などにリン酸基[▼1-11]を付与するリン酸化酵素である。この反対がホスファターゼ(phosphatase)で，リン酸化タンパク質からリン酸基を除去する脱リン酸化酵素である。また，ヌクレアーゼ(nuclease)とは，核酸を切断する酵素であり，エキソヌクレアーゼ(exonuclease)は，DNA 配列を末端部から切断し，エンドヌクレアーゼ(endonuclease)は，逆に DNA 配列の内側を切断する酵素で，制限酵素もエンドヌクレアーゼの一種である。プロテアーゼ(protease)は，タンパク質やペプチドを分解する酵素である。よって，選択肢 1 が正解である。

参考文献

1)『遺伝子工学（第 2 版）』（村山洋ほか著，講談社，2013）pp.67-97
2)『現代生命科学の基礎』（都筑幹夫著，教育出版，2005）pp.270-273

1-18 ゲノム解析

ショットガン法による全ゲノム解読とゲノムワイド解析技術

Keyword ショットガン法，リファレンス配列，マッピング，cDNA，メタゲノム

ショットガン法はゲノム配列をランダムに切断し，適当な長さの断片を選び，配列解読（シークエンシング）を行なう。その後読んだ配列をコンピュータでつなぎ合わせてゲノムを網羅する方法である。近年，次世代シークエンサとよばれる従来の数百万倍に及ぶ配列解読能力をもった装置が登場して，ゲノム解読が飛躍的に高速化された。そのため，ゲノム全体を対象としたゲノムワイドな配列解析研究の方法が開発されている。

≫ゲノムショットガン法

ショットガン法は最近のゲノム解読[▼1-15]においてもっともよく用いられる手法である。ゲノムを構成する染色体の塩基数は数十～数百 Mbp(10^6 bp)あり，現在の技術でも1本の配列として連続的に読むことは不可能である。そのため，ゲノム解読においてはショットガン法という方法が用いられる。ゲノム配列のショットガンシークエンシング法には大きく分けて，全ゲノムショットガンと階層化ショットガンがある(**図1**)。

全ゲノムショットガンは断片化したゲノム配列のうち適当なサイズのものを回収し，ライブラリ化したあと，ゲノム断片の両端を配列決定(シークエンス)する。ライブラリ化とは，大量のゲノム断片をそれぞれベクター[▼1-17]に組み込み，宿主細胞に保管することを意味する。この方法は解読の精度は落ちるが，圧倒的な解読量の次世代シークエンサと組み合わせることにより短時間で解読結果が得られる。

階層化ショットガンは100～200 kb ほどに断片化したDNAを長鎖DNA用ベクターであるBAC(bacterial artificial chromosome，細菌の細胞中で安定的に複製される人工的に作製されたベクター)を用いてライブラリ化する。ライブラリ化されたBACクローンとDNAマーカー[▼5-3]を用いて物理地図[▼1-15]を作成し，BACクローンを整列化(ゲノム上の順番に並べること)し，クローンを選抜する。選抜したクローンからゲノムDNAを回収し，シークエンスまでの過程は全ゲノムショットガンとほぼ同様

表1. 次世代シークエンサを用いたゲノムワイドな配列解析法

解析法	目的
ゲノムアセンブリ	ゲノム配列の *de novo* アセンブリ
リシークエンス	リファレンスゲノム配列にマッピング，多型検出
RNA-Seq (マッピング)	mRNA の発現解析
RNA-Seq (*de novo* アセンブリ)	mRNA の *de novo* アセンブリ
エキソーム	エキソン上の変異検出
ChIP-Seq	DNA 結合タンパク質の結合部位の同定，修飾ヒストン解析
メタゲノム	環境サンプルから回収されたゲノム DNA の解析

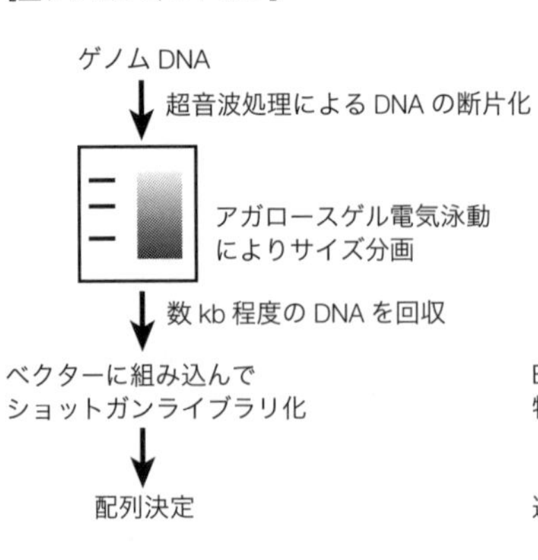

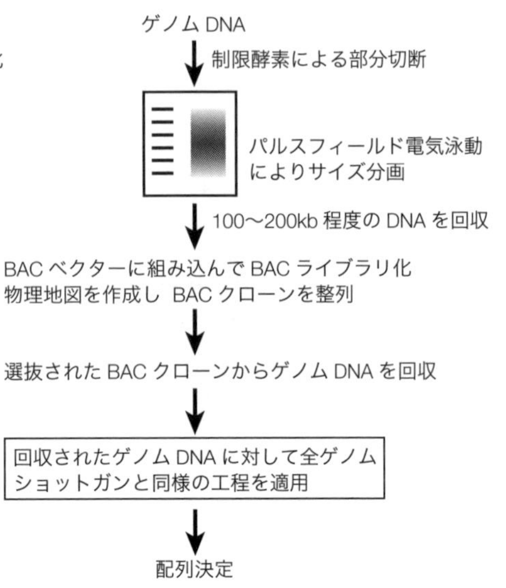

図1. ゲノムショットガンシークエンシング法の手順

である。一連の作業のなかで物理地図の作成からBACクローンの選抜に時間と労力がかかるが，全ゲノムショットガンより解読の精度は高く，ヒト，マウス，シロイヌナズナなど，現在もよく利用されているレファレンス(参照)ゲノム配列はこの手法でよく解読されている。

このような方法で解読された断片化ゲノム配列は，その配列間どうしの共通配列部分を手がかりにコンピュータ上でアセンブル(整列集合[▼3-8])する。

≫ゲノムワイドな配列解析

近年，次世代シークエンサ[▼6-2]とよばれる従来の数百万倍に及ぶ配列解読能力をもった装置が登場した。次世代シークエンサはその解読量の多さから，ゲノム全体を対象としたゲノムワイドな配列解析を容易にした(**表1**)。

ゲノムアセンブリとは，前述のショットガン法のように断片的に解読された配列を，ゲノムの順番に並べてつなぎ合わせる方法[▼3-8]を指す。これは，まだ近縁種のゲノム配列が未知である場合には必要な作業であり，新規にゲノム配列を解読することから，*de novo*(デノボ)アセンブリとよばれる。これに対して，すでに解読された生物種のゲノム配列について，異なる個体や近縁な系統のゲノムの一部を配列解析する方法をリシークエンスという。このとき，すでに解読されたゲノム配列をリファレンス(参照)配列とよび，リシークエンスされた配列をマッピング(リファレンス配列で対応する箇所を特定)することで，1塩基多型や反復配列多型などの変異を検出することができる。

次世代シークエンサは，ゲノムから転写されたmRNAの配列解析(RNA-Seq)にも大きな威力を発揮する。RNAの配列解読は，RNAを鋳型として逆転写酵素[▼6-1]で相補的なDNA[▼1-7]を合成しライブラリ化して行なわれる。合成されたDNAをcDNA(complementary DNA，相補的なDNA)とよび，ライブラリをcDNAライブラリという。RNA-Seqには，mRNA全長配列を解読することで，選択的スプライシング[▼1-5]などで生み出された新規のmRNAを解読する*de novo*アセンブリ法や，解読された配列をリファレンス配列にマッピングして転写されているゲノム配列を特定する方法がある。また，リファレンス配列が既知の生物種では，タンパク質に翻訳されるエキソン[▼1-5]の領域に特異的に結合する短い配列(プローブ)を利用することで，エキソン領域だけを網羅的に配列解読することができる。これはエキソーム解析とよばれ，タンパク質に翻訳されるエキソン領域に多いと考えられている病気の原因となる変異の検出に有効である。

ChIP-Seq解析では，転写因子などのDNA結合タンパク質[▼1-5]が認識する配列を特定することができる。この方法は，ゲノムDNAを超音波などで断片化して，目的のDNA結合タンパク質に対する抗体[▼1-12]で特異的に沈降させる。DNA結合タンパク質が認識するDNAはタンパク質に結合して沈降するので，これを濃縮し配列解読することで認識配列が解明できる。

さらに現在では，深海底や工業廃水など特定の環境中の生物のゲノムを，生物種を特定せずに解読するメタゲノム解析[▼6-1]も行なわれている。環境は多数の生物の相互作用で形成されているので，このようなゲノム断片の集合(メタゲノム)は，環境評価に利用することができる。

練習問題　出題▶H20（問16）　難易度▶B　正解率▶54.3%

クローニングに関する以下の記述について不適切なものを選択肢の中から1つ選べ。

1. ショットガンクローニングの一つの方法として，制限酵素を用いてゲノムDNAを断片化し，その断片を制限酵素で切断したプラスミドにDNAリガーゼを用いて組み込むことが行なわれる。
2. 多数のDNAクローンの塩基配列の重なりを見つけながら，それらのクローンをアセンブルすることによってゲノム全体の配列を知ることができる。
3. プラスミドやファージは，細菌内で増殖するので，それらにクローニングしたい遺伝子を組み込み，細菌内に送り届けるベクターに使うことができる。
4. 大腸菌と酵母のような異なる生物種の両方で増殖するプラスミドベクターは，両生物種で共通に機能する つの複製開始点(ori)をもつ。

解説　選択肢1～3の内容は，この項目と遺伝子組換え[▼1-17]の項目で述べたとおり正しい。大腸菌と酵母で複製開始点は異なる。通常，異なる生物種で増殖可能なシャトルベクターは，それぞれの生物に適した複製開始点を同時にもつ必要がある。したがって，選択肢4の内容は不正確であり，これが正解である。

参考文献

1)『使えるデータベース・ウェブツール（実験医学増刊）』（有田正規編，羊土社，2011）pp.203-209

1-19 分子生物学実験技術

分子生物学分野を飛躍的に発展させた実験技術

Keyword 二次元電気泳動，サザン・ノーザンブロッティング，ウェスタンブロッティング，質量分析，GFP

生命科学分野は，分子レベルの研究（分子生物学）の進展により飛躍的に発展してきた。分子生物学実験では，まず目的の生体物質を含む溶液から対象物を分離・精製することが必要不可欠である。電気泳動やサザン・ノーザンブロッティング，ウェスタンブロッティングなどの実験技術の進歩により，目的の核酸やタンパク質の分離・抽出が可能となった。これらの技術の応用である二次元電気泳動やDNAマイクロアレイでは，大量のサンプルを一度に扱う網羅的な解析が可能となった。生体高分子の質量分析技術の向上や蛍光タンパク質の登場により，網羅的解析で抽出された個々の遺伝子を解析する技術も飛躍的に進展した。

≫電気泳動

水溶液中で核酸のリン酸基[▼1-7]は負に帯電しているため，電場を与えると核酸は陽極に移動する(電気泳動)。核酸の電気泳動でおもに用いられるアガロースゲル(寒天)は網目微細構造を形成しており，網目を通りやすい分子量の小さい核酸は泳動距離が長く，分子量の大きいものは泳動距離が短くなるため，分子量の大きさを指標に核酸を分離することができる。またタンパク質も，おもにポリアクリルアミドゲルを用いることにより電気泳動を行なうことができる。界面活性剤SDSの添加でタンパク質を分子量にほぼ比例して過剰に負帯電させた状態で電気泳動することにより，泳動距離に応じて分子量ごとに分離する。この方法をSDSポリアクリルアミドゲル電気泳動法，略してSDS-PAGE法という。さらに，タンパク質では二次元電気泳動法が開発されており，タンパク質の荷電性(荷電アミノ酸[▼1-8]や末端部の電荷の総和)に依存して分離する等電点電気泳動(SDSを添加していないので，pH勾配を与えたゲル内で，電離性アミノ酸の解離によりちょうどタンパク質の電荷が0になる位置まで移動する)と，分子量で分離するSDS-PAGEの2段階で電気泳動を行なう(**図1**)。荷電と分子量の2つのパラメータによって数千種類ものタンパク質を効果的に分離することが可能となり，細胞のタンパク質全体をまとめて解析するプロテオーム解析[▼6-5]分野を大きく発展させた。キャピラリー電気泳動は，緩衝液を満たした内径100 μm以下の中空細管の中で電気泳動を行なう手法で，DNA塩基配列の決定に用いられる。

≫サザンブロッティング，ノーザンブロッティング

サザンブロッティングは，ゲノム断片などの多数のDNAが混合した溶液から，特定の配列をもつDNAのみを同定する手法である。まず，アガロースゲル電気泳動によりDNAを分子量で分離する。次に，泳動ゲルとナイロン膜を接触させ，泳動ゲル中のDNAをナイロン膜に転写する。DNAを転写したナイロン膜上にプローブDNA〔目的のDNAと相補的[▼1-7]な短いDNA断片を，蛍光色素や放射線同位体などで標識(ラベル)したもの〕を添加することにより，膜上の目的DNAとプローブDNAとが相補的な結合を形成する(ハイブリダイゼーションという)。蛍光や放射性同位体などのプローブDNAのラベルを検出すれば，プローブDNAと結合した目的のDNAのみを同定することができる。これをRNAに応用したものがノーザンブロッティングであり，プローブDNAと相補的に結合した目的のRNAのみを同定できる。遺伝子の転写量を確認する実験などに用いられる。

DNAマイクロアレイ[▼6-3](DNAチップ)は，同様の原理で，網羅的解析を行なうことができる方法である。さまざまな遺伝子のDNAを，スライドガラス上に1種類ずつスポット状にのせておく。微生物や細胞から全mRNAを抽出して蛍光色素で標識し，先のスライドガラスに添加する。蛍光標識されたmRNAは相補的な配列をもつDNAに結合するため，標識検出により微生物や細胞で発現している遺伝子を同時に検出できる。細胞間の遺伝子発現を比較する実験などに利用される。

≫ウェスタンブロッティング

DNAにおけるサザンブロッティング，RNAにおけるノーザンブロッティングと同様に，目的のタンパク質を検出する手法にウェスタンブロッティングがある。電気泳動後のポリアクリルアミドゲルからナイロン膜にタンパク質を転写し，膜上に目的タンパク質に特異的な抗体[▼1-12]を添加すると，抗原抗体反応によって目的タンパク質と結合する。蛍光で標識した二次抗体(抗体自身を認識する抗体)で抗体を検出することにより，目的のタンパク質を同定することができる。

≫質量分析

物質を電場や磁場の存在下でイオン化させると，イオン化した物質はその質量と電荷数の比に応じて異なった動きを示す。質量分析は，イオン化した物質の運動から原子や分子の質量・分子構造などを明らかにする手法である(**図2**)。従来，測定の対象は低分子化合物に限られており，タンパク質のような高分子では，イオン化により破壊されてしまい，質量を求めることが困難であった。しかし，ペプチド断片を穏やかにイオン化させて全長の質量を計測する実験手法の開発に成功した田中耕一氏の功績により(2002年ノーベル化学賞受賞)，質量分析法[▼6-1]が代謝物[▼6-4]や生体高分子解析[▼6-5]のための強力なツールとなった。

≫蛍光タンパク質

GFP(green fluorescent protein)は，オワンクラゲか

ら発見された蛍光タンパク質である。GFPは475nm（1nm＝10^{-9}m）の波長の光で励起すると，509nmの蛍光を発する。単離されたGFP遺伝子は，レポーター遺伝子としてさまざまな研究に用いられている。遺伝子の発現を，蛍光などの観測が簡単な方法で知らせることのできる遺伝子をレポーター遺伝子という。たとえば，小胞体[▼1-2]に局在するタンパク質の遺伝子にGFP遺伝子を融合させ，細胞内で発現させたあとに475nmの光を照射すると，小胞体が緑色蛍光を発する。逆に，細胞内局在が未知のタンパク質の遺伝子とGFP遺伝子を連結し，細胞内でGFP融合タンパク質を発現させて蛍光観察を行なうことにより，そのタンパク質の細胞内局在性を知ることができる。GFPの発見と技術開発への貢献により，下村脩，M. シャルフィー，R. Y. チェンの3氏が2008年のノーベル化学賞を受賞した。

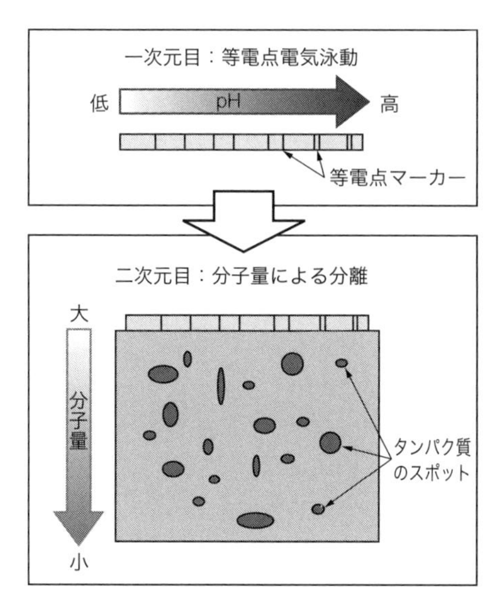

図1. タンパク質の二次元電気泳動

（上）タンパク質中のアミノ酸[▼1-8]はpHに依存してさまざまな解離状態をとり，酸性（低）pHでは正電荷（＋）過剰，アルカリ性（高）pHでは負電荷（－）過剰になる。pH勾配ゲル中で電圧をかけると，正電荷過剰では陰極側，負電荷過剰では陽極側に移動するが，電荷が差し引き0（等電点）になるpH位置に移動すると，それ以上力を受けず停止する。（下）上の状態では等電点の同じタンパク質は重なっているが，SDS-PAGEのゲルではタンパク質は変性しているので，分子量に依存してさらに分離される。

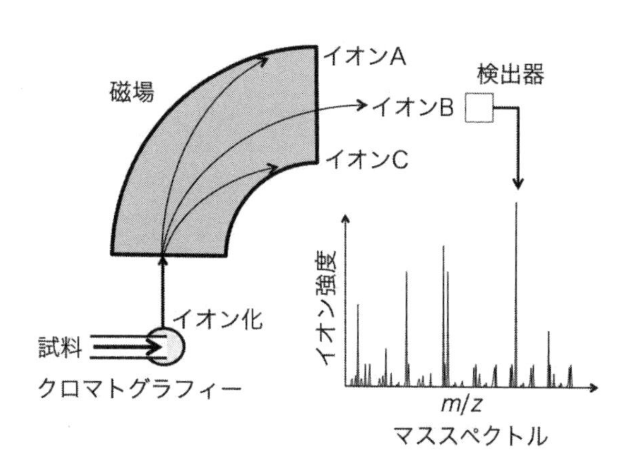

図2. 質量分析機

質量分析〔マススペクトロメトリー，略してマスともよばれる〕では，クロマトグラフィー[▼6-1]などで分画した試料をMALDI（マトリックス支援レーザー脱離イオン化）法やESI（エレクトロスプレーイオン化）法などいくつかの方法でイオン化し，イオン化した試料を磁場・電場中で運動させる。このときイオンは，そのm/z（質量mと電荷数zの比に等しい値）と磁場・電場の強さにより軌道が異なるため，ある磁場・電場の強さでは特定のm/zのイオン（図のイオンB）だけが検出器に届く（しかし磁場・電場の強さを変えると，イオンBではなくAやCなどが届くようになる）。そこで横軸にm/zを，縦軸にそのm/zで検出されたイオン強度をプロットしたものがマススペクトルであり，このスペクトルから分子種（ペプチドの場合はアミノ酸配列）を推定できる。生体試料の解析には主として四重極型・イオントラップ型・飛行時間型・オービトラップ型などが用いられる。

練習問題　出題▶H25（問19）　難易度▶C　正解率▶81.1％

プロテオーム解析に用いられる二次元電気泳動法では，タンパク質を二つのパラメータで分析することができる。二つのパラメータの組み合わせとして，もっとも適切なものを選択肢の中から1つ選べ。

1. T_m値，等電点
2. 分子量，等電点
3. 分子量，疎水性
4. T_m値，疎水性

解説 二次元電気泳動では，一次元目ではタンパク質の電荷よる等電点電気泳動（ディスクゲル電気泳動）が行なわれ，二次元目では分子量によるSDSポリアクリルアミドゲル電気泳動法（SDS-PAGE）が行なわれる。したがって，正解は選択肢2である。

参考文献

1）『遺伝子工学』（柴忠義著，講談社，2012）pp.57-60
2）『質量分析実験ガイド』（杉浦悠毅・末松誠編，羊土社，2013）pp.10-17

分子・細胞生物学の最新の実験技術

Keyword ES 細胞, iPS 細胞, ゲノム編集, エピゲノム

分子生物学の発展により細胞や全ゲノムレベルの生命現象を扱う実験技術が発展した。ゲノム編集は，ゲノム上の特定部位を標的として，これまでにない精度で遺伝子を改変する技術である。エピジェネティクスは，DNA や RNA の塩基配列に明示的に規定されない遺伝的現象を解明する新しい領域である。iPS 細胞は分子生物学手法を使って細胞を脱分化させることで，再生医療への道を開く技術である。

≫ゲノム編集

ゲノム編集はゲノム配列上の任意の位置に欠失・置換・挿入を導入する技術である。ゲノム編集には部位特異的なヌクレアーゼが必要であり，Cas ヌクレアーゼを用いた CRISPR-Cas 法が主流となりつつある。CRISPR は真正細菌や古細菌[1-1]のゲノム上のリピート配列(種固有の 24〜48 塩基対の配列)とスペーサー配列からなる反復配列クラスターであり，スペーサー配列中にファージ・ウイルス・プラスミドの DNA 断片と相同な配列が見つかったことから，原核生物の獲得免疫システムとして機能することが解明された(図 1)。CRISPR は通常 cas 遺伝子群および tracrRNA 遺伝子とクラスターを形成し，CRISPR から転写された crRNA，tracrRNA，cas 遺伝子翻訳産物，および標的 DNA が複合体を形成する。スペーサー配列から転写された crRNA が相補的な標的 DNA 配列に結合すると Cas ヌクレアーゼによってその配列内に二本鎖切断(double strand break，DSB)が生じる。標的 DNA には Cas ヌクレアーゼによる認識のために PAM(Protospacer Adjacent Motif)が必要である。PAM は NGG など数塩基の固有の配列であり，自己のゲノム中の CRISPR 領域は切断せずに外来 DNA だけを切断する自己と非自己の区別を担う。細胞中の DNA に DSB が生じると，非相同性末端結合や相同組換え型修復[1-3]により修復されるが，この際にしばしば塩基の挿入・欠失や外来 DNA の組み込みが起こる。これらの性質を利用し，CRISPR 中のスペーサー配列を人工的にゲノム上の標的配列と置き換えることで，任意のゲノム位置で遺伝子のノックアウトや外来 DNA を組み込むノックインといったゲノム編集が可能になる。CRISPR-Cas システムはその構成因子のちがいにより多様性を示し，大きくタイプ I〜VI に分類される。ゲノム編集に用いられる代表的なシステムとして，タイプ II(Cas9，二本鎖 DNA 切断)，タイプ V(Cas12，二本鎖 DNA オーバーハング型切断)，タイプ VI(Cas13，1 本鎖 RNA 切断)などがある。通常，標的 DNA を規定するガイド RNA には標的配列でデザインした crRNA に tracrRNA を連結させた sgRNA(single guide RNA)が用いられる。標的配列以外の位置で編集が生じる問題をオフターゲット効果とよぶ。

≫エピジェネティクス

エピジェネティクスとは，細胞分裂[1-3]を経て娘細胞に受け継がれるが，DNA 配列の変化(突然変異)を伴わない遺伝システムおよびその研究分野を指し，このように継承される情報の総体をエピゲノムとよぶ。エピジェネティクスのおもなメカニズムは，DNA メチル化とヒストン修飾である。

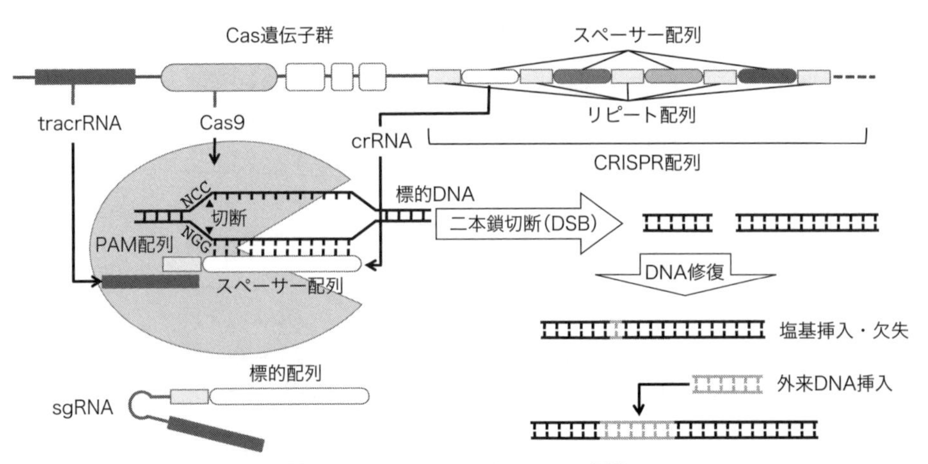

図 1. CRISPR-Cas9 によるゲノム編集

上段に CRISPR と cas 遺伝子群の配置が模式的に例示されている。cas 遺伝子群は，スペーサーに外来遺伝子断片を取り込む獲得過程や CRISPR 領域の転写・プロセスによる発現過程，標的 DNA を切断する干渉過程でそれぞれの役割を果たす。CRISPR 領域から発現した RNA または sgRNA と Cas タンパク質により中段のエフェクター複合体が形成される。

DNAメチル化は，連続するシトシン(C)残基とグアニン(G)塩基(CpG)と相補鎖(GpC)のシトシン塩基にDNAメチルトランスフェラーゼによってメチル基が付加されて生成される(5-メチルシトシン)。ゲノム中でCpGが豊富に含まれる領域をCpGアイランドとよび，遺伝子のプロモーター領域[▼1-5]に高頻度に認められる。DNAメチル化状態はDNA複製後，維持メチラーゼがメチル化された親DNAとまだメチル化されていない娘DNAを認識し，後者をメチル化することで継承される。一般にDNAメチル化は転写因子などのDNA結合に影響することで遺伝子発現を制御すると考えられる。DNAメチル化によるエピゲノム形成として，片親からの遺伝子を選択的に発現抑制するゲノム刷り込み(ゲノムインプリンティング)や相同X染色体のうち一方が不活性化されるX染色体不活化などが知られている。

バイサルファイト(BS)法は，DNAメチル化状態を検出する配列解析法である。重亜硫酸ナトリウム処理により，ゲノム中のメチル化されていないシトシン(C)はウラシル(U)に変換され，シークエンサ[▼6-2]による配列決定ではチミン(T)として認識される。よって，メチル化シトシン部位は重亜硫酸ナトリウム処理の有無によりC/T多型として識別される。

ヒストン修飾では，ヌクレオソーム[▼1-1]の4種類のヒストン(H2A, H2B, H3, H4)のN末端のヒストンテールとよばれる天然変性領域[▼4-9]に存在するリジン(K)，アルギニン(R)，セリン(S)，トレオニン(T)のアミノ酸側鎖がリン酸化，アセチル化，メチル化，ユビキチン化など多様な翻訳後修飾[▼1-11]を受ける。ヒストンの修飾状態によりクロマチン構造が変化し遺伝子発現が調節される。例として，活発に発現する遺伝子のプロモーター領域のヌクレオソームのヒストンH3の9番目と14番目のリジンはアセチル化(H3K9ac，H3K14acのように表記される)，4番目のリジンはトリメチル化(H3K4me3)される傾向にある。このような特異的な遺伝子発現を決定するヒストン修飾のパターンをヒストンコードとよぶ。ただし，ヒストン修飾がゲノム複製をへて継承されるメカニズムは未解明な点が多い。

≫ ES細胞・iPS細胞

ES細胞(胚性幹細胞)は理論上すべての組織に分化する分化多能性を保ちつつ，ほぼ無限に増殖できる細胞であり，組織を培養して移植などに供する再生医療への応用が期待されている。ただしES細胞は，個体になりうる発生初期の胚盤胞から取り出した内部細胞塊を培養して作製されるため，生命倫理[▼1-22]上の問題が指摘されている。iPS細胞(induced pluripotent stem cell)は，体細胞にOct3/4, Sox2, Klf4, c-Mycなどの転写因子遺伝子[▼1-5]を初期化因子として導入し細胞リプログラミング(主として細胞が分化過程で蓄積したエピジェネティック修飾を消去して未分化状態に近づけること)により，ほぼ無限に増殖しさまざまな組織や臓器の細胞に分化する能力をもつ多能性幹細胞としたものである。山中伸弥らによって作製され，2012年のノーベル生理学・医学賞が授与された。導入される4遺伝子は山中ファクターとよばれるが，同時期にOct3/4，Sox2，Nanog，Lin28の導入による成功例も報告されている。

iPS細胞は，皮膚や血液など採取しやすい体細胞を用いて人為的に作製が可能であるため，ES細胞の倫理上の問題を回避できる。さらに，患者自身の細胞から作製可能であるので，移植時に拒絶される可能性が低い利点がある。ただし，初期化因子の導入にレトロウイルスベクターを用いることで起こるDNA損傷や，未分化細胞の混入などから腫瘍化の危険性も指摘される(この問題については，初期化因子の最適化や細胞への導入方法の改良が行なわれている)。

練習問題 出題▶H31（問18） 難易度▶C 正解率▶86.2%

ゲノム編集技術のCRISPR/Cas9に関する以下の記述のうち，もっとも不適切なものを選択肢の中から1つ選べ。

1. CRISPRは原核生物における免疫機構に関係する反復配列である。
2. Cas9はDNAの二本鎖切断(DSB：double strand break)を誘導するヌクレアーゼである。
3. CRISPR/Cas9法は哺乳類ゲノムにしか利用できない手法である。
4. オフターゲット効果とは想定していない部位に変異が生じることである。

解説 CRISPR-Cas9によりゲノム編集を行なう場合は，Cas遺伝子とsgRNAなどのガイドRNA遺伝子を組み込んだベクターを標的細胞に形質転換する。標的DNA部位以外の必要な要素はすべてこのベクターに由来するので，ベクター導入が可能な生物種・細胞であれば哺乳類に限らずゲノム編集は可能である。また，Cas9-sgRNA複合体を直接細胞へ導入する方法も使われている。よって選択肢3が正解となる。

参考文献

1)『ゲノム編集とはなにか「DNAのハサミ」クリスパーで生命科学はどう変わるのか』(山本　卓著，講談社，2020)
2)『iPS細胞のいま　基盤となるサイエンスと創薬・医療現場への道しるべ』(山中伸弥企画，羊土社，2020)
3)『もっとよくわかる！エピジェネティクス』(鵜木元香，佐々木裕之著，羊土社，2020)

1-21 タンパク質の立体構造決定

X 線結晶解析法などによるタンパク質の立体構造の解析技術

Keyword 立体構造，X 線結晶解析法，核磁気共鳴法，電子顕微鏡法

細胞の中でタンパク質はその機能発現に必要な立体構造を形成し，巧みに構造を変化させながら機能を果たしている。タンパク質の機能のメカニズムを解明するためには，その立体構造（タンパク質分子を構成する原子の座標）を知る必要がある。タンパク質などの生体高分子の立体構造を実験的に解明する主要な方法には，X 線結晶解析法，核磁気共鳴法（NMR 法），電子顕微鏡法がある。

タンパク質の立体構造を決定する 3 つの方法，X 線結晶解析法，核磁気共鳴法(NMR 法)，電子顕微鏡法にはそれぞれ長所と短所がある。原子レベルの分解能でタンパク質中の分子構造を解明するためには，X 線結晶解析法や NMR 法が広く用いられている。とくに，X 線結晶解析法は分解能(どれだけ細かく構造が解析されたかを示す指標)が高く，NMR 法と比べて解析対象の分子量限界が高いので，タンパク質の三次元座標[▼4-2]の決定によく用いられるが，タンパク質を結晶化する過程が不可欠である。一方，NMR 法は溶液状態のタンパク質の立体構造を求めることが可能である。電子顕微鏡法は他の手法に比べて一般的に分解能が低い。しかし，解析対象の分子量限界がきわめて高く，試料の精製度などの制約が少ないので，他の方法で解析が困難な巨大分子の構造決定が可能である。

≫ X 線結晶解析法

X 線結晶解析法は，タンパク質分子を構成する原子の座標決定にもっとも多く使われる方法である。X 線は波長が可視光よりはるかに短い 0.1 nm($1\,\mathrm{nm} = 10^{-9}\,\mathrm{m}$)前後の光である。タンパク質は適切な溶液条件下で，分子が規則正しく並んだ集合体，すなわち結晶になる。タンパク質の結晶に X 線を照射すると，X 線の一部が試料中の電子によって散乱する(**図 1** 上)。散乱した X 線は特定の方位角で増幅しあい，パターンをもった回折点として観測される。この回折パターンと回折 X 線の強度は，結晶中の電子密度の情報をもっており，計算により電子密度を求めることができる。電子密度を求めるために，分子置換法(すでに類似のタンパク質構造がわかっている場合)，重原子同型置換法(構造未知のタンパク質の場合)などいくつかの方法がある。タンパク質の分子構造は，電子密度に一致するように，コンピュータ上でアミノ酸残基[▼1-8]モデルをアミノ酸配列に従って組み入れて構築される。得られた分子モデルの精度は，どの程度細かい構造情報を与える回折を観測できたかを表わす分解能(1〜3 Å＝0.1〜0.3 nm 程度で小さいほど高分解能である)と，分子モデルから計算予測した回折 X 線強度と実測値の差を示す R 値(0.5〜0.2 程度で小さいほど高精度である)で表わす。X 線結晶解析法では，タンパク質の結晶化が必要不可欠であるため，結晶化が困難な膜タンパク質などはいまだ技術的な壁が残されている。

≫核磁気共鳴法(NMR 法)

NMR 法では，濃縮したタンパク質溶液を強磁場に置いて測定する。タンパク質中の磁石の性質(磁気モーメント)をもつ水素(^{1}H)，炭素(^{13}C)などの原子は，強力な磁場の中では磁気モーメントが固有の周期で歳差運動(首ふり運動)を行なう。ここで，歳差運動の周期に応じた周波数のラジオ波を外部から照射すると，溶液中の同種の原子の周期が同調され(つまり全体として 1 つの巨大な磁気モーメントとして振る舞い)，外部にラジオ波を放出する。これを励起といい，照射するラジオ波の周波数によって特定の原子を励起することができる。もし 2 つの原子を同時に励起した場合に，単独で励起した場合と比べて放出されるラジオ波が変化した場合は，その 2 つの原子は空間的に接近していることを意味する。この効果を核オーバーハウザー効果(NOE)という。NMR 法はこの効果を利用して，原子間の距離情報を大量に観測する。タンパク質の分子構造は，集積された距離情報をもっとも満足するようにコンピュータ上で分子モデルを構築することで得られる。NMR 法ではタンパク質の結晶化が不要であり，溶液中のタンパク質試料を測定できるため，タンパク質のフォールディング[▼1-9]や構造変化の観察に適している(**図 1** 中)。また，NMR 法は原子間の磁気モーメントの相互作用を観測することで，代謝物[▼6-4]などの立体構造(立体配置[▼4-1])を求める目的でも利用される。

≫電子顕微鏡法

電子顕微鏡には，大きく分けて透過型電子顕微鏡(TEM)と走査型電子顕微鏡(SEM)の 2 種類があるが，タンパク質の構造解析にはおもに透過型電子顕微鏡が用いられる。まず，試料溶液をカーボンメッシュに滴下し，タンパク質を固定したあと，電子を透過しにくい酢酸ウラニルなどで染色する。これは電子線透過に対するコントラストを得るためであるが，最近では染色を行なわず，溶液をそのまま急速凍結する氷包埋法も用いられている。カーボンメッシュに電子顕微鏡内で電子線照射し，透過電子線を測定する。測定される像は，透過像，すなわち二次元の影絵である。そこで，コンピュータを使って，類似した像を分類し平均化することで良質の粒子画像を選出する。その後，各粒子画像について，分子をどの方向から見ているか(方位角)を計算する。方位角に従って粒子画像を逆投影すると，分子の 3D マップが得られる。

電子顕微鏡法の分解能は通常2〜30Å(0.2〜3nm)であるので，直接分子構造を求めることが難しいことも多い。その場合，X線結晶解析法やNMR法で求めた分子モデルを，得られた3Dマップに当てはめることで，分子の全体構造モデルを構築する。近年，電子直接検出カメラや試料を低温に保ったまま扱える装置の開発などにより，試料溶液を急速凍結して観察するクライオ電子顕微鏡法[4-14]が急速に発展し，原子分解能(2〜3Å＝0.2〜0.3nm)でのタンパク質複合体の構造解析が可能になってきた。電子顕微鏡法は，試料の分子量限界が非常に高く，透過像の取捨選択が可能なので，分子が構造変化している場合もある程度対応できる。このため，巨大な複合体構造[4-9]の解析に適している(**図1**下)。

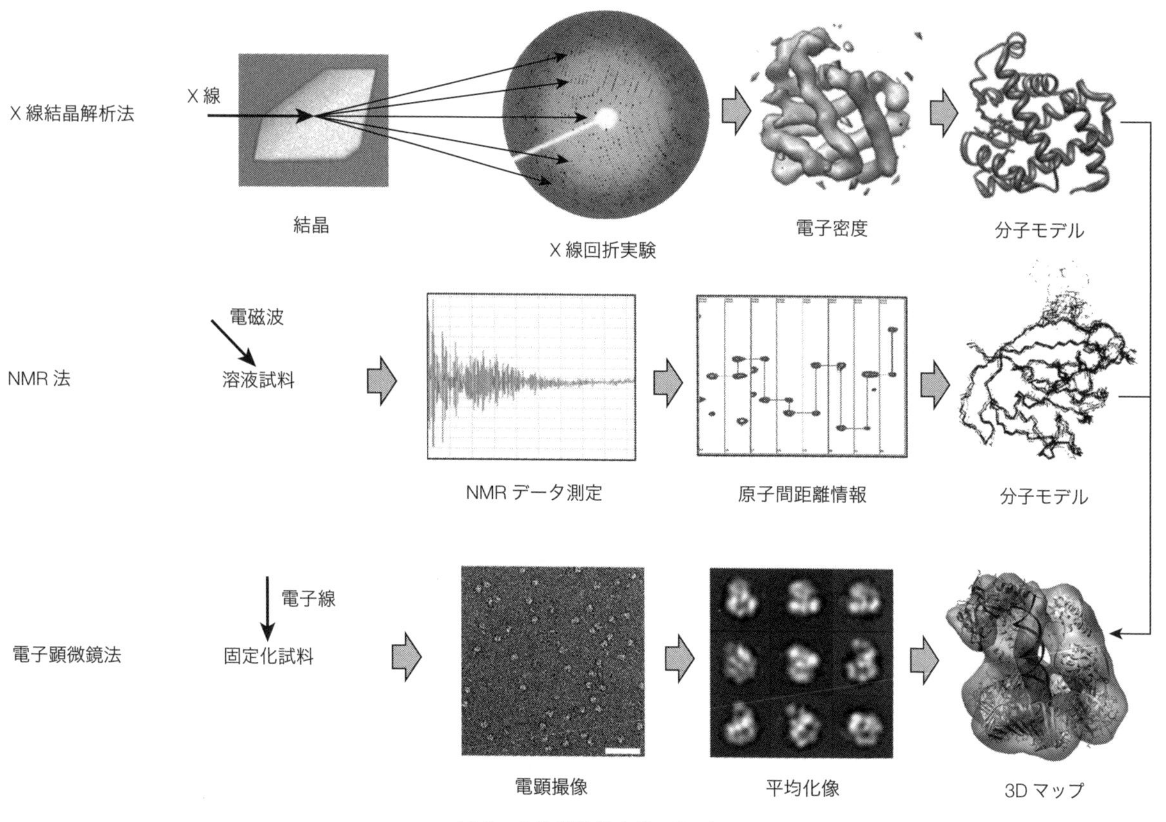

図1. 立体構造決定法の概要

練習問題 出題▶H22(問20) 難易度▶C 正解率▶74.8%

生体高分子の立体構造を決定する際に広く用いられているX線結晶解析で直接的に観察されるものは次のどれか。正しいものを選択肢の中から1つ選べ。

1. 水素原子(プロトン)間の距離
2. 電子の分布(電子密度)
3. 原子(核)の位置
4. 原子間の結合

解説 タンパク質などをはじめとする生体高分子のX線結晶解析法では，結晶からの回折パターンが得られ，回折強度から電子密度を計算する。したがって，正解は選択肢2である。

参考文献

1)『細胞の分子生物学（第5版）』（B. アルバートほか著，中村桂子・松原謙一監訳，ニュートンプレス，2010）第8章
2)『タンパク質の構造入門（第2版）』（C. ブランデン，J. ツーズ著，勝部幸輝ほか訳，ニュートンプレス，2000）第18章

生命科学研究の実施にあたり遵守すべき法令・研究倫理指針

Keyword 遺伝子組換え，カルタヘナ法，個人情報の保護に関する法律，人を対象とする生命科学・医学系研究に関する倫理指針

ヒトを対象とした研究を実施する際，ヒトから採取した試料由来の解析データ・カルテ情報・検査値・質問票などの臨床情報を用いることがある。2015年改正の『個人情報の保護に関する法律』において「個人情報」の定義が明確化され，一部のゲノムデータが個人識別符号に，また，臨床情報が要配慮個人情報に該当することとなった。そのため，ヒトを対象とした研究を実施する際には，個人情報の保護に留意しつつ，各研究分野に関係する研究倫理指針に準拠した研究活動を実施する必要がある。

各種オーミクス解析技術[▼6-1]や遺伝子組換え技術[▼1-17]の革新的な進歩により，網羅的で精度の高いデータを大量に得られるようになってきた。それに伴い，人の尊厳や人権に関わる生命倫理の問題，遺伝子組換え技術による生物多様性への影響や安全性の問題等が生じるようになってきた。それらの問題の適正化を図るため法令・指針が新たに整備され，国際的な調和を図りつつ，その時々の課題に即して改正・統廃合されてきた。現在までの生命科学研究に関係する法令・指針の状況を**図1**に示す。

≫遺伝子組換え・生物多様性の保全

遺伝子組換え研究を実施する際は，1993年に生物多様性の保全や持続可能な利用のための国際的な枠組みとして採択された『生物多様性条約』（日本は1993年に締結）に基づいて定められた『遺伝子組換え生物等の使用等の規制による生物の多様性の確保に関する法律（平成15年法律第97号）』（通称『カルタヘナ法』）に準じ，対象とする生物種によってそれぞれの主務官庁が定める規制措置を講じる必要がある。また，海外の遺伝資源を研究に用いる場合は，遺伝資源へのアクセスと利益分配（Access and Benefit Sharing; ABS）（通称『名古屋議定書』）についても留意すべきである。

≫ヒトを対象とした研究

2021年6月30日に施行された医学系研究やヒト由来試料等を用いる生命科学研究を実施する際に準拠すべき『人を対象とする生命科学・医学系研究に関する倫理指針』（以下『生命・医学指針』とする）と，その根拠法となる『個人情報の保護に関する法律（平成15年法律第57号）』（以下『個情法』とする）について解説する。

≫研究倫理指針

医学研究とヒトゲノム研究[▼1-16]が同時に実施されるケース

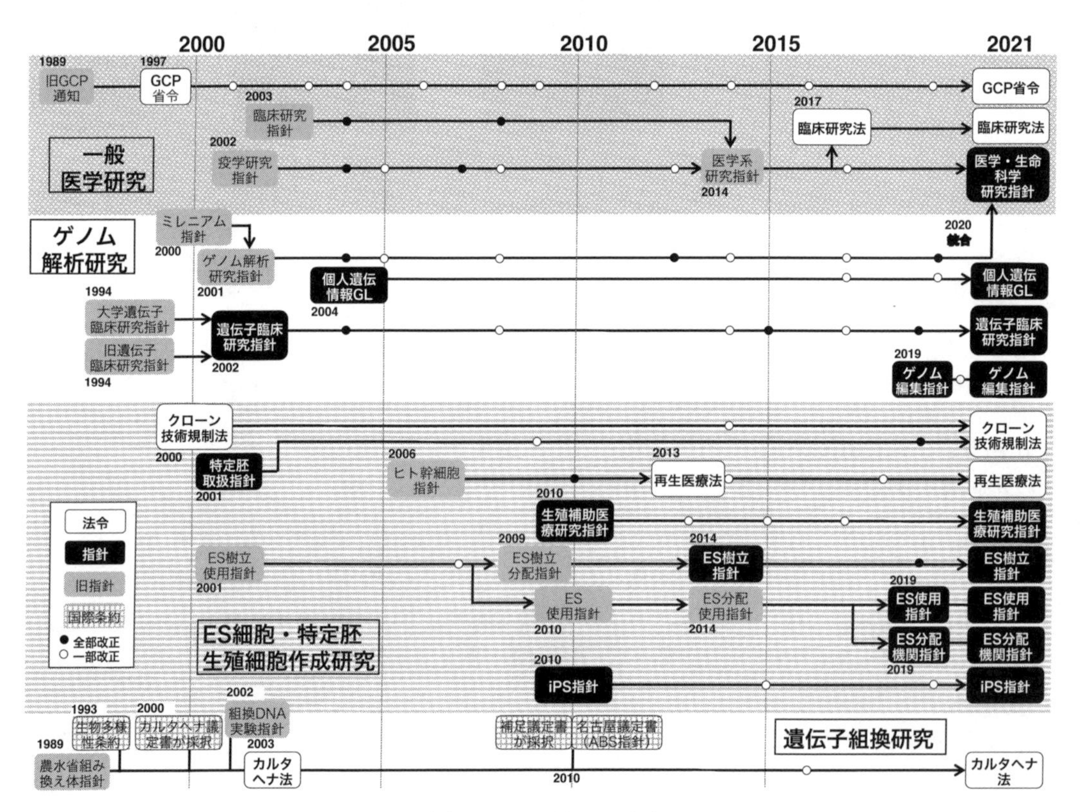

図1. 生命科学研究に関係する法令・指針

が増えてきたことなどを踏まえ，今まで2つの指針『ヒトゲノム・遺伝子解析研究に関する倫理指針』（以下『ゲノム指針』）と『人を対象とする医学系研究に関する倫理指針』（以下『医学系指針』）により適正化を図っていたが，両指針を統廃合して『生命・医学指針』が制定された。

『生命・医学指針』は，指針の適用範囲，生命・医学研究を実施する研究者等の責務，研究者が所属する機関の長の責務，倫理審査委員会の役割や設置要件，研究を実施する上で必要な手続，インフォームド・コンセントの際の遵守事項，第三者提供や他の研究に試料や情報を使用する際のルール，個人情報の適切な取り扱いなどを定めている。今後新たに開始される研究は『生命・医学指針』に準拠する必要があるが，『医学系指針』を踏襲しているため，指針見直しにより改正された点を除いて大きな変更は無い。主な改正点は以下のとおりである。

≫倫理審査委員会

研究対象者の人権の尊重，その他倫理的観点および科学的観点を調査審議するために設置される。改正により，1つの研究計画書に基づき実施される多機関共同研究では，原則，一括審査を求めることになった。

≫インフォームド・コンセント

研究の目的・意義および方法，研究対象者に生じるリスクや利益，遺伝情報の開示[▼5-5]，遺伝カウンセリングの方針などについて十分な説明を受け，それらを理解した上で自由意思に基づいて研究者等に対して与える研究実施に関する同意を指す。改正により電磁的方法（デジタルデバイスやオンライン等）により実施可能となった。

≫その他

『ゲノム指針』の以下のルールが削除され，匿名化は必須で無くなり，個人情報管理者等の範囲が広がった。

1. 原則として，匿名化された試料・情報を用いて研究を実施しなければならない。
2. 個人情報管理者および分担管理者は，その提供する試料・情報を用いて研究を実施する研究責任者又は研究担当者を兼ねることはできない。

≫個情法

2003年に成立して以来一度も改正されてこなかったが，情報通信技術の飛躍的な進展により多種多様で膨大な量のデータの収集や利用が可能となり，その利活用がイノベーション創出に寄与すると期待されることから，適正化を図るため2015年に改正された。その際，個人情報の定義の明確化，匿名加工情報の規定の整備，個人情報保護委員会の設置，外国にある第三者提供に関する規定の整備などが改正された。原則として，学術研究機関における学術研究目的での個人情報の利用は『個情法』の適用外となるものの，個人情報の取り扱いには同法を根拠法とする研究倫理指針に準拠する必要がある。

2015年改正により，生命・医学研究において産出されるデータや収集される診療情報が個人識別符号や要配慮個人情報に該当することになった（練習問題参照）。さらに外国の第三者に個人データを提供する場合には，あらかじめ明示的な同意を受けることが必要になった。

2015年の改正以降，『EU一般データ保護規則（General Data Protection Regulation; GDPR）』の十分性認定との関係もあり，令和2年と3年に改正された（それぞれ，2022年4月，2023年4月に施行予定）。令和2年改正では，情報の利活用をする上で足りない部分が取り込まれ，令和3年改正では，個人情報を取り扱う者が所属する機関によって規定や運用がバラバラであったことで生じる情報流通の妨げを解消し，個人情報保護委員会が一元管理する体制へ改正された。そのため，令和2年改正内容は全分野に直接影響が出てくることになる。

今後，『個情法』の改正内容が同法を根拠法とする各種指針等に反映されていく。『生命・医学指針』は2022年4月1日に改正指針が施行される予定である。

練習問題　出題▶H30（問19）　難易度▶B　正解率▶59.0%

ゲノム情報は特定の個人を識別しうる情報であることから，その取扱いは個人情報保護法の対象となりうる。「個人情報の保護に関する法律についてのガイドライン・通則編」（平成29年3月一部改正）によると，特定の個人を識別することのできる「個人識別符号」に該当するとみなされるデータとして，もっとも不適切なものを1つ選べ。

1. 全エクソームシークエンスデータ
2. 全ゲノム一塩基多型（SNP）データ
3. 互いに独立な4箇所のSNPから構成されるシークエンスデータ
4. 9座位以上の4塩基単位の繰り返し配列（short tandem repeat; STR）に基づく遺伝型情報

解説　全核ゲノムシークエンスデータ・全エクソームシークエンスデータ[▼6-3]・全ゲノム一塩基多型（SNP[▼1-16]）データ・互いに独立な40箇所以上のSNPの組み合わせ・9座位以上の4塩基単位の繰り返し配列（STR[▼5-3]）の組み合わせが個人を特定し得る情報量をもったゲノムデータ（個人識別符号）とされている。よって選択肢3が不適切である。

参考文献

1）「文科省生命倫理・安全に対する取組」https://www.lifescience.mext.go.jp/bioethics/anzen.html#kumikae
2）「人を対象とする生命科学・医学系研究」https://www.lifescience.mext.go.jp/bioethics/seimeikagaku_igaku.html
3）「個人情報の保護に関する法律」https://www.ppc.go.jp/personalinfo/

2進数と論理演算

Keyword ビット，シフト演算，論理積，論理和，否定

われわれの日常では10進数を使用して数の表現や計算を行なう。10進数では1桁を0から9までの数で表現し，ある桁が9を上回った際には桁上りを使用して2桁の数“10”として表現する。一方，コンピュータはデジタル回路であるため，文字列や数字などのすべてのデータを電気信号のON（1）とOFF（0）の2進数として取り扱う。ここでは2進数の加減乗除，論理演算について解説する。

10進数と2進数のちがいについて例をあげて示す。10進数で“132”と表現された場合，$132=10^2\times1+10^1\times3+10^0\times2$（$10^0=1$である）と分解することができる。同様に，2進数で表現された“1011”という数は以下のように分解でき，10進数に変換できる（1011の横に表記される$_{(2)}$は基数を表わし，その数が2進数であることを表わす）。

$$1011_{(2)}=2^3\times1+2^2\times0+2^1\times1+2^0\times1=8+2+1=11$$

2進数の各桁をビットとよび，2進数の桁数をnビットとよぶ。たとえば，上記の例である$1011_{(2)}$は4桁の2進数であるため4ビットとなる。

次に2進数の加減算について考える。2進数の加減算は10進数のそれと原理的には同じ手順で計算を行なう。ただ，10進数では桁上りが“9”を超えるときに発生するのに対し，2進数では“1”を超えるときに発生する。具体的に3ビットの2進数の加算$101_{(2)}+001_{(2)}$（$5+1=6$）を例にあげて説明する。2進数の加算は10進数と同様，最下位（一番右の）ビットから計算を行なう。この例だと$1_{(2)}+1_{(2)}$の加算から行なう。$1+1=2$となるため，1桁の2進数では表現できないため桁上りが発生し，この桁の加算結果は“0”，さらに次の桁の加算に“1”が追加される（下線部は桁上りを表わす）。

$$1_{(2)}+1_{(2)}=\underline{1}0_{(2)}$$

下位ビットからの桁上りをふまえた次の桁の加算は$0_{(2)}+0_{(2)}+\underline{1}_{(2)}$となり，この桁の加算結果は“1”となり，桁上りは発生しない。同様に最上位ビットまでの演算を繰り返すことで以下の演算結果を得る。

$$101_{(2)}+001_{(2)}=110_{(2)}$$

減算の場合も10進数と同様に，最下位（一番右の）ビットから各桁について減算を行なう。たとえば$101_{(2)}$から$011_{(2)}$を減算する場合は，まず1桁目は$1_{(2)}-1_{(2)}=0_{(2)}$となるが，2桁目では$0_{(2)}$から$1_{(2)}$を引くことになるので，$101_{(2)}$の3桁目から桁借りして$10_{(2)}-1_{(2)}=1_{(2)}$とする。桁借りにより$101_{(2)}$の3桁目は0になり，減算は終了する。すなわち，以下のようになる。

$$101_{(2)}-011_{(2)}=010_{(2)}$$

≫シフト演算

シフト演算は与えられた2進数のビットを左（もしくは右）にnビットずらす（シフトさせる）ことで乗除算を行なう。たとえば4ビットの2進数$0110_{(2)}=6$を1ビット左シフトさせる演算について考えてみる（$<<n$はnビット左にシフトさせるという意味）。

$$0110_{(2)}<<1=1100_{(2)}=12$$

nビットの左シフト演算は2^n倍することに相当する。逆に右シフトを行なった場合は$1/2^n$倍する演算に相当する。シフト演算では桁あふれに注意する必要がある（**図1**）。たとえば$1101_{(2)}$を右に1ビットシフトさせた場合，最下位ビットの“1”は失われ，演算結果は$1101_{(2)}>>1=0110_{(2)}$となる。左シフトの場合も同様に，ビット長が固定されている場合には最上位ビットを超えて左にシフトされたビットは失われる点に注意したい。CPUはその構造上，一度に取り扱えるビット長が固定されている。近年では64ビットのCPUが広く普及されており，これらのCPUでは64ビットを超えたビットは失われ，計算はエラーとなる。

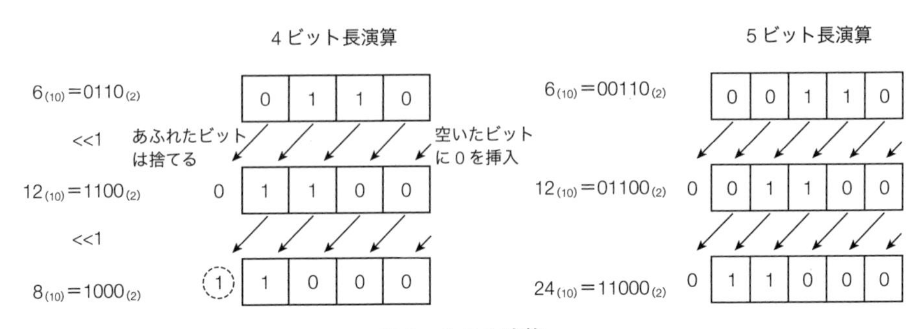

図1．シフト演算

（左）シフト演算であふれたビットは捨て，空いたビットには0を挿入する。4ビット長で<<1を実行すると，2回目で最上位ビットの1が捨てられて計算はエラーになる。（右）ただし，同じ演算を5ビット長で行なうと，正しい値（10進数で12×2=24）が得られる。

≫論理演算

2進数では1と0という数を取り扱うことができるため，条件が成り立つときである「真」を「1」とし，成り立たないときである「偽」を「0」とおくことで，論理回路を利用した論理演算[2-2]を行なうことができる。論理演算には論理和(OR)，論理積(AND)，否定(NOT)などがある。論理和(OR)はAとBのどちらかが「真」であれば「真」を，一方で論理積(AND)はAとBがともに「真」であるときのみ「真」を返す。また，否定(NOT)は各条件の真偽を反転させたものを返す。論理演算でよく利用される法則に分配法則，ド・モルガンの法則などがある(解説を参照)。論理演算によって「ある条件を満たすならXを，そうでなければYを実行する」などのプログラム[2-3]の記述が可能となる。

練習問題　出題▶H24（問21）　難易度▶C　正解率▶65.5%

コンピュータ上では，数値は2進数で表される。2進数どうしの論理和(OR)，論理積(AND)は，各桁ごとにそれぞれ論理和，論理積をとったものであり，否定(NOT)は，各桁ごとに0と1を反転させたものである。たとえば，$1110_{(2)}$ OR $0101_{(2)} = 1111_{(2)}$，$1110_{(2)}$ AND $0101_{(2)} = 0100_{(2)}$，NOT $1001_{(2)} = 0110_{(2)}$である(数字の右の$_{(2)}$は，その数字が2進数であることを示している)。

また，左シフト($x << i$)は2進数xの各桁を左にi桁ずらしたもの(空いたビットは0にし，あふれた最左i桁は捨てられる)，右シフト($x >> i$)は同様に2進数xの各桁を右にi桁ずらしたものである。たとえば対象とする2進数を4桁であると仮定すると，$1010_{(2)} << 2 = 1000_{(2)}$，$1010_{(2)} >> 2 = 0010_{(2)}$である。

このとき，2つの任意の同じ桁数の2進数x，yに対して，成り立つとは限らない式を選択肢の中から1つ選べ。

1. x AND(NOT y) = NOT((NOT x)OR y)
2. x OR(NOT y) = NOT((NOT x)AND y)
3. ($x << 2$)AND($y << 2$) = (x AND y)$<< 2$
4. ($x << 2$)AND($y >> 2$) = x OR y

解説　各選択肢について，論理演算の分配法則，ド・モルガンの法則を利用して成り立つかどうかの判定を行なう。分配法則とは，条件x，y，zが与えられた際に以下のように展開できる法則をいう。

x AND(y OR z) = (x AND y)OR(x AND z)
x OR(y AND z) = (x OR y)AND(x OR z)

また，ド・モルガンの法則は以下のように表わされる。

NOT(x AND y) = (NOT x)OR(NOT y)
NOT(x OR y) = (NOT x)AND(NOT y)

設問の各選択肢の右辺に対して上記法則を適用する。

1．x AND(NOT y) = NOT((NOT x)OR y)
　NOT((NOT x)OR y) = (NOT(NOT x))AND(NOT y)　(ド・モルガンの法則を適用)
　　= x AND(NOT y)

2．x OR(NOT y) = NOT((NOT x)AND y)
　NOT((NOT x)AND y) = (NOT(NOT x))OR(NOT y)　(ド・モルガンの法則を適用)
　　= x OR(NOT y)

3．($x << 2$)AND($y << 2$) = (x AND y)$<< 2$
　(x AND y)$<< 2$ = ($x << 2$)AND($y << 2$)　(分配法則を適用)

4．($x << 2$)AND($y >> 2$) = x OR y

以上のように，選択肢1～3の式はド・モルガンの法則および分配法則により成り立つので，解答は4となる(この式は，同様の展開ができず，たとえば$x = 1010_{(2)}$，$y = 1010_{(2)}$で明らかに成立しない)。

参考文献

1)『プログラムはなぜ動くのか（第2版）』（矢沢久雄著，日経BP社，2007）第2章
2)『コンピュータシステムの基礎（第16版）』（アイテック教育研究開発部編著，アイテック，2013）第6章

論理回路によるコンピュータ上の論理演算

Keyword 論理素子，組合せ回路，順序回路，真理値表

コンピュータをはじめとする電子機器は，論理回路とよばれる素子を組み合わせて構成されている。論理回路は大別して，組合せ回路と順序回路に分けられる。組合せ回路は，現在の入力によってのみ出力が決まる回路のことで，コンピュータの演算装置（CPU[▼2-3]）内の加算や乗算を行なう部分はこれでつくられている。一方，順序回路は，内部に記憶をもつ回路で，コンピュータの制御やデータの一時的保持に使われ，メモリもこれに含まれる。

組合せ回路は記憶をもたない代わりに，いろいろな論理関数を実現する機能をもっている。加算や乗算などの算術演算も，細かくみればたくさんの論理操作から成り立っている。基本となる論理回路は，論理演算[▼2-1]を電子回路として実装したもので，論理積を表わすAND素子，論理和を表わすOR素子，否定を表わすNOT素子がある（素子とは回路の構成要素を指す）（**図1**）。すべての論理関数は，この3種類の組合せで表現できる。とくに論理積と否定を組み合わせたNAND素子（**図2**），論理和と否定を組み合わせたNOR素子（**図2**）は，いずれもそれだけで論理積，論理和，否定の3種類の論理関数を実現できる。3つの論理素子は**図1**にある記号（MIL記号）で図示することが一般的である。たとえば，OR素子の左側のAやBという記号は回路への入力信号を表わし，入力信号の値（0または1）に従って，回路は論理和にあたる信号（0または1）を出力する。これらの論理素子や論理回路が定義する論理関数は，その入出力関係を示す真理値表（**図1, 2**）で表わすことができる。たとえば，OR素子は論理和を計算する回路なので，2つの入力のいずれか一方が1のときに出力が1となり，2つの入力ともに0のときだけ0を出力する。論理素子は，実際には電子回路なのでトランジスタや抵抗などの電子部品でできている。電気的には，0は0V，1は5Vというように一定の電圧に対応する。これらの論理回路は，ある回路の出力を別の回路の入力として受け取ることにより，いくつも組み合わせることができ，それにより複雑な計算をする回路をつくることができる。

順序回路は，出力が現在の入力のほかに過去の入力にも依存する。すなわち，過去の記憶をもった論理回路である。内部に状態Sが記憶されており，ある時刻での出力Zはそのときの入力Xと状態Sで決まる。次の時刻の状態S′も，現在の入力Xと現在の状態Sで決まる。式で書けば，$Z=f(X, S)$，$S'=g(X, S)$と表わすことができる。フリップフロップ回路は，1ビットの情報を一時的に"0"または"1"の状態として保持する（記憶する）ことができる順序回路の基本要素である。フリップフロップ回路は，**図3**のようにNOT素子とNAND素子を使った回路で実現できる。

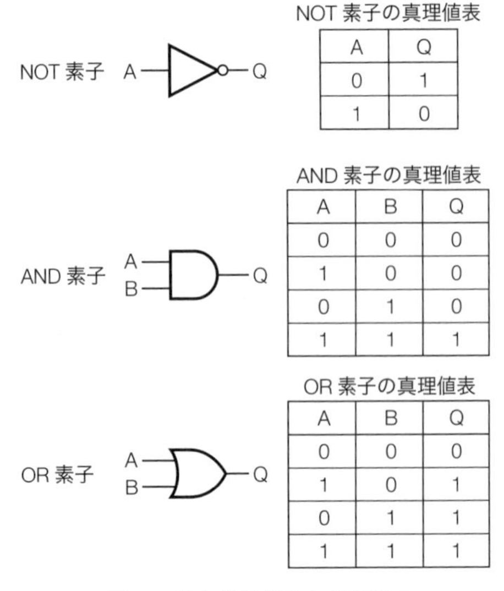

NOT素子の真理値表

A	Q
0	1
1	0

AND素子の真理値表

A	B	Q
0	0	0
1	0	0
0	1	0
1	1	1

OR素子の真理値表

A	B	Q
0	0	0
1	0	1
0	1	1
1	1	1

図1．基本論理素子と真理値表
素子（回路）のMIL記号（左）と真理値表（右）。真理値表はA，Bに0または1を入力したときの出力（Q）を示す。

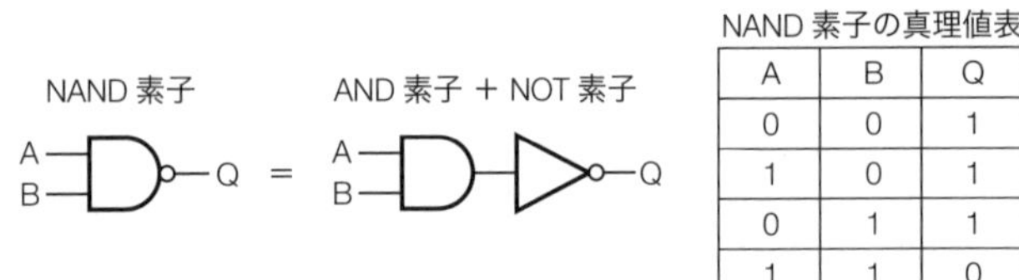

NAND素子の真理値表

A	B	Q
0	0	1
1	0	1
0	1	1
1	1	0

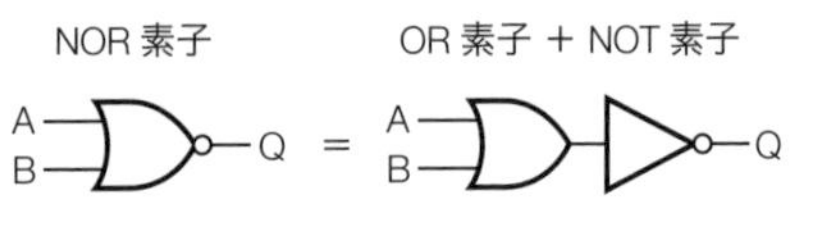

NOR素子の真理値表

A	B	Q
0	0	1
1	0	0
0	1	0
1	1	0

図2．NAND素子とNOR素子
これらは図1の基本論理素子を組み合わせたものと等価である（左）。それぞれの真理値表も，図2の対応する表を順番に適用した場合と同じになる。

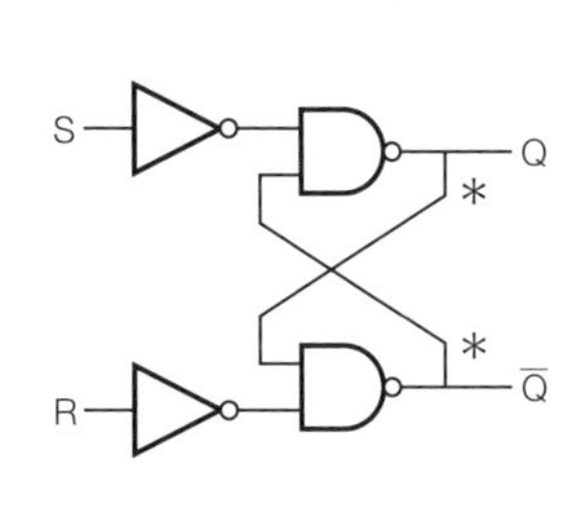

フリップフロップ回路の真理値表

S	R	Qp	Q
0	0	0	0
0	0	1	1
1	0	0	1
1	0	1	1
0	1	0	0
0	1	1	0
1	1	0	不定
1	1	1	不定

図3． フリップフロップ回路

この回路は比較的複雑な動作をするが，コンピュータの記憶装置（メモリやレジスタ▼2-3 の基本をなす重要なものである。この回路では出力（Q および $\overline{Q}$。$\overline{Q}$ は Q の否定で，Q=1 なら $\overline{Q}$=0，Q=0 なら $\overline{Q}$=1 である）が分岐して自分自身の入力になっている（*印）。すなわち適切に同期されていれば，この回路は自分からの入力（すなわち前回の出力 Qp。この回路の内部状態ともいう）および S（Set）と R（Reset）からの入力を受けて動作しつづける。このとき，この回路の真理値表は右のようになるが，S=R=0（入力なし）の場合は Qp=Q となり内部状態は維持される（$\overline{Qp}$ は Qp の否定であるので，表では省略されている）。すなわち情報（ビット）がメモリされた状態になる。S=1，R=0 の場合は内部状態によらず 1 がセットされ，S=0，R=1 では 0 にリセットされる。この方法により内部状態を操作（新規記憶）できる。ただし，S=R=1 の場合は内部状態が一定しないので，このような入力は禁則となる。

練習問題 出題▶H23（問 23） 難易度▶C 正解率▶80.3%

下記の図は，2つの論理素子を接続した論理回路を表現している。この回路では，A，B，C は入力であり X が出力である。この回路に対する入出力の結果によって真理値表を作成した。ここで，真理値表の(a)，(b)に入る値の組み合わせとして正しいものを，選択肢の中から1つ選べ。

論理回路図

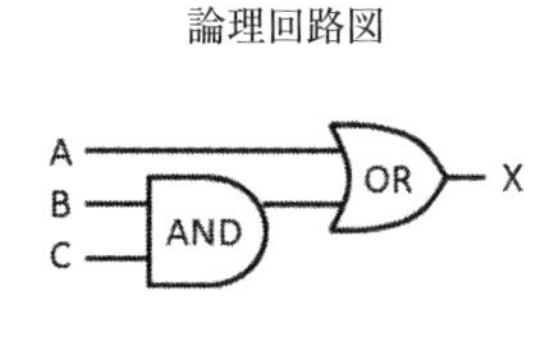

真理値表

A	B	C	X
1	1	1	1
0	1	1	(a)
1	0	1	1
0	0	1	0
1	1	0	1
0	1	0	0
1	0	0	(b)
0	0	0	0

1. (a) 1　　(b) 1
2. (a) 1　　(b) 0
3. (a) 0　　(b) 1
4. (a) 0　　(b) 0

解説 問題の論理回路は，AND 素子の出力が OR 素子の入力となっている。そこで，(a)の真理値を計算するために，まず入力 B が 1，入力 C が 1 のときに AND 素子の出力が 1 となる（図 2 の真理値表を参照）ことを求め，次に入力 A が 0，AND 素子の出力が 1 であるときの OR 素子の出力 X は 1 となることを求める。同様に，(b)の真理値を求めると 1 となるため，正解は選択肢 1 となる。

参考文献

1)『計算機科学入門』（M. アービブ，A. クフォーリ，R. モル著，サイエンス社，1984）第 4.1 節
2)『教養のコンピュータサイエンス（第 2 版）』（小舘香椎子ほか著，丸善出版，2001）第 3 章（pp.75-116）

コンピュータのプログラミング言語と計算の実行

Keyword CPU, コンパイラ, インタープリタ, C 言語, Ruby 言語

コンピュータに対して何かしらの処理を行なわせたい場合, われわれは一連の処理（手続き）をプログラムという形で記述し, 実行を指示する。一方, コンピュータの動作を司る CPU（central processing unit: 中央演算装置）は 2 進数で記述されたプログラムしか理解することができない。そのため, 人間にとって理解しやすく, かつコンピュータにも理解できる記述形式をもった, さまざまなプログラミング言語が開発されてきた。ここではプログラミング言語の原理とその種類について解説する。

≫ CPC(中央演算装置)

コンピュータは電気信号の ON・OFF で動作するため, コンピュータ内部では 0 と 1 の 2 進数[▼2-1]しか取り扱うことができない。そのため, コンピュータが実行するプログラム自体も 2 進数で記述されている必要がある。このように, コンピュータが理解する 2 進数で記述されたプログラムのことを「機械語」とよぶ。機械語で記述されたプログラムは 2 進数の情報を電気信号としてコンピュータのメモリ上に展開され, CPU 上で実行される。CPU は論理演算[▼2-1]を行なう演算装置, 演算結果を一時的に保持するレジスタ, プログラムやデータを記憶するメモリなどとのインタフェースを備えた, コンピュータの中心的装置である(**図 1**)。また近年, 本来グラフィックスのための単純計算を並列・大量に行なうために使用されていた GPU(Graphics Processing Unit)を CPU の補助に用いる手法も一般的になってきている。

≫プログラミング言語

2 進数でプログラムを記述することは困難なため, 人間にとって設計しやすい言語としてアセンブリ言語が開発された。アセンブリ言語は 2 進数の機械語を人間にわかりやすいように変換したものではあるが, 異なる CPU では異なる機械語のプログラム, アセンブリ言語が必要となるため開発効率が著しく低く, また依然として人間にとって扱いにくい低水準言語であるといった問題点があった。こうした背景をふまえ, コンパイラやインタープリタを利用するプログラミング言語が開発された。コンパイラはより抽象化(人間にわかりやすく記述)されたプログラミング言語で記述されたプログラムを CPU ごとのアセンブリ言語に変換し, ライブラリ(データ入出力など決まった手順を実行するためにあらかじめ用意された小プログラム集)をリンクして, 機械語の実行ファイルを生成する(**図 2**)。

コンパイラを使用する代表的なプログラミング言語には C, C++, FORTRAN, Java などがあげられる。これらのプログラミング言語は抽象度の高い言語でプログラムを開発することができ, またコンパイルによって機械語の実行ファイルが生成されるため, プログラムを高速に実行できる特長をもつ。一方で, スクリプト言語に代表されるインタープリタ型言語はプログラムをコンパイルせず, 実行時にインタープリタ(翻訳機)によってプログラムを 1 行ずつ解釈し, 実行する。インタープリタを利用するスクリプト言語には Perl, Python, Ruby などがあげられる。スクリプト言語はコンパイルを必要としないため, プログラムを記述後, 即実行することが可能である。一方, インタープリタにより実行時に 1 行ずつプログラムを解釈するため, 実行時間はコンパイル型言語と比較して遅くなる傾向がある。

≫手続き型言語とオブジェクト指向言語

また, これらのプログラミング言語は大きくオブジェクト指向言語と手続き型言語に分類することができる。C や FORTRAN などの手続き型言語では, アルゴリズム[▼2-7]と用いるデータを明示的に計算処理の手順に従って記述する。データとそれらの処理が分離しているので, 処理の流れは明確になるが, 複雑化しやすくプログラム各部の相互依存が大きくなる弊害もある。一方, C++ や Java などのオブジェクト指向言語では, データとそれらに対する処理を一体化(カプセル化)してオブジェクトとよび, 定義に従って具体的なデータや処理が割り当

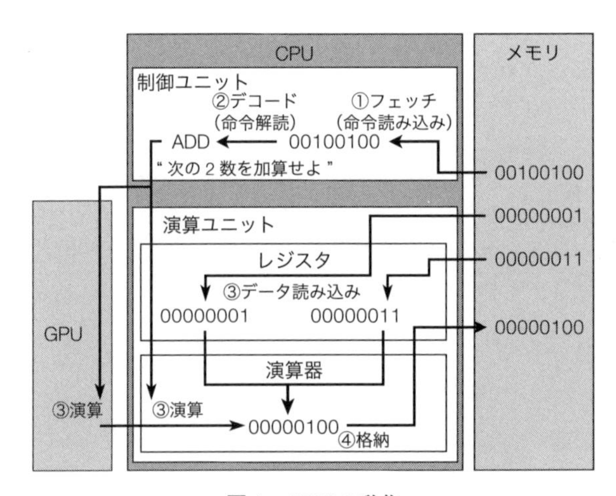

図 1. CPU の動作

CPU は制御ユニットと演算ユニットから構成され, 演算ユニットはレジスタ(高速アクセス可能な CPU 内のデータ一時記憶装置)と演算器からなる。CPU はまずメモリ上の命令をフェッチ(読み込み)し, デコード(解読)する。その後, 解読した命令に必要なデータがあれば, メモリから読み出しレジスタに格納する。演算は演算器で行なわれレジスタに格納されたのちに, 必要であればメモリ上に格納される。これらが CPU の基本動作サイクルである。GPU は CPU の制御下で並列演算を補助する。

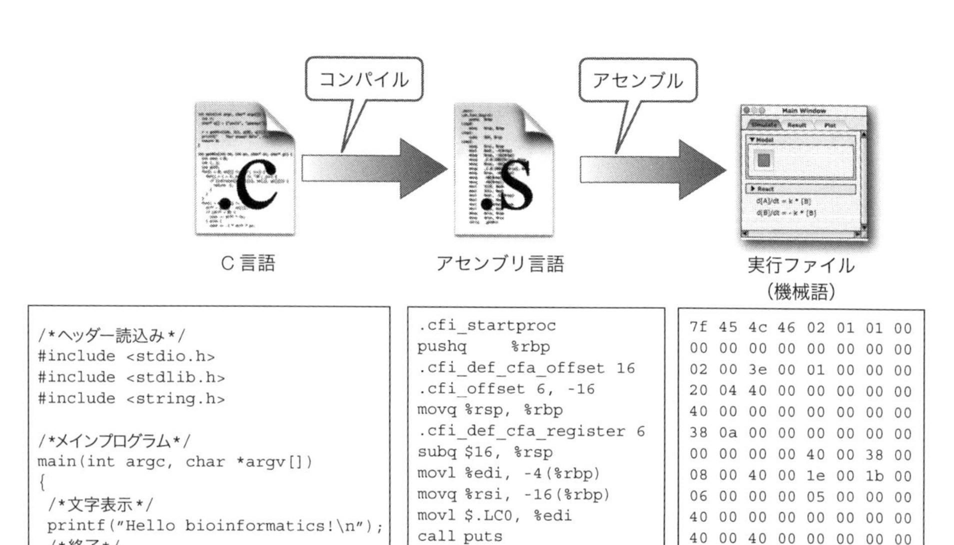


```
/*ヘッダー読込み*/
#include <stdio.h>
#include <stdlib.h>
#include <string.h>

/*メインプログラム*/
main(int argc, char *argv[])
{
 /*文字表示*/
 printf("Hello bioinformatics!\n");
 /*終了*/
 exit(0);
}
```

```
.cfi_startproc
pushq    %rbp
.cfi_def_cfa_offset 16
.cfi_offset 6, -16
movq %rsp, %rbp
.cfi_def_cfa_register 6
subq $16, %rsp
movl %edi, -4(%rbp)
movq %rsi, -16(%rbp)
movl $.LC0, %edi
call puts
movl $0, %edi
call exit
.cfi_endproc
```

```
7f 45 4c 46 02 01 01 00
00 00 00 00 00 00 00 00
02 00 3e 00 01 00 00 00
20 04 40 00 00 00 00 00
40 00 00 00 00 00 00 00
38 0a 00 00 00 00 00 00
00 00 00 00 40 00 38 00
08 00 40 00 1e 00 1b 00
06 00 00 00 05 00 00 00
40 00 00 00 00 00 00 00
40 00 40 00 00 00 00 00
40 00 40 00 00 00 00 00
c0 01 00 00 00 00 00 00
................
```

図2．コンパイルとアセンブル

C 言語を例として，ソースコード(左)，アセンブリ言語(中央)，機械語(右の 16 進数表記)を示した。ソースコードは文法を理解していれば，人間が読んで動作順序を理解できる。アセンブリ言語では記述がより煩雑になり，機械語では数値(この場合は 16 進数)の羅列となるので人間には読解困難である。16 進数は機械語の記述によく用いられ，10 進数が 0～9 の数字を用い，2 進数が 0 と 1 の数字を用いるのに対して，16 進数は 0～9，a，b，c，d，e，f の 16 の文字(数字)を用いて、$f_{(16)}$を超えると $10_{(16)}$に桁上がりする。

てられたオブジェクトをインスタンスとよぶ。カプセル化により具体的なデータや処理が利用者から「隠蔽」されるため，プログラムのモジュール化(部品化による相互依存の軽減と再利用性の向上)を促進して，開発を容易にするという利点がある。

練習問題 出題▶H23（問 25） 難易度▶D 正解率▶89.1%

プログラミング言語の実行形式による分類に関する以下の説明において，(a)と(b)に入る用語の組み合わせとしてもっとも適切なものはどれか。選択肢の中から 1 つ選べ。

バイオインフォマティクスでは Perl，Python，Ruby などのスクリプト言語が広く利用されている。これらの言語では(a)が，ソースコードを逐次解釈しながら実行する。C や Java に比べ(b)が必要ないため，プログラムを記述後，即座に実行できる特徴がある。

1. (a) コンパイラ　(b) コンパイル
2. (a) コンパイラ　(b) デバッグ
3. (a) インタープリタ　(b) コンパイル
4. (a) インタープリタ　(b) デバッグ

解説 Perl，Python，Ruby などのスクリプト言語はインタープリタ型言語とよばれ，プログラムを 1 行ずつ解釈し，実行する。一方，C，C++，Java などのコンパイラ型言語はプログラムの記述後コンパイルを行ない，実行ファイルを生成する必要がある。インタープリタ型言語はプログラムの記述後，即座に実行できるため開発時のコストが低減される特長をもつ反面，実行速度はコンパイラ型言語と比較して劣る傾向がある。コンパイラ型言語，インタープリタ型言語どちらにおいてもプログラム中にバグ(誤り)が含まれる可能性はあるため，インタープリタ型言語であるからといってデバッグ(バグの修正)が必要ないということはない。これらをふまえると，正解は選択肢 3 となる。

参考文献

1)『構造化コンピュータ構成（第 4 版）』（A. S. タネンバウム著，長尾高弘訳，ピアソン・エデュケーション，2000）第 7 章
2)『コンピュータシステムの基礎（第 16 版）』（アイテック教育研究開発部編著，アイテック，2013）第 5 章

XMLなどのマークアップ言語によるデータ記述

Keyword XML, HTML, タグ, DTD

XMLやHTMLに代表されるマークアップ言語は，文書中に“<”と“>”で囲んだ文字列（タグ）を埋め込むことで文書の構造を表現し，文書中の文字列の表示方法や意味を記述するための言語である。インターネット上にあるウェブサイトの多くはHTMLによって記述されており，XMLはより厳密な定義によりさまざまなデータを記述する際に利用されている。ここではマークアップ言語の一種であるXMLについて解説する。

≫マークアップ言語

HTML(hyper text markup language)やXML(extensible markup language)などはマークアップ言語とよばれている。マークアップ言語の特徴は文書中に <b>, </b> などのタグ(標識)に囲まれた文字列が埋め込まれている点にあり，このタグを用いることで文書内の文字列に意味を定義することができる。一例として，HTML文書の <b> タグをあげる。以下のような文字列を含むHTML文書は，ウェブブラウザで表示した際に <b> タグから </b> タグまでのあいだの文字列を太字で表示する。

HTML	ウェブブラウザ上の表示
Hello <b>Markup</b> Language!	Hello **Markup** Language!

このように，マークアップ言語では文書中の文字列を修飾することができるだけでなく，文書の構造(見出しや段落)も指定することができる。

≫XML

XMLはSGML(standard generalized markup language)とよばれる文書標準化のためのマークアップ言語を簡略化した言語である。HTMLではHTMLで定義されたタグしか使用することができないが，XMLは文書を作成する人がタグを自由に作成することが可能である。XMLはその拡張性の高さから，さまざまなデータを記述する際に利用されている。XMLの一例として，以下のようなアルバムのリストを考えてみる。

```
<?xml version = "1.0" encoding="UTF-8" ?>
<album>
  <title>HELP!</title>
  <artist>The Beatles</artist>
  <year>1965</year>
</album>
```

<album> タグから </album> タグまでで1枚のアルバムのデータを記述していることがわかる。このようにタグで囲まれたデータを「要素」とよぶ。また，album 要素の内部にはさらに title, artist, year タグが含まれている。このようにXMLでは要素の中に入れ子のようにデータ構造を表現することができ，また各要素には「属性」をもたせることもできる。たとえば album 要素に，

```
<album id="1"> ... </album>
```

などのように id 属性をもたせることができる。これにより，1枚目のアルバム，2枚目のアルバムといった情報を要素に付加することが可能となる。また，以下のように album 要素を列挙することで，アルバムのリストを保存するデータ構造をつくることもできる。

```
<?xml version="1.0" encoding="UTF-8" ?>
<album_list>
<album id="1">
    <title>HELP!</title>
    <artist>The Beatles</artist>
    <year>1965</year>
</album>
<album id="2">
    <title>Let It Be</title>
    <artist>The Beatles</artist>
    <year>1970</year>
</album>
<album id="3">
    <title>Hotel California</title>
    <artist>Eagles</artist>
    <year>1976</year>
</album>
</album_list>
```

また，同じデータを**リスト1**のように簡潔に記述することも可能である。このように，XMLではデータに合わせてタグを定義，拡張することができる。タグの定義はDTD(document type definition)という書式によってXML中に定義するか，別のファイルにDTDのみ保存し，XMLから参照することで行なう。たとえば，上記のアルバムのリストに対するDTDは以下のように記述され，定義ファイルとして別にまとめて管理することができる。

```
<!album_list[
<!ELEMENT album_list (album)>
<!ELEMENT album (title, artist, year)>
<!ELEMENT title (#CDATA)>
<!ELEMENT artist (#CDATA)>
<!ELEMENT year (#CDATA)>
]>
```

ここで，<!album_list[…]> は，この内部の記述がDTDであること，および album_list がルート要素(最上位の要素)であることを宣言している。また，<!ELEMENT album_list (album)> は album_list

のすぐ下の要素がalbumであること，<!ELEMENT album (title, artist, year)>はalbumに含まれる要素がtitle，artist，yearであることを示す。<!ELEMENT title (#CDATA)>などは，これらの要素の内容が任意の長さの文字列データであることを宣言している。DTDの例からわかるように，XMLはデータ構造の変更が比較的容易に一括して行なえる。また，リレーショナルデータベース[▼2-11]など他のデータ形式への変換も容易である。このようなデータ記述の利便性から，XMLは多くの生物学データベースを記述するために利用されている。たとえば，タンパク質などの立体構造のデータベースであるPDB[▼4-6]は，PDBMLとよばれるXML形式をオリジナル(最上位)のデータ記述に用いており，配布する各種の別フォーマットはこのXML形式から自動生成されている。PDBMLで原子座標は**リスト2**のように記述される。また，データを記述するだけでなく，SOAP(simple object access protocol)とよばれるネットワーク上のアプリケーション(プログラム)間で情報を交換するためのプロトコル[▼2-5]として利用されている。

```
<?xml version="1.0" encoding="UTF-8" ?>
<album_list>
<album title="HELP!" artist="The Beatles" year="1965" />
<album title="Let It Be" artist="The Beatles" year="1970" />
<album title="Hotel California" artist="Eagles" year="1976" />
</album_list>
```

リスト1

```
<PDBx:atom_siteCategory>
      <PDBx:atom_site id="1">
         <PDBx:B_iso_or_equiv>17.93</PDBx:B_iso_or_equiv>
         <PDBx:B_iso_or_equiv_esd xsi:nil="true" />
         <PDBx:Cartn_x>25.369</PDBx:Cartn_x>
         <PDBx:Cartn_x_esd xsi:nil="true" />
         <PDBx:Cartn_y>30.691</PDBx:Cartn_y>
         <PDBx:Cartn_y_esd xsi:nil="true" />
         <PDBx:Cartn_z>11.795</PDBx:Cartn_z>
         <PDBx:Cartn_z_esd xsi:nil="true" />
         <PDBx:auth_asym_id>A</PDBx:auth_asym_id>
         <PDBx:auth_atom_id>N</PDBx:auth_atom_id>
         <PDBx:auth_comp_id>VAL</PDBx:auth_comp_id>
         <PDBx:auth_seq_id>11</PDBx:auth_seq_id>
         <PDBx:group_PDB>ATOM</PDBx:group_PDB>
         <PDBx:label_alt_id></PDBx:label_alt_id>
         <PDBx:label_asym_id>A</PDBx:label_asym_id>
         <PDBx:label_atom_id>N</PDBx:label_atom_id>
         <PDBx:label_comp_id>VAL</PDBx:label_comp_id>
         <PDBx:label_entity_id>11</PDBx:label_entity_id>
         <PDBx:label_seq_id>1</PDBx:label_seq_id>
         <PDBx:occupancy>1.00</PDBx:occupancy>
         <PDBx:occupancy_esd xsi:nil="true" />
         <PDBx:pdbx_PDB_ins_code xsi:nil="true" />
         <PDBx:pdbx_PDB_model_num>1</PDBx:pdbx_PDB_model_num>
         <PDBx:pdbx_formal_charge xsi:nil="true" />
         <PDBx:type_symbol>N</PDBx:type_symbol>
      </PDBx:atom_site>
 </PDBx:atom_siteCategory>
```

リスト2

練習問題　出題▶H22（問32）　難易度▶D　正解率▶85.5%

コンピュータ上でのデータの記述形式には，さまざまなものが開発されているが，その中でもXML(eXtensible Markup Language)はもっとも普及した形式の1つである。次に示した記述のうち，不適切なものを選択肢の中から1つ選べ。

1. XMLでは，各要素をタグで囲み，階層的なデータ構造を入れ子で表現する。
2. XMLでは，ユーザが新たなタグを定義して，言語を拡張していくことができる。
3. XMLデータベースでは，画像や音声などのデータは扱えない。
4. XMLを効率的に扱えるXMLデータベースが商品化されている。リレーショナルデータベースの中にもXMLを格納可能なものが開発されている。

解説　XMLはデータを文書として記述するマークアップ言語であるため，当然XML文書中に記述される内容は文字列となる。画像や音声データはバイナリ(2進数データ[▼2-1]で，文字列ではない)データであることが多いが，バイナリデータを文字列に変換し，変換された文字列をXML中に保存することが可能である。よって選択肢3の内容は不正確であり，これが正解である。

参考文献

1)『やさしいXML（第3版）』（高橋麻奈著，ソフトバンクパブリッシング，2009）第1章～第3章

2-5 プロトコル

ネットワークの通信プロトコルとセキュリティ

Keyword インターネット，プロトコル，TCP/IP，IP アドレス，ポート

パーソナルコンピュータやスマートフォンといったコンピュータは今や，ネットワークに接続されていることが前提となっている。コンピュータがインターネットに接続されることで享受できるウェブ検索，メール，ファイル転送などによる効率化など，メリットは計り知れない。ここでは，世界中のコンピュータがインターネットに接続されることを可能とした技術，とくに TCP/IP とネットワークプロトコルについて解説する。

メールやウェブページの閲覧など，ネットワークに接続されたコンピュータどうしでデータの送受信を行なうためには，通信を行なうコンピュータ間であらかじめ決められたデータフォーマット（書式，書き方のルール），手続き（送受信の方法）に従って通信を行なう必要がある。このような手続き，データフォーマットをプロトコルとよぶ。現在インターネットではさまざまなプロトコルが使用されているが，その根幹にあるのが TCP と IP という 2 つのプロトコルであり，これらを中心としたプロトコル体系を総称して TCP/IP とよぶ。

≫ TCP/IP の階層構造

TCP/IP は下からネットワークインタフェース層，インターネット層，トランスポート層，アプリケーション層の 4 つの層から構成される（**図 1**）。各層にさまざまなプロトコルが定義されており，上位層のプロトコルは下位層のプロトコルに依存して通信するしくみになっている。最下層のネットワークインタフェース層は物理的なネットワーク機器（イーサネット，Wi-Fi など）へのアクセスを，インターネット層では後述する IP アドレスで指定された送信先へどのような経路でデータを送信するか決定する（ルーティング）。トランスポート層ではデータが確実に送信されることを保証する。TCP/IP を構成する 2 つの中心プロトコルのうち，IP はインターネット層，TCP はトランスポート層のプロトコルである。最上位層であるアプリケーション層ではウェブサーバとウェブブラウザが HTML をやりとりする HTTP，メールの送受信を行なう SMTP と POP3，ファイル転送を行なう FTP，遠隔ログインを行なう TELNET などのプロトコルが位置する。

≫ IP アドレスとポート

たとえば，あるコンピュータからあるウェブサイト，http://www.xyz.ac.jp を閲覧する状況を仮定した場合，コンピュータはインターネット上のどこに www.xyz.ac.jp というウェブサーバがあるかを探すことから始める。インターネット上ではネットワークに接続されているすべてのコンピュータにはそれぞれ 32 ビット▼2-1（IPv4 は桁数不足で IP が枯渇してきたので，128 ビットの IPv6 も使われている）で表わされた一意の IP アドレスが割り当てられており，この IP アドレスを知ることでコンピュータはお互いに接続先を見つけることができる。

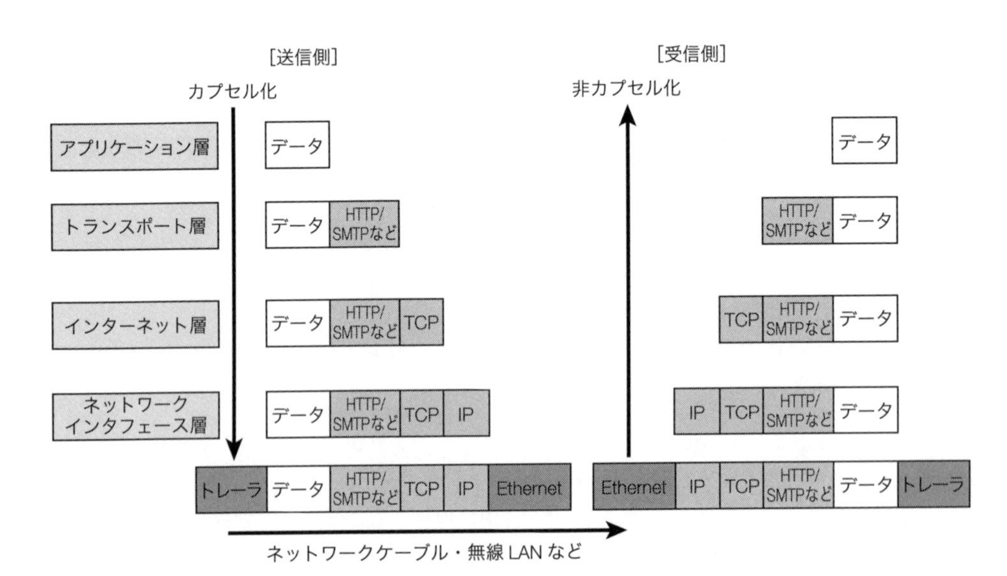

図 1. TCP/IP

TCP/IP で送信側のデータは，各層のプロトコルに従ってヘッダーなどの情報を付加しつつ加工され，ネットワークケーブルなどを通じて電気的に送信できる状態になる（カプセル化）。受信側では逆に，ヘッダーなどを取り除きつつデータを取り出す（非カプセル化）。

コンピュータはDNS(domain name system)というサービスを利用してURLにあるホスト名からIPアドレスの検索を行なう。ここで1.2.3.4というIPアドレスが返ってきたとした場合，次にコンピュータは1.2.3.4というIPアドレスをもつサーバにウェブページ閲覧の要求(HTTP)を送信する。アプリケーションごとに異なるプロトコルがあるため，IPアドレスだけではアプリケーションの判別は行なえない。そこでTCP/IPでは「ポート番号」を利用してアプリケーションの判別を行なう。HTTPでは多くの場合ポート番号80番が利用される。このようにIPアドレスとポート番号を組み合わせることにより「どこにあるサーバにどのようなサービスを依頼する」かが一意に決まる。

≫ネットワークとセキュリティ

コンピュータがネットワークに常時接続されていることが日常となった今，ネットワークにおけるセキュリティは重要な課題となっている。上述したプロトコルは通常設定ではネットワーク上にデータを平文のまま送信(受信)する。たとえば，遠隔ログインを行なうTELNETやメールの受信を行なうPOP3を利用した際にパスワードの入力を求められるが，これらのプロトコルを利用している際にはパスワードが平文のままネットワーク上を流れてしまうため，パスワードなど，だいじなデータを盗み見られてしまう可能性がある。この問題を解決するため，公開鍵暗号により通信・認証を暗号化するプロトコルが利用されている。公開鍵暗号とは暗号化と復号に異なる鍵(公開鍵と秘密鍵)を使用する暗号化方式である。公開鍵により暗号化された文書は秘密鍵のみで復号することができる。受信者は事前に送信者に公開鍵を伝え，送信者はその公開鍵を用いて文書を暗号化し，暗号化された文書を送信する。秘密鍵を所持するのは受信者のみであるため，たとえ暗号文を傍受されたとしても暗号文を復号できるのは受信者のみである(**図2**)。公開鍵暗号は秘密鍵を送信者に伝える必要がないため，それ以前の暗号化方式である共通鍵暗号と比べ秘匿性が高い。公開鍵暗号を用いて暗号化するプロトコルとして遠隔ログインではSSHが，ファイル転送にはSFTPが，ウェブサーバとクライアント間の通信にはHTTPSが，メールの送受信ではそれぞれSMTPSとPOP3Sが利用されている。

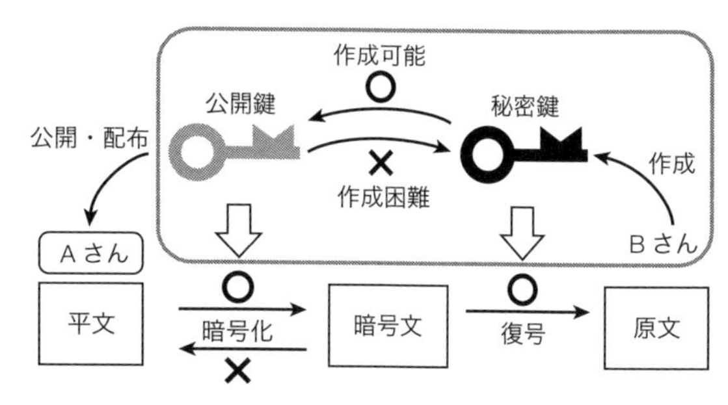

図2．公開鍵暗号
公開鍵暗号を使ってAさんがBさんに暗号化した通信を送る例を示す。まずBさんは，自分だけが知りうる秘密鍵を作成し，その秘密鍵から公開鍵を作成する。公開鍵から秘密鍵を再現することは困難である。Bさんは公開鍵のみを一般に公開し，Aさんはその公開鍵を使って通信文(平文)を暗号化する。この暗号化文を公開鍵で原文に戻す(復号)ことはできず，これはBさんの持つ秘密鍵でのみ可能である。よって事実上，AさんがBさんに送った暗号文を復号できるのはBさんだけである。

練習問題 出題▶H24（問38） 難易度▶C 正解率▶79.1%

(a)から(d)内に入る語句の組み合わせとしてもっとも適切なものはどれか，選択肢の中から1つ選べ。

(a)は，計算機間で遠隔ログインを行うための通信プロトコルの一種であるが，認証を含めすべての情報が暗号化されない平文のまま送受信されるというセキュリティ上の問題がある。そのため，近年では，その通信・認証が公開鍵暗号によって暗号化されている(b)が用いられるようになった。また，ファイルを交換するプロトコルである(c)も同様のセキュリティ上の問題があり，近年では通信・認証が暗号化される(d)などがよく用いられている。

1. (a) SCP　(b) SSH　(c) TELNET　(d) FTP
2. (a) FTP　(b) SFTP　(c) TELNET　(d) SSH
3. (a) TELNET　(b) FTP　(c) SCP　(d) SSH
4. (a) TELNET　(b) SSH　(c) FTP　(d) SFTP

解説 TCP/IPにおいて遠隔ログインを行なうプロトコルにはTELNET，SSHがある。TELNETは通信路が暗号化されない一方，SSHは認証をふくめすべての情報が公開鍵暗号によって暗号化される。同様にファイル転送プロトコルであるFTPは通信が暗号化されない一方，SFTPは通信・認証が暗号化される。よって選択肢4が正解となる。

参考文献

1)『新 The UNIX Super Text（上，改訂増補版）』（山口和紀・古瀬一隆著，技術評論社，2003）第24章，第29章
2)『コンピュータシステムの基礎（第16版）』（アイテック教育研究開発部編著，アイテック，2013）第8章，第9章

2-6 データ構造

プログラム内の代表的なデータ構造

Keyword データ構造，スタック，キュー，リスト，木構造

データ構造とは，処理の対象となるデータに特定の構造をもたせることで計算処理を効率的にするためのものである。たとえば，名簿などで名前データを五十音順に並べ替えておくだけで，検索などの作業効率はよくなる。とくにバイオインフォマティクスで扱うような大規模データに対し，処理を効率的に行なうには，その処理に適したデータ構造を用いることが重要である。ここでは基本的なデータ構造について解説する。

ほとんどのプログラミング言語[▼2-3]で用意されている配列(アレイ)は，データを連続的に一列に並べ，添字($A[1]$, $A[2]$, …, $A[n]$など)を使って順序を管理するデータ構造である。連続したメモリ領域に要素を順序どおり格納するため，ランダムアクセスが可能であるが，あらかじめ要素数に合わせたメモリ領域の確保が必要であり，要素の追加や削除に対する処理回数が多くなる。一方，リスト(list)は，各要素に次のデータの記憶場所を指し示すポインタとよばれるデータを加えて順序を表わすデータ構造である。データを順序どおりに格納する必要がなく，配列よりも要素の追加や削除が容易に行なえる。リストでは，データ全体を先頭要素へのポインタを用意することで管理し，末尾の要素にダミーへのポインタをもたせることで最後の要素であることを示す(**図1**)。

データを点(節点またはノード)，データ間の関係を線(連結またはエッジ)として表わしたデータ構造をグラフとよぶ。グラフは生物の進化を表わす系統樹[▼5-7]や遺伝子制御ネットワーク[▼6-10]など，多くの生物情報を表現するために利用される。グラフのうち，とくに順次枝分かれして循環経路のないものが木構造である。**図1**に示すように，木構造は1つの要素が複数の要素へのポインタ(位置情報)をもつようにリストを拡張したもので，系統樹も木構造のグラフの一種である。各ノードは，データ要素をラベルとしてもっており，ポインタをもっている要素をポインタに指される要素の「親」，逆にポインタに指される先の要素をポインタをもつ要素の「子」という。このようにグラフのエッジには，前後関係を定義できる(エッジを矢印で表わすことが多い)ので，代謝ネットワーク[▼1-12]のデータ表現としても利用できる。

スタックは，最後に入れたデータを最初に取り出せるようにしたデータ構造である。つねに最後に格納したデータが取り出されることから，LIFO(last in first out：後入れ先出し)方式とよばれ，机に積み上げた本にたとえられることが多い。**図1**に示すように，スタックではデータを挿入することをプッシュ，データを取り出すことをポップと表現する。スタックは，データをいったん退避させておきたい場合や時系列にデータを保持したい場合に用いられる。たとえば，プログラムの実行で他の関数を呼び出す際や，テキストエディタの「元に戻す」機能などに使われている。スタックは，先に述べたリストを用いて容易に実現できる。

スタックと並んで重要なデータ構造に，キューがある。キューは「待ち行列」ともよばれ，窓口の順番待ちの行列を意味している。キューでは，スタックとは逆に，最初に入れた一番古いデータから取り出される。そのためFIFO(first in first out：先入れ先出し)方式とよばれる。キューにデータを格納することをエンキュー，取り出すことをデキューという。**図1**に示すように，キューでは先に格納されたデータから取り出され，あとから追加されたデータは最後に格納される。これは，出入りにお

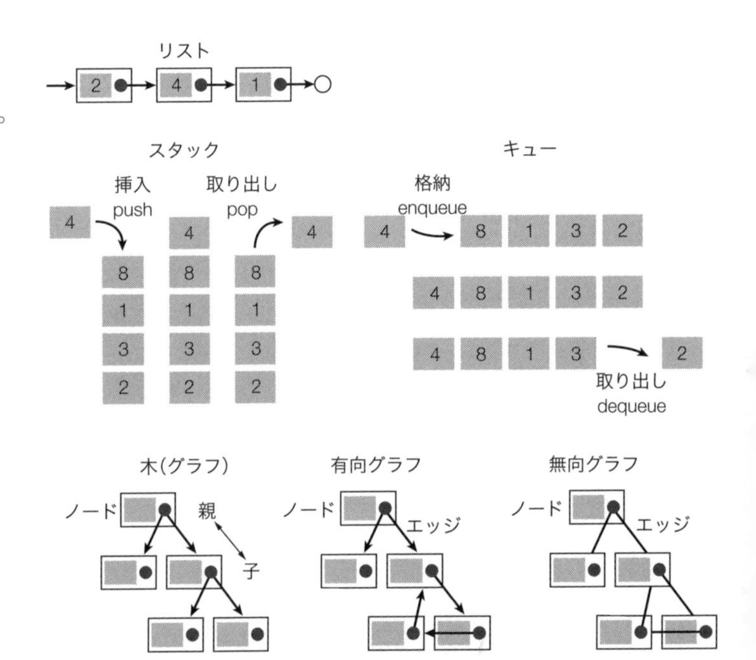

図1．代表的なデータ構造
灰色の四角が格納されたデータ，黒丸はポインタ，矢印はポインタが指し示す連結を表わす。木構造はグラフの一種であるが，循環経路をもたず，すべてのノードについて親は必ず1つであることが特徴である。一般のグラフには循環経路が許される。グラフではポインタなどのノード間の連結をエッジとよぶ場合があるが，エッジに方向性がある場合を有向グラフ，ない場合を無向グラフとよぶ。

いて順序が保存されることを意味することから，データを一時的に蓄えて処理を行なう場合，たとえば，決まった順序や時間にプログラムを実行するタスク実行や，プリンターの処理においてプリント待ちのデータを表わすプリントキューなどに用いられている。キューもスタックと同様にリストを用いて容易に実現できる。

練習問題 出題▶H22（問 27） 難易度▶D 正解率▶86.3%

スタックおよびキューそれぞれに対して行なう操作列のうち，最後に取り出された文字が同じになるような操作列を選択肢の中から1つ選べ。ただし，スタックに対する場合，英字はその文字のプッシュ操作，＊はポップ操作を表わす。キューに対する場合は英字はその文字をキューに挿入する操作，＊は取り出し操作を表わす。たとえば，スタックに対して「AB**」を行なうと最後のポップ操作では「A」が出力されるが，キューに対して同じ操作列「AB**」を行うと最後の取り出し操作では「B」が出力されるため，この操作列「AB**」においては最後に取り出される文字は異なる。

1. AA*B**
2. AB*A**
3. AB*B**
4. AB*C**

解説 この問題では，すべての選択肢において，2文字を挿入→1文字取り出し→1文字挿入→2文字取り出し，という操作を行なっている。まず，スタックに対する操作を考えてみると，2文字挿入後の1度目の取り出しで最後に入れた2文字目が取り出される。そして2度目の取り出しでは直前に挿入した3文字目が取り出され，最後の取り出しでは一番最初に挿入した文字が取り出される。一方，キューに対する操作では，1度目の取り出しで1番目に挿入された文字が，2度目の取り出しでは2番目に挿入された文字目が取り出され，最後の取り出しで最後に挿入された文字が取り出される。つまりこの操作では，スタックでは最初に挿入した文字が，キューでは最後に挿入した文字が最後に取り出される。よって，1番目の文字と3番目の文字が同じである選択肢2が正解である。時間はかかるが，スタックとキューの操作を机上で適用しても当然同じ結論が得られる。**図2**は選択肢1から4に対するスタック（左）とキュー（右）の操作の概要を示しており，スタックに対するプッシュとポップをそれぞれ下向きと上向きの矢印で，キューに対するエンキューとデキューをそれぞれキューの左側と右側の矢印で示している。スタックおよびキューの状態は，対応する操作を実行した直後の状態である。最後に取り出される文字を線で囲んで示しており，両者で一致するのは選択肢2であることがわかる。

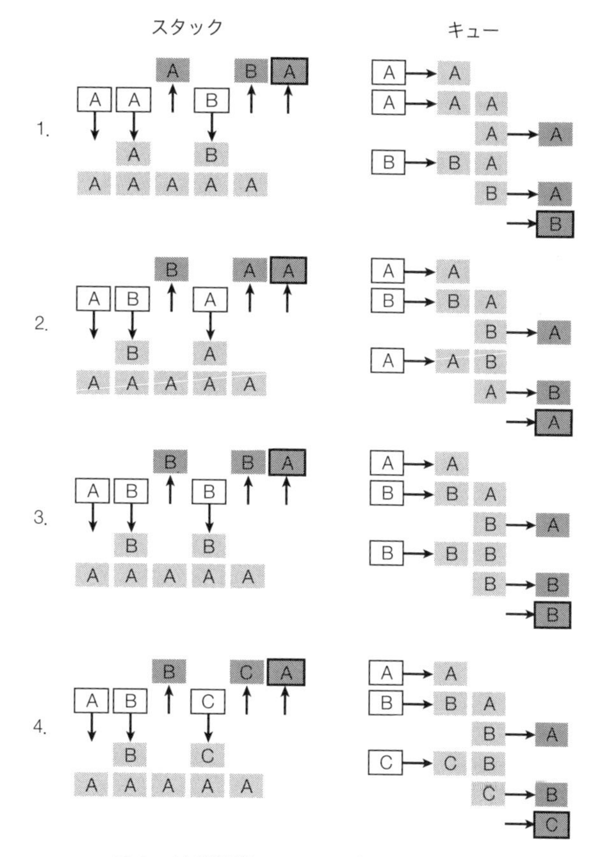

図2．練習問題のスタックとキューの操作

参考文献

1)『アルゴリズムとデータ構造』（西尾章治郎著，共立出版，2012）第1章，第2章
2)『アルゴリズムとデータ構造（第2版）』（紀平拓男・春日伸弥著，ソフトバンククリエイティブ，2011）第4章

2-7 二分探索

高速にデータを検索する二分探索アルゴリズム

Keyword アルゴリズム，二分探索，ハッシュ表，木探索

あらかじめ定義されたデータ群のなかから，条件を満たす解を見つけ出すためのアルゴリズムを，探索アルゴリズムという。ここでは，配列，リスト，木構造などのデータの集合から条件に合うデータを見つけ出す探索アルゴリズムについて考え，おもに二分探索という重要度の高い探索アルゴリズムについて解説する。

≫アルゴリズム

与えられたデータ(たとえば，無秩序に並んだ数列)に対して，目的の結果(大小の順番に並び替えた数列)を得るために行なうすべての計算を，それを実行する順序や条件(もし…ならば…を計算する)まで含めて定式化したものをアルゴリズムという。コンピュータのプログラムはすべて，特定のアルゴリズムをプログラミング言語[2-3]によって実現したものである。

≫二分探索法

二分探索法はバイナリサーチともよばれ，ソート[2-8](大小の順番に並び替える処理)済みのデータから目的のデータを高速に検索する手法である。二分探索では，ソート済みのデータを二分割し，中央に位置するデータと目的のデータを比較して目的とするデータが分割されたデータの前半分と後半分のどちらに含まれているかを判断する。これを再帰的(再び手順の最初に戻って実行する)に繰り返していくことで全データ列から目的のデータを検索する。**図1**に，二分探索によって整列済みのデータ配列「1，4，5，6，8」から4を探す手順を示す。

ここで，データは$A[1]$から$A[5]$なので，$(1+5)/2=3$からすぐに中央値$A[3]$が見つかる(決まらない場合は，小数点以下を四捨五入するか，もしくはその前後どちらかのデータを中央値に設定する)。中央の値($A[3]=5$)と目的の値($=4$)を比較し，目的の値は中央の値よりも小さいことから，前半分にあることがわかる。前半分の新しい探索範囲から中央の値を探し，このときの中央値$A[2]=4$が目的の値と一致するため，探索はここで終了する。もっとも単純なデータ探索アルゴリズムである線形探索法では，目的のデータをデータ列の先頭から末尾まで1つずつ順番に調べていく。事前にデータをソートする必要がないという利点があるが，しらみつぶしに調べるため比較回数がもっとも多くなる。二分探索法では，二分割したデータの一方だけを検索範囲とすることから比較回数が少なくなるが，事前にデータのソートを行なう必要があるため，大小の定義ができないものには適用できない。

ここで，n個の要素からなるデータを検索する場合を考える。しらみつぶしに検索を行なう線形探索は，平均比較回数が$n/2$回，最悪の場合にはn回となる。これを時間計算量[2-8]で表わすと比較にかかる計算時間はたかだか$O(n)$となる。一方，二分探索では，1回の比較で探索対象が半分に減るため，データ数が倍になっても比較回数は1回しか増えない。たとえば，データが$n=16$個の場合に比較回数はたかだか4回，倍の$n=32$個の場合はたかだか5回となる。よって二分探索での平均比較回数は$\log_2 n$回，最大比較回数は$\log_2 n+1$回であり，時間計算量で表わすと比較回数は$O(\log n)$となる。ここで，O記法において異なる底をもつ対数は等価とみな

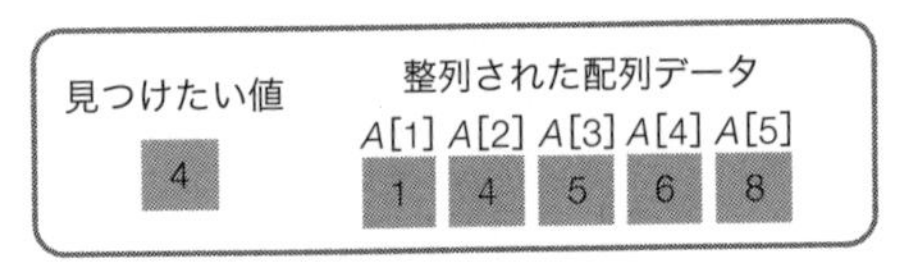

(1) 中央の要素を調べ，値を比較する

(1+5)/2=3
中央のデータ：A[3]
A[1] A[2] A[3] A[4] A[5]
1 4 5 6 8

(2) 4 < 5 より前半分から中央の要素を調べ，値を比較する

(1+2)/2=2
(小数点以下四捨五入)
中央のデータ：A[2]
A[1] A[2] A[3] A[4] A[5]
1 4 5 6 8

(3) 4 = 4 で一致し，探索終了

図1．二分探索の手順例

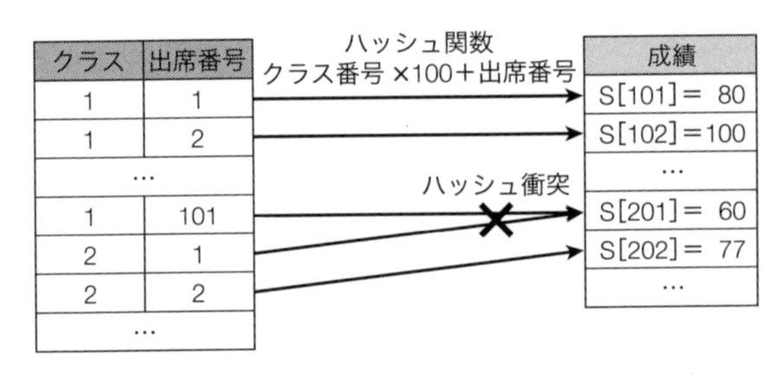

図2．ハッシュ表

ハッシュ関数を｛クラス番号｝×100＋｛出席番号｝として，配列Sにはこのハッシュ関数で算出される引数に基づいて生徒の試験成績が収められている。このとき，クラス1の出席番号1番の生徒の成績はS[101]に，クラス2の2番の生徒の成績はS[202]に収められていることがただちに求められる。ただし，このハッシュ関数は1クラスの人数が100名を超えないという前提で設定されているため，もしクラス1に101名の生徒がいた場合は，最後の生徒のハッシュ関数値201はクラス2の出席番号1番の生徒の値201と同じになり，S[201]はハッシュ衝突でエラーとなる。

せることから底が省略されている。

データの探索において他に重要なものとして，ハッシュ表（ハッシュテーブル）がある。ハッシュ表はデータ構造のひとつであり，キーとそれに対応する値をペアで格納する。その際，ハッシュ関数とよばれる関数によりキーを数値（ハッシュ値）に変換し，その値を用いて要素の格納位置を決める。このとき格納位置がただちに求められるので，要素の検索や追加・削除が要素数にかかわらず定数時間$O(1)$で検索できる。たとえば配列$A[n]$にキー（添字）nを重複のない出席番号として学生の成績を納めれば，出席番号がわかればただちに成績の値がわかる。しかし，ハッシュ関数が異なるキーに対して同一のハッシュ値を返す場合（ハッシュ衝突という）は効率が悪くなる（**図2**）。

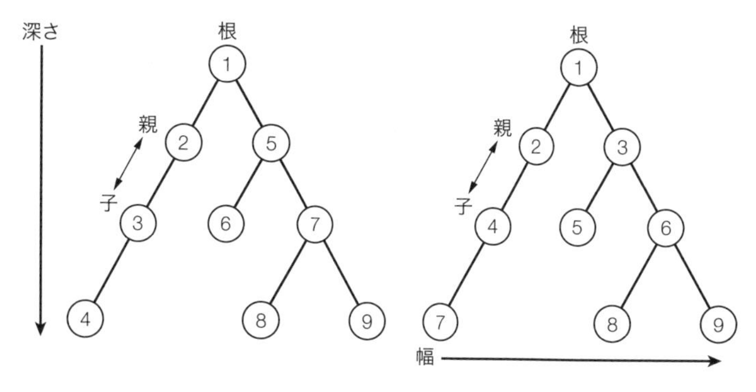

図3． 木探索

左は深さ優先探索を，右は幅優先探索を表わす。ノードに記した番号は探索する順番を示す。深さ優先探索では，現在着目しているノードの子のうち未探索のものを次に探索し，それ以降の子のないノードまでたどり着いたら，最後に探索した未探索の子をもつ親まで戻り，その未探索の子を探索する。幅優先探索では，根から数えて同数のエッジでつながったノードのうち未探索のものを次に探索し，そのようなノードがなくなったら，根からのエッジ数を1つ上げて探索を続ける。

また，木構造データにおいてノードを探索する木探索には，目的のノードが見つかるまで上位のノードから末端のノードに向かっての検索を行なう「深さ優先探索」や，同じ高さにあるノードから優先的に検索を行なう「幅優先検索」がある。全ノードの列挙には深さ優先探索が，最短ルート検索を行なうには幅優先探索が用いられる（**図3**）。

練習問題　出題▶H24（問29）　難易度▶A　正解率▶40.9%

二分探索法に関する以下の記述について，(a)から(c)内に入る語句の組み合わせとしてもっとも適切なものはどれか。選択肢の中から1つ選べ。

一定の順序に並べられたデータn個が与えられたとき，二分探索法を用いてそこに含まれる目的のデータを見つけ出すのに必要な二分操作の回数は高々(a)回で済む。たとえばデータの列：「1　3　4　6　7　9　10」からデータ(b)の位置を探すには(c)回の二分操作が行われる。

1. (a) $O(n \log n)$　(b) 7　(c) 2
2. (a) $O(\log n)$　(b) 4　(c) 2
3. (a) $O(\sqrt{n})$　(b) 9　(c) 3
4. (a) $O(\log n)$　(b) 6　(c) 2

解説　二分探索法の最大比較回数は$\log_2 n+1$回であるから，操作回数はたかだか$O(\log n)$である。よって選択肢は2と4に絞られる。問題で与えられたデータ列「1　3　4　6　7　9　10」から特定のデータを検索するには，まず中央の値6との比較を行なう。選択肢4ではデータ6を探すために2回の二分操作が行なわれるとしているが，中央の値を選んだ段階でデータ6は見つかるため，不適切である。よって選択肢2が正解である。選択肢2のデータ4を検索する場合を見てみると，中央の値の6との比較により前半分の「1　3　4」が検索範囲として絞られる。新しい検索範囲での中央の値は3であり，3との比較から後半分に残った4が選ばれ，二分操作は2回で終了する。

参考文献

1)『アルゴリズム・サイエンス：入口からの超入門』（浅野哲夫著，共立出版，2006）第10章
2)『アルゴリズムとデータ構造（第2版）』（紀平拓男・春日伸弥著，ソフトバンククリエイティブ，2011）第2章

2-8 ソートアルゴリズム

高速にデータを並べ替えるソートアルゴリズム

Keyword ソーティング，クイックソート，時間計算量，*O* 表記

与えられたデータの集合に対して，データをある順序に従って並べ替える処理がソート（ソーティング，整列化）である。たとえば，試験の結果から得点の高い順に受験生を並び替えることであり，あらゆるデータ処理において基本となるものである。ソートのためには，すべてのデータの要素のあいだに順序関係が定義されている必要がある（全順序）。ソートのためのアルゴリズムは多数知られている。

ソートを実現する単純なアルゴリズム[▼2-7]として，バブルソート[▼2-9]がある。このアルゴリズムではソートに$O(n^2)$時間かかる。ここで，Oという表記はオーダーとよばれ，計算時間などを理論的に比較する場合に用いられるものである。アルゴリズムに従って計算を実行したときの計算時間をそのアルゴリズムの時間計算量とよび，使用した記憶領域の量を空間計算量とよぶ。計算時間の比較の場合，厳密には基本的な操作も２つのアルゴリズムで異なるので，入力の大きさをnとしたときに(ソートの問題のときには入力した要素の数となる)，nの式の係数のちがいにはあまり意味がなく，データの個数nの関数のおおよその形だけが重要になる。このため，オーダーとよばれる簡単化された式が用いられる。たとえば，バブルソートの$O(n^2)$という計算時間は，入力データの要素数が$n=10$のとき，10個の要素をソートするのに$10^2=100$の定数倍の計算時間がかかることを表わす。バブルソートよりも効率的なソートのアルゴリズムとして，クイックソート，マージソート，ヒープソートなどが知られている。

クイックソートは，平均$O(n \log n)$時間，最悪$O(n^2)$時間でソートを行なうアルゴリズムであり，分割統治法による再帰的手続きに基づく。入力要素の配列を$A[1]$, $A[2]$, …, $A[n]$としたとき，配列Aのp番目の要素からq番目までの要素からなる部分配列を$A[p..q]$で表わすことにする。クイックソートアルゴリズムの主要部分は，関数 partition(A, p, q)である。この関数は，まず枢軸要素(ピボット)とよばれる値aを$A[p..q]$の中から１つ選び，次に与えられた部分配列$A[p..q]$を，$A[p..r]$の要素はすべてaよりも小さく$A[r+1..q]$の要素はすべてa以上になるように２つの部分配列$A[p..r]$と$A[r+1..q]$に分割して，そのときのrの値を返す。この枢軸要素の選択の仕方がアルゴリズム全体の計算時間に影響を与える。関数 partition は，**図１**に示すアルゴリズムにより線形時間で計算することができ，これがクイックソート全体の計算時間の効率をもたらしている。ここで注意するべき点は，分割後の２つの部分配列$A[p..r]$と$A[r+1..q]$はまだソートされている必要はないことである(**図２**)。

一方，マージソートやヒープソートは，最悪でも計算時間が$O(n \log n)$に抑えられている，理論上では効率的なアルゴリズムである。ただし，実際の計算時間では，データが特殊な並び方をしているなどの場合を除くと，クイックソートのほうが速いことが知られている。また，マージソートとクイックソートの空間計算量は$O(n)$となるが，ヒープソートの空間計算量は$O(1)$である。

入力データのすべての要素がある定数m以下の正の整数の値をとるという条件の下では，$O(n)$時間で計算が抑えられるバケットソートというアルゴリズムもある。その方法はいたって簡単で，1からmまでの要素を入れるバケット$B(1)$, $B(2)$, …, $B(m)$を用意しておいて，

```
procedure quicksort(A, p, q);
  begin
    if  p < q  then  begin
        r := partition(A, p, q) ;
        quicksort(A, p, r) ;
        quicksort(A, r+1, q) ;
    end;
  end;

function partition(A, p, q) : integer;
  var   i,  j ,  a  : integer;
  begin
    i := p ;  j := q ;
    A[p, q] の中から最小でない要素 a を適当に選んでくる ;
    while  i <= j  do  begin
      while  A[i] < a  do  i := i + 1 ;
      while  A[j] >= a  do  j := j - 1 ;
    if  i  <= j  then  begin
      A[i] と A[j] を交換する ;
      i := i + 1 ;  j := j - 1 ;
         end;
       end;
    partition := i - 1 ;
  end;
```

図１．関数 partition の疑似コード

procedure はプログラム本体，function は呼び出される関数を示す。var *i* ... : integer; などは変数 *i* などを整数と定義(宣言)している。begin は対応する(同じだけ字下げされた)end までの実行を指示する。while[条件]do は条件が満たされているあいだ，対応する end までの操作，または do の後の代入式を，繰り返し適用する。if ［条件］then は条件が満たされたとき，then 以下を実行する。*i*:=*p*; などは変数 *i* に *p* を代入する操作である。このアルゴリズムをたどると，quicksort()は自分の中から自分自身を呼び出すことがわかる。これを再帰的手続き(呼び出し)という。このような特定のプログラミング言語[▼2-3]に依存しないアルゴリズム表現を疑似コードという。

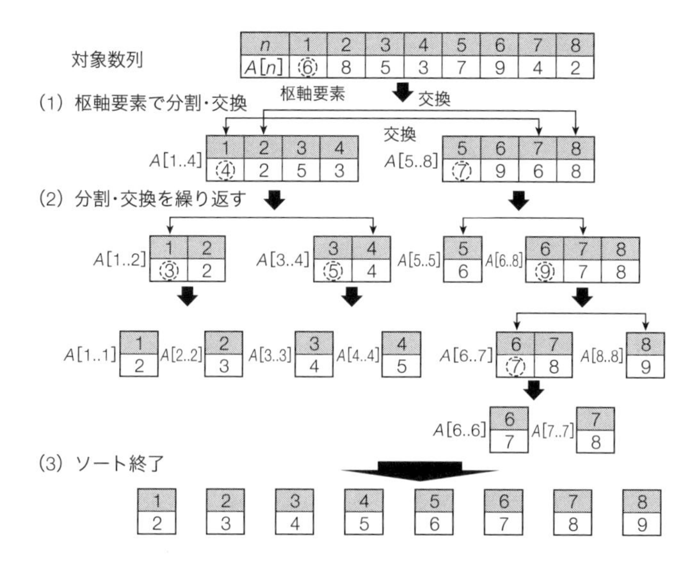

図2． クイックソートの手順例
この例では各段階での枢軸要素を点線丸で囲み，部分配列間の要素交換を両矢印で示している。枢軸要素として部分配列の左端の数値を選んでいるが，これは必ずしもこのように選ぶ必要はない。分割・交換を繰り返して，それ以上の操作が必要なくなった段階で数列のソートは完了する。

対象数列　15, 1, 5, 2, 13, 11, 6

(1) 数列の最小値＝1，最大値＝15 を求める

(2) 最小値から最大値でのバケット 1～15 を用意する

引数	1	2	3	4	5	6	…	11	12	13	14	15
値												

(3) 値を順次バケットに格納する

引数	1	2	3	4	5	6	…	11	12	13	14	15
値												15

引数	1	2	3	4	5	6	…	11	12	13	14	15
値	1											15

引数	1	2	3	4	5	6	…	11	12	13	14	15
値	1				5							15

⋮

引数	1	2	3	4	5	6	…	11	12	13	14	15
値	1	2			5	6		11		13		15

(4) 空のバケットを削除する

引数	1	2	3	4	5	6	7
値	1	2	5	6	11	13	15

図3． バケットソートの手順例
この例ではソートする数列は有限整数である。まず最小値と最大値を求め，|最大値|−|最小値|+1 個のバケットを用意する。次に数値を順次|数値|−|最小値|+1 の引数をもつバケットに格納する。すべて格納したら，値の入っているバケットだけを連結してソートが完了する。

各要素 $A[j]$($j=1, \cdots, n$)をバケット $B(A[j])$に次々と入れたあとに，$B(1)$から $B(m)$までをこの順に連結すればよい。計算時間は，n 個の要素をバケットへ振り分けるのに $O(n)$時間，m 個のバケットを連結するのに $O(m)$時間かかるが，m は定数なので全体で $O(n)$の計算時間となる(**図3**)。

練習問題　出題▶H22（問 26）　難易度▶B　正解率▶60.3%

(a)から(c)内に入る語句の組み合わせとして，もっとも適切なものを選択肢の中から 1 つ選べ。

ソートアルゴリズムにはさまざまなアルゴリズムが存在するが，(a)は，最悪計算時間は $O(n^2)$であるが平均計算時間は $O(n \log n)$である。一方，(b)のように最悪計算時間も $O(n \log n)$であるソートアルゴリズムも存在する。また，(c)のように，ある定数以下の正の整数のみからなる数列を線形時間でソートすることができる，といったアルゴリズムも存在する。

1. (a) クイックソート　(b) マージソート　(c) バケットソート
2. (a) クイックソート　(b) バケットソート　(c) マージソート
3. (a) マージソート　(b) クイックソート　(c) バケットソート
4. (a) マージソート　(b) バケットソート　(c) クイックソート

解説　クイックソートのアルゴリズムは，平均計算時間が $O(n \log n)$時間，最悪計算時間が $O(n^2)$時間であるため，(a)に入る用語はクイックソートとなる。また，マージソートやヒープソートは，最悪でも計算時間が $O(n \log n)$となるので，(b)に入る用語はマージソートとなる。最後に，ある定数以下の正の整数からなる入力列を線形時間でソートするアルゴリズムは，バケットソートなので，(c)に入る用語はバケットソートである。したがって，選択肢 1 が正解である。

参考文献

1)『アルゴリズム データ構造 計算論』(横森貴著，サイエンス社，2005) 第 3 章
2)『教養のコンピュータサイエンス（第 2 版）』(小舘香椎子ほか著，丸善出版，2001) 第 5 章
3)『アルゴリズムとデータ構造（第 2 版）』(紀平拓男・春日伸弥著，ソフトバンククリエイティブ，2011) 第 1 章

基本的なバブルソートのアルゴリズム

Keyword ソーティング，バブルソート

特定の順序に従ったデータの並び替え（ソート）を行なうアルゴリズムは，実用上あらゆる場面で用いられる。とくに，バブルソートは交換法の一種であり，直感的にも理解しやすい基本的なソーティングアルゴリズムである。バブルソートは，隣り合う要素を比較し，条件に応じて要素を交換してソートを行なう。実用上最速のアルゴリズムであるクイックソートや他の効率的なアルゴリズムに比べて，計算時間のかかるアルゴリズムであるが，単純でプログラミング（実装）が容易であることから，ソーティングアルゴリズムを学ぶうえでの基礎となっている。

バブルソートでは，すべての要素に対して，隣り合う要素との比較を行ない，順序が逆である場合に交換操作を行なう。昇順に並び替える場合，バブルソート[2-7]は**図1**に示すアルゴリズムにより与えられる。

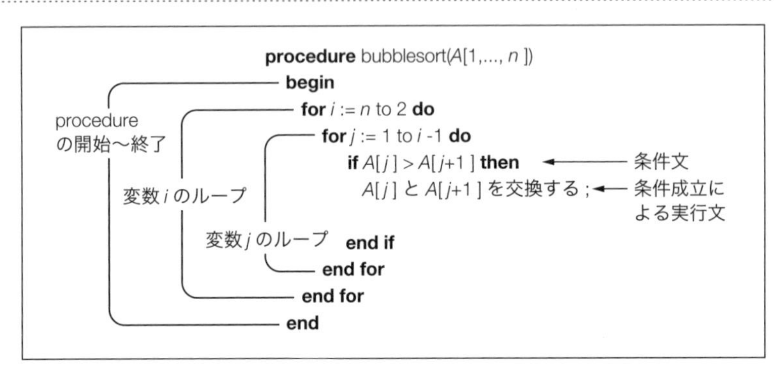

図1． バブルソートの疑似コード[2-8]
このアルゴリズム bubblesort は二重のループ構造(for 文から end for 文までの繰り返し)をもっていて，外側のループは i を n から 2 まで 1 ずつ減少しながら繰り返され(変数 i のループ)，内側のループはそれぞれの i について j を 1 から $i-1$ まで 1 ずつ増加しながら繰り返される(変数 j のループ)。if 文は then から end if までの文を実行する条件を定義し，それぞれの j について $A[j]$ が $A[j+1]$ より大きい($A[j]>A[j+1]$)場合にのみ両者の値を交換する。

n 個の要素からなる配列 $A[1]$, $A[2]$, …, $A[n]$ が与えられたとする。バブルソートでは，$A[j]$ と $A[j+1]$ の値を比較し，$A[j]$ のほうが大きければ $A[j+1]$ と値を交換するという操作を $j=1$, …, $n-1$ の順に進める。すると，要素 $A[n]$ に一番大きな値が入る。同様の操作を $j=1$, …, $n-2$ の順に進めると，$A[n-1]$ には 2 番目に大きい値が入ることになる。つづいて，$j=1$, …, $n-3$, $j=1$, …, $n-4$, と同様の操作を $j=1$ までつづけると，配列は $A[1]$ から $A[n]$ まで昇順に整列される。各反復操作において値が移動していくようすが，泡(バブル)が浮かび上がるように見えることから，バブルソートとよばれている。

実際の値ではどうなるのか，左から昇順に並び替える場合の実行例を**図2**に示す。まず，配列の最初の値 4 を基点とする。右隣の値 2 と比較し，4>2 であるので値を入れ替える。次に 5 と比較し，4<5 であるので交換はせず，そのまま基点を 5 に移動して右隣の値 3 と比較し，5>3 であるので値を交換する。配列最後の値 1 と 5 を比較し，5>1 であるので値を交換する。以上の操作から，一番大きな値 5 が配列の最後まで移動する。配列の最後まで達すると，基点をもう一度，配列の最初に戻し，同様の操作を交換する要素がなくなるまで繰り返す。すべての操作が終了すると，左から昇順にソートされた配列が得られる。

バブルソートは，すでに正順に並んでいる場合は最初の操作で終了するので，計算はもっとも速くなるが，反対に，逆順に並んでいる場合に計算はもっとも遅くなる。バブルソートでは，2 つのデータの比較・交換という操作が基本処理となっている。この処理を何回繰り返すかで，ソートに要する時間計算量を考えることができる。

ここで，データ数を n 個とすると，もっとも小さい(大きい)値をデータの端に移動させるには $n-1$ 回の比較交換回数が必要である。同様に，2 番目に小さい(大きい)値を移動させるには，$n-2$ 回の比較交換を行なうことになる。以下同様に考えていくと，最終的にすべてのデータが並び替わるまでの比較交換回数は，$(n-1)+(n-2)+\cdots+2+1=n(n-1)/2$ となり，時間計算量[2-8]は $O(n^2)$ となる。

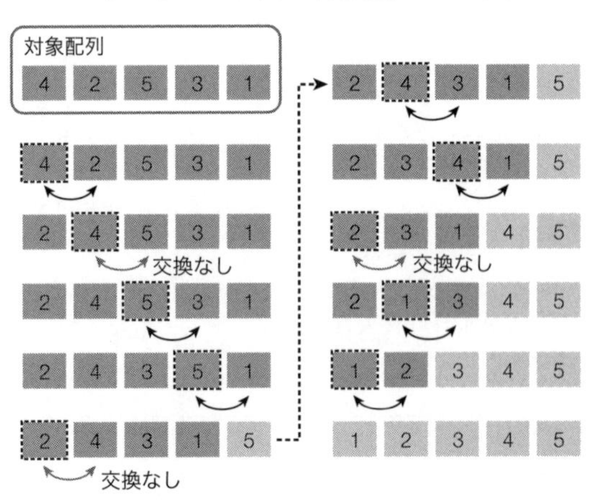

図2． バブルソートの手順例
左から昇順に並び替える場合の実行例を示す。

練習問題 出題▶H18（問 32） 難易度▶C 正解率▶82.8%

与えられたデータの列を一定の順序に並べ替えるアルゴリズムにバブルソートがある。バブルソートを用いてデータを昇順に並べ替える手順の一部を次に示す。

データの列　3　2　1

①一番左の要素「3」とその右隣の要素「2」を比較し，右の方が小さければお互いを交換する。

3⇔2　1
↓交換
2　3　1

②操作を一つ右にずらし「3」について，同様に右隣の要素「1」と比較し，右の方が小さければお互いを交換する。

2　3⇔1
↓交換
2　1　3

この操作によって，もっとも大きな値「3」が一番右に移動することが分かる。また，この操作を左から交換操作が起こらなくなるまで繰り返すことによって，全ての並びを昇順にすることができる。ここで，「5　3　4　7　1」のデータが与えられた時，このデータをバブルソートによって昇順に並べ替えるには，何回の交換操作が必要となるか。もっとも適した値を選択肢の中から１つ選べ。

1. 4 回
2. 6 回
3. 8 回
4. 10 回

解説 バブルソートによって昇順に並び替えるには，一番左端の値を基点として右隣の値と比較し，大きい場合は交換，そうでない場合は交換をせずに基点を右へ移動していく。右端に達すると基点をもう一度左端に戻し，同様の操作を繰り返す。実際に交換回数を数えてみると以下のようになる（交換される数に下線を付し，ソートが完了した数は太く示している）。

	交換回数
5 3 4 7 1	
3 5 4 7 1	1 回
3 4 5 7 1	2 回
3 4 5 1 7	3 回
3 4 1 5 **7**	4 回
3 1 4 **5 7**	5 回
1 3 **4 5 7**	6 回

よって，交換回数は 6 回となり，選択肢 2 が正解である。

参考文献

1)『C によるアルゴリズムとデータ構造』（茨木俊秀著，昭晃堂，1999）第 4 章
2)『アルゴリズムとデータ構造（第 2 版）』（紀平拓男・春日伸弥著，ソフトバンククリエイティブ，2011）第 1 章

2-10 オートマトン

オートマトンによる状態・遷移データの表現

Keyword 形式言語，オートマトン

われわれが日常使っている日本語など，文化的背景から自然に発展してきた記号体系を「自然言語」という。一方，特定の目的のために人工的につくられた言語を「形式言語」といい，記号の集合と生成規則から生成される文字列の集合と定義される。この形式言語で記述される文を解釈するための数学的モデル（仮想的な自動機械）をオートマトンといい，計算機技術の基礎原理のひとつとなっている。オートマトンによる計算モデルは，テキスト処理やハードウェア設計などさまざまな場面で応用されており，バイオインフォマティクスにおいても配列解析などで用いられている。

オートマトンは，言語を表現するための数学的手段であり，状態と遷移の組合せをもち，以下のように定義される。

①外部から連続した情報(入力)を受け取ることができる
②内部状態が定義され持続的に保持される
③入力された情報に依存して内部状態が遷移する
④内部状態に依存して外部に情報を発信(出力)する

これらの性質からわかるとおり，オートマトンにより特定のアルゴリズム[2-7]や計算機プログラム[2-3]を表現することができる。とくに，有限個の状態をもつ場合を有限オートマトンという。有限オートマトンは**図1**のように，状態遷移図や状態遷移表として表わすことができる。

図1に示されているのは，a，b，cという3つの状態をもつ有限オートマトンMである。有限オートマトンは，開始状態と終了状態をもち，遷移の条件として文字を用いる。状態遷移図では，状態はその記号を丸で囲ったもので表わす。状態から状態への遷移は矢印で表わし，その遷移を起こさせる入力記号をラベルとして付ける(**図1**では1または0が入力される)。状態bのループ状の矢印は同じ状態への遷移，つまり対応する入力に対しては状態に変化がないことを意味している。**図1**に示すMの開始状態はaであり，通常始点のない矢印(**図1**で状態aの左にある)によって示される。入力の最後の文字を読み終えたときの状態が，決められた終了状態である場合，オートマトンMは入力を受理するといい，それ以外の状態で終了する場合は拒否するという。この場合の終了(受理)状態はcであり，これは一般的に，二重の丸によって示される。つまりオートマトンはある入力について，受理か拒否か(モデルに一致するか否か)を判定する機械であるということができる。

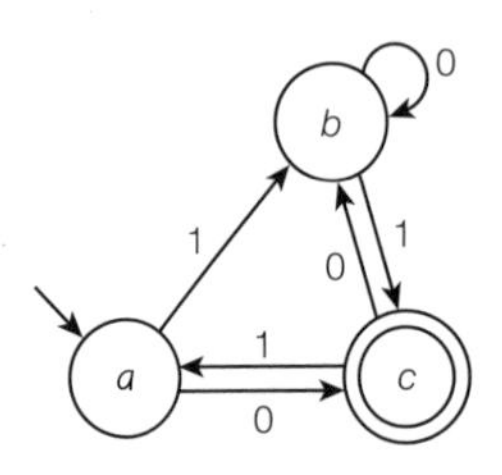

図1． 状態遷移図

たとえば，**図1**のオートマトンMに対して，001を入力として与えると次のような動作を行なう。まず，状態aから始動し，0を読み込んで状態cに遷移する。次に，0を読み出し状態cから状態bへと遷移し，つづく1を読み出し状態bから状態cへと遷移する。入力を読み終えた時点で，Mは終了状態cにあるので，Mは入力001を受理する。また，有限オートマトンは，**図2**に示す状態遷移表としても表わすことができる。状態遷移表では，一般的に，初期状態には矢印をつけて通常一番上の位置におき，最終状態は○で囲み明示する。

有限オートマトンの形式的な定義は，5項組のシステム$M=(Q,\ \Sigma,\ \delta,\ q_0,\ F)$として表わされる。ここで，$Q$は状態の有限集合，$\Sigma$は入力記号の有限集合，$\delta$は$Q\times\Sigma\rightarrow Q$を示す遷移関数，$q_0$($\in Q$，$q_0$は集合$Q$の要素である)は開始状態，$F$($\subseteq Q$，$F$は$Q$の部分集合である)は終了状態の集合を表わす。

とくに，状態q($\in Q$)と入力a($\in\Sigma$)に対して遷移先$\delta(q,\ a)$が一意に定まるようなオートマトンを，決定性有限オートマトンとよぶ。オートマトンはバイオインフォマティクスにおいて配列解析などに応用されている。類似配列検索ツールのBLAST[3-5]や配列モチーフ検索[3-7]では，たとえば塩基ATGCからなる特定の文字列パターン(塩基配列)が，与えられた塩基配列内に存在するかを調べるために用いられている。

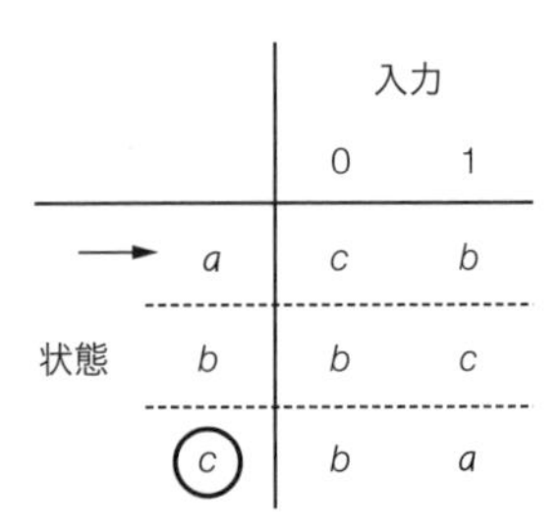

		入力	
		0	1
	→ a	c	b
状態	b	b	c
	ⓒ	b	a

図2． 状態遷移表
左の列が現在の状態で，矢印は開始状態，丸印は終了(受理)状態である。右の列が，上に示す入力を受けた場合のそれぞれの遷移先状態を表わす。

練習問題 出題▶H21（問 29） 難易度▶D 正解率▶93.5%

下図の決定性有限オートマトンは 3 つの状態 S0，S1，S2 をもつ。S0 は初期状態である。入力数列は 0 または 1 である。このオートマトンに関する記述のうち，不適切なものを選択肢の中から 1 つ選べ。

状態推移表		状態		
		S0	S1	S2
入力	0	S0	S2	S1
	1	S2	S0	S2

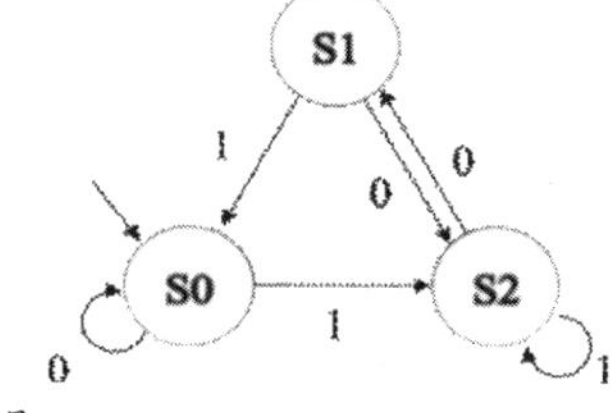

1. 入力数列が 000111 のとき，状態は S2 となる。
2. 入力数列 01 の後，さらに 0 が偶数回続くと，状態は S2 となる。
3. 入力数列 10 の後，さらに 1 が奇数回続くと，状態は S2 となる。
4. 数列中に 1 が 1 回のみ現れる入力数列の入力後の状態は，S0 ではない。

解説 各選択肢においてオートマトンがどのような振る舞いをするか考えてみる。まず，選択肢 1 で与えられる入力数列 000111 による状態の遷移は，S0 → S0 → S0 → S2 → S2 → S2 となり，内容は正しい。選択肢 2 において，入力 01 を受け取ったときの状態は S2 であり，次に 0 を受け取ると S1 になる。これにつづいて 0 を繰り返し受け取ると，状態は S2 → S1 → S2 → S1 →…と遷移していく。よって選択肢 2 の内容も正しい。選択肢 3 について同様に考えると，入力 10 を受けた状態 S1 につづいて 1 を連続して受け取ると状態は S1 → S2 → S2 → S2 →…と遷移する。よって選択肢 3 の内容は不適切であり，これが正解である。また，入力として 1 が一度与えられると状態は S0 から S2 へと遷移する。その後 1 が入力されないかぎり，状態は S2-S1 間の遷移のみとなる。よって選択肢 4 の内容は正しい（**図 3** にオートマトン上での遷移のようすを示す）。

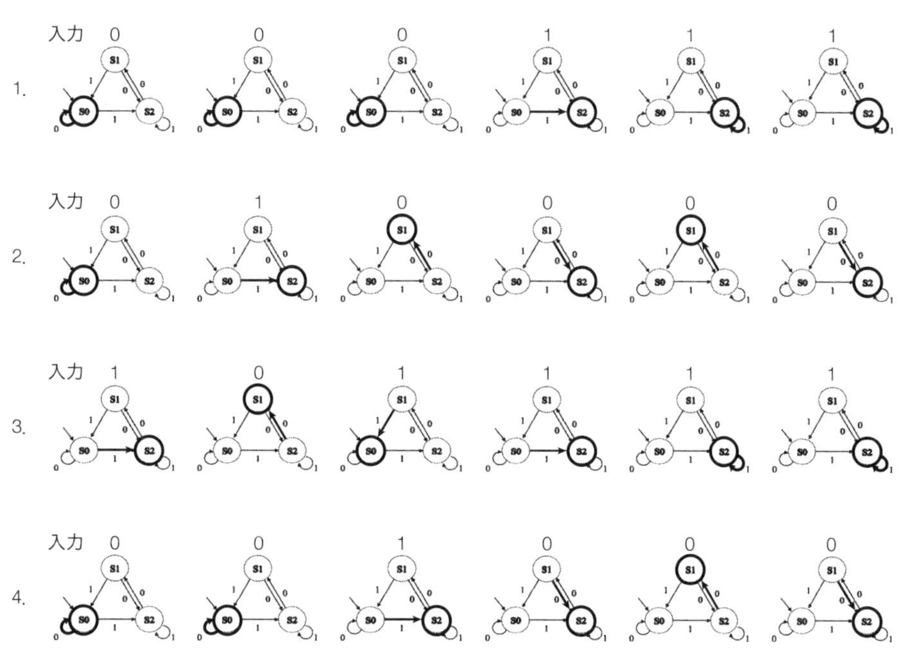

図 3． 練習問題のオートマトンの遷移

選択肢 1～4 の入力を受け取った場合の遷移を太い矢印で，遷移後の状態を太い丸印で示す。選択肢 4 の遷移は一例のみを示しているが，「1」が入力される位置が異なっていても前後の状態遷移は図と同様になる。

参考文献

1）『計算理論の基礎（原著第 2 版）オートマトンと言語』（M. シプサー著，太田和夫・田中圭介監訳，共立出版，2008）第 1 章
2）『バイオインフォマティクス事典』（日本バイオインフォマティクス学会編，共立出版，2006）正規言語

リレーショナルデータベースによるデータの整理

Keyword データベース，リレーショナルデータベース，テーブル，データベース管理システム

データベースを管理するためのソフトウェアシステム（データベース管理システム，DBMS）を用いることにより，データをプログラムから切り離し，各種アプリケーションから統一的に利用できるようになる。データベース管理システムとしては，リレーショナルデータベースが広く用いられており，データを表（テーブル）で表現し，データベースの操作に専用データベース言語を用いる。

≫データベースとデータベース管理システム

観察や実験によって得られた事実(データ)を，高速に検索利用できるように整理した集合体がデータベースである。データをプログラムから切り離してデータベースとして管理することで，各種アプリケーションから統一的に利用できるようになる。データベースを管理し検索利用や更新の機能を提供するソフトウェアシステムを，データベース管理システム(database management system；DBMS)とよぶ。

≫リレーショナルデータベース

1970年に米国IBM社のコッドが提案したリレーショナルデータベースの概念は，ビジネスアプリケーションからバイオインフォマティクス研究まで広く用いられている。

リレーショナルデータベースでは，複数のデータの組(タプル)の集合(リレーション，関係)を二次元の表(テーブル)として表現する。リレーショナルデータベースのテーブルの例を**図1**左上(テーブル名：employee)に示す。この例では，employeeテーブルの4つの列(カラム)にそれぞれid，code，name，departmentというカラム名が割り当てられている。各行が社員1人のタプルに相当し，各カラムに各社員の属性値(社員ID，社員コード，社員名，所属部署)が格納されている。

リレーショナルデータベースでは，テーブルとして表現されたリレーションに対し，集合演算を実行することができる。実行できる集合演算は，射影(表から指定したカラムだけを抽出する)，選択(指定したカラムに指定した値をもつ行だけを抽出する)，結合(複数の表を，指

テーブル名：employee

id	code	name	department
1	011001	佐藤 翔太	開発部
2	012001	鈴木 愛	総務部
3	012002	高橋 拓也	営業部
4	013001	田中 彩	開発部

idとnameで射影

id	name
1	佐藤 翔太
2	鈴木 愛
3	高橋 拓也
4	田中 彩

departmentが開発部の条件で選択

id	code	name	department
1	011001	佐藤 翔太	開発部
4	013001	田中 彩	開発部

テーブル名：phone

id	department	phone
1	総務部	03-xxx-01234
2	営業部	03-xxx-01235
3	開発部	03-xxx-01236

phoneテーブルと結合

id	code	name	department	phone
1	011001	佐藤 翔太	開発部	03-xxx-01236
2	012001	鈴木 愛	総務部	03-xxx-01234
3	012002	高橋 拓也	営業部	03-xxx-01235
4	013001	田中 彩	開発部	03-xxx-01236

図1． テーブルの集合演算の例

表1のテーブルemployeeに対して，idとnameによる射影(対応する列だけを抜き出す；右)，departmentによる選択(条件を満たす行だけを抜き出す；左下)を行なった結果を示す。この例のように集合演算により作成された表をサブテーブルとよぶ。また，別のテーブルphoneをテーブルemployeeとdepartmentで結合(同じdepartment値をもつemployeeの行に，phoneの対応する行を接続する；右下)した結果も示す。この場合の結合演算は，テーブルphoneのdepartment列が異なる行で同じ値をもつ場合は，接続する行が特定できなくなるために成立しない。department列に重複がない場合，departmentはスーパーキーとよばれる。

定したカラムの値に従って結合する)などに大きく分類される。

≫リレーショナルデータベース管理システム

リレーショナルデータベース用のDBMSをリレーショナルデータベース管理システム(relational database management system；RDBMS)とよぶ。商用のRDBMSがOracle社やMicrosoft社から提供されている。また，PostgreSQLやMySQLといったオープンソースのRDBMSも開発されている。RDBMSでは，データベースの構造の定義，データベースへの問合せやデータ更新などの操作を行なうのに，専用のデータベース言語(問合せ言語)を用いる。SQL▼2-12はその代表である。

≫ビッグデータと非リレーショナルデータベース

現在では，SQLに基づいたリレーショナルデータベースがさまざまな分野のデータベース構築に主要な役割を果たしている。一方，テーブル形式を用いない非リレーショナルデータベース(NoSQL；not only SQLと総称される場合もある)の重要性も指摘されている。インターネットをはじめとした情報技術の発展は，大量情報の蓄積をもたらした。これはビッグデータ(一般にペタバイト$=10^{15}$バイト級のデータ蓄積を指す場合が多い)という言葉を生み出したが，その多くは文字情報やグラフ▼2-6などの，テーブル形式が最適構造ではないデータである。たとえばヒトゲノム▼1-16に代表されるような，大量に生み出される塩基配列データもこれにあたる。非リレーショナルデータベースには，キーバリュー型(値＝バリューとそれにアクセスするためのキーだけからなり，高速に読み出しや書き込み可能なデータベース)，ドキュメント型(可変形式の注釈付き文字列情報を値として格納できるデータベース)，グラフ型(データの関係をグラフで表わしたデータベース)などがあり，しだいにバイオインフォマティクスの分野でも利用されはじめている。

練習問題 出題▶H20(問30) 難易度▶C 正解率▶81.0%

次に示した説明文のなかでデータベースのモデルの一つであるリレーショナルデータベースに関する説明として不適切なものを選択肢の中から1つ選べ。

1. データをリレーション(関係)とよばれる単位で管理する。リレーションは2次元のテーブルとして表現することができる。
2. 結合演算を用いて，リレーション間の情報を結びつけることができる。
3. リレーショナルデータベースを管理するソフトウェアは，RDBMSとよばれる。
4. RDBMS上で採用される主要なデータベース言語(問い合わせ言語)としてはRubyがある。

解説 データのリレーション(関係)を二次元のテーブルとして表現し管理するのがリレーショナルデータベースなので，選択肢1の内容は適切である。リレーショナルデータベースには，条件を指定して複数のテーブルのリレーションを結びつける結合演算が用意されているので，選択肢2の内容も適切である。リレーショナルデータベースを管理するソフトウェアはRDBMSとよばれるので，選択肢3の内容も適切である。Rubyはプログラミング言語▼2-3でありデータベース言語(問い合わせ言語)ではないので，選択肢4は不適切であり，これが正解である。Ruby言語からリレーショナルデータベースを操作するには，SQL文の文字列をプログラム内部で生成してRDBMSに渡すか，O/Rマッパーとよばれるソフトウェアを介して参照するなどの手段をとる必要がある。

参考文献

1)『リレーショナルデータベース入門（新訂版）』（増永良文著，サイエンス社，2003）第1章，第2章

SQLによるリレーショナルデータベースの操作

Keyword SQL, リレーショナルデータベース, データベース管理システム

SQLはリレーショナルデータベース専用のデータベース言語である。SQLでは，文という単位で1つのデータベース操作を記述する。SQLの文により，問合せ（SELECT文），データ新規登録（INSERT文），データ更新（UPDATE文），テーブル構造定義（CREATE TABLE文），アクセス制御定義（GRANT文），といった各種の操作が実現される。

≫ SQL

SQL(structured query language)は，リレーショナルデータベース[▼2-11]のデータの定義や操作に特化された専用のデータベース言語である。SQLでは，Java，Perl，Cなどの手続き型プログラミング言語[▼2-3]とは異なり，必要な入力と出力だけを定義し，処理の手順は記述しない。データベースの内部表現や処理手順はリレーショナルデータベース管理システム(RDBMS)が最適化するので，データベースを使うシステムの開発者はそれらを気にする必要がない。

```
SELECT code, name
FROM employee
WHERE code<'013000' AND department='開発部';
```

図1. SQL文(SELECT文)の例

≫ SQLの構文

SQLでは，文という単位で1つのデータベース操作を記述する。文は，句という構成要素を含むことがある。データの問合せを行なうSQL文(SELECT文)の例を**図1**に示す。冒頭のSELECT句(`SELECT code,name`)では，問合せの結果として返すカラム(列)のカラム名として`code`と`name`の2つを指定している。それにつづくFROM句(`FROM employee`)で，問合せ対象のテーブルの名称がemployeeであることを指定している。最後のWHERE句(`WHERE code<'013000' AND department='開発部'`)で，行を抽出する条件を指定している。この例では，社員コードが「013000」よりも小さいことと，所属部署が「開発部」であることとが，条件として記述されている。2つの条件が論理演算子`AND`で結合されているので，2つの条件のいずれをも満たす

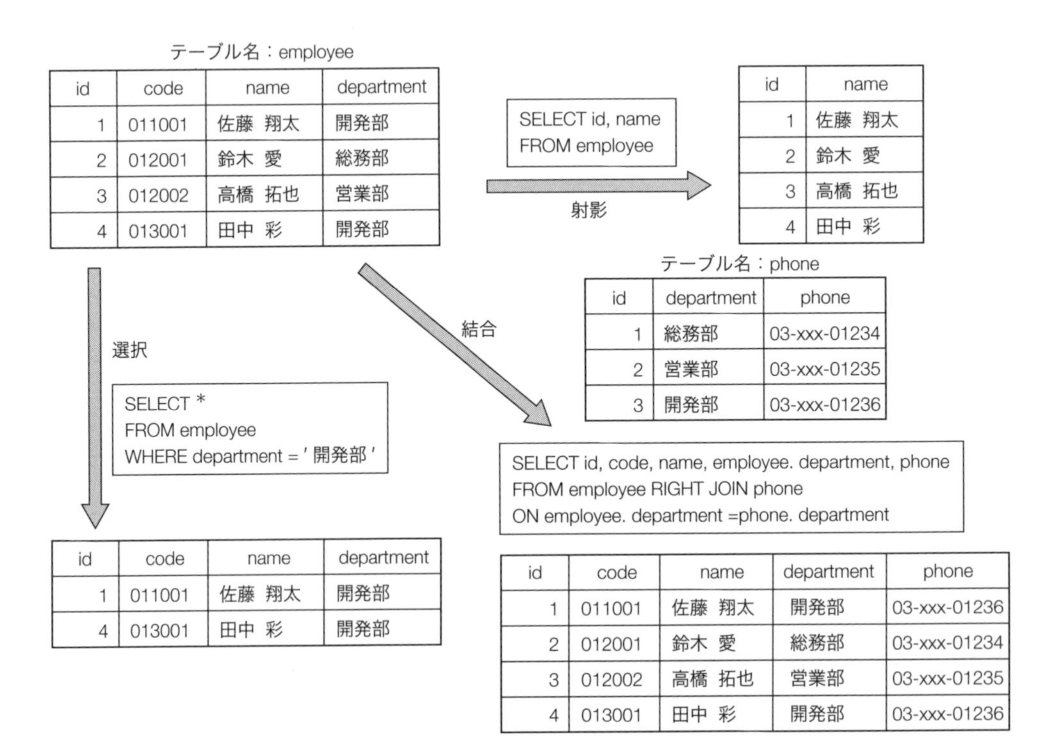

id	code	name	department
1	011001	佐藤 翔太	開発部
2	012001	鈴木 愛	総務部
3	012002	高橋 拓也	営業部
4	013001	田中 彩	開発部

id	name
1	佐藤 翔太
2	鈴木 愛
3	高橋 拓也
4	田中 彩

id	department	phone
1	総務部	03-xxx-01234
2	営業部	03-xxx-01235
3	開発部	03-xxx-01236

id	code	name	department
1	011001	佐藤 翔太	開発部
4	013001	田中 彩	開発部

id	code	name	department	phone
1	011001	佐藤 翔太	開発部	03-xxx-01236
2	012001	鈴木 愛	総務部	03-xxx-01234
3	012002	高橋 拓也	営業部	03-xxx-01235
4	013001	田中 彩	開発部	03-xxx-01236

図2. テーブルの集合演算を行なうSQL文の例

テーブルemployeeとテーブルphoneに対する集合演算[▼2-11]を実行するSQL文の例を示す。この例で結合は，テーブルemployeeに対応するdepartment(テーブルを特定してemployee.departmentと示される)がない場合はテーブルphoneのdepartment(phone.department)は除外されるが，これを除外しない結合演算も可能で，その場合は対応する項目がない箇所は空になる。

行のみを抽出することを指定している。最後のセミコロン(；)は，文の終わりを示す区切り文字である。employeeテーブルをもつデータベースに対してこの文を実行すると，社員コードが「013000」より小さい社員は3人おり，所属部署が「開発部」である社員は2人いるが，両方の条件を満たすのは「佐藤 翔太」だけなので，**表1**に示したテーブルが実行結果として返される。**図2**には，SELECT文により同じテーブルemployeeに，射影，選択，結合などの集合演算を行なう場合のSQL構文の例を示した。

表1．テーブルemployeeから抽出されるサブテーブル

code	name
011001	佐藤 翔太

SQLには，SELECT文のほかに，データを新規登録するINSERT文，データの更新を行なうUPDATE文，データベースにおけるテーブルの構造を定義するCREATE TABLE文，データに対するアクセス制御を定義するGRANT文などが用意されている。

練習問題 出題▶H21（問32） 難易度▶D 正解率▶91.9%

下記の表に対して，次に示すSQL文を実行する。結果として得られるデータとしてもっとも適切なものを選択肢の中から1つ選べ。

```
SELECT　アクセッション　FROM　インフルエンザウイルス塩基配列
WHERE　サブタイプ='H1N1'　AND　年号>=1976　AND　年号<2005；
```

表：インフルエンザウイルス塩基配列

アクセッション	宿主	タンパク質	サブタイプ	国・地域	年号
AAD17229	Human	HA	H1N1	USA	1918
ABD95350	Human	HA	H1N1	Russia	1977
ACF54400	Human	HA	H3N2	Hong Kong	1968
ACP41105	Human	HA	H1N1	USA	2009
ACU79959	Human	HA	H2N2	Japan	1957
AAF75994	Swine	HA	H1N2	USA	1999
AAB39851	Swine	HA	H1N1	USA	1976
AAD25304	Avian	HA	H1N1	Canada	1976
AAT65329	Avian	HA	H1N1	Canada	1998

1. AAD17229，ABD95350，ACP41105，AAB39851，AAD25304，AAT65329
2. ABD95350，ACP41105，AAB39851，AAD25304，AAT65329
3. ABD95350，ACP41105，AAF75994，AAB39851，AAD25304，AAT65329
4. ABD95350，AAB39851，AAD25304，AAT65329

解説 示されたSQL文は，表(テーブル)「インフルエンザウイルス塩基配列」に対し，特定の条件を満たす行のみを抽出し，その「アクセッション」カラムの値を返すことを指示するSELECT文である。WHERE句で指定された抽出条件は，サブタイプがH1N1であり，年号が1976年以降かつ2005年よりも前であること，である。したがって正解は選択肢4である。選択肢1～3は，指定された抽出条件を満たさない行のアクセッションをそれぞれ含んでおり，いずれも不正解である。なお，RDBMSやそのバージョンによっては，テーブル名やカラム名に日本語文字列を使うことが制限される場合がある。

参考文献

1)『ゼロからはじめるデータベース操作SQL』（ミック著，翔泳社，2010）第1章，第2章
2)『初めてのSQL』（A. ボーリュー著，株式会社クイープ訳，オライリー・ジャパン，2006）第3章

2-13 正規分布

正規分布の性質

Keyword 確率分布，正規分布，平均，分散，中心極限定理

正規分布（ガウス分布ともよばれる）は，データのばらつきや誤差をモデル化するためによく用いられる確率分布である。確率的に値が決まる変数を確率変数という。独立かつ同分布な確率変数が n 個あるとき，n が十分に大きければ，元の確率分布がどのようなものであったとしても，これらの確率変数の平均値は正規分布に従うことが知られている。世の中の多くの現象はこの性質を満たしており，正規分布は統計学において非常に重要な役割を果たしている。

≫正規分布

たとえば，1 株の植物から枝を同じ長さに切り取って，挿し木で成長させて丈を測ることを繰り返したとする。この場合，すべての植物は遺伝的に同一（クローン）だが，その丈は必ずしも同じにはならない。第 1 世代の丈を棒グラフにすると，典型的な例では平均的な丈の周りに不均一に分布する（**図 1**）。同じ観察を条件をそろえたままで第 2 世代以降も繰り返すと，データの蓄積に伴ってグラフは徐々に特徴的な釣鐘形に収束する。このグラフは平均値でもっとも頻度が高くなり，平均値から離れるほど左右対称に減少する。これは，標本の植物には遺伝的に最も妥当な丈（平均値）があるが，さまざまな要因（日照や肥料のばらつき，細胞分裂[▼1-3]や細胞成長のちがい）における偶然に左右される差異が発生し，平均値からの差が大きいほどその差異が実現する確率が低くなることによる。このようなデータの分布を正規分布（またはガウス分布）とよび，細胞の大きさや遺伝子の発現量[▼1-19]など，自然界のさまざまな現象に認められる分布である。異なる現象について特徴量（横軸）の値は異なるが，以下の説明のように，母平均（μ）と母分散（σ^2），あるいは母標準偏差（σ）でスケールすると同一の分布となる。

また，正規分布に従う現象全体（母集団）から得られたデータを x_1，x_2，x_3，…，x_{n-1}，x_n としたとき，これらのデータは標本とよばれる。標本の平均（m），標本のばらつきの程度を表わす標本分散（s^2），あるいは分散の平方根である標本標準偏差（s）は次の式で定義されるが，これらの値は正規分布の母平均や母分散，母標準偏差の値を推定する際に用いられる最尤推定量[▼2-16]でもある。

$$m = \frac{1}{n}\sum_{i=1}^{n} x_i$$

$$s^2 = \frac{1}{n}\sum_{i=1}^{n} (x_i - m)^2$$

$$s = \sqrt{s^2}$$

≫正規分布の性質

平均 μ，分散 σ^2 の正規分布を $N(\mu, \sigma^2)$ と表わし，確率変数 x が正規分布 $N(\mu, \sigma^2)$ に従うとき，$x \sim N(\mu, \sigma^2)$ と書く。正規分布 $N(\mu, \sigma^2)$ の関数の形（確率密度関数とよぶ）は次式のようになる。

$$f(x) = \frac{1}{\sqrt{2\pi\sigma^2}} \exp\left(-\frac{(x-\mu)^2}{2\sigma^2}\right)$$

とくに平均 $\mu = 0$，分散 $\sigma^2 = 1$ の正規分布 $N(0, 1)$ を標準正規分布という。確率変数 x が正規分布 $N(\mu, \sigma^2)$ に従うならば，平均と分散で標準化した変数 $z = (x-\mu)/\sigma$ は標準正規分布 $N(0, 1)$ に従う。標準正規分布の確率密度関数をグラフにすると**図 2** の曲線となる。直線 $x = \mu$（$=0$）を軸として左右対称であることがわかる。平均 μ は**図 2** のグラフの頂点の位置，分散 σ^2 は左右の広がり（分散が大きいほど裾野が広い）に相当する。任意の実数 a，b について，確率変数 z の値が a から b のあいだに含まれる確率 $P(a \leqq z \leqq b)$ は，区間 $[a, b]$ におけるこの曲線の下の面積（**図 2** の斜線部）に相当する。全区間 $[-\infty, +\infty]$ について積分すると 1 となり，全事象の確率が 1

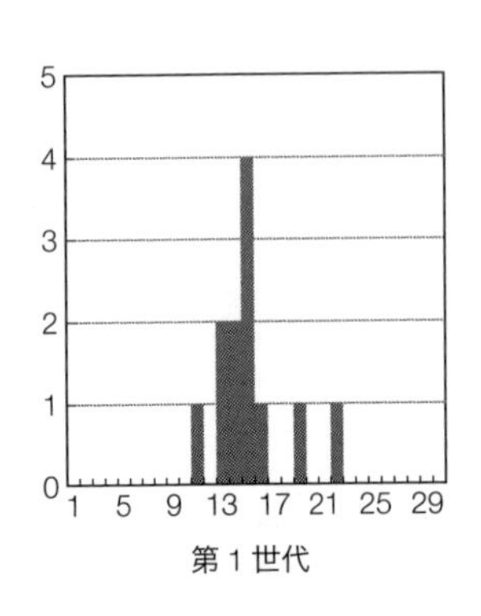

第 1 世代

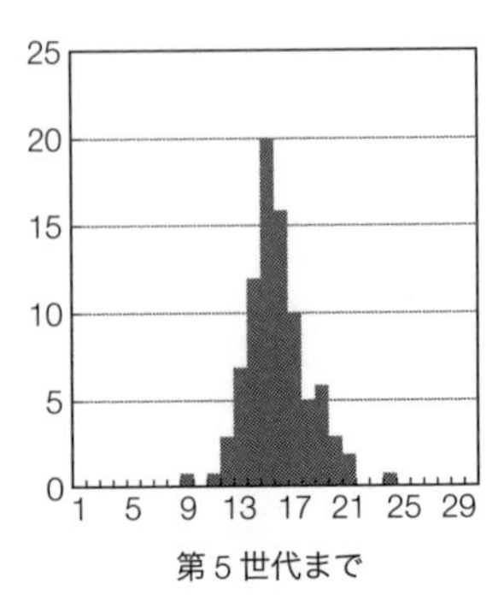

第 5 世代まで

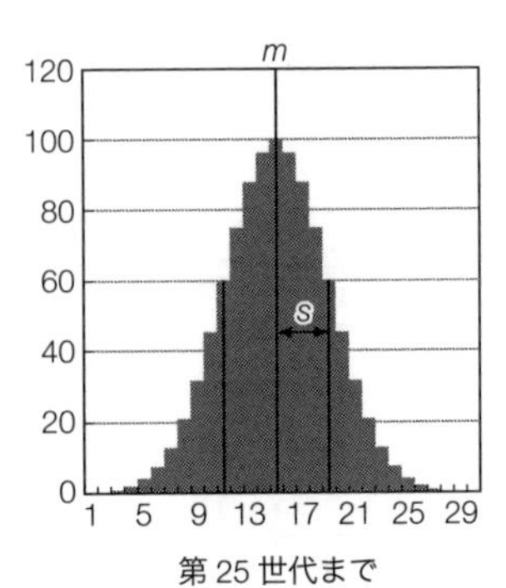

第 25 世代まで

図 1． 植物の丈の統計値

第 1 世代，第 5 世代まで，第 25 世代までの植物の丈の分布の例。いずれのグラフも，横軸が丈（cm），縦軸が観察された頻度を示す。

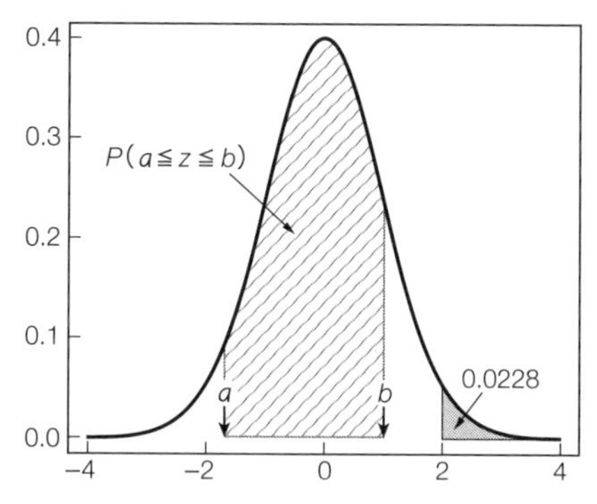

図2． 標準正規分布の確率密度関数のグラフ
横軸は標準偏差($\sigma=1$)で測った平均($\mu=0$)からの偏差，縦軸は相対確率である。

となることに対応している。

以下の練習問題で使われている表を標準正規分布表という。これは，標準正規分布に従う確率変数zがある値z_0よりも大きくなる確率$P(z \geqq z_0)$，つまり**図2**の曲線をz_0から$+\infty$の区間で積分した値を記載した表である。たとえば，$z_0=2.00$のときの積分値は小数第1位までの値「2.0」で示された行，小数第2位「0」で示された列にある0.0228であり，**図2**では右端の部分に相当する。平均と分散で標準化したのち標準正規分布表を用いることで，任意の正規分布$N(\mu, \sigma^2)$に従う事象の確率を計算機がなくとも計算することができる。

n個の確率変数$x_1, \cdots, x_n$が互いに独立であり，平均μ，分散σ^2の同じ分布(正規分布でなくともよい)に従うとき，その平均値$m=(x_1+\cdots+x_n)/n$は正規分布$N(\mu, \sigma^2/n)$に近似的に従うことが知られている。これを中心極限定理という。つまり，サンプルサイズnが大きくなればなるほど，サンプル平均mが従う正規分布の分散が小さくなるため，サンプル平均mが真の平均μに確率的に近づいていくことになる。このことは，サンプルを多く集めれば集めるほど，信頼性がより高い平均値を推定できることを意味している。

練習問題　出題▶H21（問34）　難易度▶A　正解率▶41.1%

重さ20 g(グラム)の物体を天秤で測定する場合を考える。その天秤での測定には誤差が生じ，その誤差は平均0 g，分散0.04 g^2の正規分布$N(0, 0.04)$にしたがうものとする。このとき誤差の絶対値が0.4 g以上になる確率はいくらになるか。もっとも適切なものを選択肢の中から1つ選べ。必要であれば下記の標準正規分布表を利用してよい。標準正規分布表の数字は，zで示された位置よりも上側の確率を示している。

z	0	0.2	0.4	0.6	0.8
0.0	0.5000	0.4207	0.3446	0.2743	0.2119
1.0	0.1587	0.1151	0.0808	0.0548	0.0359
2.0	0.0228	0.0139	0.0082	0.0047	0.0026
3.0	0.0013	0.0007	0.0003	0.0002	0.0001

1. 0.0456
2. 0.0082
3. 0.2119
4. 0.3446

解説　誤差をxとすると，xは$N(0, 0.04)$に従うので，$z=(x-0)/(0.04)^{1/2}$という式で標準化することによって得たzは標準正規分布$N(0,\ 1)$に従う。この変換に従うと，誤差の絶対値が0.4 g以上，すなわち$|x| \geqq 0.4$のときは，$|z| \geqq 2.0$となる。ここで標準正規分布表を参照すると，$z \geqq 2.0$となる確率は0.0228となることがわかる。標準正規分布が$z=0$を軸に左右対称であることから，$z \leqq -2.0$となる確率も0.0228である。したがって，$|z| \geqq 2.0$となる確率は$0.0228 \times 2 = 0.0456$となるので，正解は選択肢1である。練習問題の標準正規分布表は正規分布一般について成り立つ。たとえば，標準偏差で平均値から±1の範囲内($\mu \pm 1\sigma$)には全体の約68%(zの値が1.0以上となる確率，つまり標準正規分布のグラフにおいてzの値が1.0よりも大きいところの面積が0.1587なので，両側では$0.1587 \times 2 = 0.3174$になる。全体1.0からこの値を引くと0.6826)が，$\pm 2\sigma$では95%($z=2.0$で$1-0.0228 \times 2 = 0.9544$)，$\pm 3\sigma$ではほぼ100%($z=3.0$で$1-0.0013 \times 2 = 0.9974$)が収まる。データを観察する際に役立つので，これらの数値は覚えておくとよい。

参考文献

1)『バイオサイエンスの統計学』(市原清志著，南江堂，1990) 第1章

確率分布と独立性・ベイズ推定

Keyword 確率変数，確率分布，独立性，期待値，分散

確率変数[2-13]について，値とその値となる確率の対応を確率分布という。とりうる値が離散値，連続値，どちらの場合でも，確率分布とそれに従う確率変数を定義することができる。ある確率分布に従う確率変数がとる値の「見込み」を期待値といい，確率変数の平均として定義される。

すべての目(面)が等しい確率で出現する六面体のサイコロを考える。ある試行において出るサイコロの目を確率変数 X とすると，X がとりうる値は 1, 2, 3, 4, 5, 6 であり，各目が出る確率は $\Pr(X=i)=1/6$ ($i=1, 2, 3, 4, 5, 6$) である。期待値は確率による重み付きの平均として定義されるので，この場合，サイコロの目の期待値は，

$$\mathrm{E}(X)=\sum_{i=1}^{6}\Pr(X=i)\cdot i=\frac{1}{6}\sum_{i=1}^{6}i=3.5$$

と計算することができる。確率変数の値が期待値から平均的にどれくらい離れているかを示す値を分散といい，次のように定義される。

$$\mathrm{Var}(X)=\mathrm{E}((X-\mathrm{E}(X))^2)$$

この定義に従うと，サイコロの目の分散は以下のように計算できる。

$$\mathrm{Var}(X)=\mathrm{E}((X-3.5)^2)$$
$$=\sum_{i=1}^{6}\Pr(X=i)\cdot(i-3.5)^2\fallingdotseq 2.92$$

分散は期待値との差を2乗して平均したものであり，分散の正の平方根で定義される標準偏差もよく用いられる。

2つの確率変数 X と Y を考える。X=x という事象と Y=y という事象が同時に起こる確率を同時確率といい，$\Pr(X=\mathrm{x},\ Y=\mathrm{y})$ と書く。また，X=x という事象が起こったという条件の下で Y=y という事象が起こる確率を条件付き確率といい，$\Pr(Y=\mathrm{y}\mid X=\mathrm{x})$ と書く。誤解が生じない場合には，それぞれ $\Pr(\mathrm{x,y})$，$\Pr(\mathrm{y}\mid\mathrm{x})$ と省略して書くことが多い。同時確率と条件付き確率には，$\Pr(\mathrm{x,y})=\Pr(\mathrm{x})\Pr(\mathrm{y}\mid\mathrm{x})$ のような関係がある。これは，まず X=x という事象が起こり，そしてその条件の下で Y=y という事象が起こる確率を意味している。x と y を逆にすると，$\Pr(\mathrm{x,y})=\Pr(\mathrm{y})\Pr(\mathrm{x}\mid\mathrm{y})$ も成り立つことから，

$$\Pr(\mathrm{y}\mid\mathrm{x})=\frac{\Pr(\mathrm{x}\mid\mathrm{y})\Pr(\mathrm{y})}{\Pr(\mathrm{x})}$$

という恒等式が成り立つ。これをベイズの定理という。事象 y が起こる確率を，その事前確率(あるいは主観確率) $\Pr(\mathrm{y})$ と，データ x が観測される確率 $\Pr(\mathrm{x}\mid\mathrm{y})$ からベイズの定理に基づいて計算する推定手法をベイズ推定といい，ベイジアンフィルターや系統樹推定[5-9]などさまざまな分野で応用されている。

X と Y のあいだに関係がない場合，X=x という条件の下であってもなくても Y=y が起こる確率は変わらない。つまり，$\Pr(\mathrm{y}\mid\mathrm{x})=\Pr(\mathrm{y})$ であるので，同時確率は $\Pr(\mathrm{x,y})=\Pr(\mathrm{x})\Pr(\mathrm{y})$ と書くことができる。このとき，X と Y は互いに独立であるという。X と Y のあいだに独立性がある場合，期待値と分散は以下の性質を満たす。

$$\mathrm{E}(XY)=\mathrm{E}(X)\mathrm{E}(Y)$$
$$\mathrm{Var}(X+Y)=\mathrm{Var}(X)+\mathrm{Var}(Y)$$

≫ベイジアンフィルター

ベイジアンネットワークはさまざまな事象(たとえば，ある疾患に罹患する，特定の遺伝子が発現するなど)を有向グラフ[2-6]として表現したものである。この場合のノード間の連結(エッジ)は事象の因果関係を表わしており，各ノードにはそのノードの状態(ある疾患に罹患している，罹患していないなど)の確率が割り振られている。ベイジアンフィルターは，このグラフを用いて推定を行なう。

図1に簡単なベイジアンフィルターの例を示す(実際に用いられるベイジアンネットワークは，より多くの事象の関係から構成される複雑なグラフである場合が多い)。ある人が疾患Aに罹患している確率が Pr(罹患している)=0.01，罹患していない確率が Pr(罹患していない)=0.99 であるとする。この確率は，これまでの経験から導き出された事前確率である。また，この疾患に関係していると考えられる遺伝子 a について，罹患していれば 0.1 の確率で発現しており，罹患していなければその 10 分の 1 の確率(0.01)で発現していることがわかっ

$$\Pr(\text{罹患している}\mid\text{発現する})=\frac{\Pr(\text{発現する}\mid\text{罹患している})\Pr(\text{罹患している})}{\Pr(\text{発現する})}$$
$$=\frac{\Pr(\text{発現する}\mid\text{罹患している})\Pr(\text{罹患している})}{\Pr(\text{発現する}\mid\text{罹患している})\Pr(\text{罹患している})+\Pr(\text{発現する}\mid\text{罹患していない})\Pr(\text{罹患していない})}\quad \text{式(1)}$$

$$\Pr(\text{罹患している}\mid\text{発現する})=\frac{0.1\times0.01}{0.1\times0.01+0.01\times0.99}=0.092\quad \text{式(2)}$$

ているとする。条件付き確率で表現すると，Pr(発現する｜罹患している)＝0.1，Pr(発現する｜罹患していない)＝0.01である。

ここで，ある特定の人について実際に検査を行なった結果，遺伝子aが発現していることが判明したとする。このとき，この遺伝子aの発現の原因が疾患Aに罹患していることによる確率，すなわちPr(罹患している｜発現する)はベイズの定理により式(1)のように表わされる。これを事前確率から計算すると，式(2)の値となる。

この値が事後確率であり，遺伝子aの発現を検査するという観測が行なわれた結果，この人が疾患Aに罹患している確率が上方修正されたことを意味する。事後確率が一定値以上であったときに，この人が罹患していると診断を下す機械学習の方法がベイジアンフィルターである。この方法は，メール文書に含まれる単語から迷惑メールを判定して除外するなどの目的にも用いられている。観測事実による確率の更新(ベイス更新という)を繰り返すことで，ベイジアンフィルターを順次改善していくことができる。

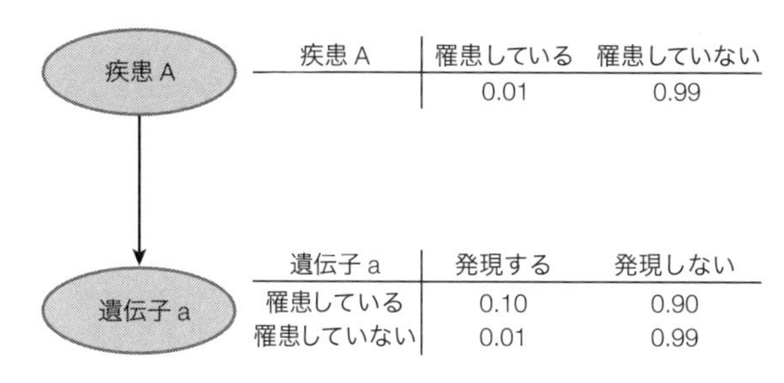

疾患A	罹患している	罹患していない
	0.01	0.99

遺伝子a	発現する	発現しない
罹患している	0.10	0.90
罹患していない	0.01	0.99

図1．簡単なベイジアンフィルターの例
疾患Aや遺伝子aの右に示した表は，それぞれの状態の確率を示す。この例では，疾患Aが遺伝子a発現の原因であるとしているが，これは逆の関係(遺伝子aの発現により疾患Aに罹患する)である可能性もある。

第2章 計算科学

練習問題 出題▶H22（問34） 難易度▶C 正解率▶80.9%

2つの確率変数X，Yを考える。不適切な記述を選択肢の中から1つ選べ。
ここで，それぞれの記号は次の意味で用いられる。

Pr(A，B)　　AとBの同時確率
E(A)　　Aの平均
Var(A)　　Aの分散

1. X，Yが統計的独立ではないとき，積XYの平均E(XY)は，それぞれの平均の積E(X)E(Y)に等しい。
2. X，Yが統計的独立のとき，積X，Yの同時確率Pr(X, Y)は，それぞれの確率の積Pr(X)Pr(Y)に等しい。
3. Xの分散Var(X)は，Xの平均の二乗とX^2の平均とのあいだに次の関係がある。
   $\mathrm{Var}(X)=\mathrm{E}(X^2)-(\mathrm{E}(X))^2$
4. Yが生じたという条件のもとでXが生じる条件付き確率Pr(X| Y)は，Pr(X, Y)/Pr(Y)であらわされる。

解説　選択肢2の内容は，独立性の定義そのものであるので正しい。
選択肢3の内容は，分散の定義から，

$$\begin{aligned}\mathrm{Var}(X)&=\mathrm{E}((X-\mathrm{E}(X))^2)\\&=\mathrm{E}(X^2-2X\cdot\mathrm{E}(X)+\mathrm{E}(X))^2)\\&=\mathrm{E}(X^2)-2\mathrm{E}(X)\cdot\mathrm{E}(X)+(\mathrm{E}(X))^2\\&=\mathrm{E}(X^2)-(\mathrm{E}(X))^2\end{aligned}$$

と変形できるので正しい。
選択肢4の内容は，本文で述べた同時確率と条件付き確率の関係から明らかに正しい。
したがって，選択肢1が正解である。実際，XとYが独立であれば，

$$\begin{aligned}\mathrm{E}(XY)&=\sum_{X,Y}\mathrm{Pr}(X,Y)\cdot XY\\&=\sum_{X,Y}\mathrm{Pr}(X)\mathrm{Pr}(Y)\cdot XY\\&=\left(\sum_{X}\mathrm{Pr}(X)\cdot X\right)\left(\sum_{Y}\mathrm{Pr}(Y)\cdot Y\right)\\&=\mathrm{E}(X)\mathrm{E}(Y)\end{aligned}$$

であるが，XとYが独立でなければ1行目から2行目への変形は成立しないので，内容は不適切である。

参考文献

1)『確率と統計』（渡辺澄夫・村田昇著，コロナ社，2005）第2章，第3章

統計的検定による仮説の検証

Keyword 仮説検定，帰無仮説，*p* 値，有意水準

仮説検定とは，観測したデータ（標本）がある仮説に従うと仮定し，その確率を計算することによって，その仮説が正しいかどうかを判断する方法である。仮説検定ではまず，主張したい仮説とは反対の仮説（帰無仮説）を設定し，帰無仮説から標本が抽出される確率（*p* 値）を計算する。その確率がある値（有意水準）よりも小さければ，標本が帰無仮説から偶然に抽出される可能性はほとんどないとして帰無仮説を棄却し，その反対であるもともとの主張したい仮説が有意であると判断する。

ある仮説が正しいかどうかを判断する際，最善の方法は調査対象すべて（母集団）を観測して確認することであるが，実際にはこれを行なうのは不可能なことが多い。そのため，母集団から標本をランダムに抽出して，それらから母集団の推定を行なう。母集団にある分布を仮定し，そこから n 個の標本が取り出される確率を計算することによって，その母集団の性質を推定する。母集団の分布を記述する数値は母数とよばれ，母集団の平均，分散（▼2-13）は，それぞれ母平均（μ），母分散（σ^2）である。これらに対応して，標本から算出される数値が，標本平均（m），標本分散（s^2）である。通常の観測は有限個のサンプルからなるので，標本自体の統計値が母集団と一致することは期待できない。また，同様の条件で行なった2セットの観測サンプルの標本平均や標本分散が互いに一致することも期待できない（**図1**）。

≫パラメトリック検定

このとき，母集団がよく性質の理解されている正規分布（▼2-13）などに従うと仮定して，その性質を使って行なう統計検定をパラメトリック検定という。たとえば，t 検定は観測1の平均（m_1）と観測2の平均（m_2）が統計的に有意に異なるかどうか，すなわちそれらが由来する母集団の母平均（μ_1 と μ_2）の値が異なるかどうかを検定するパラメトリック検定である。この方法は母集団が正規分布することを仮定し，たとえば，農薬を散布していない作物群（観測1）と散布した作物群（観測2）の収穫量を実測した場合に，そのあいだに有意な差があるかを検定するために用いられる。観測1で n_1 個体，観測2で n_2 個体の収穫量を測ったところ，前者が平均 m_1，不偏分散 s_1^2 を，後者が平均 m_2，不偏分散 s_2^2 を示したとする。なお，不偏分散は通常の分散とは異なり，以下の式で求められる。

$$s^2 = \frac{1}{n-1}\sum_{i=1}^{n}(x_i - m)^2$$

t 値は以下のように求められるが，この式は，2セットの母集団の分散が異なる場合に適用されるウェルチの t 検定のものである。

$$t = \frac{m_1 - m_2}{\sqrt{\frac{s_1^2}{n_1} + \frac{s_2^2}{n_2}}}$$

t 値は標本自由度 υ で規定される分布をもつことが知られており，自由度 υ は以下のように定義される。

$$\upsilon = \frac{\left(\frac{s_1^2}{n_1} + \frac{s_2^2}{n_2}\right)^2}{\frac{s_1^4}{n_1^2(n_1-1)} + \frac{s_2^4}{n_2^2(n_2-1)}}$$

この方法で，**表1**に示す観測値に有意差があるかどうかを検定してみる。自由度は，式から計算すると υ =9.99…であるが，簡略的に10を自由度として用いる。この場合の t 値は1.163になり，あらかじめ計算された t 分布の境界値（**表2**）から，自由度10では p 値（t 値の境界値）が0.3～0.2のあいだに存在することがわかる。この場合の帰無仮説である「母集団の平均に差がない（$\mu_1 = \mu_2$）」は，有意水準を5%（0.05）としても棄却されない（通常，有意水準は5%以下にとる）。すなわち，この例では農薬未散布と農薬散布の場合で有意な差はない。現在では t 分布を扱う関数がたいていの表計算ソフトウェアに内蔵されており，それを用いて p 値を算出する場合が多い。

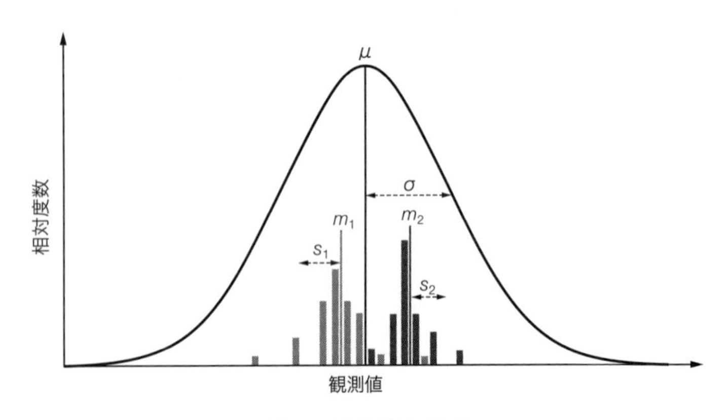

図1．母集団と観測値

母集団（黒実線）の母平均（μ）と標準偏差（σ；母分散の平方根）に対して，観測1と観測2の標本分布（灰色実線）と，それぞれの標本平均（m_1 および m_2）と標本標準偏差（s_1 および s_2）を示す。

≫ノンパラメトリック検定

一方，母集団の正規性などを仮定せずに，行なう検定がノンパラメトリック検定である。ある観測された事象が発生する確率（p 値）を

表1． 農薬未散布の場合と散布した場合の作物ごとの収穫量

	作物ごとの収穫量（g；観測値）	標本サイズ（n）	標本平均（m）	不偏分散（s^2）
観測1（農薬未散布）	102, 82, 89, 78, 114	5	93	221
観測2（農薬散布）	99, 107, 55, 57, 68, 88, 93	7	81	435.7

表2． 自由度10の t 分布表

有意水準	0.700	0.600	0.500	0.400	0.320	0.300	0.200	0.100	0.050	0.010
t 値の境界値	0.3966	0.5415	0.6998	0.8791	1.0464	1.0931	1.3722	1.8125	2.2281	3.1693

直接求める方法もこれにあたる。

六面体のサイコロを100回振ったときに，6が25回出たとする。公平なサイコロであれば期待値▼2-14はおよそ100/6≒16.7回だから，明らかに6が多く出ている。このとき，このサイコロが6が出やすい不正なサイコロかどうかを考える。主張したい仮説は「不正なサイコロ」であり，棄却したい帰無仮説は「公平なサイコロ」である。この場合，帰無仮説の母集団が従う確率分布は確率が1/6の二項分布となるので，6が100回中 n 回出る確率は，

$$\Pr(X=n) = {}_{100}\mathrm{C}_n \left(\frac{1}{6}\right)^n \left(\frac{5}{6}\right)^{100-n}$$

と計算できる。この確率分布のもとで6が25回以上出る確率（p 値）は，

$$\Pr(X \geq 25) = \sum_{i=25}^{100} \Pr(\mathrm{X}=i) \fallingdotseq 0.0217$$

となる。これは，公平なサイコロを使用したならば100回中25回以上も偶然に6が出る確率は2%余りしかないということを意味する。有意水準を5%（＝0.05）に設定するならば，p 値がそれを下回っているので帰無仮説が棄却され，このサイコロは不正なサイコロであるということができる。

帰無仮説が正しいときに，これを誤って棄却してしまう誤りを第1種過誤あるいは偽陽性▼2-21という。第1種過誤を犯してしまう確率は有意水準と等しく，危険率ともいわれる。また，誤った帰無仮説を棄却できない誤りを第2種過誤あるいは偽陰性という。第2種過誤を起こさない確率のことを検出力という。一般に，第1種過誤を減らそうとして有意水準を小さくすれば，棄却できない帰無仮説が多くなるために第2種過誤が増えるという傾向があるので，有意水準は適切に選ぶ必要がある。

練習問題　出題▶H21（問36）　難易度▶B　正解率▶46.0%

統計的検定の説明として不適切なものを選択肢の中から1つ選べ。

1. 有意水準5%で p 値が3%のとき，帰無仮説は棄却される。
2. ある確率分布に従う母集団の標本平均は，つねに母平均に等しく母分散の値によらない。
3. 母平均10の正規分布に従う母集団の標本平均の期待値は，母分散の値によらず必ず10である。
4. 2群の平均値の差の検定において，「2群の母平均値に差がない」という帰無仮説が棄却されたとき，2群の平均値は統計的に有意に差があるといえる。

解説　p 値が有意水準よりも小さい場合には帰無仮説は棄却される。よって，選択肢1の内容は適切である。ある確率分布に従う母集団から抽出した標本の標本平均は，標本の数が多くなれば母平均に近づいていくが，つねに母平均に等しくはならない。したがって選択肢2の内容は不適切であり，これが正解である。母平均を μ とすると，母集団からランダムに抽出した n 個の標本 $X_1, \cdots, X_n$ の標本に対して，個々の標本の期待値は $\mathrm{E}(X_i)=\mu$ である。したがって，標本平均の期待値は，

$$\mathrm{E}\left(\frac{X_1+\mathrm{L}+X_n}{n}\right) = \frac{1}{n}\left(\mathrm{E}(X_1)+\mathrm{L}+\mathrm{E}(X_n)\right) = \frac{1}{n}\times n\times\mu = \mu$$

となるので，選択肢3の内容は適切である。「2群の平均値には差がある」という仮説を検定するときには，その反対である「2群の平均値には差がない」という帰無仮説を立て，これを棄却することによって，もともとの仮説が統計的に有意であることを示す。したがって，選択肢4の内容は適切である。

参考文献

1）『バイオサイエンスの統計学』（市原清志著，南江堂，1990）第1章

2-16 最尤推定

確率分布の最尤法による推定

Keyword 最尤推定，平均，分散，母数

最尤(さいゆう)法は，母集団が従う確率分布の種類（モデル）がわかっているとき，観測されたデータからその母数（パラメータ）を推定する方法のひとつである。母数が与えられたとき，観測されたデータが得られる確率を母数の関数とみなして尤度(ゆうど)関数とよぶ。最尤法では，観測されたデータに対して尤度関数が最大になるように母数を推定する。この方法により，実験データから，そのデータを説明できる複数のモデルの確からしさを比較することができる。

≫尤度(ゆうど)

あるモデル「すべての目が均等に出る六面体のサイコロ」があった場合に，ある事象「このサイコロを100回振ったときに6の目が25回出る」の実現する割合を算出するのが確率である。逆に，ある事象「サイコロを100回振ったときに6の目が25回出た」が実際に観測された場合に，ある確率モデル「これはすべての目が均等に出るサイコロである」のもっともらしさを算出したものが尤度である(**図1**)。つまり，確率が未来に起こる出来事の予想であるのに対して，尤度は過去の状態の推定にあたる。このため尤度は，さまざまな実験結果をもとに，その背後に存在して実験結果をもたらした仕組み(モデル)の検定のために用いられる。ただし，実際の計算方法については，確率と尤度は似通っており，特別な仮定のない場合には同一である。

≫尤度による推定

母集団が従う確率分布の母数(▼2-15)をθとしたとき，母集団からn個の標本$x_1, \cdots, x_n$がランダムに抽出される確率は$\Pr(x_1, \cdots, x_n \mid \theta)$と書くことができる。これを母数$\theta$の関数とみなして$L(\theta)=\Pr(x_1, \cdots, x_n \mid \theta)$を尤度関数と定義する。与えられた標本をもっともよく説明する母数は，尤度関数$L(\theta)$を最大にするθである。このような母数θを最尤推定量，また最尤推定量を推定する方法のことを最尤法という。

サイコロを100回振ったときに6の目が25回出たとする。このサイコロで6が出る確率をp，それ以外が出る確率を$1-p$とする。ここでpは上でθと書いた母数と等しい。もしこのサイコロがすべての目が等しい確率で出る公平なサイコロならば，$p=1/6$であるので，そのときの尤度関数は，

$$L\left(p=\frac{1}{6}\right)={}_{100}C_{25}\left(\frac{1}{6}\right)^{25}\left(\frac{5}{6}\right)^{75}=0.0098$$

となる。一方，他の目よりも6が出やすく，$p=1/4$であるとしたら，

$$L\left(p=\frac{1}{4}\right)={}_{100}C_{25}\left(\frac{1}{4}\right)^{25}\left(\frac{3}{4}\right)^{75}=0.0918$$

となり，$p=1/6$のときよりも$p=1/4$のときのほうが尤度が高く，この観測データをよりよく記述できている。すなわち，これが均等に目の出ないゆがんだサイコロであるとするモデルのほうがより確からしいことがわかる。

また，pの値をあらかじめ仮定せずに6が出る確率の最尤推定値を求めるためには，尤度関数をpに関して微分して0とおく。

$$L'(p)\propto 25p^{24}(1-p)^{75}-75p^{25}(1-p)^{74}$$
$$=p^{24}(1-p)^{74}(25(1-p)-75p)=0$$

これを解くと$p=0,\ 1,\ 1/4$となり，このうち尤度関数が最大となるのは明らかに$p=1/4$のときであることがわかる。これは，観測データにおいて全体の1/4の割合で6が出るという事象が起こったことと一致しており，直感と合致した結果といえる。

母集団が正規分布に従うとわかっているとき，n個の標本$x_1, \cdots, x_n$が観測されたとする。このとき，上の例と同様に，母数について微分し0とおいて解くと，母集団の平均と分散の最尤推定量はそれぞれ，標本平均$\bar{x}=\frac{1}{n}\sum_{i=1}^{n}x_i$と標本分散$\frac{1}{n}\sum_{i=1}^{n}(x_i-\bar{x})^2$に一致することがわかる。

これは，具体的には以下のように計算できる。正規分布(▼2-13)の式から，標本$x_1, \cdots, x_n$の対数尤度関数(尤度の自然対数lnをとったもの) $\ln(L(x))$は以下のように表わされる。

$$\ln(L(x))=\sum_{i=1}^{n}\ln\left(\frac{1}{\sqrt{2\pi\sigma_e^2}}\exp\left(\frac{(x_i-\mu_e)^2}{2\sigma_e^2}\right)\right)$$
$$=n\times\ln\left(\frac{1}{\sqrt{2\pi\sigma_e^2}}\right)-\frac{1}{2\sigma_e^2}\sum_{i=1}^{n}(x_i-\mu_e)^2$$

これをμ_eで微分して0とすると，

$$\frac{\partial\ln(L(x))}{\partial\mu_e}=\frac{1}{\sigma_e^2}\sum_{i=1}^{n}(x_i-\mu_e)=0$$

この式が成立するのは，

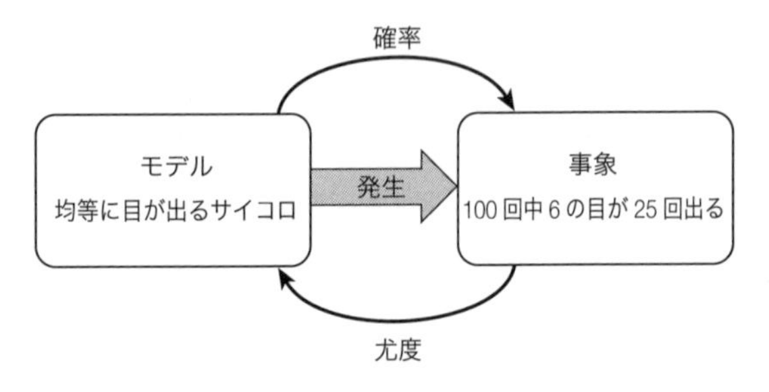

図1．確率と尤度

$$\mu_e = \frac{1}{n}\sum_{i=1}^{n} x_i$$

のときであり，これは標本平均[2-13]の定義と同じである。また，σ_e^2 で微分して 0 とおくと，

$$\frac{\partial \ln(L(x))}{\partial(\sigma_e^2)} = -\frac{n}{2\sigma_e^2} + \frac{1}{2\sigma_e^4}\sum_{i=1}^{n}(x_i - \mu_e)^2 = 0$$

移項して，

$$\frac{n}{2\sigma_e^2} = \frac{1}{2\sigma_e^4} + \sum_{i=1}^{n}(x_i - \mu_e)^2$$

両辺に $2\sigma_e^4/n$ を掛けると，

$$\sigma_e^2 = \frac{1}{n}\sum_{i=1}^{n}(x_i - \mu_e)^2$$

これは標本分散[2-13]の定義に等しい。

標本平均は最尤推定量と一致し，母平均の不偏推定量(標本から得られる値の期待値が母集団の母数の値と同じになる推定量)とも一致する。一方，標本分散は最尤推定量ではあるが，期待値が母分散と一致せず，不偏推定量ではないことが知られている。なお，母分散の不偏推定量は標本分散よりもやや大きい値をもつ不偏分散(以下の式)である。

$$\frac{1}{n-1}\sum_{i=1}^{n}(x_i - \bar{x})^2$$

練習問題 出題▶H23（問 33） 難易度▶B 正解率▶53.3%

以下の(a)，(b)内に入る語句・数値の組み合わせとしてもっとも適切なものはどれか。選択肢の中から1つ選べ。

表・裏の出る確率が未知のコインを3回投げたところ，表が1回，裏が2回出た。表が出る確率を p とすると $p=0.3$ の尤度は $p=0.5$ の尤度(a)。尤度は $p=$(b)のとき最大となり，p の最尤推定値である。

1. (a) よりも大きい　(b) 0.66…
2. (a) よりも小さい　(b) 0.66…
3. (a) よりも大きい　(b) 0.33…
4. (a) よりも小さい　(b) 0.33…

解説 表が出る確率を p としたとき，表1回，裏2回が出る尤度関数は，$L(p) = {}_3C_1 p^1 \times (1-p)^2$ となる。$L(p=0.3)=0.441$，$L(p=0.5)=0.375$ となるので，$p=0.3$ のときのほうが尤度が大きい。また，表が出る確率の最尤推定量は，標本中で表が出た回数の割合と一致する。したがって，$p=0.33...$ が最尤推定値であり，このときもっとも尤度が高くなる。よって，選択肢3が正解である。

参考文献

1)『確率と統計』（渡辺澄夫・村田昇著，コロナ社，2005）第2章，第3章

2-17 機械学習

機械学習とデータマイニング

Keyword 教師あり学習，決定木，分類・回帰問題，機械学習，データマイニング

決定木とは，データマイニング・機械学習の手法のひとつで，木構造を用いて意思決定プロセスのモデル化や入力の分類・回帰を行なうための方法である。決定木は，複数のノードから構成される木構造において，あるノードから次のノードに移動する際に，枝に示されている条件（たとえば，ある遺伝子が発現している，または発現していない）に従って移動を行なうことを，葉ノードに到達するまで繰り返す（葉ノードは末端のノードで，クラスのラベルなどの情報が付与される）。クラスタリングと異なり，決定木の構築（学習）には，すでに分類済みのデータ（学習データ）が必要である。決定木以外にも，バイオインフォマティクスではさまざまな機械学習やデータマイニングの手法が利用され成功を収めている。

≫教師あり学習と教師なし学習

バイオインフォマティクスでは，機械学習・データマイニングの方法がよく用いられる。機械学習とは既知のデータ(たとえば，薬が効いたか効かなかったか)を基に，コンピュータ上に学習器とよばれる推定アルゴリズム[▼2-7]を構築し，未知のデータ(新しい薬の効果など)について予測を行なう方法である。データマイニングは，既知のデータを整理・統合することで，データ間の未知の関係性を発見する方法であり，両者は密接に関連している。機械学習による予測・分類の手法は，学習データとしてラベル付きのデータ(たとえば，薬効のあり/なしが事前にわかっている例)を必要とする「教師あり学習」と，ラベル付きデータを事前に必要としない「教師なし学習」に分けられる。教師あり学習は予測のタイプに応じて，離散的なクラス・ラベルなどを予測する分類問題(薬の活性が「ある」または「ない」というラベルのついたクラスに分類する)と，連続的な数値を予測する回帰問題(薬の活性値を予測する)に大別される。一方，学習データを必要としない教師なし学習の代表例は，クラスタリング[▼2-20]であり，離散的なクラスを予測するために用いられる。

≫決定木

決定木は，複数のノードから構成される木構造[▼2-6]で，各ノードから次のノードに移動する際に，枝に示されてい

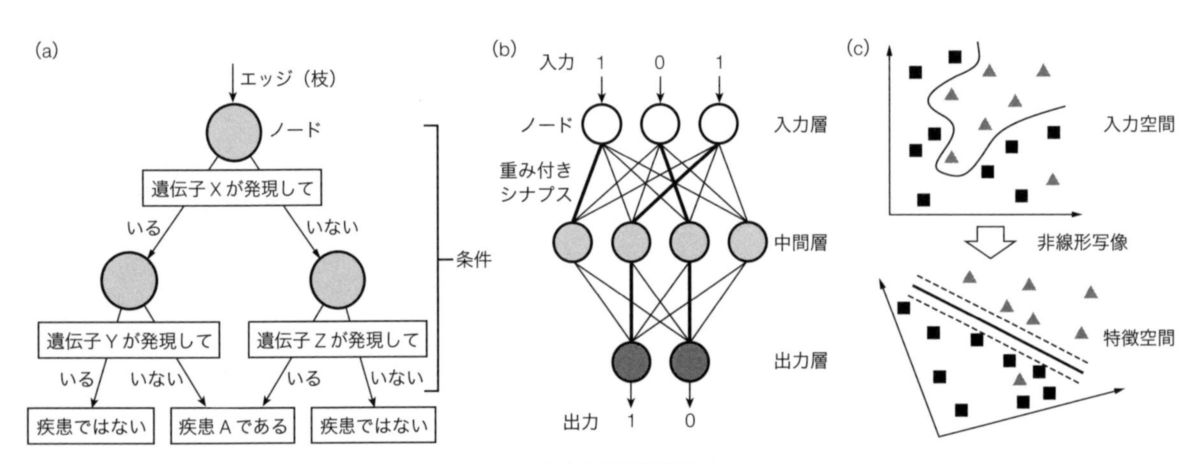

図1．代表的な機械学習法

(a)決定木。決定木は木構造を根から出発して，ノードごとにどちらのエッジ(枝)をたどるかを設定された条件により決定し，最終的に最下部のいずれかの判定に達する方法である。学習データに対して，条件ノードの位置，条件設定，分岐条件などを変更しながら，より正解率の高い判定が下されるように学習を行なう。(b)ニューラルネットワーク。ニューラルネットは，入力層・中間層・出力層の階層構造をもつ有向グラフであり，情報はこの順番に処理される。通常，入力データは判定を行なうデータを0または1のビット列で表現したものである。ノードは神経細胞を模倣したもので，各層のあいだで形成されたシナプス(神経接続)で結ばれている。ノードは上層から受け取った信号をシナプスを通じて下層に伝達するが，シナプスには重み(図では線の太さ)が負荷されており，信号は重みに応じて増幅または減衰される。下層のノードは上層の複数のノードからの入力を積算し，その総和がノードごとに設定された一定値を超えた場合にのみ下層に信号を伝達する。最終的な出力は0または1のビット列になる。ニューラルネットでは出力の正解率が上がるようにシナプスの重みを変更して学習を行なう。深層学習はニュートラルネットワークの発展型機械学習である。(c)サポートベクトルマシン(SVM)。SVMは，たとえばある細胞ががんで「ある」か「ない」かを，発現している遺伝子の状態から判定する2値分類を行なう。図の三角をがん細胞，四角を正常な細胞としたとき，これらの細胞は遺伝子発現の状態に依存して多次元空間に分布している。SVMでは，この空間内で2種類の細胞を区分する超平面(高次元平面)を学習により求める。これは入力空間を非線形写像により特徴空間(細胞が超平面の上下に点線で示される最大のマージンで分離される空間)に変形することに相当する。サポートベクトル回帰(SVR)はSVMの一種で，回帰分析による多値分類に対応したものである。

る条件(たとえば，遺伝子の発現パターンから細胞の種類を予想する決定木では，ある遺伝子が「発現している」または「発現していない」)に従って次のノードに移動することを，葉ノード(末端のノード)に到達するまで繰り返す機械学習である(**図 1a**)。葉ノードには，たとえばクラスのラベル(たとえば細胞の種類)が付与されており，未知のデータで決定木を移動してたどり着いた先が，そのデータの予想クラスとなる。正解の葉ノードにたどり着くには，各ノードで正しく移動する必要があるが，既知の遺伝子発現パターンから，より正解率の高い移動条件と決定木の形を求めることが，機械学習にあたる。決定木は教師あり学習手法の一種であり，分類問題を解くための決定木を分類木，回帰問題を解くための決定木を回帰木とよぶ。

≫さまざまな機械学習・データマイニング手法

決定木以外にも，さまざまな機械学習・データマイニングの手法が存在している(**表 1**)。たとえば，決定木を基にした確率的な方法として，L. ブライマンにより提案されたランダムフォレストがある。ランダムフォレストでは，多数の決定木を使用した分類(または回帰)を行なう。これは，性能がそれほどよくない多くの学習器(弱学習器)を複数組み合わせて高精度な予測アルゴリズムを構築するアンサンブル学習の一種である。

表 1. 代表的な機械学習・データマイニング手法

予測対象	教師あり	教師なし
離散値(クラスラベルなど)	SVM, ランダムフォレスト, 決定木(分類木)	クラスタリング
連続値(活性値など)	SVR, 線形回帰, 決定木(回帰木)	主成分分析

さらに，サポートベクトルマシン(SVM)(**図 1c**)，サポートベクトル回帰(SVR)，ニューラルネットワーク，深層学習[▼2-19](**図 1b**)などの教師あり学習の手法もバイオインフォマティクスにおいて頻繁に用いられ，一定の成功を収めている。これらの手法はいずれも，たとえば正常細胞とがん細胞のいずれかのラベルをつけたデータを，それぞれの特徴量(さまざまな遺伝子の発現パターンなど)に応じて，高次空間内に分布させたときに，両細胞をなるべくきれいに切り分ける高次平面(二次元の場合は切り分ける直線)，すなわち最適な判別基準を機械学習[▼6-7]により発見する方法である。

練習問題 出題▶H20（問 39） 難易度▶D 正解率▶95.2%

意志の決定プロセスなどをグラフを用いて表現する方法に決定木がある。ある商店において，売られている6種類のマグカップの売れ行きを調べた結果，次のような結果が得られた。この表を基にして売れ行きを予測するための決定木を作成した。もっとも適切なものを選択肢の中から1つ選べ。

マグカップの特徴			マグカップの売れ行き
サイズ	色	模様	
大	赤	ストライプ	高い
小	赤	水玉	高い
大	青	ストライプ	低い
大	青	水玉	高い
小	黄色	ストライプ	低い
大	黄色	水玉	低い

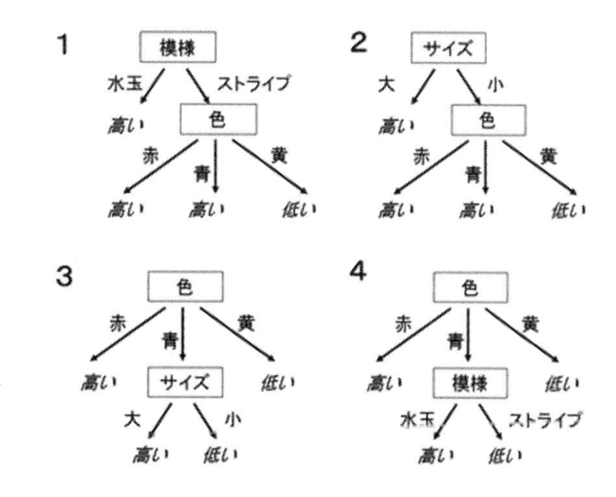

解説 問題文に示されている6個のマグカップのすべてを正しく分類している決定木を選べばよい。選択肢1は，6番目のマグカップ(水玉で売れ行きが低い)に対して適切でない。選択肢2は3番目のマグカップ(サイズが大で売れ行きが低い)に対して適切でない。選択肢3は，3番目のマグカップ(青色，サイズ大で売れ行きが低い)に対して適切ではない。選択肢4はいずれのマグカップに対しても正しい決定木を与えているのでこれが正解である。

参考文献

1)『実践バイオインフォマティクス』(C. ギバス，P. ジャンベック著，水島洋ほか訳，オライリー・ジャパン，2002) 第14章
2)『データからの知識発見』(秋光淳生著，放送大学教材，2012) 第10章
3)『パターン認識と機械学習』(C. M. ビショップ著，元田浩ほか監訳，丸善出版，2012) 第7章

機械学習のための関数最適化

Keyword 損失関数，バッチ勾配法，確率的勾配法

サポートベクトルマシン（SVM）や深層ニューラルネットワーク（DNN）など機械学習は誤差関数を最小化することによって行なわれる。誤差関数の最小化には，最急降下法や確率的勾配法が用いられている。

機械学習[▼2-17]は，しばしば関数の最小化問題に帰着される。簡単のため，未知のデータを2クラスに分類する予測器を考える。ニューラルネットワーク(NN)など多くの予測器は，各クラスのスコアを出力し(図1a)，もっとも大きなスコアのクラスを予測結果とする。すると，入力空間は図1bのように，クラス1に予測される領域とクラス2に予測される領域に分割される。その領域の境界は「識別境界」とよばれる。機械学習のアルゴリズムは，学習データに付与されているクラスラベルになるべく矛盾がないように識別境界を決めようとする。そのために，「損失関数」を用いて，学習データの各データが現在のスコアならどれほどクラスラベルに矛盾しているか評価する。たとえば，「クロスエントロピー損失」とよばれる損失関数(図1c)は，クラス1とクラス2のスコアの差によって値が決まる。正解がクラス1の場合，クラス1のスコアのほうがクラス2のスコアよりある程度値が大きければ損失関数の値はほぼ0になる。クラス2のスコアのほうがクラス1のスコアより大きくなればなるほど，損失関数の値は大きくなる。

各クラスのスコアは，入力データおよび予測器のパラメータに依存する。それぞれの学習データに対して損失関数の値を計算できる。その平均は誤差関数とよばれる。誤差関数は学習データと予測器のパラメータの関数とみることができる。機械学習は，所与のクラスラベルになるべく矛盾しないように識別境界を決めようとすると述べた。具体的には，機械学習は誤差関数を最小化するように予測器のパラメータの値を調整することに他ならない。

多クラス分類の場合，NNはクラス数分のスコアを出力する。2クラス分類を行なうSVMなどでは，単一のスコアを出力し，そのスコアが正なら陽性，負なら陰性と予測する。連続値を予測するSVRや線形回帰モデルは，スコアそのものが予測値となる。SVM，SVR，線形回帰モデルでは，それぞれクロスエントロピー損失とは異なる損失関数が用いられているが，いずれも誤差関数最小化によって機械学習が行なわれることは共通している。

≫最急降下法と確率的勾配法

誤差関数の最小化には勾配法とよばれるアルゴリズム[▼2-7]が用いられている。勾配法には多くの亜種があり，それらは最急降下法と確率的勾配法に大別できる。最急降下法は，各反復において誤差関数の勾配を計算し，その逆方向にパラメータの値を小さくずらすという方法である。誤差関数の勾配は，それぞれの学習データに対する損失関数の勾配の平均で表わされる(図2a)。確率的勾配法は，各反復で，学習データを無作為に1個選び，その損失の勾配の逆方向に小さく移動させる。この方法は，学習データの選択に関して損失の勾配の期待値をとると誤差関数の勾配に等しくなる，という性質を利用している。最急降下法と確率的勾配法は次のように比較できる：

- 最急降下法は，各反復においてもっとも急な下り方向にパラメータを移動させることができる(図2b)；確率的勾配法で用いられる損失関数の勾配は，期待値は誤差関数の勾配に等しいが，分散は大きくなりがちで，反復によってはしばしば目的関数が上昇してしまうこともある(図2c)。
- 各反復において，最急降下法ではすべての学習データに対して損失関数の勾配を計算しなくてはならな

(a) 2クラス分類予測器

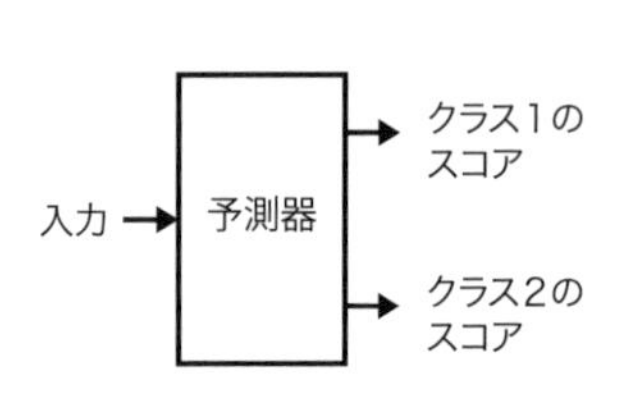

(b) 識別境界

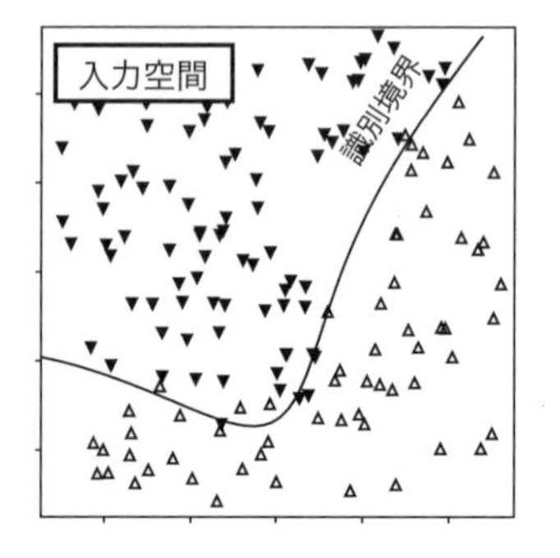

(c) クロスエントロピー損失

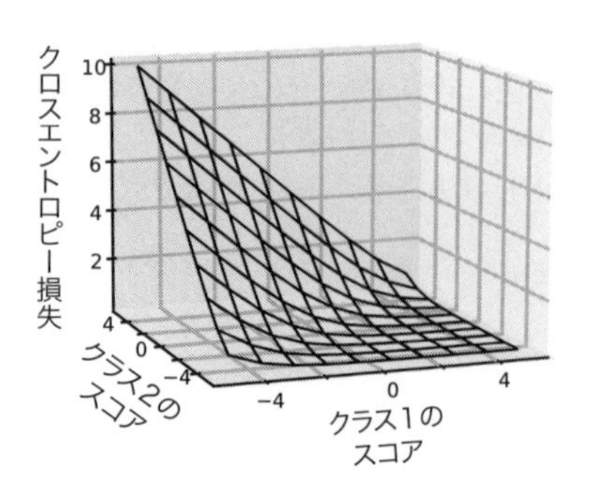

図1. 代表的な予測器，識別境界，および損失関数

(a) 誤差関数の等高線と勾配

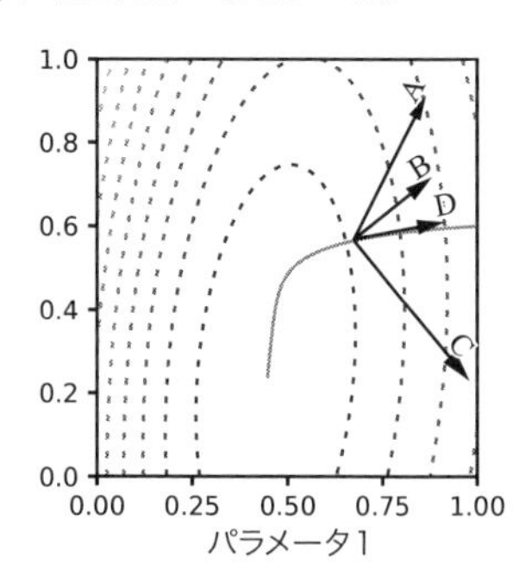

(b) 最急降下法

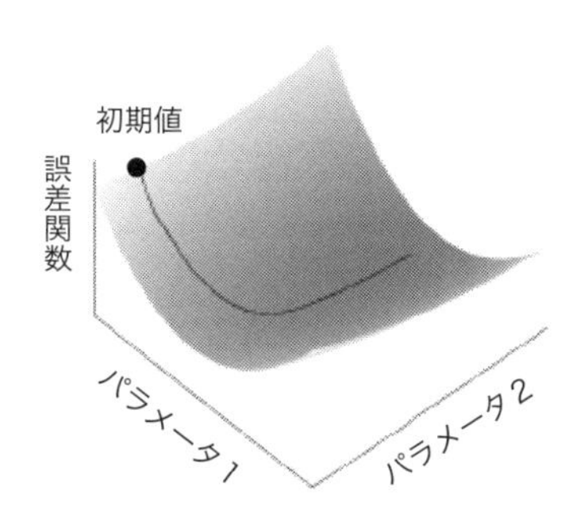

(c) 確率的勾配法

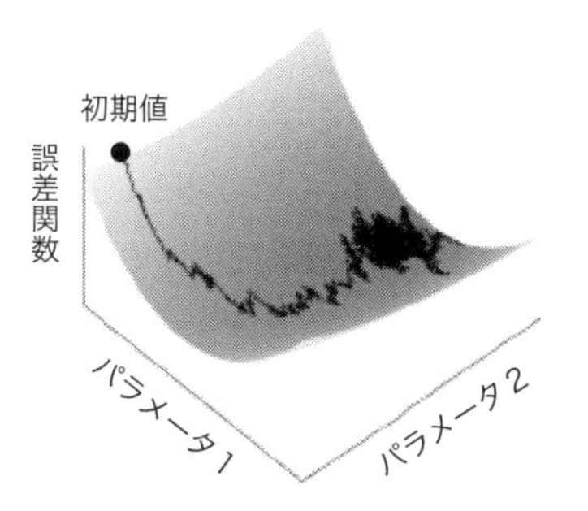

図 2. 誤差関数の曲面と勾配法における解の軌跡
(a)学習データが3個で，それぞれの損失の勾配が A, B, C だったとする。3個の損失の勾配の平均が誤差関数の勾配となる(矢印 D)。(b)最急降下法を実行すると，ボールが転がるように最急降下方向に解が移動する。(c)確率的勾配法では，ランダムな動きをしながらも谷に向かって移動する。

いが，確率的勾配法では学習データ1個だけに対して損失関数の勾配を計算すればよいので，1反復あたりの計算量は約1/(学習データ数)に抑えられる。

≫ミニバッチ勾配法

最急降下法と確率的勾配法の長所を折衷する方法である。確率的勾配法では各反復で1個だけ無作為に学習データを選ぶのに対し，ミニバッチ勾配法ではミニバッチを無作為に選ぶ。ミニバッチとは少数の学習データの集合のことである。ミニバッチ内のデータに対して損失関数の勾配を計算し，その平均で誤差関数の勾配を近似する。確率的勾配法と同じく，その近似勾配の期待値はやはり誤差関数の勾配に一致する。ミニバッチ勾配法の利点は，ミニバッチが大きいほど，近似勾配の分散が小さくなることである。深層学習の場合，GPU▼2-3 のメモリサイズの許す限り大きなミニバッチサイズを設定することが多い。

練習問題 出題▶H31（問37） 難易度▶B 正解率▶58.2%

誤差関数 E(w) を最小にするパラメータ $w=(w_1, w_2)$ の値を最急降下法によって求める機械学習問題を考える。図中の点線は等高線を示している。実線は，初期値 $\boldsymbol{w}^{(0)}=(1.00, 0.60)$ から最急降下法を開始し，最小値 $\boldsymbol{w}^{*}=(0.45, 0.24)$ に到達したときの軌跡を表わしている。

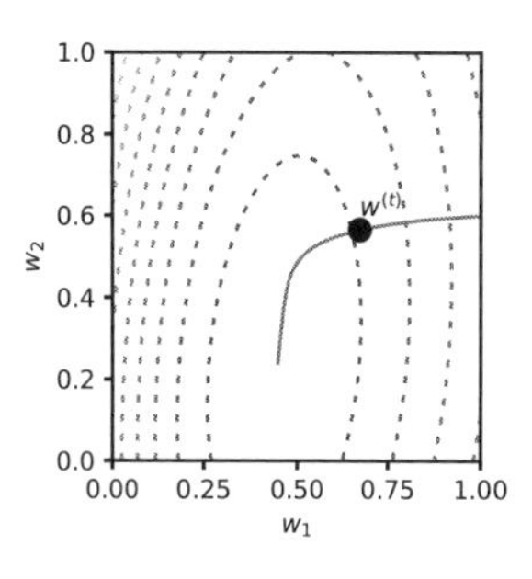

最急降下法では，時刻 t において，$\boldsymbol{w}^{(t)}=\boldsymbol{w}^{(t-1)}-\eta\nabla \mathrm{E}(\boldsymbol{w}^{(t-1)})$ によって，パラメータの値を更新する。ただし，$\boldsymbol{w}^{(t-1)}$ は時刻 $(t-1)$ におけるパラメータの値，η は正の定数，$\nabla \mathrm{E}(\boldsymbol{w}^{(t-1)})$ は誤差関数の勾配を表わす。

ある時刻 t におけるパラメータ値が $w^{(t)}=(0.67, 0.57)$ であった．誤差関数の勾配 $\nabla \mathrm{E}(\boldsymbol{w}^{(t-1)})$ としてもっとも適切な方向を選択肢の中から1つ選べ。

1.

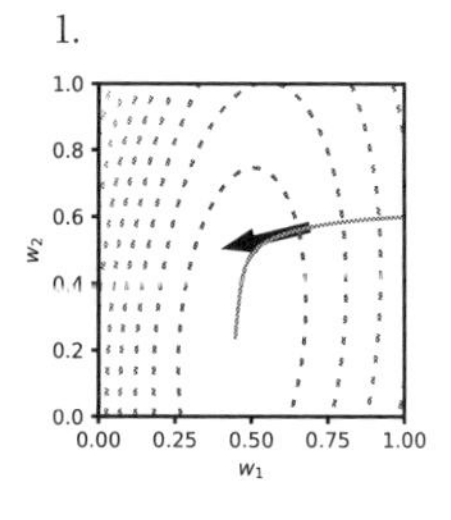

2.

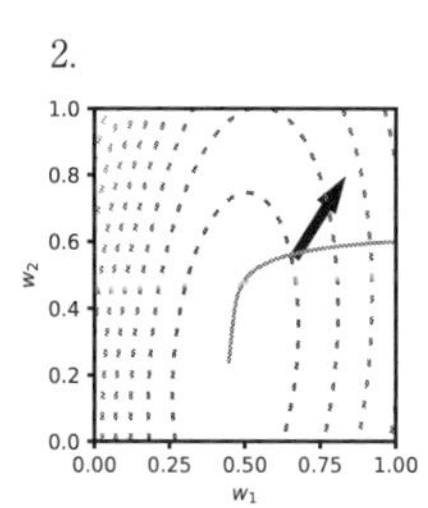

3.

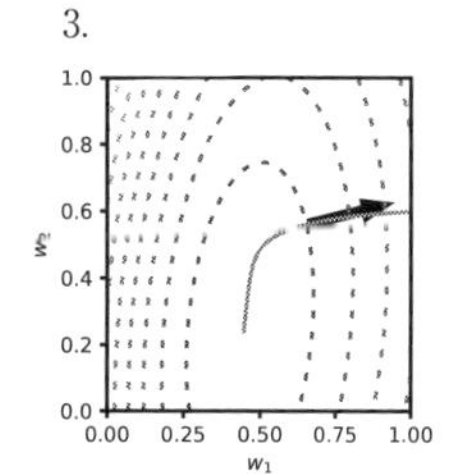

4.

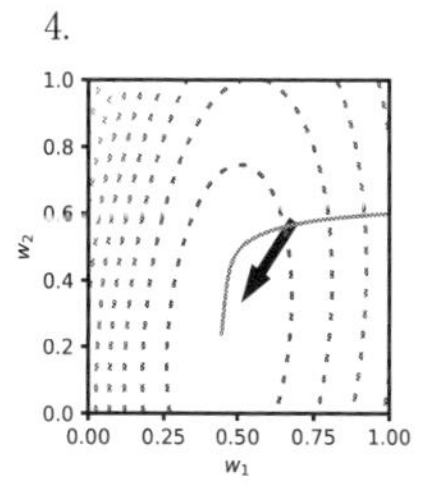

解説 勾配は，等高線に垂直で，関数の値が増加する向きとなる。よって，正解は選択肢3である。

参考文献

1)『確率的最適化』(鈴木大慈著，講談社，2015)
2)『深層学習』(人工知能学会監修，近代科学社，2015)

深層学習

Keyword 人工知能，深層学習，勾配消失問題

深層学習は層の深いニューラルネットワーク（NN）を訓練するための技術であり，現在もめざましい発展をつづけている。層を深くするには，計算能力の限界，学習データの不足，勾配消失問題などの障壁があったが，GPU やビッグデータの活用，新たな正則化技法の出現によって緩和され，NN の層が深くても学習できるようになった。

深層学習は機械学習[▼2-17]の技術の1つである。深層学習は，1990年代に盛んに研究されていたニューラルネットワーク(NN)に技術的な基礎をもっている。NN は単層パーセプトロンを組み合わせた方法である。特徴ベクトルを入力する層は入力層，計算結果を出力する層は出力層，入力層と出力層のあいだにある層は中間層とよばれる。単層パーセプトロンは，入力ベクトルの各要素に重みをかけて足し合わせ，非線形関数を通して出力する。その非線形関数は活性化関数とよばれている。1990年代に研究されていた NN(**図 1a**)は，活性化関数としてシグモイド関数(**図 2a**)が用いられ，各層の重みは誤差関数を最小化するように学習されるものであった。2000年代後半には，NN の中間層を増やすとそれまでの予測性能が大きく更新することが発見され，2010年代には，画像認識，音声認識，自然言語処理などの多くの応用分野において，深層 NN(以下，DNN)が大きなインパクトを与えることとなった。

2000年代後半まで層を深くできなかった理由は，中間層を増やすことによって生じる一連の障壁のためであった。それらの障壁には，計算能力の限界，学習データの不足，勾配消失問題，過学習，良質ではない局所解などが含まれる。これらの障壁は，GPU およびビッグデータの活用，バッチ正規化，ドロップアウトなどの新しい正則化技法によって緩和され，層の深いネットワーク(**図 1 b**)の学習が可能になった。

≫ GPU の活用

コンピュータの計算能力の限界は GPU[▼2-3] の活用によって解決された。深層化すると必要な計算量も多くなるため，CPU では計算時間がかかりすぎていた。GPU は，本来グラフィック計算のための計算装置であった。GPU は CPU とは桁ちがいのコア数をもつため，大量の並列計算を行なうことができる。この性質により NN の学習に必要な行列計算が高速化され，層が深い NN でも実用的な時間で学習できるようになった。

≫ビッグデータの出現

層を深くすると，その分多くの学習データが必要になる。学習データが少ないと，DNN が学習データに適合しすぎて，未知のデータへの汎化能力が低下してしまう。この問題は過学習[▼2-20]とよばれる。2000年以降，インターネットの普及とともに，ビッグデータの収集が容易になり，学習データ不足の問題が解消された。

≫勾配消失問題

DNN の学習は，勾配法[▼2-18]が用いられている。誤差関数の勾配は誤差が出力層から入力層に伝播するように表わされることから，勾配法による NN の学習は誤差逆伝播法とよばれている。1990年代の NN では，出力層から入力層にさかのぼるにつれ，勾配の絶対値が小さくなるという弱点があった。すると入力層付近の学習が進まないことになる。その対策として，バッチ正規化，初期値の分散の調整，ReLU 活性化関数(**図 2b**)といった技法が用いられるようになった。

≫深層 NN の応用

図 1 は全結合層のみから構成される NN を表わしているが，層の深い畳み込みニューラルネットワーク(CNN)，再帰的ニューラルネットワーク(RNN)，敵対的生成ネットワーク(GAN)も広く使われている。CNN は画像認識によく用いられている。CNN の多くの層は畳み込み層(**図 3b**)とプーリング層からなり，出力層には全結合層(**図 3a**)や Global Average Pooling 層などが

(a) 層の浅いネットワーク

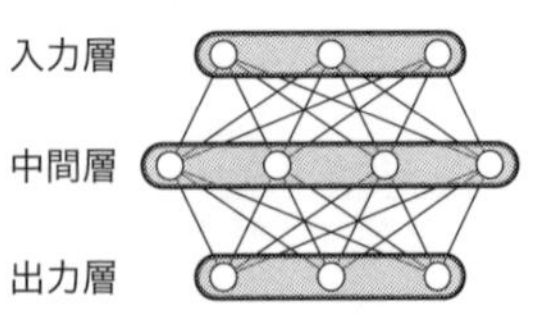

(b) 層の深いネットワーク

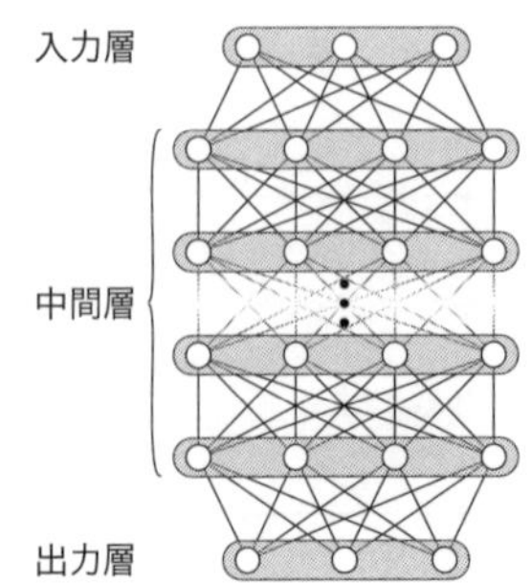

図 1. 1990年代の NN と近年の DNN のちがい
1990年代は，中間層が1個か2個程度であったが，2010年代に入り，中間層の数が多いネットワークが使われるようになった。

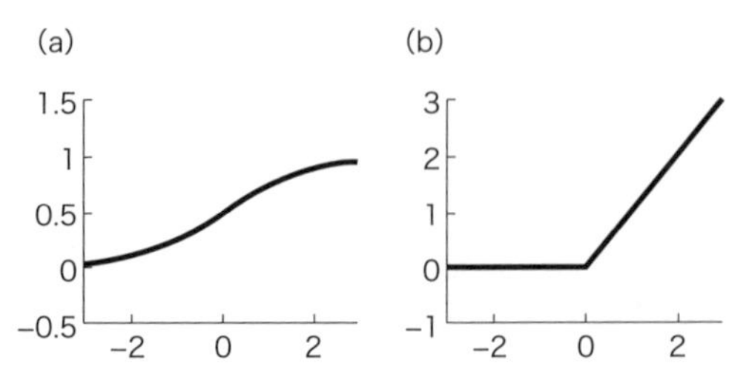

図 2. シグモイド関数(a)と ReLU 活性化関数(b)

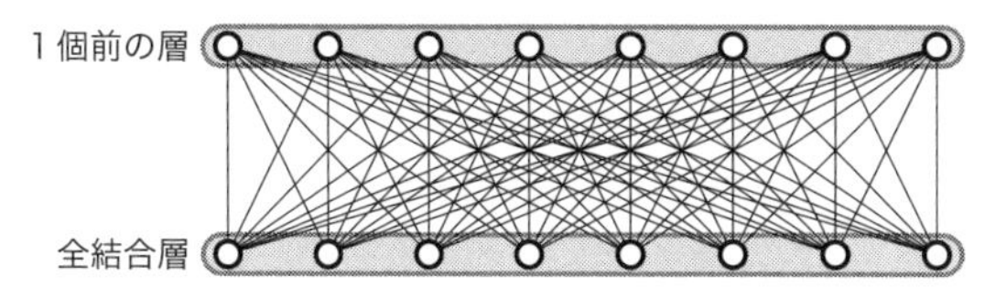

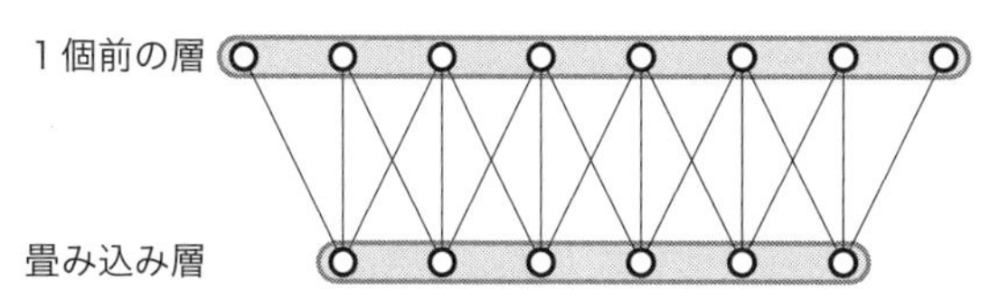

図3. 全結合層と畳み込み層のちがい

(a)全結合層は前の層のすべてのユニットと結合している。各ユニットは，前の層の結合しているユニットの出力に重みをかけた値を入力として受け取る。(b)畳み込み層では各ユニットはすべて等しい重みをもち，前の層の近傍のユニットのみと結合している。この例では，畳み込み層の6個のユニットそれぞれは前の層の3個のユニットからの結合を受ける。ユニット間の各結合は重みをもっている。これらの3個の重みの値は6個のユニットで共有している。このように構成することにより，畳み込み層の処理は畳み込み演算となる。

用いられている。RNNは時系列解析に用いられている。RNNは中間層において，1つ前の時刻の中間層の信号を受け，次の時刻の中間層に信号を送る。RNNを改良して遠い過去の中間層の出力を反映できるようにしたLSTMもよく用いられている。GANは生成器と識別器からなる。生成器はなるべく教師データ▼2-17に似せた偽物を生成できるよう学習する。識別器は本物か偽物か見分けるように学習する。

≫深層学習と人工知能(AI)

人工知能とは，おおまかには，人間の知能のような情報処理を行なう機械のことをいうが明確な定義は定まっていない。人工知能はこれまでに3回のブームがあり，現在は第3次AIブームの真っただ中にある。第1次AIブームは，1950年代後半から1960年代に訪れ，探索と推論の時代とよばれている。当時の人工知能は，記号処理に基づいており，ルールが明確な問題にしか高い性能を発揮できなかった。第2次ブームは1980年代に到来した。ヒトが計算機に理解できる形式で与える情報を「知識」として推論プログラムに与える。そのようなプログラムはエキスパートシステムとよばれ，多数開発された。第3次AIブームは2000年代から始まり今日につづいている。ビッグデータの出現により，人工知能が自分で特徴量からある種の「知識」を学習できるようになり，また深層学習の登場によって特徴量も獲得できるようになった。

練習問題 出題▶H30（問39） 難易度▶A 正解率▶35.2%

ニューラルネットワークに関する以下の説明文において，(a), (b), (c), に入る語句および数式の組み合わせとして正しいものを選択肢の中から1つ選べ。

分類問題に適用可能なニューラルネットワークは入力層，中間層，出力層からなる。中間層は隠れ層ともよばれる。各層を構成するユニットにおいて，入力信号の総和を出力信号に変換する関数を(a)といい，入力層や中間層では，シグモイド関数，ReLU(rectified linear unit)などの(b)を用いる。また，多クラス分類を考える場合，出力層はソフトマックス関数(c)を用いることが多い。ここで，z_iはn個のユニットがある出力層のi番目のユニットへの総入力とし，y_iはそのユニットの出力を表わすものとする。また，expは指数関数を表わすものとする。

1. (a)不活性化関数　(b)線形関数　(c) $y_i = \dfrac{1}{1+\exp(-z_i)}$
2. (a)活性化関数　(b)線形関数　(c) $y_i = \dfrac{\exp(z_i)}{\sum_{j=1}^{m}\exp(z_j)}$
3. (a)不活性化関数　(b)非線形関数　(c) $y_i = \dfrac{1}{1+\exp(-z_i)}$
4. (a)活性化関数　(b)非線形関数　(c) $y_i = \dfrac{\exp(z_i)}{\sum_{j=1}^{m}\exp(z_j)}$

解説 本文で説明した定義から，(a)には活性化関数，(b)には非線形関数が入る。ソフトマックス関数は $y_i = \dfrac{\exp(z_i)}{\sum_{j=1}^{m}\exp(z_j)}$ と表わされる。よって，選択肢4が正解であることがわかる。ちなみに $y_i = \dfrac{1}{1+\exp(-z_i)}$ はシグモイド関数(**図2a**)を表わしている。

参考文献

1)『深層学習』(岡谷貴之著，講談社，2015)

k 平均法によるデータのクラスタリング

Keyword クラスタリング，分類，教師なし学習，k 平均法，非階層型クラスタリング

クラスタリングとは，与えられた複数のデータをいくつかの排他的な集合（クラス）に分類することである。クラスタリングは教師なし学習手法の一種であり，クラスラベルが既知の学習データを事前に必要としないため，適用範囲が広い。そのため，クラスタリングはバイオインフォマティクスにおいて，遺伝子発現パターンの分類などによく利用される。クラスタリング手法には，階層型クラスタリングと非階層型クラスタリングが存在する。本項では，非階層型クラスタリングのひとつである k 平均法を中心に解説をする。k 平均法は与えられたデータを k 個のクラスタに分割する手法であり，アルゴリズムの簡便さからよく利用される。

≫クラスタリングと k 平均法

クラスタリング手法には，階層型クラスタリングと非階層型クラスタリングの2種類が存在する。階層型クラスタリングは，データの類似度に基づき，似たものを階層的にクラスタに分類していく。そのため，階層型クラスタリングでは，結果として木構造[2-6]が得られる（**図1**a）が，非階層型クラスタリングでは，クラス分類のみが行なえる（**図1**b）。k 平均法は，非階層型クラスタリング手法のひとつである。k 平均法は，次のような簡便な操作によりクラスタリングが行なえるため，多くの場面で利用される。

≫ k 平均法のアルゴリズム

入力：n 個のデータ $x_1, \cdots, x_n$，クラス数 k

①各データに対してランダムにクラスラベルを付与する（初期化）。
②各クラスに対してクラスタの中心（たとえば平均値）を計算する。
③各データのクラスラベルを，そのデータが一番近いクラスタ中心のクラスタに変更する。このとき，距離としてはたとえばユークリッド距離を用いる。
④クラスラベルの変更がなくなるまで②～③を繰り返す。

k 平均法は，初期化の仕方によって最終的な結果が異なる可能性がある。そのため，複数の初期値を用いて，何度も k 平均法を行なう場合が多い。この際，最終的なクラスタリング結果の選択には，なるべくクラスタ内分散が小さく，クラスタ間分散が大きいような結果を選

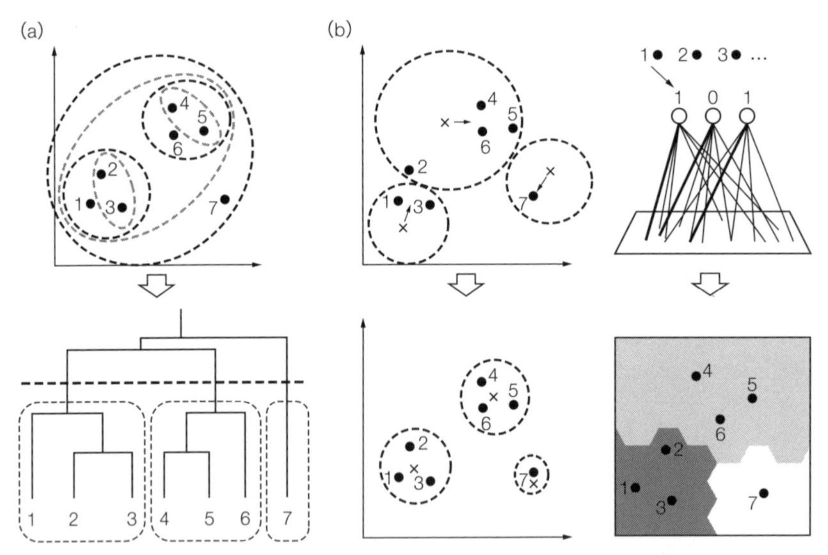

図1． 階層型クラスタリングと非階層型クラスタリング

(a)階層型クラスタリング。階層型クラスタリングではデータを順次クラスタにまとめてゆく。その過程で次の段階でまとめるクラスタAとBの選択にウォード法による距離，すなわちD(X)をクラスタXの重心からクラスタXに属するデータまでの距離の二乗和と定義したときに，D(A−Bをまとめたクラスタ)−{D(A)+D(B)}が最小になるクラスタの組を選択する方法がよく用いられる。クラスタリングの結果得られた木構造を適当な深さ(図下の太い点線)で分断すれば，非階層クラスタリングと同様のクラスタ(下の点線枠)が得られる。(b)非階層クラスタリング。(左)k 平均法では，同じクラスラベルをもつデータ(点線丸)の中心(×印)が，クラスラベルの付け替えに伴って移動する。この間，クラスラベル(中心)の数は k 個(図の例では $k=3$)に固定される。(右)自己組織化マップ(SOM)にはさまざまな方法があるが，その1つはニューラルネット[2-18]に似た機械学習を用いる。クラスタリングするデータの特徴量(上の0と1のビット列)を単純なニューラルネットに入力する。その際，似た特徴量であれば出力平面上で近傍に出力されるように学習させ，最終的にはデータがそれぞれ所属する領域で区分された地図(SOM)が得られる。

ぶ。さらに，初期値依存性に対処する方法として，D. アーサーらにより考案されたk平均++法が存在する。また，k平均法において，クラスタ数kの値は事前に指定する必要がある。しかしながら，事前に最適なクラスタの数を決定することは必ずしも容易ではない。クラスタの数と各データの帰属するクラスタに対する適合度とのあいだにはトレードオフの関係があるが，このバランスをとる形で最適なクラスタ数を決定する方法が存在する。具体的には，モデル選択基準や確率モデルに基づいたノンパラメトリックベイジアンの手法を用いるなどがある。

≫教師なし学習としてのクラスタリング

クラスタリングは，教師なし学習手法[▼2-17]の一種にかぞえられる。教師なし学習では，事前に分類済みデータを必要としない。クラスタリング手法には，k平均法のほかにもさまざまな手法が存在する。非階層型クラスタリングの例として，自己組織化マップ(SOM)[▼3-11]は，塩基配列などのデータの平面上へのマッピングを繰り返して，配列の類似度と平面上の距離が相関するように機械学習する(**図1b**)。このとき，あるデータがマッピングされた位置の近傍に，類似したデータがマッピングされやすいように学習することで，データ自身に自己組織化を起こさせてクラスタリングする方法である。また，階層型クラスタリングでは，ウォード法などを用いて，各データからクラスタの中心までの距離の二乗の総和が最小になるように，段階的にデータをクラスタにまとめてゆく方法がよく用いられる(**図1a**)。

練習問題 出題▶H23（問38） 難易度▶B 正解率▶46.0%

k平均法(k-means method)は次のように与えられる。

入力：$x_1, \cdots, x_n$

出力：クラスタリング結果$C_1, \cdots, C_K$

初期化：n個の例題をK個のクラスタのどれかに振り分けることで$C_1, \cdots, C_K$を初期化する。

Do

各クラスタの平均m_kを計算する。

もっとも近いm_kに基づいてクラスタ$C_1, \cdots, C_K$を割り付け直す。

until クラスタ$C_1, \cdots, C_K$が変化しなくなるまで

すなわち，与えられたクラスタの割り当てで平均を計算した後，クラスタを割り当てなおしても割り当てが変わらなければ，k平均法の出力になりうる。いま，5個のデータ1，1.5，2，3，6をクラスタ数$K=2$として，k平均法を適用したとする。k平均法の出力としてありうるものを1つ選べ。

1. $C_1=\{1\}$，　$C_2=\{1.5, 2, 3, 6\}$
2. $C_1=\{1, 1.5\}$，　$C_2=\{2, 3, 6\}$
3. $C_1=\{1, 2, 3\}$，　$C_2=\{1.5, 6\}$
4. $C_1=\{1, 1.5, 2, 3\}$，$C_2=\{6\}$

解説 問題文の設定は各データが1つの実数の場合である。C_1とC_2の平均値m_1とm_2を計算したあとに，「C_1のすべての要素がm_2よりm_1に近い」かつ「C_2のすべての要素がm_1よりm_2に近い」がともに満たされる選択肢を見つければよい。選択肢1では，C_1の平均値$m_1=1$，C_2の平均値$m_2=(1.5+2+3+6)/4=3.125$である。C_2に含まれる1.5はm_2よりm_1に近い。よって，この時点でk平均法のアルゴリズムが終了することはない。この選択肢は誤りである。選択肢2では，C_1の平均値$m_1=1.25$，C_2の平均値$m_2=5.5$となる。C_2に含まれる2はm_2よりm_1に近いので，この選択肢は誤りである。選択肢3では，C_1の平均値$m_1=2$，C_2の平均値$m_2=3.75$となる。C_2に含まれる1.5はm_2よりm_1に近いので，この選択肢は誤りである。選択肢4では，C_1の平均値$m_1=1.875$，$m_2=6$となる。C_1のすべての要素がm_2よりm_1が近い。さらにC_2のすべての要素がm_1よりm_2に近い。よって，k平均法のアルゴリズムはこの時点で終了するため，この選択肢が正解である。

参考文献

1)『マイクロアレイデータ統計解析プロトコール』（藤渕航・堀本勝久編，羊土社，2008）第3章

2-21 機械学習の評価

感度・特異度による予測法の評価

Keyword 2値分類，性能評価，感度，特異度，ROC曲線

陽性（＋）または陰性（－）の2値分類問題（たとえば，薬効がある（＋），または，ない（－）を判別する問題）に対する予測手法の性能を評価するための評価指標として，感度と特異度がしばしば利用される。感度とは，実際に陽性であるデータのうち，正しく陽性と予測できた数の割合である。また，特異度とは，実際に陰性であるデータのうち，正しく陰性と予測したデータの割合である。一般に，感度と特異度はトレードオフの関係にあり，予測手法の感度を上げようとすると特異度が下がる傾向がある。感度と特異度を総合的に判断するMCCやF値とよばれる評価指標も存在している。

≫感度と特異度

感度(sensitivity)と特異度(specificity)は，予測手法の性能を評価する場合の評価指標としてしばしば利用される。陽性(たとえば薬効がある)または陰性(薬効がない)の2値分類の予測を行なう際に，真陽性(true positive)とは陽性と正しく予測された標本，真陰性(true negative)とは陰性と正しく予測された標本，偽陽性(false positive)とは誤って陽性と予測された標本，偽陰性とは誤って陰性(false negative)と予測された標本である。真陽性，真陰性，偽陽性，偽陰性の数をそれぞれTP，TN，FP，FNと表記したとき，感度と特異度は**図1**に示されるとおりに計算される。特異度の代わりに，陽性と予測したデータの中で正しく陽性であるデータの割合であるPPV(positive predictive value)が用いられることも多い。予測手法の構築の際に学習プロセスを含む場合には，未知のデータに対する感度や特異度を評価する必要があるため，クロスバリデーション[▼2-20]法を組み合わせる必要がある。

≫MCCとF値

一般に，感度と特異度(あるいは，感度とPPV)はトレードオフの関係にある。つまり，感度を上げようとすると特異度が下がる。そのため予測問題の評価では，感度と特異度(またはPPV)のバランスを考えた指標として，F値(F-score)やMCC(Matthews correlation coefficient)が利用されることもある(**図1**)。また，陽性と陰性を予測する予測手法では，閾値を調整することで，予測の陽性と陰性の割合を制御することが可能である場合が多い。たとえば，予測手法が陽性である度合いを示すスコアを出力するときに，スコアがある閾値を超えた場合は陽性，超えない場合は陰性と予測を行なうような場合である。この際，閾値を変化させ，感度と特異度の組をプロットすると曲線を描くことができる(**図2**a)。これをROC曲線とよぶ。ROCの曲線下面積はAUCとよばれ，予測手法の全体的な性能評価としてしばしば利用される(AUCが大きいほど予測性能は高い)。感度と特異度は，ROC曲線上の1点のみを評価しているのに対して，AUCでは，閾値を変化した場合の複数の感度と特異度の組合せを評価しているため，後者のほうがロバスト(頑健)な評価指標であると考えられる。

≫適用例

一見して2値分類ではない問題に対しても，本節で紹介した評価指標を利用できる場合がある。たとえば，RNAの2次構造予測[▼3-10]において，配列中の各塩基のペアに対して，塩基対のある/なしを行なう2値分類の問題として考えると，本項で述べた評価指標を利用することが可能である。同様に，2つの配列x, yのペアワイズアラインメント[▼3-2]に関しても，配列xのある残基と配列yのある残基が整列される/されないの2値分類問題として考えると，感度や特異度を用いた評価を行なうことが可能である。

例として，SVMとニューラルネット[▼2-17]を使って遺伝子発現パターンでがん細胞を識別した機械学習の結果を，ROCによって評価してみよう。SVMとニューラルネットを，同じデータを使って出力の閾値などの条件を少し変えながら学習させることで，SVM1～4およびNN1～4を構築した。これらを用いて，同じ100個の細胞をテ

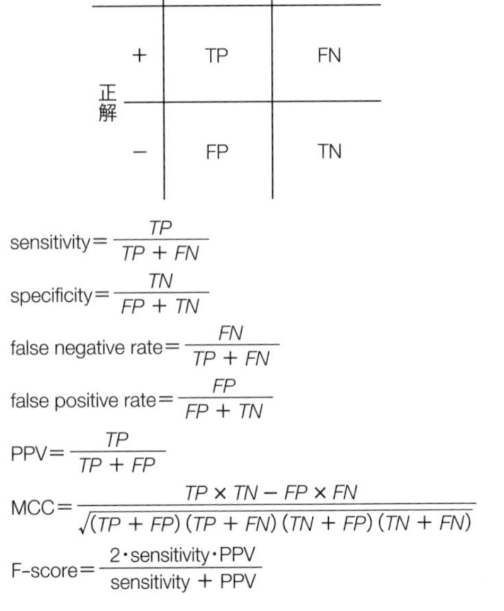

図1．2値分類問題のさまざまな評価指標
たとえばTPは真陽性の数を表わすものとする。

ストセットとして識別を行なったところ，**表1**の結果が得られた。このテストセットのうち，80個が正常細胞，20個ががん細胞である。判定結果から，**図1**の式を用いて感度と特異度を計算し，ROC曲線を描いた。

結果をみると，SVM(**図2b**)のほうがニューラルネット(**図2c**)よりもAUCが広く，識別能力が比較的高いことがわかる。また，この例ではニューラルネットのROCは対角線と一致している。これは，陽性と判断した標本中の真陽性と偽陽性の比率が，標本全体の陽性と陰性の比率に完全に一致しているためである。すなわち，この場合に限ってはニューラルネットに識別能力がまったくなかったことを意味している。

表1． SVMとニューラルネットによるがん細胞予測

	TP	FP	TN	FN	1−特異度	感度
[SVM]						
SVM1	6	5	75	14	0.063	0.300
SVM2	9	7	73	11	0.088	0.450
SVM3	13	12	68	7	0.150	0.650
SVM4	18	30	50	2	0.375	0.900
[ニューラルネット]						
NN1	1	4	76	19	0.050	0.050
NN2	4	16	64	16	0.200	0.200
NN3	8	32	48	12	0.400	0.400
NN4	16	64	16	4	0.800	0.800

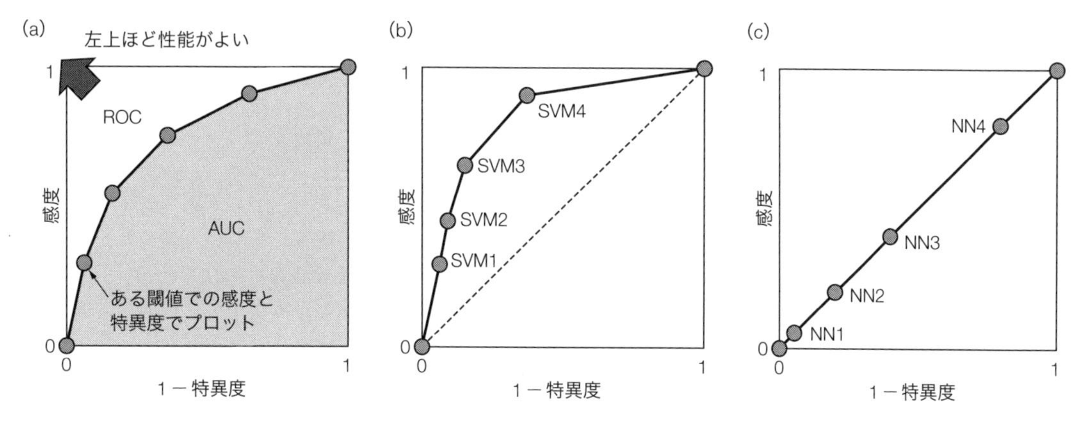

図2． ROCとAUC

(a)ROCの見方。灰色で示された領域がAUCである。ROC曲線がグラフの左上に近づくほど(すなわちAUCが広くなるほど)識別能力が高いことを意味する。(b)SVMおよび(c)ニューラルネットでがん細胞を識別した結果のROC。表1には示されていないが，ROCでは(0,0)と(1,1)の点は通常存在するものとする。前者は，閾値が高すぎるなどの理由で陽性の判定をまったく行なわない状態(陰性の標本はすべて正しく識別される)，後者は，閾値が低すぎるなどの理由ですべて陽性と判定する状態(陽性の標本はすべて正しく識別される)に相当する。

練習問題　出題▶H24（問39）　難易度▶D　正解率▶97.3%

陽性か陰性かの2値分類の予測を行うとき，その予測精度を表わす指標として真陽性(True Positive)，真陰性(True Negative)，偽陽性(False Positive)，偽陰性(False Negative)がある。(a)から(c)内に入る語句の組み合わせとしてもっとも適切なものはどれか。選択肢の中から1つ選べ。

真陽性とは陽性と正しく予測された標本，(a)とは陽性と誤って予測された標本，(b)とは陰性と正しく予測された標本，(c)とは陰性と誤って予測された標本のことをいう。感度(Sensitivity)は1から(c)率を引いた値に等しく，特異度(Specificity)は1から(a)率を引いた値に等しい。

1. (a) 真陰性　(b) 偽陽性　(c) 偽陰性
2. (a) 偽陽性　(b) 真陰性　(c) 偽陰性
3. (a) 偽陽性　(b) 偽陰性　(c) 真陰性
4. (a) 真陰性　(b) 偽陰性　(c) 偽陽性

解説　本文で説明した定義から，(a)が偽陽性，(b)が真陰性，(c)が偽陰性，つまり選択肢2が正解であることがわかる。

参考文献

1)『遺伝医学やさしい系統講義18講』(福嶋義光監修，メディカル・サイエンス・インターナショナル，2013) pp.181-182
2)『基礎から学ぶ楽しい疫学』(中村好一著，医学書院，2013) 第7章

2-22 交差検証

クロスバリデーション（交差検証）による予測法の評価

Keyword 評価，教師あり学習，汎化性能，過学習，クロスバリデーション

クロスバリデーション（交差検証）法とは，機械学習などの学習プロセスを含む予測手法の性能評価を行なうための一般的な方法である。予測手法は，その構築に用いたデータ（学習データ）だけではなく，これから出現する未知のデータに対して正しく予測を行なうことが重要である。未知のデータに対する予測性能を評価するために，クロスバリデーション法では，データをいくつかに分割し，その一部を用いて予測手法を構築したあとに，残りのデータを用いて構築した予測手法の性能評価を行なう。データの分割の方法のちがいにより，n 分割（n-fold）クロスバリデーション法，1 個抜き（leave-one-out）クロスバリデーション法が存在する。

≫予測手法の汎化性能と過学習

予測手法を構築する際に，結果が既知のデータを学習データとして用いることがしばしば行なわれる。このような方法を教師あり学習[▼2-17]とよぶ。たとえば，薬効が「ある」または「ない」を予測する手法を構築する際に，薬効がある/なしがすでにわかっているデータを学習データとして用いて，予測手法の内部パラメータを決定する場合などである。この際，構築する予測手法は，学習データだけでなく，未知のデータに対する予測性能がすぐれていることが望まれる。一般に，未知データに対する予測性能は「汎化性能」とよばれる。一方，構築する予測手法が，学習データに対して適合しすぎて，未知のデータに対する性能が低下することは，過学習（オーバーフィッティング）とよばれ望ましくない（**図 1**）。そのため，予測手法の評価を行なう際には，学習データに対する性能を評価するだけでは不十分で，汎化性能を適切に評価する必要がある。クロスバリデーション法は汎化性能を適切に評価するための評価方法である。

≫クロスバリデーション法

クロスバリデーション（交差検証）法とは，学習データを用いた学習プロセスを含む予測手法の性能評価を行なうための一般的な方法である。その方法は以下のとおりである（**図 2**）。第一に，データを排他的な複数の集合（ここでは n 個の集合とする）に分割する。分割されたデータのうち，一部だけを用いて予測手法の構築（学習）を行なう。その後，学習には用いなかったデータを使用して予測手法のテスト（評価）を行なう。テストデータの選び方は n 通り存在するため，これらの評価を，テストデータと学習データの組合せを変えて n 回繰り返したあとで，評価の平均をとる。**図 2** の場合は，$n=3$ 回（3 分割クロスバリデーション）または 12 回（1 個抜きクロスバリデーション）の予測法構築と評価が繰り返される。評価としては，2 値分類の問題（たとえば「ある」か「ない」を選択する）であれば，感度や特異度[▼2-21]を，また，連続値を予測する回帰問題の場合，正解との 2 乗誤差などを用いることができる。クロスバリデーションには，データの分割の方法によって，n 分割（n-fold）クロスバリデーションと 1 個抜き（leave-one-out）クロスバリデーションが存在する。n 分割クロスバリデーション法は，データを n 等分し，$n-1$ 個のデータを用いて予測手法を構築し，残りのデータを用いて予測手法の評価を行なう方法である。1 個抜きクロスバリデーション法は，n 分割クロスバリデーションで，n がデータの数に等しい場合である。すなわち，データのうち 1 つだけを残して，残りを予測手法の構築を行ない，残された 1 つのデータを用いて性能評価を行なう方法である。1 個抜きクロスバリデーション法のほうが，汎化性能を評価するという観点では，n 分割法よりも理論的な妥当性があることが知られているが，計算コストの観点から n 分割法もしばしば用いられる（結果は大きく変わらない場合が多い）。また，クロスバリデーションは，汎化性能を評価するす

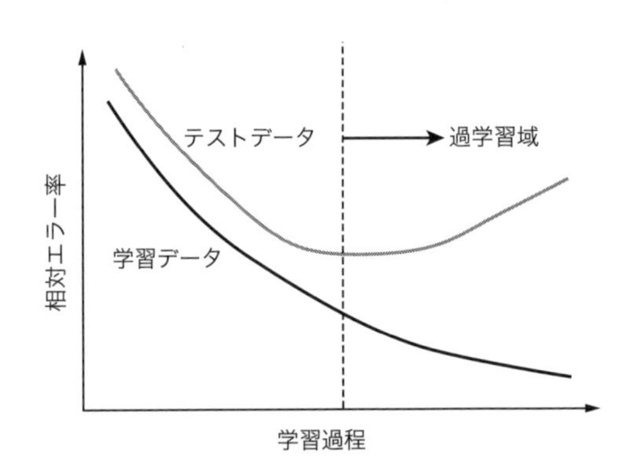

図 1．過学習

機械学習における過学習の検出は必ずしも容易ではないが，1 つの方法は学習データとテストデータに対するエラー率（誤答率）を並行してモニターすることである。学習データに対するエラー率が引き続き下降しているにもかかわらず，テストデータに対するエラー率が上昇に転じた場合，学習データに過剰に適合を始めたと考えられるので，それ以上の学習を中止すべきである。この考え方は機械学習以外にも広く用いられている。たとえば，X 線結晶解析法[▼1-20]で構造精密化を行なう際に R 値を計算するが，実験データの 5〜10% 程度は精密化に使わずにとり置いて，そのデータを使ってフリー R 値を並行して計算することが一般に行なわれる。R 値自体が低下を続けていても，フリー R 値が上昇に転じたらオーバーフィッティングが始まったとみなし，精密化は中止される。この場合は，R 値が学習データに対するエラー率，フリー R 値がテストデータに対するエラー率にあたる。

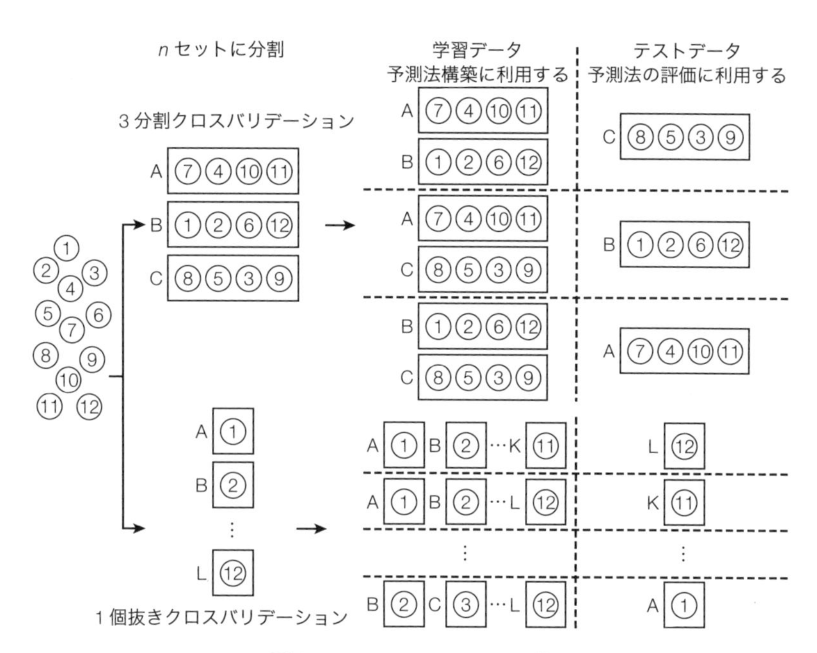

図2． クロスバリデーション法
(上)合計12個のデータがある場合に，4つずつの3セット(A～C)に分割し，それぞれ1セットをテストデータとして用いて，最大3回のテストを行なう場合が3分割クロスバリデーションである。(下)それぞれ1個をテストデータとして(A～Lの12分割)，最大12回のテストを行なう場合は1個抜きクロスバリデーションになる。

ぐれた方法であるが，入力データが冗長性を有している(類似したデータを多数含む)場合などには，たとえクロスバリデーションを行なったとしても適切に汎化性能が評価されないので注意が必要である。これは，テストに使うデータと同じか，非常に類似したデータがすでに学習に使われてしまっているために，交差検証法の客観性が失われるためである。

練習問題 出題▶H23（問40） 難易度▶C 正解率▶83.2%

次に示した説明文の中で，予測手法の性能評価の際に行われる交差検証法(cross-validation)の説明として，もっとも不適切なものを選択肢の中から1つ選べ。

1. 予測手法が未知データにも対応できるかを検査する目的で行われる。
2. 一部のデータを学習に使わず残しておき，テスト用に用いて予測性能を測定する。
3. leave-one-out法は，データのうち2個のみをテスト用に残しておく方法である。
4. *n*-fold法は，データのうち1/*n*をテスト用に残しておく方法である。

解説 クロスバリデーション法の目的は，未知のデータに対する予測性能(汎化性能)の評価を行なうことであるため選択肢1の内容は正しい。選択肢2の内容は，クロスバリデーション法の一般的な概念を説明したもので正しい。1個抜き(leave-one-out)交差検証法は，与えられたデータのうち1つをテスト用に残し，残りを予測手法の構築に用いる方法である。よって選択肢3の内容は不適切であり，これが正解である。選択肢4の内容は*n*-fold交差検証法に関する正しい説明である。

参考文献

1)『データからの知識発見』（秋光淳生著，放送大学教材，2012）第12.3節

国際的な公共の分子生物学データベース

Keyword 遺伝子・タンパク質配列 DB，代謝パスウェイ DB，遺伝子発現 DB，文献 DB，アノテーション

分子生物学データベース（以下，データベースをDBとする）で公開されている情報は，分子生物学はもちろんのこと，バイオインフォマティクス研究において根幹となる重要な情報のひとつである。国際塩基配列DB〔DDBJ（日本）/ENA（EU）/GenBank（米国）〕をはじめ，アミノ酸配列DB，代謝パスウェイDBなど多種多様なDBが公開され，その大半は無償で利用できる。これら公開されているDBの情報を最大限活用するには，各DBで提供されているデータの種類，性質，ならびにデータ形式（フォーマット）を深く理解することが重要である。

ゲノムの塩基配列[▼1-15]は，人類共通財産として全世界の人々が利用できるように公開DB化されている。各国の公的な資金で解読された塩基配列はもちろんのこと，個々の企業が解読した配列であっても，それを使って論文発表を行なう場合には，その塩基配列情報を国際塩基配列DBであるDDBJ/ENA/GenBankのいずれかに登録し公開する必要がある。このようにして登録された塩基配列データは日欧米の3機関の各データバンクで相互に共有し，全世界に無償で公開されている。この考え方は，塩基配列のみならず，遺伝子発現データ[▼6-7]，タンパク質立体構造データ[▼4-6]，遺伝子多型データ[▼5-3]でも受け継がれており，いずれも論文発表を行なう場合には，登録機関への登録が義務づけられる。

近年は，次世代シークエンサに代表される実験装置の飛躍的な発展により，これらのDBに登録されるデータ量は爆発的に増加している。その結果，利用者が研究目的に応じて必要なデータを取得するのが困難な状況となってきた。これを補うため，研究目的に応じて必要な情報を抽出して再整理したり，有益な情報を付加したりしたさまざまな二次DBが作成されるようになったが，日本国内だけでも1000を超えるDBが公開されており，必要なDBを検索すること自体が容易でないという状況になっている。

そこで日本では，分子生物学分野での多種多様なDBを統合し，有機的に関連付けることによってデータの価値を高めることを目的として，バイオデータベースセンター（National Bioscience Database Center；NBDC）が設立された。このNBDCにおいて，多種多様なDBのカタログ化が進められており，Integbioデータベースカタログとして公開されている。そこではDBの概要などが日本語で説明され，生物種やデータの種類別などによって分類されており，どのようなDBが利用できるかを容易に検索することができる。

表1に，分子生物学分野で使用されている代表的なDBをカテゴリ別に示す。Integbioデータベースカタログを利用して，DBの内容を確認するとともに，実際にDBにアクセスしてみることを勧める。

表1. 代表的なDBリスト

カテゴリ	DB名
国際塩基配列DB*（International Nucleotide Sequence Database；INSD）	DDBJ（DNA Data Bank of Japan，日本），ENA（European Nucleotide Archive，2010年にEMBLから改名，欧州），GenBank（米国）
遺伝子/タンパク質配列DB	UniProt（The Universal Protein Resource），RefSeq（Reference Sequence）
ゲノム/比較ゲノムDB	UCSC Genome Browser，Ensembl，H-InvDB（Annotated Human Gene DB），RAP-DB（Rice Annotation Project），COGs（Cluster of Orthologous Groups），MBGD（Microbial Genome Database for Comparative Analysis）
タンパク質立体構造DB	PDBj（Protein Data Bank Japan），SCOP（Structural Classification of Protein）
モチーフDB	InterPro（Pfam，ProDom，PROSITE，HAMAP，PIR-PSD，PRINTS，SMART，TIGRFAMs）
化合物DB[▼4-13]	ChEMBL，PubChem，CSD
代謝パスウェイDB	KEGG pathway
遺伝子発現DB	NCBI GEO，ArrayExpress，Stanford Microarray Database
遺伝子多型DB	NCBI dbSNP，HapMap
遺伝子オントロジー（遺伝子機能に関する体系的な語彙集）DB	The Gene Ontology（GO）
文献DB	PubMed

* DDBJ/GenBank形式は塩基配列データの主要なフラットファイル形式である。このフォーマットについては参考文献「DDBJのデータ公開形式（flat file）の説明」に詳しい解説がある。

練習問題 出題▶H21（問 41） 難易度▶C 正解率▶70.2%

以下に示すデータは，フラットファイル形式で記されたUniProtのエントリーである。ここから読み取れる情報として不適切なものを選択肢の中から1つ選べ。

```
ID   PRIO_HUMAN            Reviewed;         253 AA.
AC   P04156; O60489; P78446; Q15216; Q15221; Q27H91; Q8TBG0; Q96E70;
DT   01-NOV-1986, integrated into UniProtKB/Swiss-Prot.
DE   RecName: Full=Major prion protein;
OS   Homo sapiens (Human).
RC   TISSUE=Brain;
CC   -!- FUNCTION: The physiological function of PrP is not known.
CC   -!- SUBUNIT: PrP has a tendency to aggregate yielding polymers
CC   -!- SUBCELLULAR LOCATION: Cell membrane; Lipid-anchor, GPI-anchor.
CC       Golgi apparatus (By similarity).
CC   -!- DISEASE: PrP is found in high quantity in the brain of humans and
CC       animals infected with neurodegenerative diseases known as
CC       transmissible spongiform encephalopathies or prion diseases
DR   EMBL; M13899; AAA60182.1; -; mRNA.
DR   RefSeq; NP_000302.1; -.
DR   UniGene; Hs.472010; -.
DR   PDB; 1E1G; NMR; -; A=125-228.
DR   HGNC; HGNC:9449; PRNP.
DR   MIM; 123400; phenotype.
KW   3D-structure; Cell membrane; Complete proteome;
KW   Direct protein sequencing; Disease mutation; Disulfide bond;
KW   Polymorphism; Prion; Repeat; Signal.
FT   SIGNAL        1    22
SQ   SEQUENCE   253 AA;  27661 MW;  43DB596BAAA66484 CRC64;
     MANLGCWMLV LFVATWSDLG LCKKRPKPGG WNTGGSRYPG QGSPGGNRYP PQGGGGWGQP
     HGGGWGQPHG GGWGQPHGGG WGQPHGGGWG QGGGTHSQWN KPSKPKTNMK HMAGAAAAGA
     VVGGLGGYML GSAMSRPIIH FGSDYEDRYY RENMHRYPNQ VYYRPMDEYS NQNNFVHDCV
     NITIKQHTVT TTTKGENFTE TDVKMMERVV EQMCITQYER ESQAYYQRGS SMVLFSSPPV
     ILLISFLIFL IVG
//
```

1. ヒト由来のタンパク質で，主に脳で発現する。細胞内では細胞膜に局在する。
2. 部分的に立体構造が決定されており，PDBに登録されている。
3. 伝染性海綿状脳症などの神経障害性の病気に関わるタンパク質である。
4. 未成熟タンパク質全長は253アミノ酸残基であるが，少なくともC末端の22残基が切り取られる。

解説 配列情報のフラットファイル形式（人間が読める型式のファイル）の理解を目的に，記載されたアノテーション（データに対する注釈）情報を読み解く問題である。UniProtでは，記載する項目の内容を2文字のヘッダー（ID, AC, DTなど）で文頭に定義する。ヘッダー方式は，多くのフラットファイル型式に採用されている。ヘッダーには，このDB中のユニークなID（ID），リリース（公開バージョン）を超えて安定的に維持されるアクセッション番号（AC），登録年月日（DT），配列の登録者・関連文献（RN, RC, RPなど），生物種名（OS），アノテーション（関連する情報の注釈）情報（CC），他のデータベースへの参照（DR），シグナル配列▼1-11・修飾残基などの配列の特徴（FT），キーワード（KW），アミノ酸残基数や分子量（SQ，このあとにアミノ酸配列が記述される）などが定義されている。

選択肢1はOS行とRC行，CC行のSUBCELLULAR LOCATION，選択肢2はDR行，選択肢3はCC行のDISEASEの記載内容を見ると，おのおのの選択肢の内容が記載されていることがわかる。しかし，選択肢4は，配列長はID行およびSQ行に253アミノ酸残基と記載があり，また，FT行の記載から，N末端22残基（SIGNAL 1 22）がシグナル配列であるが，C末端にシグナル配列があるという情報はない。よって，選択肢4が正解である。

参考文献

1）『バイオインフォマティクス事典』（日本バイオインフォマティクス学会編，共立出版，2006）第7章，pp.403-436
2）『バイオインフォマティクス（第2版）』（メディカル・サイエンス・インターナショナル，2005）第2章，pp.28-59
3）『ゲノミクス』（A. M. レスク著，坊農秀雅監訳，メディカル・サイエンス・インターナショナル，2009）第4.7節，pp.265-275
4）「DDBJのデータ公開形式（flat file）の説明」http://www.ddbj.nig.ac.jp/sub/ref10-j.html

動的計画法による配列アラインメントの計算

Keyword 配列アラインメント，動的計画法，大域的・局所的アラインメント，ペアワイズアラインメント

DNA やタンパク質の配列解析において，配列を相互に比較することはもっとも基本的な操作であり，その基礎となるのが配列アラインメントである。これは，与えられた 2 本の配列が互いにもっともよくそろうように，各配列の文字間に「ギャップ」とよばれる空白文字を適当に挿入して並べ直す操作であり，動的計画法というアルゴリズムで効率的に計算できる。配列アラインメントは 2 本の配列比較（ペアワイズアラインメント）と，より一般的な 3 本以上の比較（マルチプルアラインメント[3-6]）がある。ここでは，基本となるペアワイズアラインメントを解説する。

≫配列アラインメントと類似性スコア

配列アラインメントの例を**図 1** に示す。図ではギャップ “−”を計 4 つ挿入した結果，一致する文字対が 6，不一致の文字対が 1 つとなっている。最適なギャップの入れ方を決めるために，アラインメントの類似性スコアを定義し，これを最大化することを考える。簡単なスコアとしては，一致，不一致，ギャップの 3 状態で定義するもので，たとえば一致を +3，不一致を −1，ギャップを −2 とすれば，**図 1** のスコアは $(+3)\times6+(-1)\times1+(-2)\times4=9$ 点となる。通常，むやみに挿入されることを防ぐために，ギャップの挿入には一致スコアと逆符号のギャップペナルティ(罰点)を与える。

配列アラインメントの背景には，共通祖先において同一であった配列が，種分化や遺伝子重複によって分岐したあと，それぞれ独立に変異を蓄積していく進化過程[5-8]が想定されており，不一致は置換(塩基やアミノ酸の変異)，ギャップは挿入または欠失という進化的変化に相当する。アラインメントの目標は，祖先配列において同一であった文字を対応づけることにあり，一般に類似性スコア[3-3]は，共通祖先に由来する相同配列間[5-8]で観察された置換頻度の統計などの進化過程のモデルに基づいて決められる。

≫動的計画法による最適アラインメント

類似性スコアが最大となる最適アラインメントの計算には動的計画法(ダイナミックプログラミング法)が使われる。動的計画法は，問題を部分に分けて部分的な解を求め，それらを記録して再利用することによって全体の解を効率よく得るアルゴリズム[2-7]の総称である。**図 2**a に示すような 2 本の配列(AGCG と AGAC)を縦横に配した格子構造を考えると，あらゆるアラインメントは，この格子状のグラフを左上から右下に向けて縦・横・斜めのいずれかの辺をたどる経路として表現される。ここで，縦，横の辺はギャップ，斜めの辺は一致または不一致に相当する(図 2a では一致の斜辺には黒点が打ってある。また例として実線で示した 1 つの経路と対応するアラインメントが示されている)。動的計画法では，原点である左上隅からはじめて，各頂点にそこまでの最適アラインメントのスコアを格納しつつ順次計算を進めていく。ここで，上で定義したスコアを使って最適アラインメントを計算してみよう。

まず左上隅のスコアを 0 とし，上辺と左辺はギャップしかとりえないのでスコア 2 を減算する。この後 2 行目，3 行目と計算を進めるが，今，**図 2**b まで計算が進んだ状態で，「?」と記された点(2, 2)のスコアを考えよう。この点は左上(1, 1)，上(1, 2)，左(2, 1)の各頂点と隣接しており，そこまでの最適スコアはそれぞれ 3，1，1 であることがすでに求まっている。左上からくる経路は，この場合斜めの辺は「一致」なので 3 点が加算され((1, 1)のスコア)3 +(一致スコア)3 = 6，上および左からの経路はギャップなので 2 点が減算され，いずれも((1, 2)または(2, 1)のスコア)1 −(ギャップペナルティ)2 = −1 となる。したがってスコアが最大なのは左上からくる経路で，最適スコアは 6 と求まる。そこで，(2, 2)のマス目にスコア 6 を記録し，さらに左上からきた経路であることも記録しておく。より一般に，点(i, j)における最適スコア $D(i, j)$は，以下の漸化式によって求められる。

$$D(i,j)=\max\{D(i-1,j-1)+d(i,j),\ D(i-1,j)-p,$$

```
ACAGATCCGT–
ACGG–––CGTG

** *    ***     一致
  *             不一致
    ***     *   ギャップ
```

図 1. アラインメント

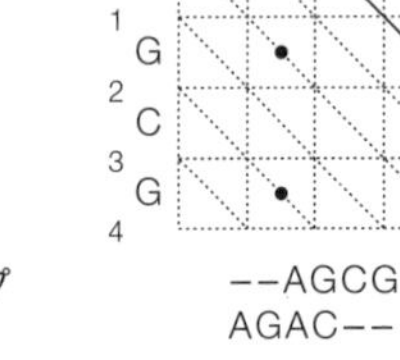

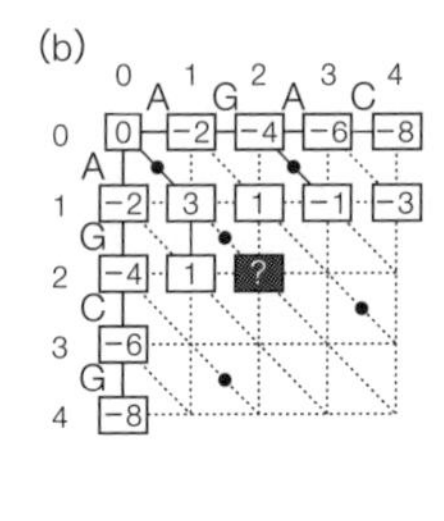

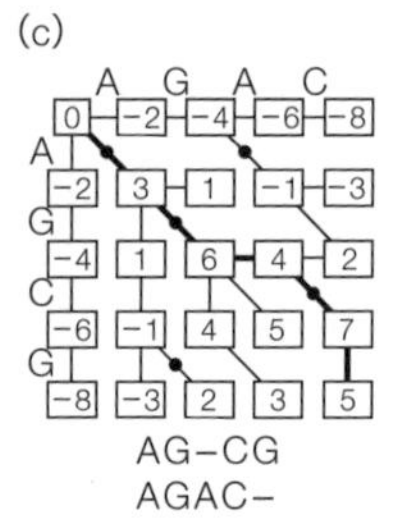

図 2. 動的計画法による大域的アラインメントの計算

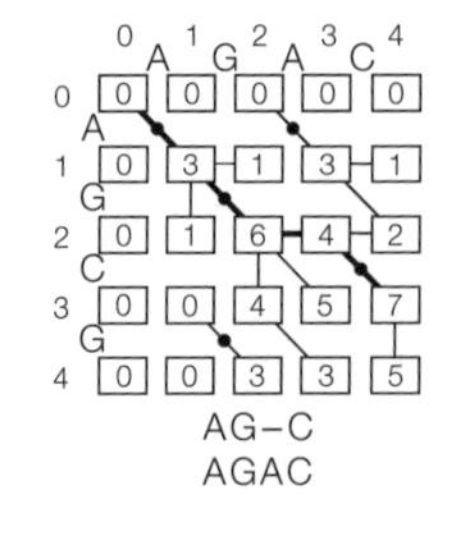

図 3. 局所的アラインメントの計算

$D(i, j-1)-p\}$

ただし，$d(i, j)$は各配列の第1配列のi番目と第2配列のj番目の文字を照合したときのスコア，pはギャップペナルティである。

この手続きを右下隅の点に到達するまで繰り返すと，**図2c**のように各頂点におけるそこまでの最適スコアと最適経路の記録が残る。最後に右下隅から左上隅まで，各頂点に記録しておいた経路を逆順にたどっていく(トレースバック)ことによって最適アラインメントを決定できる(図2cの太線)。以上のスコア計算からトレースバックまでの動的計画法アルゴリズムをニードルマン・ブンシュ法とよぶ。

≫大域的アラインメントと局所的アラインメント

アラインメントされる2本の配列は，相同[▼5-8]であることが前提となっている。そこで2本の配列が全長にわたって相同であれば，配列全長どうしをアラインメントすることに意味がある。これを大域的(グローバル)アラインメントといい，前項のニードルマン・ブンシュ法で求められる。一方，2本の配列の一部の領域(ドメイン[▼4-10])のみが相同であるということもしばしばあり，その場合は全長ではなく相同な領域に限ってアラインメントすることに意味がある。また，きわめて遠縁の配列では，保存性が高い一部の領域を除いて，類似性が認識できないほど変化していることも多く，その場合は保存された領域に限ってアラインメントすることに意味がある。このような部分配列間でのアラインメントを局所的(ローカル)アラインメントといい，最適な局所的アラインメントは，各配列のあらゆる部分配列間の可能なアラインメントの中でスコアが最大のものとして定義される(ただし，スコアは類似度の高・低によって正・負の値をとるように定義されていることとする)。これは一見複雑そうだが，ニードルマン・ブンシュ法の若干の変更によって効率的に計算できる(**図3**)。まず，各頂点におけるスコアの計算式を以下のように変更する。

$$D(i, j)=\max\{D(i-1,\ j-1)+d(i, j),\ D(i-1, j)-p,\ D(i, j-1)-p, 0\}$$

すなわち，途中でスコアが0より小さくなったときは，その頂点のスコアは0とし，そこを改めてパスの開始点とする。また，最後のトレースバックでは，スコアが最大となる頂点(**図3**ではスコア7の点(3,4))からはじめて，スコアが0になる頂点までのパスをとって局所的アラインメントとする。このアルゴリズムを，スミス・ウォーターマン法とよぶ。ただし，局所的アラインメントでは，最適アラインメント1つだけでなく，領域が重ならないような複数の局所的な最適アラインメントをとって出力することも多い。

定義から局所的アラインメントのスコアは0以上であり，相同な配列間で正，相同でない配列間で負の値をとるように類似性スコア[▼3-3]が定義されていれば，局所的アラインメントのスコアが0より十分大きいかどうかによって，配列間に相同な領域が含まれるか否かの判定ができる。これがホモロジー(相同性)検索[▼3-5]の基本となっている。

練習問題 出題▶H20（問51） 難易度▶C 正解率▶70.5%

DNA 塩基配列2本のグローバルアラインメントを，動的計画法を用いて作成する。動的計画法の漸化式は，

$$D(i, j)=\max\begin{cases}D(i-1, j-1)+s(i, j)\\ D(i-1, j)-p\\ D(i, j-1)-p\end{cases}$$

とする。ここで，$s(i, j)$は，第一の配列のi番目の塩基と第二の配列のj番目の塩基が一致していれば1，不一致であれば0の値をとる。pは，ギャップペナルティであり，正の値2をとる。漸化式を5′側から解き，$D(i-1, j-1)$，$D(i-1, j)$，$D(i, j-1)$は図のように既に求まっているとする。一方の配列のi番目の塩基はG，他方の配列のj番目の塩基はTとする。この時，D(i, j)の値を選択肢の中から1つ選べ。

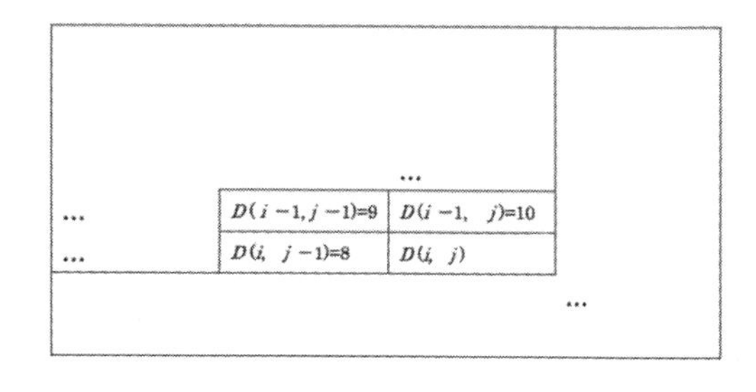

1. 7　　2. 8　　3. 9　　4. 10

解説 動的計画法でグローバルアラインメントを求める際の基本的な計算の問題である。各セルで左上(一致または不一致)，上(ギャップ)，左(ギャップ)の隣接セルからくる経路のスコアを計算し，最大値をとる。まず位置i, jで対応する塩基はG，Tと不一致なので$s(i, j)=0$。したがって，左上からくる経路のスコアは9+0=9。ギャップペナルティは2だから，上からくる経路は10−2=8。同様に，左からくる経路は8−2=6となる。したがって，最大値は左上からくる経路の9であり，選択肢3が正解となる。

参考文献

1)『バイオインフォマティクス（第2版)』(メディカル・サイエンス・インターナショナル，2005) 第3.1～3.3節

3-3 スコア行列

アミノ酸の類似性スコアとその統計的評価

Keyword 類似性スコア行列，ギャップペナルティ，ビットスコア

配列アラインメントのための類似性スコアは，文字（塩基やアミノ酸）対ごとの類似性スコアとギャップペナルティとからなる。これらは，おもに進化の過程における変化の起こりやすさと計算の容易さとを考慮して決められる。とくにアミノ酸については，物理化学的性質を反映して置換の起こりやすさがアミノ酸対ごとに異なっており，それを反映した類似性スコア行列が定義され用いられている。また，類似性スコアから「相同性があるかどうか」を決めるには，スコアの値を統計的有意性の点で評価することが重要である。

≫アミノ酸類似性スコア行列

アミノ酸間のスコア行列 $s(a, b)$ はアミノ酸 a, b 間の類似性を定義した行列で，PAM 行列と BLOSUM 行列がよく知られている(**図 1**)。どちらも実際の相同配列間のアラインメント[3-2]中で観察されるアミノ酸置換の頻度に基づいて定義されており，実体としては，PAM120 や PAM250，あるいは BLOSUM62 や BLOSUM80 といった，数値がついた複数の行列を含んでいるが，これは進化時間に依存してアミノ酸置換の頻度が異なってくることに対応したものである。また，いずれも対称行列，すなわち $s(a, b) = s(b, a)$ であり，スコアの定義は対数オッズ $\log(q_{ab}/p_a p_b)$ に基づいている。ただし，p_a, p_b はアミノ酸 a, b の出現頻度，q_{ab} は対象となる相同配列のアラインメント中でアミノ酸 a と b が並べられる頻度である($a \neq b$ の場合は置換，$a = b$ の場合は保存されている)。$p_a p_b$ は，独立性を仮定したときにアミノ酸 a, b が同時に出現する同時確率[2-14]である。すなわち，これらの類似性スコアは，アミノ酸対の，相同配列アラインメント中での出現頻度とランダムな(非相同な)配列対での期待出現頻度との比の対数(対数尤度比)に基づいており，相同配列中での頻度が相対的に多いか少ないかによって，正または負の値をとっている。

PAM 行列は，まずさまざまなタンパク質ファミリーの，十分に近縁な配列間のアラインメントデータから系統樹[5-7]を作成し，そのうえで起きたアミノ酸置換数を数えて「100 残基あたり 1 回の頻度でアミノ置換が起きる時間」(これを 1PAM という)における，あるアミノ酸 a が別のアミノ酸 b に置換する確率を集積した行列 M_1 を作成する。これはマルコフ連鎖の遷移確率行列になっており，M_1 の n 乗をとることにより，nPAM の進化時間における置換確率行列 M_n が計算される。これから対数オッズをとることによって PAMn 行列が作成される。つまり PAM 行列の数値 n は，対象として想定する相同配列間の進化的距離を表わしており，大きいほど遠縁配列間の比較に向いている。

一方，BLOSUM 行列は，近縁・遠縁の相同配列を広く含むアラインメントデータベースである BLOCKS に基づいている。BLOSUM はこのアラインメント中でのアミノ酸対の頻度に基づいて定義されるが，近縁種の存在による偏りを除くために m% 以上類似した配列を 1 つのクラスターとして扱う処理を行なっており，この m の値によって異なる BLOSUMm 行列が定義されている。m が小さいほどより遠縁の配列が 1 つのクラスターとして扱われるため，BLOSUM では PAM とは逆に数値が小さいほど遠縁の配列間の比較に向いている。また，PAM が近縁のアラインメントデータのみから理論的に外挿して作成されるのと比べて，BLOSUM はより幅広いアラインメントデータを用いている点で改善されている。とくに，BLOSUM62 は BLAST[3-5] の標準のスコア行列であり，もっとも頻繁に使われるスコア行列である。

	A	R	N	D	C	Q	E	G
A	4	−1	−2	−2	0	−1	−1	0
R	−1	5	0	−2	−3	1	0	−2
N	−2	0	6	1	−3	0	0	0
D	−2	−2	1	6	−3	0	2	−1
C	0	−3	−3	−3	9	−3	−4	−3
Q	−1	1	0	0	−3	5	2	−2
E	−1	0	0	2	−4	2	5	−2
G	0	−2	0	−1	−3	−2	−2	6

図 1. BLOSUM62 行列の一部

対数オッズ比の性質から，アミノ酸の置換が個々のアミノ酸の出現頻度から予想される頻度($p_a p_b$)よりも高い頻度(q_{ab})で観察されるとき($q_{ab}/p_a p_b > 1$)にスコアは正の値をとり，より観察されやすいアミノ酸の組合せであることを意味する。たとえば，よく似たグルタミン酸(E)とグルタミン(Q)[1-8] のあいだには正の類似性スコア(2)が定義されている。

≫ギャップペナルティ

図 2a と b のアラインメントを比較しよう。各ギャップに一律のペナルティを加える方式では，a と b は同じスコアになる。挿入・欠失がつねに 1 塩基単位で行なわれるならこれは妥当だが，実際には複数の塩基が一度に挿入・欠失することがある。そうすると，1 回の挿入・

```
(a)            (b)
ACAGATCCGT     ACAGATCCGT
ACGG---CGT     AC-G-G-CGT
```

図 2. ギャップの挿入

(a)と(b)のアラインメントは，ギャップの個数はいずれも 3 で同じだが，ギャップが開始される回数が(a)は 1，(b)は 3 と異なる。

欠失だけで説明がつくaのほうがbより望ましいアラインメントと考えられる。これを反映するため，連続するギャップの最初のギャップに対するペナルティ g_{open} を大きく，それ以降のギャップに対するペナルティ g_{ext} を小さくする方式がよく用いられる。この場合，長さ l のギャップは $g(l)=g_{open}+(l-1)g_{ext}$ で定義され，aがbよりペナルティが小さくなる。このようなギャップペナルティ方式をアフィンギャップとよび，これを用いた場合でも，修正された動的計画法▼3-2（後藤アルゴリズム）を用いて最適アラインメントが計算できることが知られている。

≫スコアの統計的評価

スコア行列にはいろいろな種類があり，単に「アラインメントの類似性スコアが50」といってもその意味は明確でない。実際，スコア行列の各スコアとギャップペナルティとを一律に n 倍したスコア体系は，元のスコア体系と等価であるため，スコアの値はいかようにも変化させることができる。

得られた類似性スコア S が十分に大きいことを示すには，統計学的仮説検定を行なう。すなわち，ランダムな配列対におけるスコアの分布に基づいて，スコアが S 以上となる p▼2-15 値を計算し，これが十分に小さいことをいう。ランダムな配列間でのローカルアラインメントのスコアの分布は理論的に解析されており，それによると配列の長さがそれぞれ m と n のランダムな配列対においては，スコアが S 以上となるヒットの個数の期待値（E値，E-value）は $E=Kmne^{-\lambda S}$ と近似され，これからスコアの最大値が S 以上になる確率は $p=1-e^{-E}$ と求められる。E値が1より十分小さいとき，E値は p 値とほぼ等しくなる。したがって，E値が小さいほど統計的に有意に類似している。ただし，λ と K はスコア行列と配列中のアミノ酸出現頻度とによって決まる係数であり，また正確には m と n は「実効長」で，実際よりやや短くなる。

今，$S'=(\lambda S-\ln K)/\ln 2$（lnは自然対数）とおいて式を簡略化すると，$E=mn2^{-S'}$ となる。S' はビット▼2-1を単位とした情報量に相当しており，ビットスコアという。これは，元の類似性スコアを，スコア行列に依存する λ と K という値を使って標準化したもので，統計的評価に直結している点でその意味は明確である。たとえば，長さ1000の配列2本のアラインメントのビットスコアが30ビットであるとき，上式に当てはめればE値は0.00093と計算され，このビットスコアが有意に小さい，すなわち配列が有意に似ていることを示す。

練習問題 出題▶H25（問46） 難易度▶B 正解率▶48.4%

以下のBLASTの検索結果で得られるビットスコア（bit score）に関する記述のうち，もっとも不適切なものを選択肢の中から1つ選べ。

1. ビットスコアが大きくなると，E-valueは小さくなる。
2. E-valueはデータベースとクエリ配列のサイズ，およびビットスコアに依存し，使用したスコア行列の種類には依存しない。
3. スコア行列をBLOSUM62からBLOSUM45に変更しても，ビットスコアは変わらない。
4. 複数の異なるデータベースを対象にBLAST検索を行う場合，同じスコア行列を使用していれば，ビットスコアを使って異なる検索結果を直接比較することができる。

解説 選択肢1の内容は，類似性が高いほどスコアは大きくなり，それ以上のスコアが偶然に出現する数の期待値E-valueは小さくなるので正しい。E値（E-value）の定義 $E=mn2^{-S'}$ において，元のスコア行列に依存するパラメータは，ビットスコアの定義に吸収されて除かれているので，選択肢2の内容は正しい。スコア行列によって想定されるアミノ酸置換頻度が異なっており，BLOSUM45はBLOSUM62より遠縁の配列比較に向いている。このため，同一の配列アラインメントに適用した場合でも類似性の評価は異なり，標準化されたビットスコアを用いてもちがいが出てくるので，選択肢3の内容はまちがっている。複数の異なるデータベース検索結果を比較する場合，データベースの大きさが異なることに注意する必要がある。E値はデータベースサイズに依存するので，異なるデータベースの検索結果を直接比較するのには使えないが，ビットスコアはデータベースサイズには依存せず，直接比較することができるので，選択肢4の内容は正しい。以上から，選択肢3が正解である。

参考文献

1）『バイオインフォマティクス（第2版）』（メディカル・サイエンス・インターナショナル，2005）第3.4節，第4.1～4.3節

3-4 高速な類似配列検索

高速に配列を比較するための計算技術

Keyword ハッシュ表，接尾辞配列，バローズ・ホイーラー変換，マッピング，次世代シークエンサ

大量の配列データや長大なゲノム配列を網羅的に解析するためには，高速な比較・検索技術が求められる。これを実現するために，塩基・アミノ酸配列の特徴に基づいたヒューリスティクス（経験的な問題解決法）の導入や，計算機科学・テキストマイニングの分野で用いられている効率のよいデータ構造および検索アルゴリズムを援用した解析技術の開発がなされている。

≫ *k*-mer とハッシュテーブル

配列比較を高速に行なうための手段として，はじめにごく短い部分配列が完全一致する箇所を検索し，その後その周辺でより正確なアラインメントを求めるという方法がある。このとき使う，長さ k の短い部分配列を k-mer(または k-word，k-tuple など)とよぶ。k-mer は塩基配列では 4^k 種類，アミノ配列では 20^k 種類ある。初期検索で使う k-mer の長さ k は，BLAST[▼3-5] の通常設定では塩基配列で 11 塩基対，アミノ酸配列で 3 アミノ酸である。k が短いと真の相同領域ではない偽陽性[▼2-21]のヒットが増え，それらは最終的には正確なアラインメントを計算することにより除けるが，そのぶん計算時間がかかるようになる。k を長くとるほど偽陽性のヒットが減り高速化が期待できるが，一方で検出感度は低下するため，比較したい配列間の類似性や配列長に応じて k の値を決定する必要がある。また，k-mer 自体を長くするのではなく，複数の短めの k-mer が各配列上で同じ間隔を置いて並ぶ(ドットマトリックス[▼3-5]上で対角線上に並ぶ)箇所を探索することも高速化には有効であり，k-mer を長くとるより検出感度の面でも有利であることが多い。これとは別に，連続的な k-mer ではなく，部分的に不一致を許す「穴」をもつ不連続な k-mer を用いることもある。

k-mer を用いて検索を高速化するには，問合せ配列中の k-mer とデータベース配列中の k-mer とを高速に照合できる必要がある。この目的で，完全一致する k-mer を高速に検索する技術のひとつにハッシュ表(ハッシュテーブル[▼2-7])がある(図 1)。ハッシュ表とは，キーと値(今回は k-mer がキーでその配列上での位置が値)の組を表(テーブル)として格納したデータ構造であり，キーに対応する値を定数時間で参照できる。普通は，ハッシュ関数とよばれる関数を用いてキーを適当な数字(ハッシュ値)に変換し，それを添字とする配列に値を格納するが，k が小さいときはキーの種類数も限られるため，k-mer を 4 進数または 20 進数の数値とみて直接数値に変換してハッシュ値とすることも多い。こうしておけば，ハッシュ表でしばしば速度低下の原因となるキーの衝突(異なるキーが同じハッシュ値をもつこと)が起こらず検索も高速に行なえる。逆に，同じ k-mer は配列上の異なる位置に複数回出現するのが普通なので，それらを表に格納する際は，配列やリスト[▼2-6]を用いる必要がある(図 1)。このような表を一度つくっておけば，次回からはキーを使ってこの表の該当する要素を参照するだけで，一致する k-mer の配列上での位置を知ることができる。

≫ショートリードのマッピング

次世代シークエンサ[▼6-2]はスループット(一定時間あたりの解析量)が非常に高いことから，ゲノムのリシークエンスや 1 塩基変異(SNV)の検出，ChIP-Seq 解析[▼1-18]など幅広い配列解析に用いられている。これらの解析では，まず産出された短い配列(ショートリード)を同じ種(また

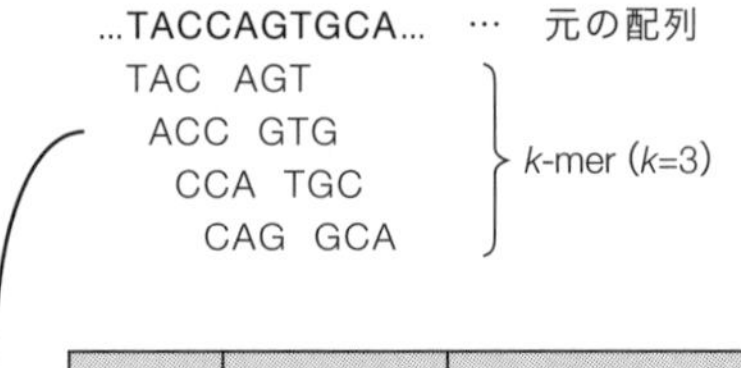

3-mer	ハッシュ値	位置
AAA	0	10, 37, 51, 97, …
AAC	1	11, 44, 73, 104, …
⋮	⋮	⋮
TTT	63	3, 15, 29, 64, …

図 1. ハッシュ表

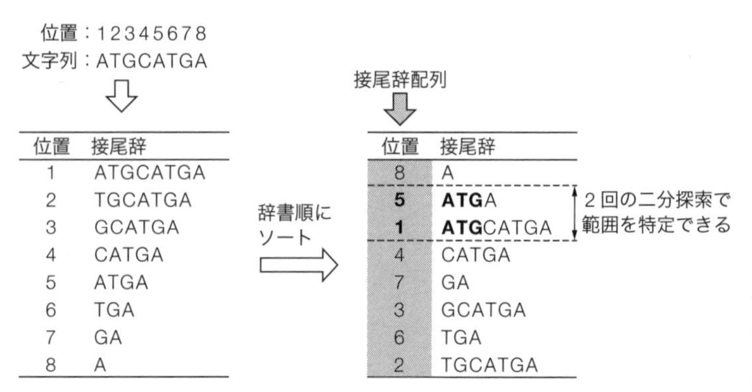

図 2. 接尾辞配列

文字列「ATGCATGA」の接尾辞配列の作成手順と，部分文字列「ATG」の検索例を示す。検索例では，接尾辞配列の表は辞書順に並んでいるので，1 回目に表を上下 2 分割すると「ATG」が上側にあることはただちにわかる。2 回目に表の上側をさらに 2 分割すると，目的の「ATG」が境界位置に発見される。

はきわめて近縁の種)のゲノム配列にマッピングするところから解析が始まる。このとき，多くの場合，ショートリードの全長がきわめて高い類似度(ちがいが数%程度)でゲノムに並べられる箇所だけを探せばよい。このようなショートリードのゲノムへのマッピングでは，検索手法として接尾辞配列(サフィックスアレイ)やその関連技術が好んで用いられている。接尾辞配列とは，文字列(ここではゲノム配列)の接尾辞(任意の位置から最後までの部分文字列)の開始位置を要素とする配列であり，その順序は接尾辞を辞書順にソートしたものになっている(**図2**)。ソートの結果，同じ部分文字列から始まる接尾辞は配列上で隣接することになるので，目的の部分文字列の出現位置をまとめて取得することができる。*k*-merのハッシュテーブルが固定長の文字列の出現位置を記録するのに対し，接尾辞配列では任意の長さの部分文字列の出現位置の情報をもっており，その検索は，二分探索[▼2-7]を用いて高速に行なうことができる。また，この接尾辞配列のアイデアを発展させたより高速な手法として，バローズ・ホイーラー(Burrows-Wheeler)変換(BWT)後の文字列を利用したFMインデックス(FM-index)がある。BWTでは，接尾辞の代わりに1文字ずつ巡回シフトした文字列を用い，それらを辞書順にソートする。こうして得られたソート済み文字列の最後の文字だけをつなげたものがBWT後の文字列となる。BWT後の文字列中では同じ文字が連続して並ぶ傾向があり圧縮に有利なほか，BWT後の文字列のみから元の文字列を復元できるという性質がある。FMインデックスではこの性質を利用して，クエリ文字列と一致する接尾辞配列の範囲を高速に求めることができる。BWTを使ったショートリードのマッピングツールとしては，BowtieやBWAがある。

練習問題 出題▶H20（問52） 難易度▶B 正解率▶63.8%

以下の用語のうち，三つは相互に関連しており，次世代シークエンサから得られる短い配列を参照ゲノム配列上にマップするBowtieやBWAなどのツールにおいて，効率的な索引付けの技術を構成している。この技術において，他との関連性がもっとも低いものを選択肢の中から1つ選べ。

1. 接尾辞配列(suffix array)
2. バローズ・ホイーラー(Burrows-Wheeler)変換
3. B木(B-tree)
4. FM-index

解説 接尾辞配列は，辞書順にソートされた接尾辞に対して二分探索を行なうことで，テキスト(ゲノム配列)中の任意の部分文字列を高速に検索することができる。バローズ・ホイーラー変換は，元の文字列を，接尾辞配列の接尾辞を巡回シフトした文字列に置き換えて得られるソート済み文字列(ソート結果は接尾辞のものと同じ)の最後尾の文字の羅列へと変換する。バローズ・ホイーラー変換後の文字列は同じ文字が連続して並ぶことが多く圧縮に有利であり，さらにFM-indexという圧縮全文索引と併用することで，記憶容量を節約しながら高速な部分文字列検索が行なえる。したがって，ゲノムなどのテキストデータの全文検索に効果的なのは選択肢1，2，4の組合せである。一方，B木はキーワードの索引付けなどに適した木構造[▼2-6]のデータである。1ノードがm個の枝(子ノード)をもつ多分岐の木構造で，データベースの索引付けなどによく用いられているが，配列マッピングとは直接関係しない。以上のことから，選択肢3が正解である。

参考文献

1)『バイオインフォマティクス（第2版）』（岡崎康司・坊農秀雅監訳，メディカル・サイエンス・インターナショナル，2005）第7章
2)『次世代シークエンサー（細胞工学別冊）』（菅野純夫・鈴木穣監修，秀潤社，2012）pp.109-117
3)『高速文字列解析の世界』（岡野原大輔著，岩波書店，2012）第3章，第7章

高速にホモロジー検索するためのプログラム

Keyword ホモロジー検索，クエリ，BLAST，低複雑性領域

ホモロジー（相同性）検索は，手持ちの配列をクエリ（問合せ）配列として，類似した配列をデータベースから検索する手法である。クエリ配列と十分に高い類似度を示す配列は，相同配列（進化的に同一起源の配列）と考えられるため，検索結果からの類推によって，遺伝子の機能予測や，ゲノム中の遺伝子構造の予測，タンパク質の立体構造予測など，幅広い用途に利用される。巨大なデータベースに対する検索を効率よく行なうため，照合のアルゴリズムが工夫されている。代表的プログラムであるBLASTは，もっともよく用いられるバイオインフォマティクスツールのひとつであり，関連ツールもいろいろ開発されている。

≫ホモロジー検索プログラム

ホモロジー検索プログラムとしてはFASTAとBLASTがよく知られている。先発のFASTAがハッシュ法[2-7]をベースにした比較的素朴な手法でスミス・ウォーターマン法[3-2]などの局所的アラインメント法の高速化を行なったのに対し，BLASTはいくつかの斬新なアイデアで，より一層の高速化を達成した。

BLAST，FASTAともに，クエリ配列(検索の元になる配列)とデータベースがともに核酸配列，またはタンパク質配列である比較のほか，相補鎖を含めて6通りの読み枠[3-8]でコンピュータ中で翻訳[1-6]しながら比較することによって，一方が核酸配列で他方がタンパク質配列であるような比較を行なうこともできる(**表1**)。なかでもblastxは，新規のゲノムやcDNA配列をクエリとして，それがコードする遺伝子を予測する簡便で強力な手段となっている。一方，核酸配列の比較では遠縁配列間の相対的に低い類似性を検出することは難しいため，核酸配列の比較はおもに近縁種間の比較に用いられ，遠縁種間の比較ではタンパク質配列を用いることが多い。

一方，アラインメントの精度についてはスミス・ウォーターマン法[3-2]を実行するのが厳密解で，これが上限となるが，それでも微弱な相同性の検出には限度がある。そこで，モチーフ検索のアプローチを組み合わせることで改善するプログラムが開発されている。PSI-BLASTは，最初の検索でヒットした配列を集めて位置特異的スコア行列[3-7](position specific scoring matrix；PSSM)を作成し，それをアミノ酸類似性行列の代わりに用いて再検索を行なう。これを繰り返すことによって非常に遠い類縁関係にある(配列類似性が低い)相同配列を効果的に検出することができる。

≫ホモロジー検索のアルゴリズム

ホモロジー検索では，データベースからクエリ配列と相同な領域をいかに高速に，もれなく検索するかが重要である。相同領域は配列全長にわたるとは限らないので，比較は局所的アラインメント[3-2]で行なわれる。配列の高速照合を行なうプログラムの基本的な考え方は似ており，おおむね以下のステップからなる。①インデックスを用いて，データベース配列中から候補領域を高速に検索し，②見つかった候補領域周辺でより正確なアラインメントを計算して類似性スコアを算出し，③類似性スコアが十分大きい領域を出力する。

インデックス検索では，ハッシュ表[3-4]がおもに用いられる。FASTAではクエリ配列中における，長さkの固定長ワード(k-merまたはk-tuple)の出現位置をインデックスとして記録するが，BLASTではクエリ配列中のワード(短い配列)に加えて，それと類似性スコアがT以上であるワードも合わせて記録する。アミノ酸配列でのワードの長さの初期設定値はFASTAが$k=2$に対しBLASTでは$k=3$だが，類似ワードも考慮するので検

表1. BLASTプログラム

プログラム	クエリ	DB
blastn	塩基配列	塩基配列
blastp	アミノ酸配列	アミノ酸配列
blastx	塩基配列	アミノ酸配列
tblastn	アミノ酸配列	塩基配列
tblastx *	塩基配列	塩基配列

＊両方の塩基配列をすべての読み枠でアミノ酸配列に翻訳して比較する。

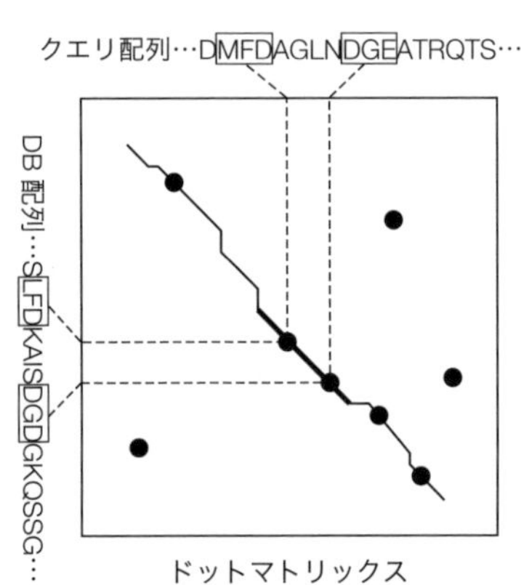

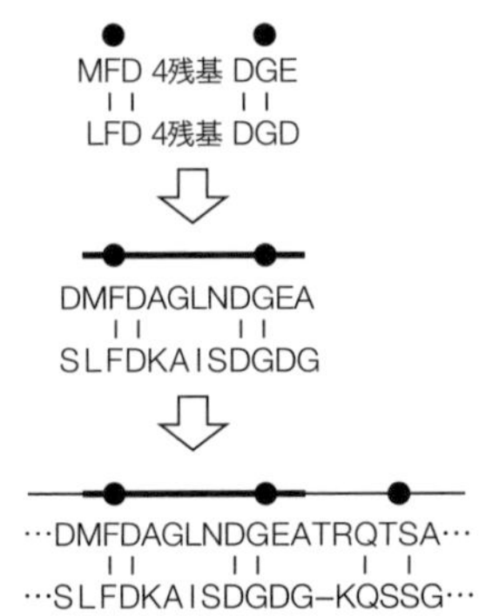

図1. BLAST検索

黒丸はクエリ配列とDB(検索)配列間のk-tuple(k=3で，この場合は最低2アミノ酸が一致する組合せ)のヒットを示す。対角線上に一定間隔以下(この場合は4アミノ酸残基以下)で並ぶヒット位置を太線で結んでいる。太線で示した箇所のアラインメントを選択したのち，ギャップを許容しながら細線のようにアラインメントを伸長する。右は，この各段階に対応したアラインメントを示している。

出感度は高い。このインデックスを用いてデータベース配列を検索し，ヒットする位置を記録する。**図1**のように各配列に対してヒットしたワードの位置をプロットしたとき，対角線上に複数のヒットが集中する領域が相同な領域の候補となる。BLASTでは対角線上で一定間隔内に2つのヒットが並ぶ領域を候補領域としている(**図1**)。その後，ギャップなしのアラインメントスコア▼3-3を計算して候補領域の絞り込みを行なったのち，最終的にはギャップ入りのアラインメント▼3-2を行なう。得られたアラインメントスコアSに対して，データベース検索によってスコアS以上のヒットが偶然に得られる個数の期待値(E値，E-value▼3-3)を計算し，閾値(BLASTの初期設定値では10)以下であれば結果を出力する。E値は偽陽性数の期待値であり，偽陽性を避けるためにはE値が1より十分小さいものを有意なヒットとしてとる必要がある。

≫低複雑性領域のフィルタリングと組成に基づくスコア補正

同一の塩基やアミノ酸が繰り返し出現するなど，クエリ配列中に文字の出現頻度が極端に偏った領域がある場合，データベース中に同じ偏りをもつ配列があればそこがヒットしやすくなる。そういった領域は低複雑性領域とよばれ，ヒットしても生物学的知見が得られず，結果を解釈する際にむしろ邪魔になることが多い。このような，クエリ配列中でヒットしてほしくない領域はマスクする(存在しないアミノ酸Xまたは塩基Nで置き換える)ことによって検索対象から外すことができる。これをフィルタリングという。一方，BLOSUMなどのスコア行列▼3-3は，平均的なアミノ酸の出現頻度を用いて定義されており，頻度の小さいアミノ酸の一致に，より高い得点が与えられるなどの特徴をもっている。このため，比較する配列の組成が平均的な組成から大きくずれている場合は偽陽性▼2-21や偽陰性を生じやすくなる。これを改善するため，最近のBLASTには，配列の組成に合わせてスコア行列の補正を行なうオプションも用意されている。

練習問題 出題▶H22（問41） 難易度▶B 正解率▶64.1%

BLASTによるホモロジー検索についてもっとも不適切なものを選択肢の中から1つ選べ。

1. DNA配列をクエリとしてアミノ酸配列データベースに対して検索することはできるが，アミノ酸配列をクエリとしてDNA配列データベースに対して検索することはできない。
2. アミノ酸配列での比較とDNA配列での比較では，一般にアミノ酸配列の方がより遠縁の相同配列を検出しやすい。
3. 低複雑性(low-complexity)領域をマスクすることで，マスクしていない場合に比べ，生物学的に意味のある相同配列を得ることができるが，配列一致度(% identity)は別途計算する必要がある。
4. PSI-BLASTは，位置特異的スコア行列(position-specific scoring matrix；PSSM)を反復的に作りながら，より遠縁の相同配列を検出するプログラムである。

解説 選択肢1の内容について，DNA配列をクエリとしてアミノ酸配列データベースを検索するのはblastxで，アミノ酸配列をクエリとしてDNA配列データベースを検索するのはtblastnであり，どちらでも可能なのでまちがっており，これが正解である。DNA配列でもアミノ酸配列でも，置換が蓄積するにつれて文字が一致する割合は減っていくが，遠縁の相同配列間ではアミノ酸の性質を保持した置換が多くなるため，アミノ酸配列で比較するほうが検出しやすくなるので，選択肢2の内容は正しい。フィルタリングは低複雑性領域(SSTSTSSTS…などのように少数のアミノ酸や塩基が偏って現われる領域)を含む配列の検索に有効だが，マスクされた領域がアラインメントできなくなるという弊害に留意する必要がある。配列一致度が正確に計算できないのも，その弊害のひとつであるので，選択肢3の内容は正しい。位置特異的スコア行列(PSSM)は，通常のアミノ酸類似性スコア行列と比べて，対象となっているファミリーに特化したスコアとなっており，非常に遠縁の相同配列まで検出できる。PSI-BLASTは，データベース検索でヒットした配列を使ってPSSMを作成して再検索というプロセスを繰り返すことにより，微弱な相同配列の検出を行なうことができるので，選択肢4の内容は正しい。

参考文献

1)『バイオインフォマティクス事典』(共立出版，2006) ホモロジー検索，FASTA，BLAST，PSI-BLAST，フィルタリング
2)『バイオインフォマティクス（第2版）』(岡崎康司・坊農秀雅監訳，メディカル・サイエンス・インターナショナル，2005) 第6章
3)「統合TV，NCBI BLASTの使い方」http://togotv.dbcls.jp/20100415.html

3-6 マルチプルアラインメント

マルチプルアラインメントによる配列の多重比較

Keyword マルチプルアラインメント，累進法，逐次改善法，距離行列，SP スコア

マルチプルアラインメントとは，3 本以上の配列でアラインメントを行なうこと，またはその結果をいう。配列数が増えるごとに計算量が指数関数的に増加するため，ペアワイズアラインメント（2 本の配列比較）のように動的計画法により最適解を計算することは難しい。そこで，計算量を減らすためのヒューリスティクス（経験的な問題解決法）やアラインメントの精度を改善するためのさまざまな工夫が提案されている。

≫累進法(ツリーベース法)

2 本の配列のペアワイズアラインメント[▼3-2]から始めて，そこに順次配列を加えていくことで計算量を抑えながらマルチプルアラインメントを構築する手法が累進法である(**図 1**)。このとき，すでに求めたアラインメントは崩さず固定するため，各段階でのアラインメントはつねにペアワイズアラインメント(段階に応じて，配列対配列，配列対アラインメント，またはアラインメント対アラインメントのペア)として計算できる。ただしこの方法では，アラインメントの途中段階で生じたエラー(並べまちがい)は固定されてしまい，最後まで残ってしまう。とくに，初期段階で生じたエラーは以降の全アラインメントに影響を与えるため，計算の順序が重要となる。一般に，アラインメントのエラーは，類似性の高い配列どうしの比較よりも低い配列どうしの比較でより起こりやすい。そこで累進法では，はじめに全配列間でペアワイズアラインメントを行ない，それをもとに配列間の距離行列(配列が異なるほど距離が大きい)を求めて，案内木(ガイドツリー)とよばれる近似的な系統樹[▼5-7]を構築する。以降は，このガイドツリーに従って，より類似性の高い配列ペアから順にアラインメントを行なっていくことで，各段階でのエラーの発生を極力抑えている。ガイドツリーは非荷重結合法や近隣結合法[▼5-9]といった一般的な距離行列によるクラスタリング手法を用いて構築されるが，これはあくまでペアワイズアラインメントに基づいた近似的な系統樹であって，最終的なマルチプルアラインメントに基づく系統樹とは必ずしも一致しない。また，ガイドツリーを参照することでエラーの発生は抑えられるが，途中段階で発生したエラーが最後まで残るという累進法の欠点自体が解決されるわけではない。

≫逐次改善法(反復改善法)

計算済みのマルチプルアラインメントに含まれるエラーを修正する手法として，逐次改善法が提案されている。逐次改善法では，一度決定したマルチプルアラインメントを任意の 2 つのグループに分割し，それらのあいだでもう一度アラインメントを行なうという処理を繰り返すことでエラーの修正を試みる(**図 2**)。こうして得られるマルチプルアラインメントのスコアは，元のアラインメ

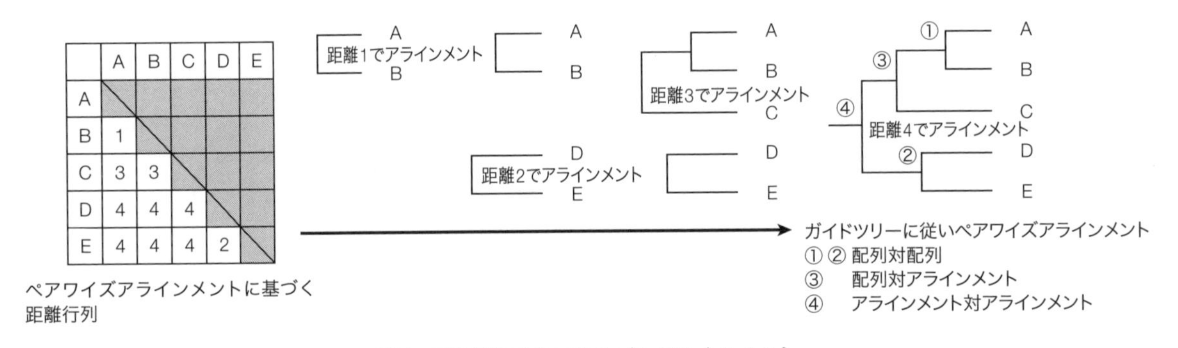

図 1. 累進法によるマルチプルアラインメント
図右のガイドツリーを最初につくり，これを参照しつつ，図に矢印で示した順序でアラインメントを行なう。

図 2. 逐次改善法
この例の場合は，最初に配列 A と B をアラインメントする際に生じたギャップに影響されて，配列 C にも対応する位置にギャップが入る。配列 B と C を A から分離して，ギャップを除いて(B と C のあいだのギャップは維持される)再アラインメントすると，この領域で不変残基が 1 カ所増えることがわかる。

ントのスコアと同じかそれ以上である（悪くはならない）ことが保証される。しかし，分割の仕方によってはうまく修正が進まないこともあるため，分割方法には留意する必要がある。よく用いられる方法は，マルチプルアラインメントのなかから1本だけ配列を抜き出し，それと残りの配列のアラインメントとのあいだで再アラインメントを行なうという方法である。この処理を各配列について一度ずつ行ない，それを適宜繰り返すことによって，多くの場合，良好なマルチプルアラインメントが得られる。また，最終的なマルチプルアラインメントに対する修正ではなく，累進法でのアラインメントの構築に合わせて，組合せのたびに上記の修正を施す方法も有効である。

≫ SP(sum of pairs)スコア

ペアワイズアラインメントのスコアの計算は，2つのアミノ酸がアラインメントされる確率に基づいて計算された，20×20の大きさのスコア行列▼3-3を用いて行なわれるのが一般的である。同様に，マルチプルアラインメントにおける類似性を，n個のアミノ酸がアラインメントされる確率に基づいて定義することも考えられるが，その場合，20^n個のパラメータを決める必要があるので現実的でない。そのため，実際のマルチプルアラインメントでは，2つのアミノ酸間の置換行列を用いて簡便にスコアを計算するSP(sum of pairs)スコアが広く用いられている。SPスコアでは，すべての配列の組合せについてペアワイズアラインメントのスコアを計算し，その和をマルチプルアラインメントのスコアとする。この方法だと，アラインメントされる配列の本数にかかわらず，アミノ酸の置換行列さえ用意すればスコアを計算することができ，さらに累進法や逐次改善法の過程で必要な，n本のアラインメントとm本のアラインメントのあいだのアラインメントのスコアも容易に計算できる。たとえば，AとBがアラインされた列とBとCがアラインされた列がさらにアラインされたときのスコアは，$s(A, B) + s(A, C) + s(B, B) + s(B, C)$で与えられる（ただし，$s(A, B)$はアミノ酸AとBの類似性スコア）。一方，こうしたスコアはすべての配列を同じ重みで扱っているが，それは必ずしも正しくない。たとえば，よく保存された近縁種の配列10本のアラインメントと，それらと遠縁の配列1本とをアラインメントするとき，近縁種の配列が10本分の重みをもつことになるが，それはデータセットの偏りを反映しただけなので望ましくない。当然のことながら配列数が増えるほど本来のスコアからの誤差は大きくなる。これを軽減するために，累進法のガイドツリーを参照しながら配列の系統関係に従ってスコアの重み付けを行なうなどの修正法も提案されている。

以上のようなアルゴリズムやスコア体系に基づいたマルチプルアラインメントのツールには，ClustalW，T-Coffee，MAFFTなどがある。

練習問題 出題▶H23（問43） 難易度▶B 正解率▶63.5%

マルチプルアラインメントに関する説明として，もっとも不適切なものを選択肢の中から1つ選べ。

1. あらかじめ計算した近似的な系統樹（案内木）に従って，類似性の高い配列のグループから順にペアワイズアラインメントを組み上げていく手法を，累進法（ツリーベース法）という。
2. 累進法を用いる事で，アラインメントの初期に発生したエラーを修正する事ができる。
3. SP(sum of pairs)スコアは，マルチプルアラインメントのスコアを全配列ペアのスコアの和として表わしたものである。
4. 逐次改善法は，計算済みのマルチプルアラインメントを2つのグループに分割し，グループ間で再アラインメントを行うことを反復することにより，アラインメントを改善していく手法である。

解説 マルチプルアラインメントのアルゴリズムとスコア体系について，その基本的な知識を問う問題である。累進法では，まずすべての配列ペアでペアワイズアラインメントを行なって案内木を構築し，それをもとに類似性の高い配列から順にアラインメントを行なってゆく。類似性の高い配列を先にアラインメントすることでエラーの発生を抑えることができるが，一度生じたエラーは修正できずに最後まで残るのが欠点である。これを修正するのが逐次改善法であり，計算済みのマルチプルアラインメントを2つに分割してグループ間で再アラインメントを行なうことによりエラーの修正を行なう。また，マルチプルアラインメントのスコアの計算では，本来は同じ列に並べられるすべてのアミノ酸についてその同時出現確率を知る必要があるが，これが困難なため，マルチプルアラインメント中の全配列ペアに対してペアワイズのスコアを計算し，その和を全体のスコアとするSPスコアが用いられることが多い。以上により，選択肢2が正解であることがわかる。

参考文献

1)『バイオインフォマティクス（第2版）』（岡崎康司・坊農秀雅監訳，メディカル・サイエンス・インターナショナル，2005）第4章

3-7 モチーフ

保存された配列パターン（配列モチーフ）の解析

Keyword モチーフ検索，正規表現，位置特異的スコア行列，隠れマルコフモデル

塩基配列やアミノ酸配列中で共通した機能を担う領域は，重要部分が進化的に保存されるために互いに類似した部分配列をもつことが多い。このような，機能に直結する特定の配列パターンをモチーフとよぶ。モチーフの長さや配列の保存度合いはモチーフごとに異なる。このように多様なパターンを示すモチーフをうまく表現し，また効果的に検索に用いるために，さまざまな情報科学的手法が提案されている。なお，モチーフには配列ではなく立体構造[▼4-3]に基づくものもある。

≫正規表現

もっとも単純な配列モチーフの表現方法は，コンセンサス配列による記述である。これはモチーフの位置（ポジション）においてもっとも出現頻度の高い文字（塩基またはアミノ酸残基）だけを取り出した配列であり，たとえば，プロモーター領域[▼1-5]に見られるTATAボックスの場合，各塩基の出現頻度は**表1**のようになっており，コンセンサス配列は「TATAAA」と表記できる。これは単純でわかりやすいが不正確である。TATAボックスの5塩基目のAはTであることも多いので，「TATA(A/T)A」と表わすことにより，より正確になる（A/TはAまたはTを表わす）。このように，モチーフを表わすには対象となる配列全体をなるべくカバーするようにパターンを選ぶ必要があるが，その際よく用いられるのが正規表現である。(A/T)のように一致する文字集合を指定するのは正規表現で指定可能な規則のひとつだが，それ以外にも(TA){2, 3}のように同じ文字集合が指定した回数だけ繰り返す（例はTAが2から3回繰り返す）といった規則も表現可能であり，不連続なパターンなどのより複雑なモチーフも柔軟に記述できる。また，正規表現はコンピュータ上でパターンマッチを行なう手段として発展してきた経緯があり，モチーフを正規表現で記述しておけば，コンピュータでの検索が容易になる。タンパク質のモチーフを正規表現で表わしたデータベースには，PROSITEのPATTERNエントリがある。

正規表現によるモチーフ検索は文字ごとにパターンに一致するか否かを評価するだけなので，たとえばある塩基の位置におけるAの出現確率は90%でTの出現確率は10%であるといった定量的な情報は扱えない。その結果，例外的な文字を許容するようパターンを緩めると，偽陽性が多くなってしまうというジレンマが生じる。そこで，実際の解析では次にあげる重み行列や隠れマルコフモデルなどがよく用いられる。

≫重み行列（プロファイル）

モチーフはよく保存された一定の配列パターンであり，塩基やアミノ酸の位置ごとに文字の出現頻度に強い偏りがある。一方で，どの位置においても，頻度の差こそあれ，複数の文字が許容されるのが普通である。このようなモチーフを表現し，確率論的な検索を実現する手段として，位置特異的な重み行列がある。位置特異的スコア行列PSSM（position specific scoring matrix）は，モチーフの位置ごとの文字の出現頻度から算出されるスコア行列（重み行列）である。例として，**表1**のTATAボックスモチーフで考えてみよう。重み行列の各要素としては，**表1**の値そのものである位置iにおける文字aの出現頻度$p_{i,a}$やその対数値$\log p_{i,a}$，あるいはそれを文字aのバックグラウンド（配列全体）における出現頻度b_aで割った値の対数値（対数尤度比）$\log(p_{i,a}/b_a)$が考えられるが，とくに最後のものがよく用いられる（**表2**）。実際，モチーフ検索の際に重要になるのは，与えられた配列が目的のモチーフであるもっともらしさ（尤度[▼2-16]），もしくはモチーフである場合とない場合の尤度の比である。**表1**で与えられる頻度行列を用いてTATAAAという配列を評価する場合，各位置において該当する塩基の出現確率を掛け合わせた値，すなわち$0.836 \times 0.911 \times 1 \times 0.945 \times 0.673 \times 0.973 \fallingdotseq 0.4713$が求める尤度となる。また，バックグラウンドの塩基出現頻度をランダム（どの位置のどの塩基の出現確率も0.25）と仮定すると，バックグラウンドの尤度は$0.25^6 \fallingdotseq 0.00024$となる。この場合，TATAボックスの尤度のほうが大きい（尤度比が1より大きい，または対数尤度比が正である）ため，TATAAAはランダム配列よりTATAボックスらしいと判断できる。こうした対数尤度比は，重み行列が$\log(p_{i,a}/$

表1. TATAボックスにおける各塩基の出現頻度行列

position（位置）	1	2	3	4	5	6
%A	3.7	91.1	0.0	94.5	67.3	97.3
%C	9.8	0.0	0.0	0.0	0.0	0.0
%G	2.9	0.0	0.0	0.0	0.0	2.7
%T	83.6	8.9	100.0	5.5	32.7	0.0
	T	A	T	A	(A/T)	A

［出典］EPD（Eukaryotic Promoter Database）より。

表2. 対数尤度比に基づくTATAボックスの重み行列

position（位置）	1	2	3	4	5	6
A	−1.85	1.3	−4.61	1.33	0.99	1.36
C	−0.91	−4.61	−4.61	−4.61	−4.61	−4.61
G	−2.07	−4.61	−4.61	−4.61	−4.61	−2.14
T	1.21	−1.01	1.39	−1.47	0.28	−4.61

b_a)の形で定義されていれば，各位置のスコアの和をとることによって簡単に計算できる(**表2**)。ただし，**表1**における位置2のCやGのように頻度0の文字がある場合，その文字の出現確率が0となり，対数をとると計算エラーとなる。これを避けるため，出現数に疑似カウントとよばれる一定の小さな値を加えることによって，出現確率が0にならないようにするのが普通である。

転写因子のモチーフを重み行列で表わしたデータベースには，JASPARなどがある。また，PROSITEのMATRIXエントリにはタンパク質モチーフの重み行列も登録されている。BLAST[▼3-5]にも位置特異的スコア行列を使った検索が行なえるPSI-BLASTやRPS-BLASTがある。

≫隠れマルコフモデル

重み行列(プロファイル)をオートマトン[▼2-10]の拡張のひとつである隠れマルコフモデル(HMM)で表わしたものが，プロファイルHMMである(**図1**)。重み行列は文字の出現頻度情報を扱える一方で，文字の挿入や欠失を扱うことは難しい。一方，プロファイルHMMでは，一致(M)，挿入(I)，欠失(D)を表わす3種類の状態を**図1**のようにモチーフ長に応じて線形に配置し，図の左から右に向かって状態遷移することで，挿入・欠失を考慮しながら配列の尤度を計算できるようになっている。一致状態(M)は重み行列のカラムに相当しており，モチーフの位置における文字(塩基やアミノ酸)の出現確率が割り当てられる。挿入状態(I)はモチーフにない余分な文字を出力する状態，欠失状態(D)は欠失に相当する何も出力しない状態であり，矢印で示したこれらの状態間の遷移には，実際のアラインメント中での挿入・欠失の頻度に応じて適当な確率が割り当てられる。プロファイルHMMを用いたタンパク質モチーフデータベースには，PfamやSMARTがある。これらのデータベースのHMMとHMMERなどのソフトウェアを用いれば，精度の高いモチーフ検索を行なうことができる。

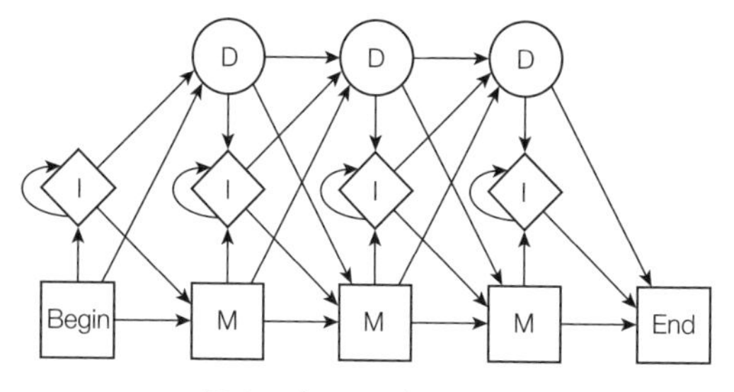

図1. プロファイルHMM

練習問題 出題▶H20（問47） 難易度▶D 正解率▶92.4%

4塩基よりなる塩基配列のモチーフを，次のような重み行列で表現した。

	position 1	position 2	position 3	position 4
A	10	−21	−11	−10
T	1	−22	−15	23
G	−20	13	12	−21
C	−20	−22	3	−15

この重み行列を用いて，7塩基の長さの配列，AGAGGTCを検索した時に，もっとも高いスコアを示す部分配列はどれか。選択肢の中から1つ選べ。

1. AGAG
2. GAGG
3. AGGT
4. GGTC

解説 重み行列で表現された塩基配列のモチーフを用いて，スコアが最大となるモチーフを検索する問題である。スコアに正と負の両方の値があることから，対数尤度比型のスコア体系と推測され，部分配列の位置ごとに相当する塩基の重みを足し合わせていけば，その配列の最終的なスコアが得られる。ただし，この重み行列で最大のスコアが得られる配列は，各位置でもっともスコアの高い塩基をつなげたAGGTであることは明らかであるので，今回は計算を行なうことなく選択肢3が正解だと判断できる。仮に選択肢に明らかな正解がない場合は，それぞれの配列について上記の方法で足し算を行なえばよい。具体的には，AGAGのスコアは$10+13+(-11)+(-21)=-9$，GAGGのスコアは$(-20)+(-21)+12+(-21)=-50$，AGGTのスコアは$10+13+12+23=58$，GGTCのスコアは$(-20)+13+(-15)+(-15)=-37$であり，選択肢3のスコア“58”が最大となる。

参考文献

1)『バイオインフォマティクス（第2版）』（岡崎康司・坊農秀雅監訳，メディカル・サイエンス・インターナショナル，2005）第4章

ゲノム解読と遺伝子予測によるアノテーション

Keyword アセンブル，遺伝子予測，ORF，スプライシング解析，プロモーター解析

次世代シークエンサの普及により，全ゲノムの配列決定がより身近なものになりつつある。しかし，シークエンサから得られるデータは大量の短い配列断片であるため，全ゲノム配列を復元するためには高速で高精度なアセンブラ（断片配列をつなげる方法）が必須となる。一方，決定されたゲノム配列から遺伝子を予測する際に有用なのは，既知遺伝子に対するホモロジー検索である。しかし，モデル生物もしくはその近縁種ではない生物種の場合，既知の遺伝子配列がほとんど利用できないケースも多い。そのような場合には，配列の統計的な情報からゲノム配列中の遺伝子領域を予測する技術も要求される。

≫配列アセンブル

配列アセンブルとは，シークエンサ[▼6-2]から得られたリード（連続して読まれた短い配列）の集合から，オーバーラップするリードをつないで元の配列を再構成していくプロセスを指す。アセンブルによって1本につながった配列をコンティグといい，ペアエンド（一定長のDNA/RNA断片の両端だけを読んだ配列）の情報を使って複数のコンティグを，ギャップを介してつなぐことで得られる構造をスキャフォールドという。従来のサンガー法のように，リードが比較的長くて本数が少ない場合には，OLC（overlap-layout-consensus）とよばれる戦略が用いられてきた。これは，得られたリードを相互に比較してオーバーラップするリードペア（リードの組合せ）を抽出し，それらの前後関係を集約して各リードの配置を決めて，最後にアラインメントをしてコンセンサスをとる（複数回読まれた塩基位置について，多数決により解読エラーを除く）方法である。一方，次世代シークエンサから産出されるショートリードの量は膨大なため，全リードペアの比較が必要な従来のOLC型手法では計算量が膨大となる。さらに，OLCでは，リードの配置を決める際に，各リードを頂点としてオーバーラップするリードどうしを辺でつないだグラフ[▼2-6]を作成して，すべての頂点を一度だけ通る経路（ハミルトン路）を求めるが，得られたグラフにハミルトン路が存在するか否かを判別することはきわめて難しい計算になる。そこでショートリードのアセンブルでは，全リードから固定長のk-mer[▼3-4]を抽出して頂点とし，k−1塩基オーバーラップするk-merどうしを辺でつないだド・ブラン（de Bruijn）グラフがよく用いられる（**図1**）。この場合は，グラフのすべての辺を通る経路（オイラー路＝一筆書き）を求めるという比較的やさしい計算問題になり，配列どうしを比較する必要もないので計算時間を大幅に短縮できる。ただし，この方法がうまくいくのはリードにエラーがなく，元の配列中に同じk-merが繰り返し出現することもないという理想的な場合であり，実際の解析では，シークエンシングエラー，反復配列，ゲノムや遺伝子の重複[▼1-15]などのために，得られるグラフの多くはそのままではオイラー路をもたない。このような場合は，k-merの出現頻度やペアエンドの情報を用いて，より確からしいオイラー路をもつ部分グラフを取り出したり，部分グラフどうしの順番や向きを決定したり（スキャフォールディング）しながら，最終的なアセンブリ（アセンブルされた配列）を構築する。ド・ブラングラフを用いたアセンブラにはVelvetやALLPATHS-LG，SOAP-denovo，Platanusなどが，OLCを用いたアセンブラにはNewblerやCelera Assemblerなどがある。

≫遺伝子予測（CDS予測）

タンパク質をコードする配列を指すコード領域（CDS）は，原核生物[▼1-1]のゲノム配列中や真核生物のcDNA[▼1-18]配列中では1つの連続した領域として存在している。そ

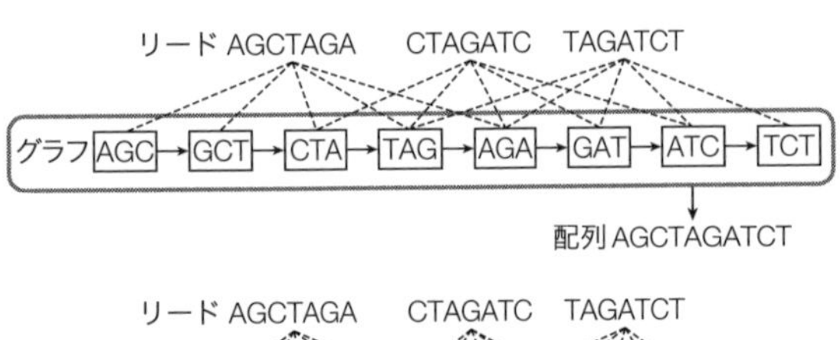

図1. ド・ブラングラフによる配列アセンブル
ここではk=3として，得られたリードを分割（点線）し，k−1=2塩基のオーバーラップをもつk-merをエッジ（矢印）でつないだ有向グラフを作成する。上の例では，3本のリードについてこれを行なうと，グラフは1本道になり，先頭からエッジに沿ってたどると配列AGCTAGATCTが得られる。ただし下の例のように，塩基読み取りエラーまたは他所にある類似配列によって得られたリード（CTACATC）が加わると，グラフに分岐路が生じて，配列を1つに特定することができなくなる。

のような領域では数千塩基対にわたって読み枠(塩基をコドンの連続として読む枠組みのこと。コドンが3塩基周期なので，相補鎖の片方について3通りずつ，両方の鎖で計6通りの可能性がある)中に終止コドンが現われないため，比較的簡単にCDSを同定できる。オープンリーディングフレーム(ORF)とは，タンパク質に翻訳される開始コドンから終止コドンまでの連続コドン[1-6]である。もし，ある読み枠中のある終止コドンの次から，次の終止コドンの前までの領域が十分に長い場合にはCDSの有力な候補となる。そこで，単純な方法では十分長いORF中で最初に出現する開始コドンをとってCDSの5′末端とする。より確からしいCDSを予測するためには，CDSとそれ以外の領域における塩基出現頻度のちがいを利用する。CDSは，機能するタンパク質をコードするという要件からコドンの出現頻度に一定の強い制約を受けている。また，同じアミノ酸をコードする同義コドン[1-6]であっても生物種ごとに好んで用いられるコドンとそうでないコドンが存在する。一方で，翻訳されない非翻訳領域[1-6]における制約はCDSのそれとは異なるため，結果としてCDSと非CDSとで塩基の出現頻度にちがいが生じる。このちがいは顕著で，たとえばゲノム配列とCDSのGC含量[3-11]を比べると，ほとんどの真核生物でCDSのGC含量のほうが有意に高くなることが知られている(原核生物はゲノムのほとんどの領域がCDSなので大きな差は見られない)。単一の塩基の出現頻度だけでは精度の高い判別はできないが，コドン(3連続塩基)頻度やk-mer(k=3〜6程度)の出現頻度を利用して，CDS/非CDSの尤度比などを用いてCDSらしさの指標(コーディングポテンシャル)を評価することにより，高い精度でCDSを検出することが可能である。

≫シグナル予測と隠れマルコフモデル

真核生物の遺伝子の多くは，スプライシング[1-5]によりイントロンが取り除かれて成熟mRNAとなる。スプライシングが正しく行なわれるためには，イントロン5′末端の供与部位(ドナーサイト)や3′末端の受容部位(アクセプターサイト)といったスプライス部位や，3′末端から数十塩基程度上流にあるブランチポイントに保存された一定の塩基配列パターンが必要である。同様に，転写開始点周辺のプロモーター領域には種々の転写因子と結合するための複数の制御領域が存在している。脊椎動物においては，多くのプロモーター領域の周辺にCpGアイランド[1-16]とよばれるシトシン(C)とグアニン(G)の並びが他の領域と比べて高頻度に現われる領域が存在しており，これもプロモーター領域を予測するための重要な指標である。これらのシグナル配列は弱いため，それ単体のゲノム配列上での予測精度はあまり高くないが，遺伝子構造を予測するうえで重要な手がかりとなる。そこで，コーディングポテンシャルとともに隠れマルコフモデル(HMM)[3-7]などの確率論的なモデルを併用して，最終的な遺伝子予測に利用されている。

練習問題 出題▶H20（問56） 難易度▶B 正解率▶61.0%

真核生物のゲノム配列の中からアミノ酸配列をコードする部分を検出する際に利用する情報としてもっとも不適切なものを選択肢の中から1つ選べ。

1. オープンリーディングフレーム(ORF)
2. GC含量
3. スプライシングのドナーとアクセプター
4. 一塩基変異(SNP)

解説 真核生物でも原核生物でも，コード領域の途中に終止コドンが現われることはない。そのため，一定の長さ以上のORFがとれることは，その領域がタンパク質をコードする遺伝子またはエキソンであるための必要条件となるので，選択肢1の内容は適切である。より精度よくコード領域を推定するためには，コード領域と非コード領域における塩基出現頻度(コドン頻度など)のちがいを利用する。コード領域は非コード領域に比べてGC含量が高い傾向にありコード領域の予測に利用できるので，これをあげている選択肢2の内容は適切である。以上2つの解析により遺伝子(エキソン)らしい領域を絞り込むことはできるが，エキソンの両端を正確に予測することはできない。このため，スプライス部位(ドナーとアクセプター)のモチーフ(塩基配列のパターン)を重み行列などを用いてモデル化し，エキソン-イントロン境界を検出する方法があるので，選択肢3の内容は適切である。一方，一塩基(変異)多型[1-16]は，コード領域・非コード領域のあいだである程度パターンのちがいを示すが，観察される頻度がたいへん低いので，予測に利用するのは困難である。よって，選択肢4の内容はもっとも不適切であり，これが正解となる。

参考文献

1)『次世代シークエンサー（細胞工学別冊）』（菅野純夫・鈴木穣監修，秀潤社，2012）第3.5節
2)『東京大学バイオインフォマティクス集中講義』（高木利久監修，矢田哲士著，羊土社，2004）講義11
3)『バイオインフォマティクス（第2版）』（岡崎康司・坊農秀雅監訳，メディカル・サイエンス・インターナショナル，2005）第8章

タンパク質の生理学的機能の予測

Keyword オーソログ，モチーフDB，遺伝子オントロジー，膜貫通領域予測，細胞内局在予測

タンパク質のアミノ酸配列からその機能を予測する方法は，ホモロジーに基づく方法と基づかない方法とに大きく分けられる。ホモロジーに基づく類推は，多様なタンパク質の機能を予測するのに欠かせないが，このアプローチはさらにオーソログに基づく方法と，モチーフやドメインに基づく方法とに分けられる。膜タンパク質の膜貫通領域や，細胞内局在化シグナルなどの予測は，ホモロジーによる方法とは独立に行なわれ，タンパク質の機能に関する知見を得るのに利用することができる。

≫ホモロジーに基づく機能予測

一般に相同(ホモロガス[5-8])なタンパク質はよく似た立体構造をもち，多くの場合に類似した分子機能をもつ。このためBLASTをはじめとするホモロジー検索[3-5]は機能予測の手段として頻繁に利用されている。通常は上位(より高い配列類似性)でヒットした配列の機能アノテーション[3-1]を参考にしながらクエリ配列の機能を推定する。この方法は簡便だが，以下のような場合に問題となる。①クエリ配列が新規性の強い配列で，類似性の高い配列が見つからないか，部分的な類似性しか存在しない。②上位の配列がすべて機能未知で，機能既知の配列は下位(低い類似性)にしか現われない。③上位の配列が，ゲノム解析で決定されてアノテーションが機械的に付与されたものである場合は信頼性に乏しい。それよりは，類似性が低くても，機能解析が進んだモデル生物のホモログ[5-8]につけられたアノテーションのほうが信頼できることがある。

以上のような理由によって，類似性が低いホモログに着目する場合は注意が必要である。上位のヒットで機能予測を行なうことは，以下に述べるオーソログの概念と結びついている。異なる種間のホモログには，種分化に伴って派生したオーソログと，種分化前に遺伝子重複によって生じたパラログとがある。オーソログは種間で機能が保持されやすいのに対し，遺伝子重複によって同じゲノム上に生じたパラログは，互いに異なる機能をもつように進化しやすいため，機能推定ではオーソログを同定することが重要になる。多くの場合，ホモロジー検索で上位にヒットする遺伝子はオーソログだが，類似性が高くない場合や，下位の遺伝子のアノテーションを利用する場合は注意が必要になる。

機能推定に使う類似配列がオーソログであるか疑わしい場合や，クエリ配列との類似性が配列全長にわたって存在していない場合は，どのような機能が推定できるか慎重に考える必要がある。その場合，モチーフ・ドメインデータベース[3-7]に対する検索が有効である。データベースを参照することでヒットしたドメインと機能との関連を調べたり，機能上重要なアミノ酸残基が保存されているかをチェックしたりできる。また，一般にモチーフ・ドメイン検索は，既知タンパク質との類似性が低い場合でもドメイン構造を精度よく検出できる利点もある。一方，ドメイン検索で既知ドメインのヒットが見つからないが，ホモロジー検索ではいくつかのヒットが見つかる領域がある場合，PSI-BLAST[3-5]検索によって既知ドメインとの遠い相同性を発見し，そこから何らかの機能が推定できる可能性もある。

ゲノム規模で遺伝子の機能を考える際は，曖昧さの大きい自然言語ではなく，計算機が扱いやすい形で機能を記載することが必要になる。とくに遺伝子機能に関する概念は，酵素(触媒機能をもつタンパク質である)→キナーゼ(リン酸化を行なう酵素である)→チロシンキナーゼ(チロシン特異的にリン酸化を行なう酵素である)のような，段階的に機能が特定される階層性をもっており，そうした関係を正しく扱えることが望ましい。GO(gene ontology)は，遺伝子機能に関するさまざまな用語(term)を階層的に整理して識別子(ID)を割り当てたもので，統一基準としてアノテーションに広く用いられて

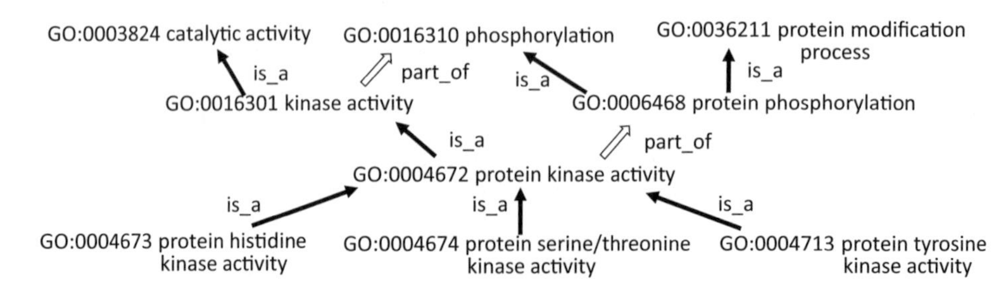

図1． protein kinase activity(GO：0004672)を中心としたGO階層
一般にGOタームは上位概念(親)と下位概念(子)をそれぞれ複数もち，これが積み重なって階層構造をつくっている。親も子も複数もつため，GO階層は木構造[2-6]ではなく，有向非巡回グラフ(循環経路をもたない有向グラフ)という構造になっている。

いる。タンパク質キナーゼ活性(protein kinase activity；GO番号0004672)を中心としたGO階層の例(抜粋)を**図1**に示す。GOは関連するオントロジーのターム(用語)を，「〜の一部である」ことを意味する`part_of`や，「〜の一つ(一種)である」を意味する`is_a`などで示した構造をもっており，矢印の先にあるタームは上位(より広範な)，矢印の元にあるタームは下位(より特化した)の概念を示す。この例では，チロシンキナーゼ活性(protein tyrosine kinase activity)やセリン/トレオニンキナーゼ活性(protein serine/threonine kinase activity)はタンパク質キナーゼ活性の一つであること，タンパク質キナーゼ活性はタンパク質リン酸化(protein phosphorylation)の一部であることなどが読み取れる。モデル生物のゲノムデータベースやUniProtなどの配列データベース[▼3-1]では，各配列にGO termを付与するとともに，それに実験的な根拠があるのか，ホモロジーに基づいて類推されたものかなどを示す「エビデンスコード」も与えられている。新規配列にGOを割り当てる際は，このようなGOでアノテーションされたデータベースを対象として，ホモロジー検索やモチーフ・ドメイン検索を行なうとよい。ゲノム規模の解析においては，遺伝子の機能をKEGGなどの代謝パスウェイ[▼3-1]に対応づけるアプローチも同様に有効である。

≫ホモロジーに基づかない機能予測

配列上の短いパターンや局所的なアミノ酸組成の偏り，およびそれらの配列上の位置関係などを手がかりに，相同な配列グループを超えて，より普遍的な機能や構造と結びついた配列上の特徴を探す試みもある。タンパク質の機能は立体構造に依存するため，配列上で見える特徴のみからでは十分な予測精度が得られないことも多いが，ホモロジー検索や他の実験データなどと併用することによって，機能を考えるうえでの有力な手がかりを得ることができる。

たとえば，膜タンパク質[▼1-10]の膜貫通領域は，疎水性残基が集中して出現することから予測が比較的容易であり，よく研究されている。古典的アプローチとしては疎水性プロットがよく知られている。これは，カイト・ドゥーリトル指標などの，アミノ酸の疎水性指標を用い，数残基のウィンドウを配列に沿ってスライドさせながら，ウィンドウ内の平均疎水性値をプロットしていくもので，典型的にはプロット上で膜貫通領域は20〜30残基程度の幅のピークとして観察される。ただし，これだけでは膜を複数回貫通するような膜タンパク質の構造を正確に予測するのは難しく，細胞膜内外やその境界に存在する配列上の特徴を取り込んだ，より詳細なモデル化が必要になる。そのような予測プログラムとしてSOSUIやTMHMMなどがある。

細胞膜に局在する膜タンパク質や，細胞外に分泌されるタンパク質は，N末端にシグナルペプチド[▼1-11]とよばれる15〜30残基程度の特徴的な配列をもっており，これが別のタンパク質に認識されて小胞体に輸送されたあと，シグナルペプチドが切断されて成熟型タンパク質になる。シグナルペプチドは配列上の特徴はそれほど強くないが，N末端にあることから比較的認識しやすい。同様に，ミトコンドリアや葉緑体への局在を指示するシグナル配列もN末端に存在しており，配列中にこれらのシグナルを同定することにより，タンパク質の細胞内局在が予測できる。シグナルペプチドを検出するプログラムとしてSignalP，TargetPなどがある。また，さまざまな知見を総合して細胞内局在を予測するプログラムとしてPSORTがある。

練習問題 出題▶H21（問54） 難易度▶B 正解率▶53.2%

真核生物の選択的スプライシングなどによりできるタンパク質アイソフォームが，異なる細胞内小器官に局在することがある。配列の違いとして，異なる局在化をもっとも強く示唆するものを選択肢の中から1つ選べ。

1. 配列の途中で20残基程度の欠損がある。
2. 配列の三個目のグリシン付近に20残基程度の欠損がある。
3. 配列のN末端付近に20残基程度の欠損がある。
4. 配列のC末端付近に20残基程度の欠損がある。

解説 アイソフォームとは，機能がほぼ同じだがアミノ酸配列の異なるタンパク質のあいだの関係である。配列のN末端にシグナルペプチドが存在するとリボソームでの翻訳過程で小胞体に輸送され，細胞外に分泌されるか細胞膜に局在する。同様にミトコンドリアや葉緑体への局在シグナルもN末端に存在することが知られており，N末端の欠損は細胞内局在の変化をもっとも強く示唆する。したがって，選択肢3が正解である。ただし，核局在シグナルのようにN末端にない局在シグナルも存在するので，最終的には欠損した配列の機能を見極めることが必要である。

参考文献

1)『ゲノム情報はこう活かせ！』（岡崎康司・坊農秀雅編，羊土社，2005）第2章
2)『はじめてのバイオインフォマティクス』（藤博幸編，講談社，2006）第2.1節，第3.3節

RNA のもつ二次構造とその予測法

Keyword RNA の二次構造，非コード RNA，ステム・ループ構造，自由エネルギー

RNA は DNA から転写される 1 本鎖の核酸分子で，タンパク質をコードする mRNA などのほかに，RNA のままで機能する非コード RNA（機能性 RNA ともいう）がある。RNA はタンパク質と同様に高次構造をとって機能するが，その際 RNA の配列内で，互いに相補的な配列が塩基対を形成することにより，ステムとループからなる折りたたまれた構造をとる。これを RNA の二次構造といい，配列解析によってある程度予測できる。実際には RNA は二次構造がさらに折りたたまれた三次構造をとって機能するが，それを理解するうえで二次構造の予測は重要である。近年，ゲノムには多様な非コード RNA が存在することが明らかとなり，さまざまなデータベースが構築されている。その検索においても二次構造の保存性を手がかりにする手法が有効である。

≫ RNA の二次構造

RNA[▼1-7] の二次構造は，互いに相補的な配列が塩基対[▼4-5]を形成することによりできるステムと，それらのあいだで 1 本鎖として存在するループとで構成される。形成される塩基対は，通常の G-C，A-U 対(ワトソン・クリック対とよぶ)のほかに，G-U 対もある。また，ループには，ステムの末端で折り返すヘアピンループ，ステムの片方の鎖に現われるバルジループ，両側に現われる内部ループ，3 個以上のステムをつなぐ多重ループがある(**図 1**)。

RNA の二次構造には重要な制約がある。**図 2** に模式的に示す RNA の構造において，A-B 間で塩基対が形成されているとする。このとき，X-Y および W-Z 間で塩基対をつくることはできるが，X-W や X-Z のように A-B をまたぐ塩基対をつくることは難しい。X-W と A-B または X-Z と A-B が同時に形成された構造はシュードノット(偽結び目構造)とよばれ，実際の RNA の構造中に存在することが知られているが，比較的まれであるために通常の二次構造予測では考慮しないことが多い。その結果，取り得る RNA の二次構造は制限されることになり，それは文脈自由文法という形式文法によって記述できることが知られている。こうした制約の結果，RNA の二次構造は立体的に表現しなくても，**図 2** のように二次元平面上で交差することなく描画でき，また，対応する括弧を用いて一次元の文字列上に表現できる(練習問題を参照)。

≫ RNA の二次構造予測

RNA の二次構造予測では，実験データなどに基づいて定義されたエネルギー関数を用いて，RNA 配列が取り得る二次構造(ステム構造とループ構造)の組合せを評価し，エネルギーが最小で安定的な構造を予測する。エネルギー関数としては，構造的に安定なステムについては塩基対に対して負の(安定化)エネルギーが与えられるが，隣接した塩基が重なり合うことで生じるスタッキング相互作用[▼4-2]を考慮して，2 連塩基対ごとにエネルギーが定義される。また構造的に不安定なループについては正の(不安定化)エネルギーが与えられるが，上述のループの種類や長さも考慮される。これらのエネルギー関数に基づいて，エネルギーの総和が最小となる塩基対の組合せを探索するのは，配列アラインメント[▼3-2]の問題とも類似しており，動的計画(ダイナミックプログラミング)法を用いて求めることができる。ただし，わずかなエネルギーのちがいによって大きな構造変化が起こる場合や複数の二次構造を取り得る場合もあり，必ずしもエネルギー最小の構造やそれに近い構造が実際の構造と一致するとは限らない。そのため，最適解だけでなく，準最適解を列挙することも重要である。代表的な RNA の二次構造予測ソフトウェアとして，MFold や vienna RNA パッケージなどがある。

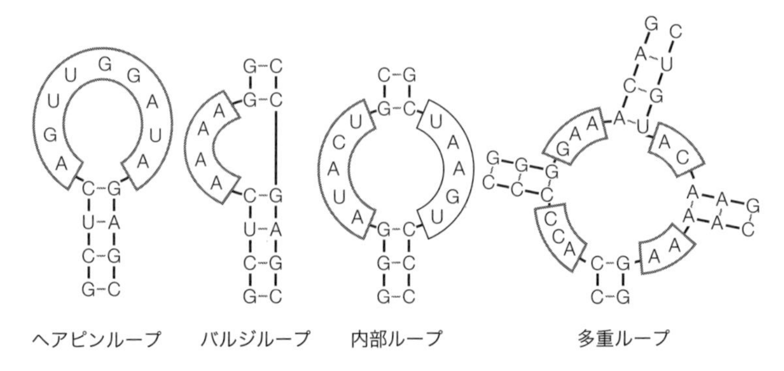

図 1. RNA 二次構造におけるループの種類
ループを構成する塩基は枠で囲まれている。その他の太線でつながれた塩基がステムを構成する(細線は塩基対を示す)。

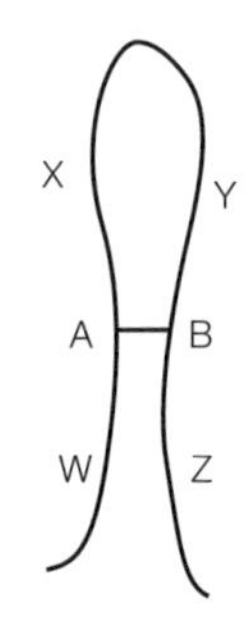

図 2. 模式的な構造の RNA

このように，RNAの二次構造は情報科学的に定式化することが可能であり，RNAの高次構造を実験的に解明することは容易ではないことから，計算機による二次構造予測がRNAの機能解明に果たす役割は大きい。とくに，PCR[▼1-17]によるDNA増幅に用いるプライマーやDNAマイクロアレイ[▼6-3]に用いるプローブが，二次構造的要因により目的DNAへの結合が阻害されることを防ぐための設計や，遺伝子治療応用への期待が高まっているRNA干渉(RNA interfering, RNAi；mRNAに相補的な短いRNA鎖を細胞に導入することで，特定の遺伝子発現が抑制される現象)に用いるsiRNAの配列設計などに積極的に活用されている。

≫ RNAのファミリーデータベースと検索

近年，ゲノムDNAの非コード領域からさまざまなRNAが転写されていることが明らかになり，非コードRNA[▼1-5]の解析が急速に進んでいる。それらを集めたデータベースもつくられ，検索によってゲノム中に既知のRNA配列のホモログを探すことが可能になっている。とくに遠縁のRNAの類似配列を探す場合には，配列の保存性だけでなく，二次構造の保存性を考慮することが重要になる。Rfamは既知の非コードRNAのファミリーを広く集めたデータベースで，RNA塩基配列のアラインメントから二次構造を考慮したプロファイルを検索することができる。このプロファイルは確率文脈自由文法という方法で作成されるが，これは隠れマルコフモデル[▼3-7]が正規文法(正規表現)に確率を導入したものであるのに対し，元の文法を文脈自由文法に拡張したものになっている。

練習問題 出題▶H23（問52） 難易度▶C 正解率▶76.6%

RNAの二次構造の表現方法のひとつに，塩基対を対応する括弧を用いて表現する方法がある。たとえば，右図の構造は(((((.......)))))と表現される。

これを用いた以下の二次構造の表現として，もっとも適切なものを選択肢の中から1つ選べ。

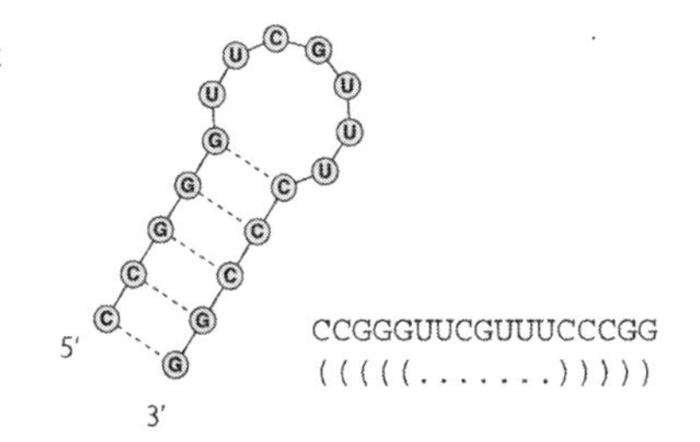

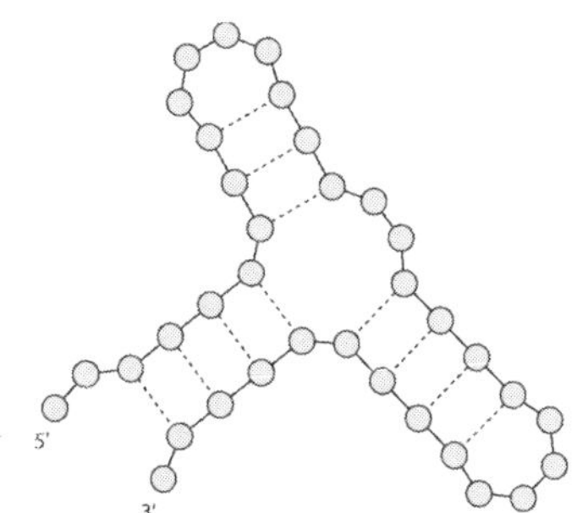

1. ..((()))....(((..((((....)))))))).
2. ..(((((((....(((..))))....)))))))).
3. ..((((.(((...)))..))))...((((.)))).
4. ..(((((((....)))..((((....)))))))).

解説 RNAの二次構造を表記する方法としては，いくつか種類があるが，文字列での二次構造表記法として，ステムの塩基対を括弧“( )”で表わす表記法がある。5′末端側から塩基対を形成する場所に“(”をおき，対応する3′末端側に“)”をおく。また，ループなどの塩基対を形成しない箇所は“.”とする。このルールに従い，問題の構造を見ていくと，5′末端側から2塩基あとから塩基対を7個形成しており，選択肢2と4がこれを満たしている。そのあと4塩基がループとなり，3塩基が5′末端側と塩基対を形成する。この時点で，図の二次構造を満足する表記は選択肢4のみとなり，これが正解となる。

参考文献

1)『バイオインフォマティクス事典』(共立出版，2006) RNA 2次構造予測，非コードRNA遺伝子発見，確率文脈自由文法
2)『バイオインフォマティクス（第2版）』(岡崎康司・坊農秀雅監訳，メディカル・サイエンス・インターナショナル，2005) 第8章
3)「統合TV，mfoldを使って核酸の二次構造を予測する」http://togotv.dbcls.jp/20111024.html#p01

3-11 ゲノム特徴抽出

ゲノム配列の塩基組成などに基づく特徴抽出

Keyword GC 含量，GC skew，コドン組成，繰り返し配列，水平伝播

生命の設計図であるゲノムには，遺伝子領域や遺伝子の発現を制御する因子など生命活動に必要な情報がすべてコード（暗号化）されている。各機能領域の同定とその意味づけは，遺伝子予測やホモロジー検索などを用いたアノテーション（注釈付け）によって行なわれるが，それらをコードしている塩基配列の（塩基の並び順も含む）塩基組成を調べることからも，多くの生物学的知見を見いだすことができる。ここでは，ゲノムの特徴抽出に使用される代表的な指標である，GC 含量，GC skew，コドン組成，繰り返し配列について説明する。

≫ GC 含量(GC%)，GC skew

ゲノムの塩基組成を示す指標として，もっとも簡単でよく用いられるのはGC 含量〔片側の鎖の塩基配列中に含まれるグアニン塩基(G)とシトシン塩基(C)の割合〕である。すべての塩基が等量で存在するならばGC 含量は50％となるが，多くの生物種ゲノムのGC 含量には固有の偏りが見られ，かつては生物分類の指標のひとつとしても使われた。ただし，同一ゲノム内部でも，一定領域(たとえば，1 万塩基や10 万塩基単位)ごとのGC 含量を見ると，変動が見られることも多い。真核生物(とくにヒトゲノム)では，100 万塩基単位でのGC 含量の分布が染色体[▼1-1]のバンド領域や遺伝子密度に関係するなどゲノム構造との関係が明らかになっている。また，原核生物でも，一般的に水平伝播[▼5-8]された外来性遺伝子が多く含まれる領域は，ゲノム本来のGC 含量よりも低くなる傾向がある。

G とC は相補塩基対なので，DNA を構成する2 本鎖の各鎖のGC 含量はつねに等しいが，G とC それぞれの含量は必ずしも等しくない。実際，染色体上にただ1 つの複製開始点をもつ原核生物では，複製におけるリーディング鎖とラギング鎖[▼1-4]において，G とC の使用頻度に偏りが見られることが知られている。これは，C，G をそれぞれC 含量，G 含量としたとき，(C−G)/(C+G)で定義されるGC skew によって計算でき，この値が複製開始・終結点で逆転することから，複製開始・終結点の予測に用いられる。例として，真性細菌[▼1-1]のゲノムでのGC 含量とGC skew を**図 1** に示す。

≫連続塩基(オリゴヌクレオチド)頻度

多くのゲノムが解読されている現在では，同じGC 含量をもつゲノムが多数存在し，GC 含量のみで生物種を特徴づけるのは困難である。そこで，ゲノム配列中の単語の出現頻度を解析することで，ゲノム配列に潜む多様な情報を効率的に抽出できる。ここで単語とは，固定長の連続塩基(オリゴヌクレオチド)で，その長さ k をとって k-mer，k-tuple，k 連塩基などともよばれ，全部で 4^k 通りのパターンがある。同一のGC 含量をもつ生物種でも，2 連塩基の同一な出現頻度特性をもつ生物種は少なく，連続塩基が長くなるにつれ，同一の頻度特性をもつ生物種の可能性は極端に小さくなる。そこで，k をある程度大きくとることにより，ゲノム配列中の連続塩基頻度に基づいて生物種を判別することができる。こうした生物種が固有にもつ配列の特徴はゲノムサインと

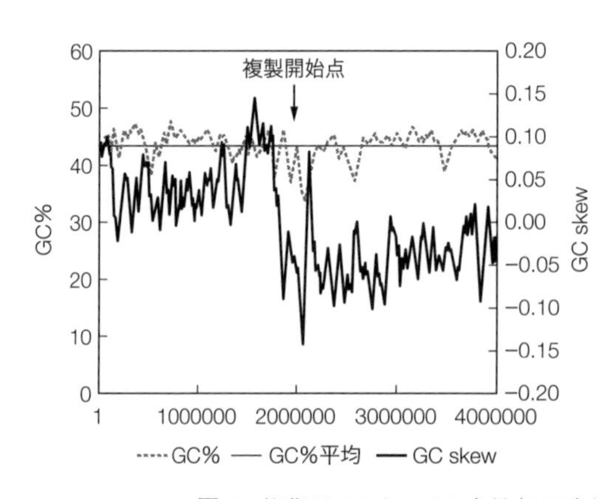

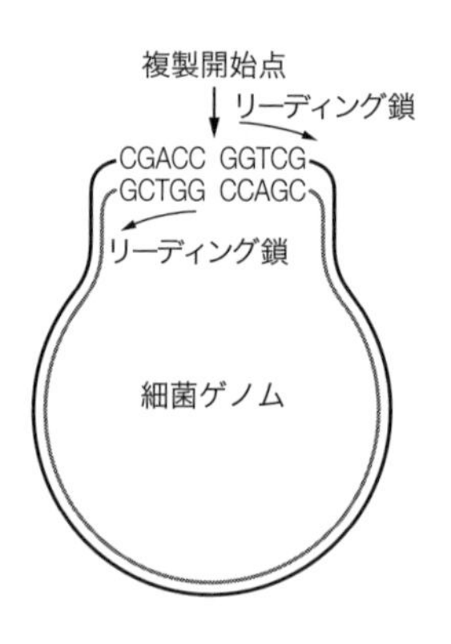

図 1. 細菌ゲノム上のGC 含量(GC%)とGC skew の分布

(左)横軸はゲノム上の塩基番号，縦軸はGC 含量(GC%)とGC% 平均値(目盛りは左側)，およびGC skew(目盛りは右側)を示す。(右)原核生物ゲノム▼1-1 は環状のゲノムDNA に通常1 カ所の複製開始点(*Ori*，複製起点ともいう)をもつ。図の模式的な塩基配列の例が示されている領域では，GC 含量は複製開始点の左右でいずれも80％(4 塩基対/5 塩基対)で同じだが，GC skew は左側が(3 個−1 個)/4 個＝0.5，右側が(1 個−3 個)/4 個＝−0.5 で異なる。多くの場合，リーディング鎖▼1-4 のG 含量が高い傾向にある。これは，リーディング鎖とラギング鎖は異なるDNA ポリメラーゼ▼1-4 により異なる様式で合成されるので，複製時のエラー率が異なるなどの理由によると推定されている。

よばれ，解析には自己組織化マップ▼2-20などのクラスタリング手法が用いられる。こうした解析は，環境から取得されたメタゲノム配列▼1-18のように，由来生物種が不明のゲノム配列断片を解析する際にとくに有効となる。連続塩基組成のちがいは，その生物が固有にもつ，ゲノムの維持や機能発現などにかかわるさまざまな機構を反映していると考えられ，比較ゲノム解析▼3-12にも有効である。

≫コドン組成

終止コドンを除く61通りのコドン▼1-6が，20種類のアミノ酸に対応するため，一般に同一のアミノ酸をコードする複数のコドンが存在しており，それらを同義コドンとよぶ。遺伝子配列中で同義コドンは均等に使われているわけではなく，生物種ごとに固有の偏りが存在している(コドンの偏り)。ゲノムのGC含量は同義コドンの選択にも大きく影響しており，とくに，ほとんどの同義コドンはコドンの3文字目だけが異なっているので，そこにゲノムのGC含量が反映される形で偏りが生じている。

コドン使用頻度の算出法として，単純なコドンごとの使用頻度よりも，アミノ酸組成の影響を除去するためにアミノ酸ごとに同義コドン内での割合をとる相対コドン使用頻度を用いるのが一般的である。相対コドン使用頻度は，(あるコドンCの頻度)/(コドンCと同じアミノ酸のコドン頻度の平均)と定義される。

同義コドンの選択は，細胞中のtRNA▼1-6の存在量と相関して，タンパク質の生産効率を高めるよう最適化されていると考えられている。おもに原核生物や下等真核生物のゲノムでは，タンパク質生産量の高い遺伝子ほどゲノム内でよく使用されているコドンが多く，逆に低い遺伝子では少ない傾向にある。これを利用して，相対コドン使用頻度からゲノム内の各遺伝子のタンパク質生産量を推定するCAI(codon adaptation index)やFop(frequency of optimal codons)などの指標も発表されている。さらに一般に，水平伝播▼5-8してきた外来性の遺伝子群は，タンパク質生産量も低く，受け入れ側(ホスト)よりも送り出し側のゲノムに近いコドン組成をもつことが多く，こうしたコドン組成のちがいを利用することによって，水平伝播した遺伝子群を予測することも行なわれている。

≫繰り返し配列検出

原核生物から真核生物まで，ゲノム中に同一もしくは類似した配列が繰り返し出現する繰り返し配列(反復配列▼1-15)が存在するが，原核生物では非常に少なく，ゲノムサイズが大きい高等生物ほど保有する反復配列の割合が多くなる傾向にある。ヒトゲノムでは，その半分が反復配列で占められている。これまで反復配列は，ジャンク(機能をもたない)DNAともよばれたが，近年，遺伝子の発現調節に関与するなど，ゲノム構造の機能と進化にも大きく寄与していることが明らかとなってきた。

ゲノム配列中に反復配列を検索したい場合，散在性反復配列についてはゲノムごとに既知の配列が整理されており，まずはそれらを検索する。データベースとしてRepBaseがあり，このDBを利用した配列相同性検索ソフトウェアであるRepeatMaskerが検出に広く使われる。新規の散在性反復配列を探索する場合には，ゲノム中の連続塩基頻度を調べ，平均的なものと比べて極端に多く出現する連続塩基を抽出する方法や，自分自身のゲノムへの相同性検索を行ない，多数回ヒットする領域を抽出する方法などがある。また，縦列反復配列の場合は，数塩基の繰り返しを探索するためのソフトウェアが開発されており，代表的なソフトウェアとしてTandem Repeats Finderなどがある。

練習問題 出題▶H24（問49） 難易度▶B 正解率▶53.6%

ゲノム中にはさまざまなタイプの繰り返し配列が存在しており，それらを検出する方法もいろいろある。以下の解析のうち，ゲノム配列中の繰り返し配列を検出するための手段として，もっとも不適切なものを選択肢の中から1つ選べ。

1. GC skew解析(ゲノムDNAの一方の鎖でのGとCの含量の違いに着目した解析)
2. ゲノム配列中に出現する固定長の単語の出現頻度統計
3. 自分自身の配列に対する相同性検索
4. トランスポゾンなど既知の散在性反復配列を集めたデータベースに対する相同性検索

解説 本文のGC含量，GC skewと繰り返し配列検出の項目を参考にすると，選択肢1のGC skew解析は複製開始・終結点を予測するのには有効であるが，繰り返し配列を検出する手段としては不適切であることがわかる。よって選択肢1が正解である。

参考文献

1)『バイオインフォマティクス事典』(共立出版，2006) GC含量，コドン使用頻度解析，繰り返し構造，繰り返し配列発見
2)『ゲノム情報を読む』(吉川寛監修，宮田隆・五条堀孝編，共立出版，1997) 第2章，pp.18-35
3)「G-language Project，Documentations」http://www.g-language.org/wiki/restgenomeanalysisjapanese

3-12 ゲノム比較

ゲノム配列の比較解析とオーソログ解析

Keyword ドットプロット，ゲノムアラインメント，オーソログ解析，系統プロファイル法，遺伝子の並び順保存

現在では，微生物からヒトに至る多くの生物種のゲノムが公開されており，それらのゲノム情報を比較することは，各生物がもつ固有の機能や進化過程を明らかにするうえで，重要なアプローチのひとつである。ゲノムの比較解析には，①ゲノムの塩基配列を直接比較する，②ゲノムにコードされた遺伝子を比較する，③ゲノム中の連続塩基の出現頻度を比較する[▼3-11]，などのアプローチがある。このうち，①はおもに近縁種間の比較で用いられ，遺伝子間領域を含め，ゲノムの進化的変化を詳細に調べるのに有効である。②は遺伝子機能に着目した解析に有効であり，遠縁種間の比較も可能である。

≫ドットプロット解析

近縁種間では，ゲノム配列を直接比較することにより，進化に伴うゲノム変化を観察できる。ゲノムの進化的変化には，塩基単位での置換，挿入，欠失に加え，より大きな構造変化として，配列断片単位での挿入，欠失，および配列断片単位で向きが反転する逆位や，別の場所に移動する転位がある。とくに，逆位や転位は遺伝子の向きや並び順を変えるので，通常のアラインメント[▼3-2]で扱うことはできない。こうしたゲノムの構造変化の観察には，ドットプロット解析が簡単で有効である。

ドットプロットは，比較したい2つのゲノムをそれぞれ縦軸と横軸に配置し，各ゲノム上の位置の組 i, j について，その周辺の配列に類似性がある場合にドットをプロットしていくというもので，相同な領域は対角線上にドットが並ぶ領域として観察される(**図1**)。逆位が起こっている場合には，反転した対角線上にプロットされる。また，ゲノム内での転位や挿入・欠失も検出可能であり，進化の過程で生じたゲノム構造変化を視覚的に把握できる。なお，通常のドットプロットでは，各配列上の位置 i，j の類似性をすべて調べてプロットをつくるが，ゲノム規模の解析ではBLAST[▼3-5]などを使って高速に相同な領域を抽出してプロットするのが普通である。

≫ゲノムアラインメント

コード領域や制御領域に見られる変異を正確に同定するには配列アラインメントを行なう必要がある。比較的サイズが小さい原核生物ゲノム2本の比較などではBLASTを使ってアラインメントをとることもできるが，より長大なゲノム配列を効率的にアラインメントするために専用のプログラムも開発されている。たとえばMUMmerは接尾辞木というデータ構造を使って，2本のゲノム間で完全一致し，かつ各ゲノムでユニークであるような，なるべく長い領域を抽出し，それを使ってゲノム間のアラインメントを高速に構築する。多数のゲノムを比較するマルチプルアラインメント[▼3-6]になると，さらに大きな計算が必要になるが，同様にインデックスを使って各ゲノムに共通に存在する配列を効率よく見つけ，それらを固定位置としてそろえることで，効率よくアラインメントを計算するMauveなどのプログラムが開発されている。

≫オーソログ解析

遺伝子に着目した比較を行なう場合は，各ゲノム中の遺伝子をコンピュータ上でタンパク質に翻訳し，総当たりのホモロジー検索[▼3-5]を行なって比較する。種間のホモログ[▼5-8]には，種分化に伴って派生したオーソログと，種分化以前に遺伝子重複によって派生したパラログとがあり，ゲノム間で対応する遺伝子としてはオーソログ[▼3-9]をとる必要がある。オーソログを決める際は，双方向ベストヒットという基準がよく使われる，これはゲノム間でホモロジー検索を行なったとき，どちらをクエリとした場合も，互いに相手が最高スコア(ベストヒット)になるような遺伝子対のことである。多数のゲノムを比較する場合は，オーソログ関係をクラスタリングしてオーソロググループとする。原核生物や真核生物などを対象として，ゲノムの決まった種間でオーソログ解析を行なったデータベ

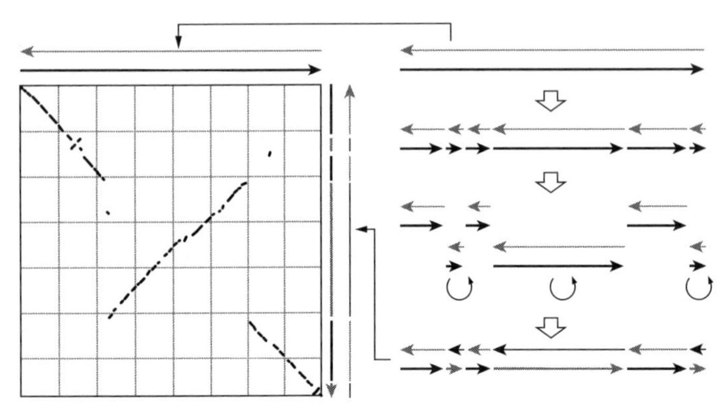

図1. 2株の細菌ゲノム間のドットプロット解析結果
(左)中央部に長い逆位が，末端付近に短い逆位が疑われる領域が存在する。(右)逆位が生じる過程の模式図。逆位は切断されたゲノムの一部が，逆向きにつなぎ合わされ向きが反転することで発生すると推定される。ただし，この図では，すべての逆位が上側(ドットプロットで横方向)のゲノムから下側(ドットプロットで縦方向)のゲノムへと起こったものとしているが，いくつかまたは全部の逆位が，実際は下から上へ起こったとしてもドットプロットの結果は説明できる。どちらが元(祖先型)であるかは，この解析だけでは特定できないことに注意されたい(練習問題の解説を参照)。

ースとして，COGs，KEGG Orthology など多くのデータベースが公開されている。

一般にオーソログは共通の機能をもつと考えられるため，各ゲノムがどのような機能のオーソログをもつかを調べることによって，そのゲノムのもつ機能上の特性を明らかにできる。一方，オーソロググループの中には機能が未知なものも多く存在するが，そのオーソログをもっている生物種のセット(これを系統プロファイルという)が機能推定の手がかりになることもある。互いに協調して働く遺伝子群は，同じゲノムにそろって存在する傾向があるので，系統プロファイルが似ているオーソロググループは関連する機能をもっていると推定できる。また，多くの生物種でゲノム上の遺伝子の並び順が保存されている遺伝子群は，原核生物ではオペロン▼1-9を形成している可能性が高いため，関連する機能をもつ可能性が高い。このような手法を使って，相互作用するタンパク質を予測するウェブサイトとしてSTRINGなどがある。

練習問題 出題▶H22（問 42） 難易度▶C 正解率▶77.9%

下に示す図は，共通祖先から分岐した生物種 A，B のゲノム配列間の相同領域を表わしている。横軸，縦軸はそれぞれ生物種 A，生物種 B のゲノム配列に相当し，相同性のある領域を斜線で示してある。図の説明としてもっとも適切なものを選択肢の中から 1 つ選べ。

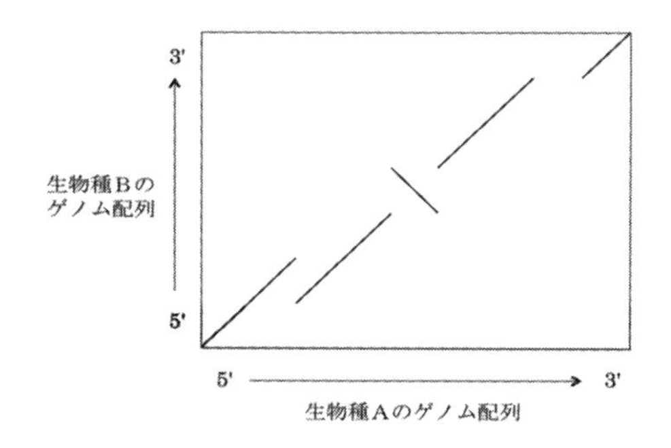

1. 生物種 B との分岐後，生物種 A でゲノム領域の反転が起きた。
2. 分岐後，生物種 A または生物種 B でゲノム領域の反転が起きたが，この図からだけではどちらの種で反転が起きたのかは特定できない。
3. 分岐後，生物種 B にゲノム領域の重複が起きた。
4. 分岐後，生物種 A にゲノム領域の欠失が起きた。

解説 右の図で，中央の領域 X で対角線が反転しているのは逆位の存在を表わしているが，それが生物種 A と B どちらの系統で生じたのかは明らかでない。したがって選択肢 1 の内容はまちがいで，選択肢 2 の内容が正しい。よって選択肢 2 が正解である。選択肢 3 と選択肢 4 についてはそれぞれ逆のことを述べており，領域 Y は生物種 A に重複が起きた可能性を，また領域 Z は生物種 B に欠失が起きた可能性を示している。しかし，これらについても同様に，領域 Y では生物種 B で(重複した領域 1 つ分の)欠失が，領域 Z では生物種 A に挿入が起きた可能性がそれぞれある。これらを特定するには，共通祖先のゲノム構造がどのようであったかを知る必要があるが，それには A と B の共通祖先以前に分岐した別の生物種 C の対応する領域を調べる方法がある。たとえば逆位について，これらの系統間で逆位が起きたのがただ一度であるなら，C と同じ向きが祖先型であり，反転しているほうに逆位が起きたと推定できる。よって，これらの選択肢の内容はいずれも適切ではない。

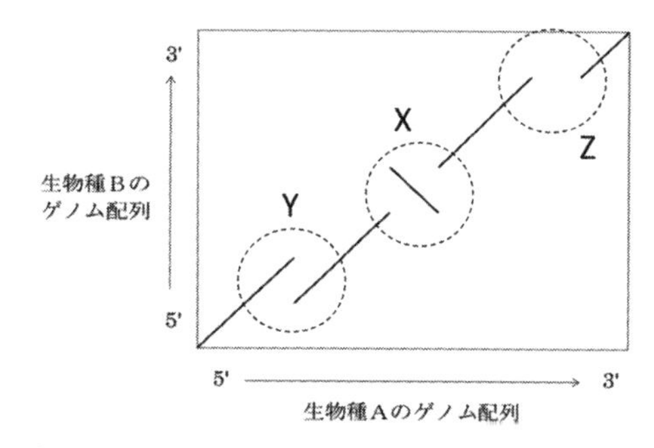

参考文献

1)『バイオインフォマティクス事典』(共立出版，2006) シンテニー，遺伝子の並び順，ゲノム比較，機能遺伝子の置換，ゲノムアラインメント，ドットマトリックス図，ゲノム比較用高速アルゴリズム
2)『バイオインフォマティクス（第 2 版）』(岡崎康司・坊農秀雅監訳，メディカル・サイエンス・インターナショナル，2005) 第 11 章
3)「統合 TV，DBCLS Galaxy EMBOSS の使い方」http://togotv.dbcls.jp/20120827.html
4)「KEGG Orthology」http://www.genome.jp/kegg/ko.html

ペプチド結合の構造化学

Keyword L 型アミノ酸，立体配置，シス型，トランス型，立体配座

天然のタンパク質は，L-αアミノ酸がペプチド結合によって枝分かれすることなくつながった鎖状の分子である。ペプチド結合は二重結合性をもつため，シス（C=O と N-H 結合が同じ方向）およびトランス（C=O と N-H 結合が逆方向）のコンフォメーション（立体配座）のいずれかの平面構造をとる。タンパク質中のペプチド結合のほとんどはトランス型コンフォメーションである。ペプチド鎖の C_α-N および C_α-C の結合の回転角を，それぞれ ϕ（ファイ）角および ψ（プサイ）角とよぶ。各アミノ酸残基の ϕ 角と ψ 角が決まれば，タンパク質主鎖全体のコンフォメーションが決まる。

≫アミノ酸の鏡像異性体

αアミノ酸[1-8]は，αカルボン酸のα炭素(C_α)にアミノ基，水素，側鎖(R)が共有結合した基本構造をもち，C_α を中心とした正四面体構造をとる。C_α に結合する4種類の化学基は，グリシンを除くアミノ酸ではすべて異なるため，C_α は不斉炭素とよばれる。不斉炭素があるため，グリシンを除くαアミノ酸には立体化学的に異なるL型およびD型の鏡像異性体(L-アミノ酸およびD-アミノ酸。化学式は同じだが，立体構造は鏡に映した像になり重ね合わせることができない分子，エナンチオマーともいう)が存在する(**図1**)。この鏡像異性体のように，化学結合の形成によってできる絶対的な立体構造を立体配置という。天然のタンパク質は，細菌の細胞壁[1-1]など一部の例外を除いてすべて20種類のL-αアミノ酸(L型アミノ酸)から構成されている。アミノ酸に限らず核酸なども含めて，生物の利用する分子の多くは，鏡像異性体の一方が選択的に用いられている。たとえばD-αアミノ酸を摂取しても，それらを栄養分としたり，タンパク質の生体内合成に用いることはできない。また，D-αアミノ酸を用いて，生体のものと同じアミノ酸配列をもちながら鏡像関係にあるタンパク質[1-12](酵素)を人工合成することは可能だが，そのようなタンパク質は立体構造が異なるので，生体の基質を代謝することはできない。L-αアミノ酸は，C_α に結合するHを手前側に見て，残り3つの化学基が時計回りに，カルボキシ基(-COOH)-側鎖(-R)-アミノ基($-NH_2$)と配置されている(**図1**)。右回りにCORN(コーン)と覚えるとよい。

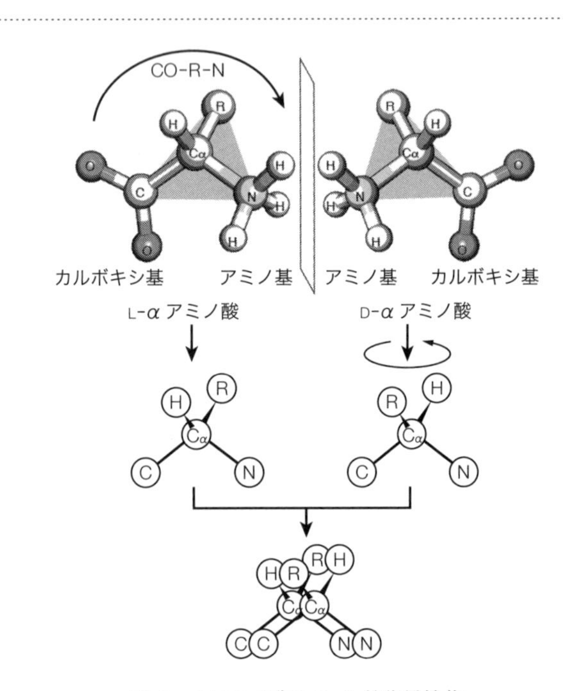

図1. αアミノ酸のD, L鏡像異性体
D, L鏡像異性体は，中央にある鏡で映した関係にあり，重ね合わせることはできない。この性質を不斉性とよび，中心にある原子(αアミノ酸の場合は C_α 原子)を不斉中心という。これは C_α の4つの結合相手がすべて異なる場合にのみ成立し，RとHが同じ(あるいは他の組合せで2つ以上が同じ)であれば重ね合わせられることがわかる。

≫ペプチド結合の立体配座と二面角

タンパク質はアミノ酸がペプチド結合によってつながった鎖状の分子である。ペプチド結合は，2つのアミノ酸の一方のカルボキシ基(-COOH)ともう一方のアミノ基($-NH_2$)が脱水縮合反応によって共有結合したものである(化学的にはアミド結合だが，アミノ酸の場合はペプチド結合[1-8]とよぶ)。ペプチド結合は二重結合性をもつため，C_α，N，H，C，O，C_α の6原子は同一平面上に位置して，シス型およびトランス型のコンフォメーション(立体配座；化学結合の回転によって異なる立体構造をとることを指す)をとる(**図2**)。シス型は，図のように側鎖Rどうしが近くなるため，トランス型に比べて

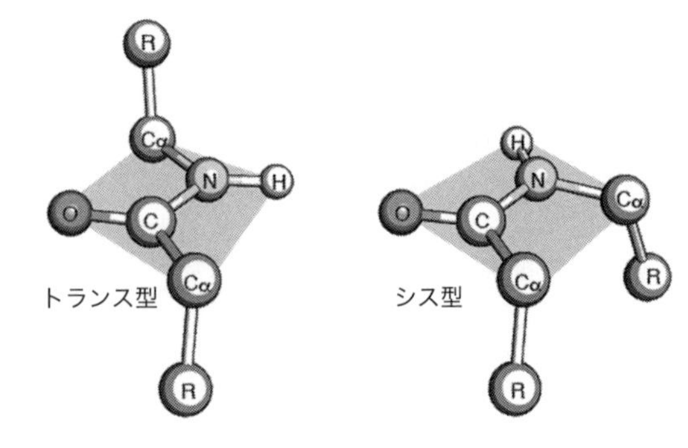

図2. ペプチド結合のシス−トランス配座異性体
灰色はペプチド結合を含む面を示し，この上にある原子団は平面性を保つ。C-N 結合の回転により，シス配座とトランス配座間で変化する。

エネルギー的に不安定である。そのため，タンパク質中のペプチド結合はほとんどがトランス型になる。立体構造データベースPDB[4-6]に登録されたタンパク質中のシス型ペプチド結合の割合は0.3%程度にすぎない。また，シス型ペプチド結合をとるアミノ酸の大部分はプロリン[4-10]である。これは，プロリンの側鎖はアミド基のNに共有結合しているので，シス型での側鎖どうしの接近による障害が比較的小さいためである。ペプチド結合が平面構造に固定されるので，タンパク質主鎖の回転の自由度[4-10]は，C_α-N(ϕ角)およびC_α-C(ψ角)原子の結合のまわりの自由度しかない(**図3**)。

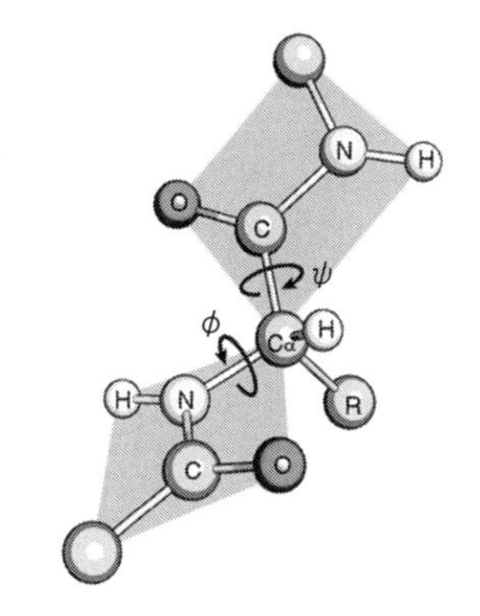

図3. アミノ酸残基のϕ角とψ角
灰色はペプチド結合を含む面を示す。

練習問題 出題▶H22（問55） 難易度▶A 正解率▶37.4%

天然タンパク質を構成するアミノ酸は，2つの可能な光学異性体(L-，D-アミノ酸)のうち，下の図に示すL-アミノ酸が主に使用されている。あるアミノ酸のC_α原子からN，C，C_β原子へのベクトルを，それぞれ，$\overrightarrow{C_\alpha N}$，$\overrightarrow{C_\alpha C}$，$\overrightarrow{C_\alpha C_\beta}$としたとき，そのアミノ酸がL-アミノ酸であることを判別する式として正しいものを選択肢の中から1つ選べ。ただし，・と×はそれぞれベクトルの内積，外積を表わす。

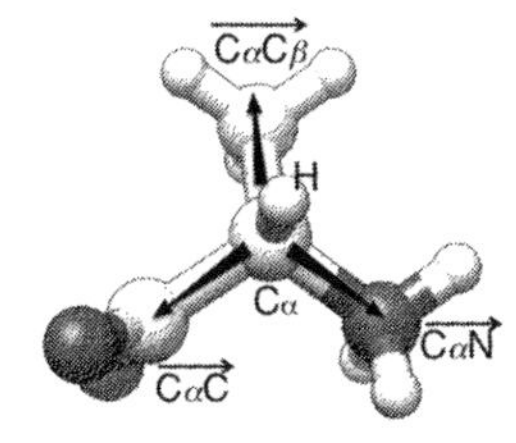

L-アミノ酸

1. $(\overrightarrow{C_\alpha N}\times\overrightarrow{C_\alpha C})\cdot\overrightarrow{C_\alpha C_\beta}>0$
2. $(\overrightarrow{C_\alpha N}\times\overrightarrow{C_\alpha C})\cdot\overrightarrow{C_\alpha C_\beta}=0$
3. $(\overrightarrow{C_\alpha N}\times\overrightarrow{C_\alpha C})\cdot\overrightarrow{C_\alpha C_\beta}<0$
4. $(\overrightarrow{C_\alpha N}\times\overrightarrow{C_\alpha C})\cdot\overrightarrow{C_\alpha C_\beta}=1$

解説 原子座標[4-2]は通常，右手系(右手の親指，人差し指，中指がそれぞれx，y，z軸の正方向を指す直交座標系)で表現される。ベクトルは方向をもった量であり，化学結合は始点の原子→終点の原子のベクトルで表わすことができる。ベクトルの外積は，ベクトル$\boldsymbol{a}$とベクトル$\boldsymbol{b}$に垂直で$\boldsymbol{a}$，$\boldsymbol{b}$と右手系をなすベクトルになり，その長さは$\boldsymbol{a}$と$\boldsymbol{b}$でできる平行四辺形の面積に等しい。外積は$\boldsymbol{a}$と$\boldsymbol{b}$でできる平面の法線を求めるために使われる。よってベクトル$\overrightarrow{C_\alpha N}$とベクトル$\overrightarrow{C_\alpha C}$の外積$\overrightarrow{C_\alpha N}\times\overrightarrow{C_\alpha C}$は，N-$C_\alpha$-Cがつくる平面に垂直で上向きのベクトルになる(**図4**)。ベクトルの内積はベクトル$\boldsymbol{a}$の長さと，ベクトル$\boldsymbol{a}$に射影したベクトル$\boldsymbol{b}$の長さの積であり，$\boldsymbol{a}$と$\boldsymbol{b}$が鋭角ならば正の値，直角ならば0，鈍角ならば負の値をとるので，2つのベクトル間の相対配置を判別するために使われる。L-アミノ酸の場合は，ベクトル$C_\alpha N\times C_\alpha C$とベクトル$C_\alpha C_\beta$のなす角$\theta$は図より鋭角になるので，これらのベクトルの内積は0より大きい。また，化学結合は固有の長さと角度をもつので，内積がちょうど1になることは一般には期待できない。このことから，選択肢1が正解であることがわかる，

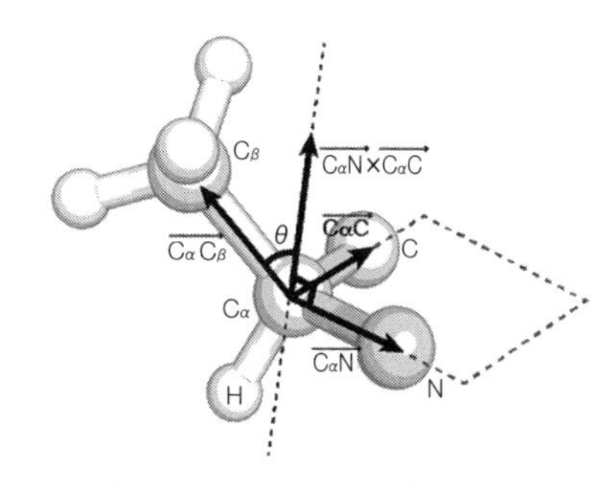

図4. D，L-アミノ酸の見分け方

参考文献

1)『タンパク質の構造入門（第2版）』（C. ブランデン，J. ツーズ著，勝部幸輝ほか訳，ニュートンプレス，2000）第I部
2)『タンパク質の立体構造入門』（藤博幸編，講談社，2010）第1章
3)『構造生物学』（A. リリアスほか著，田中勲・三木邦夫訳，化学同人，2012）第2章

タンパク質立体構造の形成と分子グラフィックス表現

Keyword 原子座標，化学結合，立体構造表現，分子グラフィックス，フォールド

分子の立体構造は原子座標（原子の三次元座標）で表現される。タンパク質などの生体高分子は，さまざまな化学結合によって，分子の種類により決まる一定の安定な立体構造をとる。生体分子の構造は非常に複雑なので，立体構造を把握しすいように工夫された分子グラフィックスにより観察する。

≫立体構造と化学結合

分子の立体構造は，分子を構成するそれぞれの原子の三次元座標(x, y, z)で表現される(**図1**)。長さの単位は伝統的にÅ(オングストローム；SI基本単位では1Å＝0.1nm＝10^{-10}mである)が用いられる。これは，たとえば炭素間の単結合の長さは1.54Åというように，都合のよい桁で表現できるためである。

アミノ酸内部およびアミノ酸間(ペプチド結合)では，原子は非常に強い共有結合で結ばれている。共有結合のうち単結合は自由に回転できるが，二重結合，π結合，三重結合などは自由に回転できない。単結合の回転により生じる分子の構造の変化を立体配座(コンフォメーション)とよび，タンパク質はコンフォメーション変化により一定の構造にフォールドする(折りたたまれる)。このとき，ファンデルワールス力[▼4-12](電荷をもたない原子間に働く微弱な引力)，水素結合(N-H…O=Cなどの，極性をもった原子に結合した水素を介した結合)，静電相互作用(正/負の電荷をもった原子間の引力または斥力)，疎水性相互作用(Val，Leu，Ile，Phe，Metなどの炭化水素側鎖[▼1-8]のように水に溶けにくい原子間に働く見かけの引力)などの非共有結合が分子内で形成される。また，核酸では平面状の形をした塩基が重なりあうときに生じるスタッキング相互作用[▼3-10]が構造の形成に重要である。これらの非共有結合は共有結合に比べると不安定であるが，非共有結合が数多く適切に形成されることによって，天然構造が規定される。

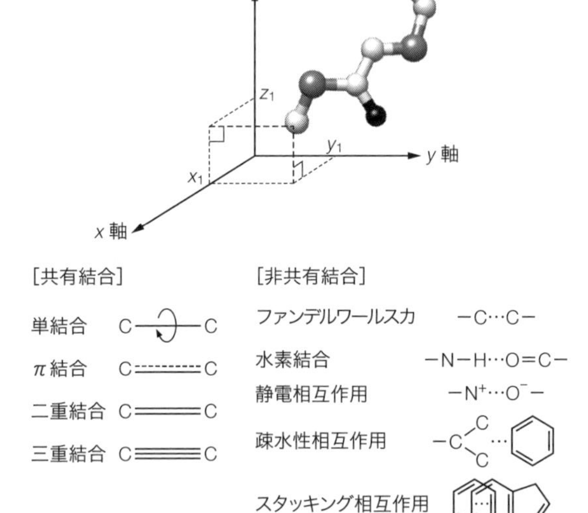

図1. 原子座標の表わし方(上)と，分子内および分子間で形成される化学結合(下)

共有結合のエネルギー〔結合を切断するのに必要なエネルギーに等しく，kJ/molを単位とする。J(ジュール)はエネルギーのSI基本単位で，現在でもよく使われるcal(カロリー)とは，1 cal＝4.184 Jで換算される〕は，結合の種類にもよるが150〜600 kJ/mol程度であり，非共有結合では，水素結合で5〜30 kJ/mol，ファンデルワールス力で1 kJ/mol程度と，共有結合よりも弱い。ファンデルワールス力，水素結合，スタッキング相互作用(π-π相互作用ともよばれる)は，電荷をもたない原子中の電子局在の変化(分極)による微弱な電気的相互作用に起因する。疎水性相互作用は，極性をもたない(水に溶けにくい)原子団が凝集することで，水から隔離され安定化することに起因する，見かけ上の力であると考えられている。

≫タンパク質構造の模式的表現

タンパク質の立体構造を観察するためには，分子グラ

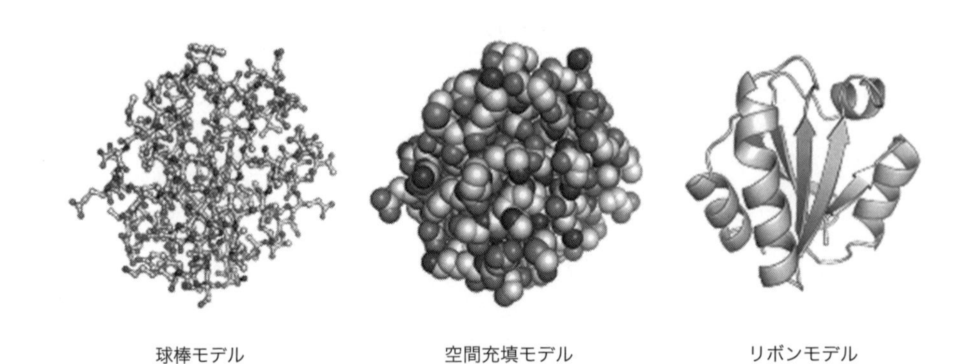

図2. タンパク質のグラフィックス表現の代表的方法

フィックスソフトウェアを用いる。これはPyMOLやUCSF Chimeraなどのアカデミック無償のソフトウェアを利用できる。通常のソフトウェアは，分子の形をいろいろな表現方法で表示させることができる(**図2**)。棒球(ボール&スティック)モデルは，タンパク質の詳細な構造を表現することができる。空間充填モデルは，タンパク質表面の凹凸の観察に適している。リボンモデルは，αへリックス▼1-9とβストランドを模式的ならせん構造と矢印構造で表現することで，主鎖のつながり方やタンパク質の全体構造(フォールド)を視覚的に理解しやすい。

≫フォールド

フォールドとは，アミノ酸側鎖の部分は無視してN末端からC末端まで向かう主鎖の流れで表わしたタンパク質立体構造の概形であり，タンパク質を構成する二次構造とそれらの連結のパターンを指す。**図2**のリボンモデルが，フォールドをもっともよく表わしている。タンパク質立体構造は，それらのアミノ酸配列よりも進化的な保存性が高いことが知られていて，アミノ酸配列の類似性が20%以下とかなり低い場合でも，フォールドはよく保存されている。

練習問題　出題▶H24（問62）　難易度▶D　正解率▶100.0%

あるタンパク質のアミノ酸配列とその二次構造を下図に示す。記号Hやシリンダーはαへリックス，記号Eや矢印はβストランドを表わしている。このタンパク質の立体構造の概形としてもっとも適切なリボン模型の図を，選択肢の中から1つ選べ。ただし，N，Cはそれぞれ N末端，C末端を示す。

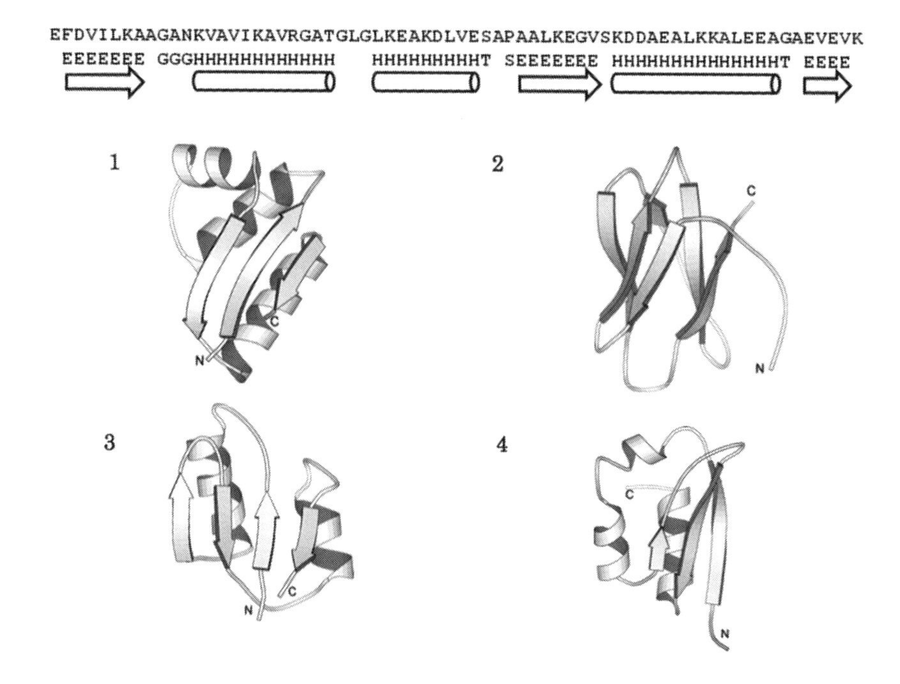

解説　まず問題図の上のアミノ酸配列をN末端(アミノ酸配列では左端に書かれる)からC末端(右端)にたどると，このタンパク質には二次構造がβ(ストランド)-α(へリックス)-α-β-α-βの順番で現われることがわかる。選択肢のリボンモデルをN末端からたどってみると，選択肢1はβ-α-α-β-α-βの順番でC末端までたどれるので，選択肢1が正解である。念のため他の選択肢もたどってみると，選択肢2はβ-β-β-β-β-βでそもそもαへリックスがないのでまちがっている。選択肢3はβ-α-β(この時点でまちがいとわかる)-β-α-β，選択肢4はβ-α-α-β-β(ここでまちがい)-αである。

参考文献

1)『タンパク質の立体構造入門』(藤博幸編，講談社，2010) 第2章
2)『はじめてのバイオインフォマティクス』(藤博幸編，講談社，2006) 第3章
3)『タンパク質の構造入門 (第2版)』(C. ブランデン，J. ツーズ著，勝部幸輝ほか訳，ニュートンプレス，2000) 第I部
4)「PyMOL」http://www.pymol.org/2/
5)「Chimera」http://www.cgl.ucsf.edu/chimera/

タンパク質立体構造中の超二次構造と構造モチーフ

Keyword 超二次構造，構造モチーフ，活性部位

多数のタンパク質立体構造を観察すると，いろいろなタンパク質に繰り返して共通に見つかる部分構造がある。数個の連続した二次構造を単位とする共通部分構造を超二次構造という。また，アミノ酸配列のパターンを意味する配列モチーフ[▼3-7]に対して，タンパク質の機能と関連の深い共通部分構造を構造モチーフとよぶ。構造モチーフは，異なるタンパク質の機能部位に共通に見られる，配列上の出現順序の異なるアミノ酸残基の空間配置を指す場合もある。

≫超二次構造

超二次構造は，いろいろなタンパク質の立体構造中に繰り返し共通に見られる，数個の二次構造要素[▼1-9]（αヘリックス，βストランドなど）を単位とした部分構造のことである。**図1**は代表的な超二次構造の例である。αヘアピンは，2本のαヘリックスがループ構造で連結され，ヘアピン状の構造をつくっている。βヘアピンは，2本のβストランドがターン（4残基程度で180°近く折り返す構造）で連結され，逆平行のβシートをつくっている。β-α-βは，αヘリックスとβストランドが交互に現われるタイプのタンパク質に頻出する超二次構造であり，2本の平行βシートのあいだにαヘリックスが挿入された形になっている。βヘリックスは2つまたは3つの平行βシートがらせん状になった構造をしている。

≫構造モチーフ

タンパク質のアミノ酸配列で，機能と関連して保存されたパターンのことを配列モチーフとよぶ。明確な配列モチーフが認められない場合でも，ある機能をもった共通の部分構造がさまざまなタンパク質に繰り返し観察される場合，それらを構造モチーフとよぶ。**図2**は代表的な構造モチーフの例である。ジンクフィンガーは，β-β-αの超二次構造から構成されており，立体構造を安定に保つために亜鉛イオンを結合している。ヘリックス－ターン－ヘリックスは2つのヘリックスのあいだをターンがつなぐ超二次構造で構成されており，転写因子[▼1-5]などDNA結合タンパク質のDNA結合部位に頻出する構造モチーフである。P-ループ（モノヌクレオチド結合モチーフまたはウォーカーAモチーフともよばれる）は，βストランド－ヘリックスの超二次構造で構成されており，ループ部分でATPなどヌクレオチドのリン酸基[▼1-7]と結合する。構造モチーフと超二次構造はいずれも，アミノ酸配列上で決まった順序で現われる二次構造の空間配置で定義されるため，同一に扱われる場合もある。

一方，アミノ酸配列上の出現順序の異なるアミノ酸で構成された共通部分構造も，構造モチーフとよばれる。代表的な例は，ペプチド分解酵素キモトリプシンとズブチリシンの活性部位[▼4-9]である。この2つのタンパク質の全体構造はまったく異なるが，活性部位のセリン（Ser），アスパラギン酸（Asp），ヒスチジン（His）の3つのアミノ酸残基は，配列上の出現順序が異なるにもかかわらず空間配置が互いによく似ており，同様の触媒機能を果たす（**図3**）。

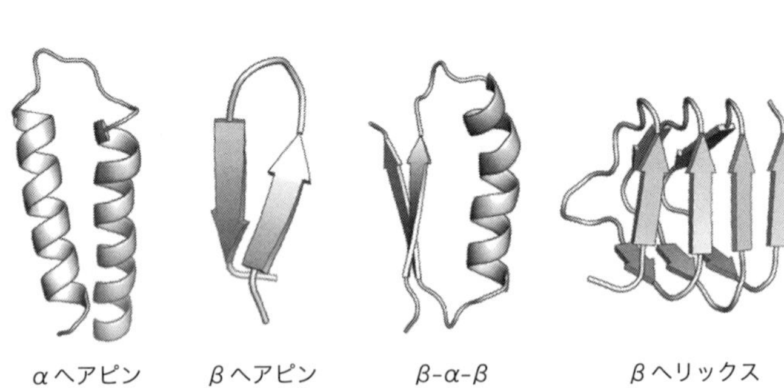

図1. 代表的な超二次構造

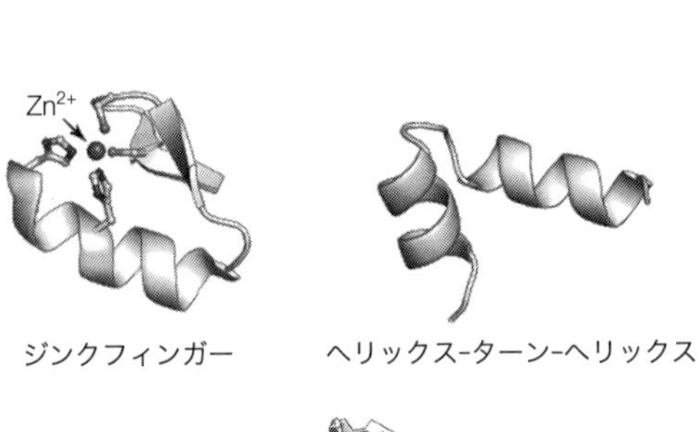

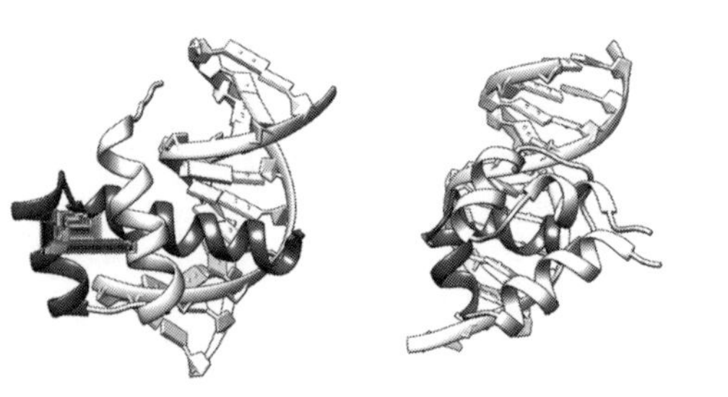

図2. 代表的な構造モチーフ
（上）代表的な構造モチーフ。（下）ホメオドメインとCroリプレッサーのヘリックス－ターン－ヘリックスモチーフ。これらはいずれも転写因子であり，全体的なフォールドは異なるが，構造モチーフ（濃灰色）を共通にもつ。

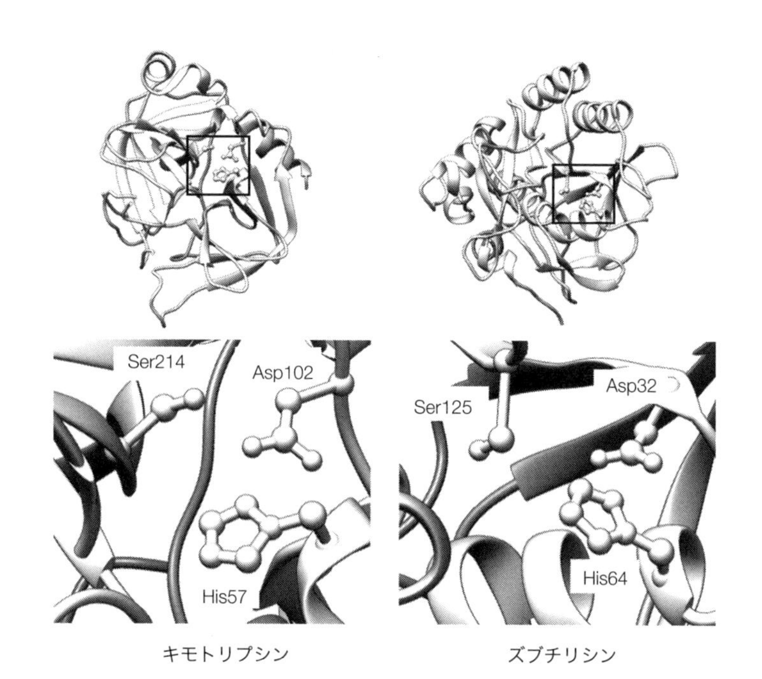

図3. キモトリプシンとズブチリシンの活性部位の構造モチーフ
(上)これらの酵素は異なるフォールドをとるが，(下)活性部位のアミノ酸の配置(上の四角い枠を拡大した部分)は類似している。残基番号はアミノ酸配列上の順序を示し，対応するアミノ酸残基の順序が2つのタンパク質で異なることがわかる。

練習問題 出題▶H23（問64） 難易度▶D 正解率▶86.9%

タンパク質の立体構造に高頻度で現れる二次構造の空間配置を超二次構造(super secondary structure)とよぶ。図に示す(a)から(d)の4種の超二次構造を，αヘアピン-βヘアピン-βαβ-βヘリックスの順番に並べたとき，もっとも適切な記号列を選択肢の中から1つ選べ。

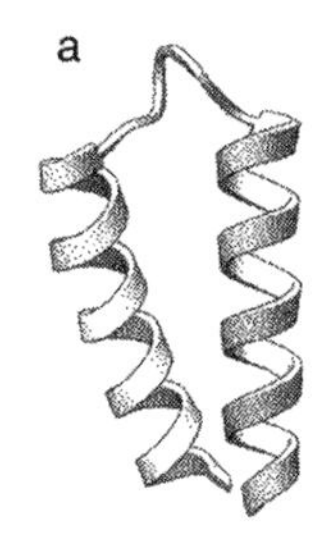

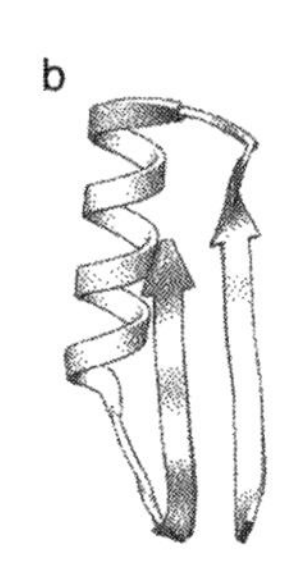

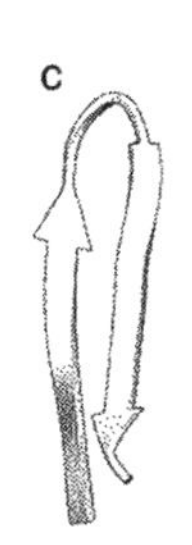

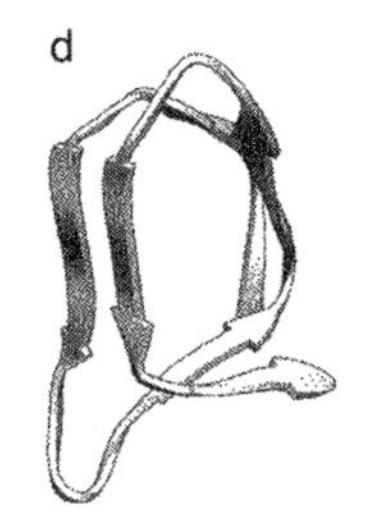

1. a - b - c - d
2. a - c - b - d
3. b - c - a - d
4. b - c - d - a

解説 それぞれの超二次構造は，(a)はαヘアピン，(b)はβ-α-β，(c)はβヘアピン，(d)はβヘリックスである。よって選択肢2が正解である。もしこれらの超二次構造の名称を覚えていなくても，図上で二次構造要素をたどることで，名称とのおおよその対応は判断可能である。

参考文献

1)『タンパク質の立体構造入門』（藤博幸編，講談社，2010）第4章

タンパク質立体構造の分類

Keyword 構造ゲノミクス，構造分類，ファミリー，スーパーフォールド，スーパーファミリー

タンパク質の立体構造解析数が大きく増え始めた1980年代後半から，アミノ酸配列の類似性が低く，相同性（進化的な類縁性）はないと考えられていたタンパク質間で，立体構造（フォールド）が類似しているケースが数多く報告されるようになった。やがて統計解析からタンパク質のファミリーは，たかだか1000個程度しかないとする説が提唱され，タンパク質立体構造の分類法や構造分類データベースの整備につながった。

≫タンパク質ファミリー1000個説

配列相同性の認められないタンパク質間でも，フォールド[▼4-2]がよく似ている例が多数見つかっている。1992年に，C・チョーシアは，ある期間内に配列決定されたタンパク質が新規配列ファミリーとなる割合，構造既知タンパク質と相同性がある配列データベース内のタンパク質の割合，構造データベース内の遠縁のファミリーの数から，ファミリーの総数をせいぜい1000個程度と見積もった。この「タンパク質ファミリー1000個説」が正しければ，フォールドの数も1000個以下となるはずであり，全フォールドを構造解析することも不可能ではない。この予想やヒトゲノム計画[▼1-16]の完了が引き金となって，2000年代にはタンパク質の網羅的な立体構造解析を目標とした構造ゲノミクス研究が展開された。

≫ファミリー・フォールドの階層性

同一の祖先タンパク質から派生した進化的に関係がある相同なタンパク質をホモログとよぶ[▼5-8]。ホモログは，お互いに約30％以上のアミノ酸配列一致度を示し，フォールドがよく保存されている場合が多い。比較的近縁のホモログを集めたグループをファミリーという。ファミリーはアミノ酸配列の類似性[▼4-8]により，さらに細かなサブファミリーに分けられたり，反対に，いくつかの互いに相同なファミリーが統合され，スーパーファミリーがつくられたりする。前述のように，異なる進化的起源をもつスーパーファミリーが共通のフォールドをもつ例は多い。なかでも非常に多くのスーパーファミリーを含むフォールドのことをスーパーフォールドという。**図1**には代表的なスーパーフォールドを示した(丸がヘリックス，三角がβストランドを表わし，線はアミノ酸配列上での順番をたどっている)。一般にはフォールドとはタンパク質ドメイン[▼4-10]に対して定義される。ドメインより小さな構造が類似している場合は構造モチーフとよばれる[▼4-3]。

≫立体構造分類データベース

タンパク質立体構造を分類したデータベースはいくつかあるが，SCOP(Structural Classification Of Proteins)やCATH(Class, Architecture, Topology, Homology)がその代表である。いずれのデータベースも立体構造を階層的に分類する。SCOPでは上位の分類階層からクラス，フォールド，スーパーファミリー，ファミリーに分類される。CATHではクラス，アーキテクチャー，トポロジー，ホモロジーになる(**図2**)。SCOPを例にとると，クラスは2次構造の種類による分類でall αクラス(主にαヘリックスからできている。**図1**のグロビンフォールド[▼5-8]がこれにあたる)，all βクラス(主にβシートからできている。免疫グロブリンフォールドがこれにあたり，抗体はこのフォールドの繰り返しでできている[▼1-12])，α+βクラス(αヘリックスとβストランドが配列上混在している)，α/βクラス(αヘリックスとβストランドが

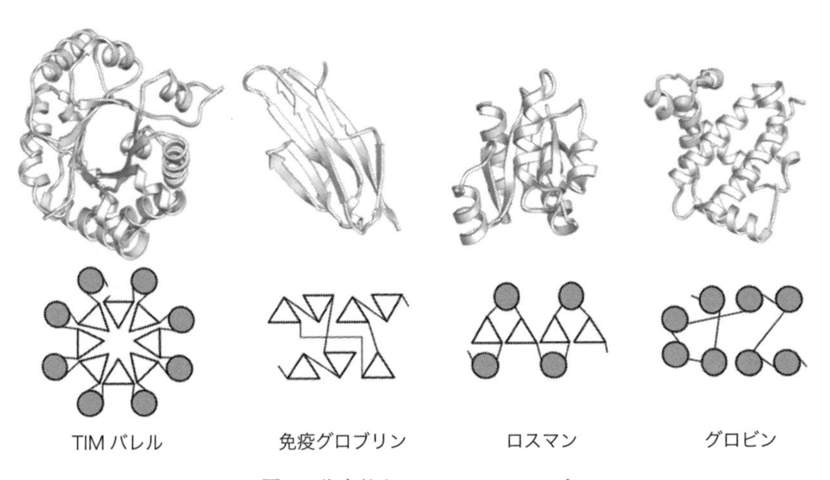

図1. 代表的なスーパーフォールド

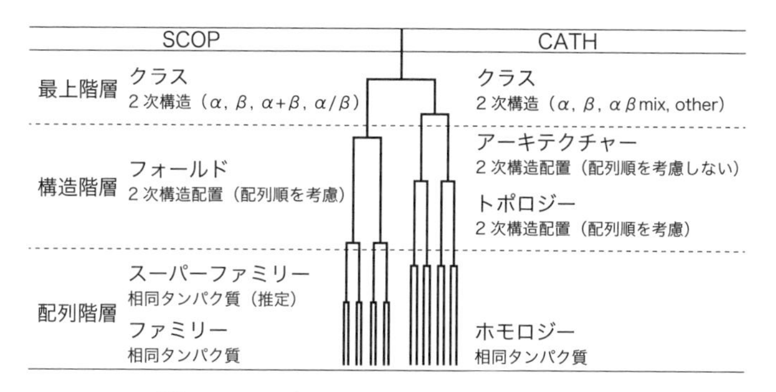

図 2. SCOP と CATH のフォールド分類階層

配列上交互に現れる，TIM バレルフォールドやロスマンフォールドがこれにあたる）に分けられる。フォールドは同じクラス内で二次構造の空間配置が似ているグループである。スーパーファミリーは，フォールドや機能の類似から相同性（進化的な類縁性）が予想されるグループである。ファミリーはアミノ酸配列の類似性が認められ，ほぼ確実に相同なグループである。CATH では，アーキテクチャーは二次構造の空間配置の類似性は考慮するが，アミノ酸配列上での出現順序は考慮しない点が，SCOP と大きく異なる。なお，上記の分類データベースでは，膜タンパク質▼1-10のように，階層的に分類されていないタンパク質も多く含まれている。なお，SCOP の初期バージョンの更新は SCOP1.75 で終了しており，引き続き SCOP2 の開発が進められている。新規エントリの追加と同時に，遠い進化的関係も考慮した分類の見直しも行なわれている。

練習問題　出題▶H24（問 63）　難易度▶B　正解率▶53.6%

以下の 3 つのリボン模型で表わされたタンパク質（A），（B），（C）のフォールド名の正しい組み合わせを選択肢の中から 1 つ選べ。

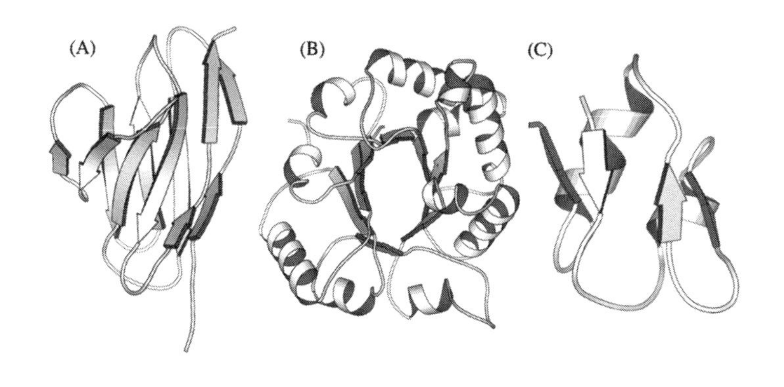

1. （A）免疫グロブリンフォールド
   （B）ロスマンフォールド
   （C）フェレドキシンフォールド
2. （A）フェレドキシンフォールド
   （B）ロスマンフォールド
   （C）免疫グロブリンフォールド
3. （A）免疫グロブリンフォールド
   （B）TIM バレルフォールド
   （C）フェレドキシンフォールド
4. （A）フェレドキシンフォールド
   （B）TIM バレルフォールド
   （C）免疫グロブリンフォールド

解説　スーパーフォールドには，ロスマンフォールド（α ヘリックスと β ストランドが一次構造に沿って交互に出現し，β ストランドは平行シートを形成する），TIM バレルフォールド（8 本の β ストランドからできた筒状の β シートのまわりを 8 本の α ヘリックスが取り囲む。α/β バレルフォールドともいう），免疫グロブリンフォールド（4～5 ストランドからなる逆平行シートが 2 つ積み重なっている。Ig フォールドともよばれる），グロビンフォールド（8 本の α ヘリックスが層状に配置している）などがある（**図 1** を参照）。この問題の場合は，（A）が免疫グロブリンフォールド，（B）が TIM バレルフォールドにあたることが比較的簡単に判断できて，選択肢 3 が正解であることがわかる（**図 1** の代表的なスーパーフォールドは覚えておくとよい）。（C）はフェレドキシンフォールドで，これは $\alpha+\beta$ クラスの代表的なフォールドであるが，このクラスは他と比べて出現頻度が低い。

参考文献

1）『タンパク質の立体構造入門』（藤博幸編，講談社，2010）第 4 章

DNAとRNAの立体構造

Keyword 核酸，DNA，RNA，ヌクレオチド

生体分子のうち主要なものは，タンパク質，核酸，糖鎖，脂質[1-10]などである。これらはいずれも特定の立体構造をとることで特有の機能を示しているので，立体構造の詳細を知るのは非常に重要なことである。ここでは生体分子の構造のうち，とくに核酸（DNAとRNA）について解説する。

≫ DNAの立体構造

DNAの二本鎖は，お互いの向き（5′末端から3′末端へ）を逆に撚り合わせて二重らせん[1-7]構造をつくる。B型とよばれる典型的な構造は，塩基のAとTのあいだで2本の水素結合，CとGのあいだに3本の水素結合を形成して塩基対（bp）をつくり，直径約20Åの右巻きらせんを形成する（$1\,Å = 0.1\,nm = 10^{-10}\,m$）。らせんの1回転（1ピッチ）あたり10塩基対を含み，1回転あたりの長さは34Åになる。B型DNAには，幅が異なる2種類の溝がらせんに沿って存在し，広いほうの溝を主溝（メジャーグルーブ），狭いほうの溝を副溝（マイナーグルーブ）という（**図1**）。

らせん構造は，周囲の塩濃度や相対湿度の条件によってB型とは異なる右巻きのA型，左巻きのZ型をとる場合もある。A型では，塩基間での結合が緩く，らせん内に隙間が生じた太めのらせん構造になり，B型のような主溝や副溝は見られない（**図1左**）。またZ型ではらせん1回転あたり12塩基対が含まれる。（**図1右**）。

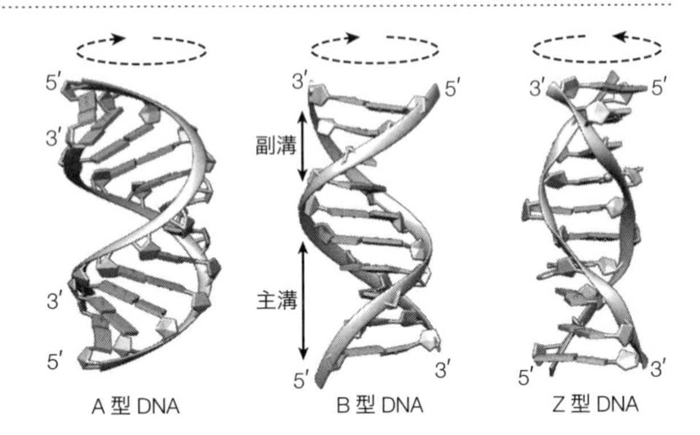

図1. DNA二重らせん構造の異なる形態

左から，A型，B型，Z型DNAを示す。リン酸骨格をリボン，五炭糖（デオキシリボース）を五角形の板，塩基を長方形の板で表わしている。鎖の向きは5′（末端）から3′（末端）で示し，それぞれの図の上の矢印は5′→3′へ鎖をたどったときの進行方向（この例では図の上から下）に向かっての回転方向（左から，右巻き，右巻き，左巻き）を示す。

≫ RNAの立体構造

RNAは，メッセンジャーRNA[1-6]（mRNA），リボソームRNA（rRNA），転移RNA（tRNA）などさまざまな役割を担い，一本鎖中で異なる領域の塩基間での水素結合により多様な構造をつくっている。そのなかでもtRNAの構造は，mRNAからアミノ酸へ翻訳するために特殊な立体構造をつくっている（**図2**）。これは分子内の離れた4カ所で部分的に二重らせん（ステム）を形成しており，図下のループ部分がアンチコドン（3塩基の領域）で，それに相補的なコドンが指定するアミノ酸が上の部位に結合する。一方，mRNA，rRNA，マイクロRNA，非コードRNA[3-10]の立体構造は多様である。**図3**はリボソーム[1-6]の立体構造であり，60Sサブユニットは3つのrRNA分子（28S，5.8S，5S）と46種のタンパク質から，40Sサブユニットは1つのrRNA（18S）と32種のタンパク質からなる超巨大分子である。rRNAはtRNAと比べて非常に複雑な立体構造をもっている

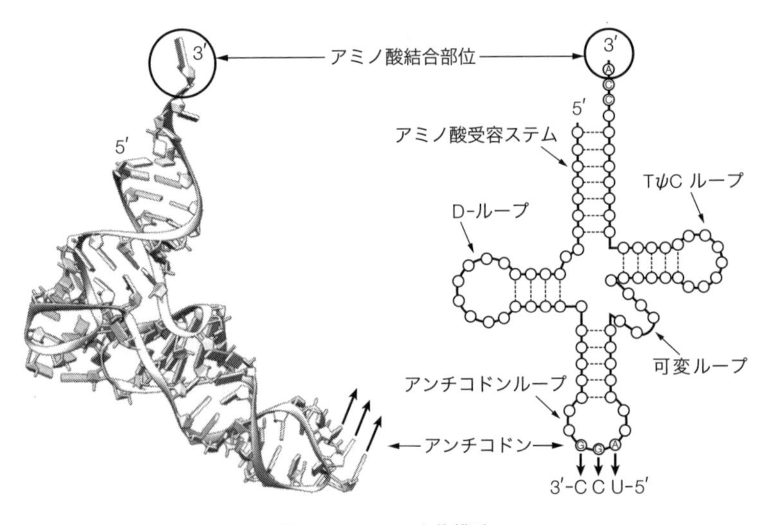

図2. tRNAの立体構造

（左）tRNAの立体構造。表示法は図1と同様である。下部にあるアンチコドンに対応したアミノ酸が上部のアミノ酸結合部位に結合する。（右）tRNAの二次構造[3-10]の模式図。多くのtRNAは4カ所のステム構造と，4つのそれぞれ図のように命名されたループをもち，三つ葉のクローバーを連想させることからクローバーリーフ構造とよばれる。アンチコドンがmRNAの相補的なコドンと対合する。図はセリンのtRNAで，コドンUCC[1-6]に相補的なアンチコドンはGGAである。アミノ酸は3′末端のCCA配列に結合する。

ことがわかる。rRNA は自分自身がアミノ酸をつなぎ合わせる触媒活性をもっており，リボヌクレオチドのエンザイム(酵素)であることからリボザイムとよばれる。ある種のイントロン▼1-5も自分自身を mRNA から切り出して，エキソンを接続(自己スプライシング)する触媒活性をもつリボザイムであることが知られている。

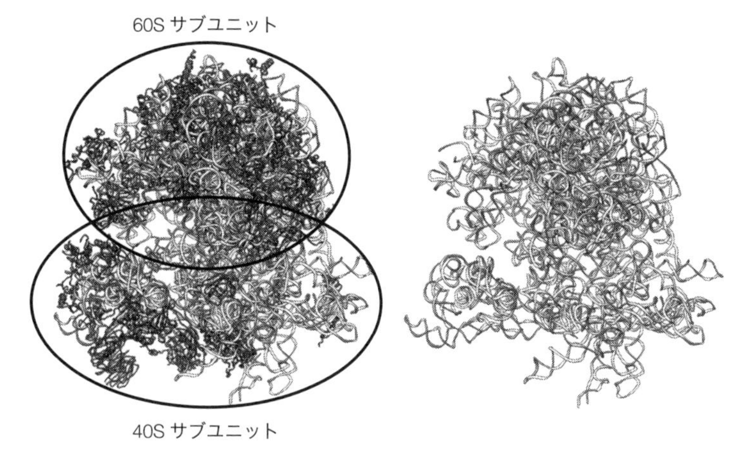

図 3. リボソームの立体構造
(左)リボソームの全体構造。RNA を白色，タンパク質を灰色で示し，60S サブユニットおよび 40S サブユニットに相当する領域を丸で囲んでいる。(右)全体構造のうち，RNA のリン酸骨格のみを表示した。

練習問題 出題 H22（問 63） 難易度▶A 正解率▶19.8%

以下の図は DNA の立体構造を模式的に示したものである。この図の説明としてもっとも適切なものを選択肢の中から 1 つ選べ。

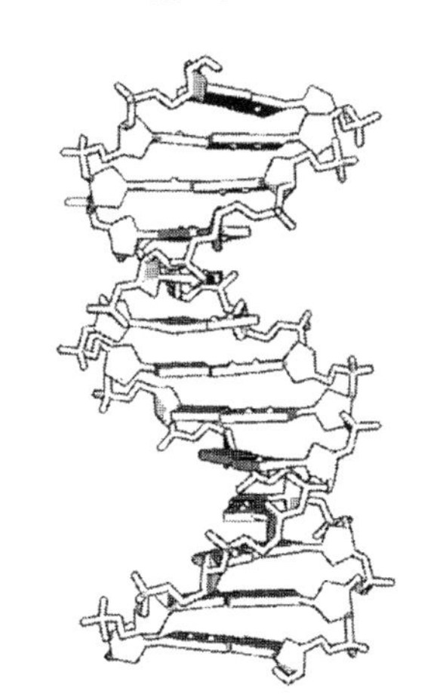

1. B 型構造である。
2. 上から主溝(major groove)-副溝(minor groove)-主溝を正面に向けている。
3. 全部で 26 塩基対の構造が示されている。
4. 左巻き二重らせん構造である。

解説 この問題は，DNA の立体構造についての知識を問う問題である。図の形を見ると，間隔が異なる主溝と副溝をもっていて，典型的な B 型の構造であるので，選択肢 1 の内容は正しく，これが正解である。溝の大きさの他に DNA 二重らせんの A 型と B 型を簡単に見分ける方法として，B 型 DNA(および Z 型 DNA)は塩基対(**図 1** の板状構造)が二重らせんの軸に対してほぼ垂直になるが，A 型ではかなり傾いている点に着目してもよい。溝は幅の広さで判断すると，上から狭い副溝，広い主溝，狭い副溝の順に並んでいるので，選択肢 2 の内容はまちがっている。塩基対をつくっている箇所は，ちょうどらせん階段のはしごの板のように見える部分である。図から，このような部分は 13 カ所あるため，13 塩基対の構造である。この中には，26 個の塩基が含まれているので，選択肢 3 の内容には惑わされた人もいるかもしれないが，26 塩基「対」というのはまちがいである。2 本のらせんで，図の前面側を横切るらせんが右肩上がりになっている場合は右巻きである。これは，上下ひっくり返しても同じ右巻きになることを確認してほしい。したがって選択肢 4 の内容はまちがいである。

参考文献

1)『構造生物学』(A. リリアスほか著，田中勲・三木邦夫訳，化学同人，2012) 第 3 章

4-6 立体構造データベース

立体構造データベースPDBとPDBフォーマット

Keyword PDBフォーマット，mmCIF，PDBML

タンパク質・核酸など生体分子の立体構造は，それらの原子の空間座標で表わすことができる。実験で決定した生体高分子の原子座標やそれに付随する情報を収めたデータベース（DB）としてPDB（Protein Data Bank）がある。立体構造データの記述法（フォーマット）としては，もともとPDBフォーマットという伝統的なものが利用されていた。しかし近年の立体構造情報の複雑化に伴い，データの桁数不足など種々の問題が顕在化してきている。そのため，現在では新しいフォーマットであるPDBx/mmCIFやPDBMLが策定され，これらが正式フォーマットとして運用されている。

≫ PDB(Protein Data Bank)

PDBは，X線結晶解析法，電子顕微鏡法，NMR法[1-21]などにより決定されたタンパク質・核酸などの立体構造の原子座標[4-2]を蓄積した中心的なデータベース(DB)であり，構造生物学研究などで欠かせない情報源になっている。2003年に3組織［米国構造バイオインフォマティクス研究共同蛋白質構造データバンク(RCSB PDB)，欧州蛋白質構造データバンク(PDBe)，日本蛋白質構造データバンク(PDBj)］によりWorldwide Protein Data Bank (wwPDB)が結成され，PDBデータの登録，処理，配布を国際分業で行なっている。PDBデータの記述法としてはPDBフォーマットとよばれる形式が長らく利用されてきたが，2014年からはPDBx/mmCIFが正式フォーマットになった。これは，ウイルス粒子など原子数が膨大で多数のサブユニット[1-9]からなるタンパク質複合体の記述が必要になったためである。

他の立体構造DBとしては，CATH，SCOPなどの構造分類DB[4-4]やPDBsumなどの立体構造総合解析DBがあるが，これらはすべてPDBのデータを基に作成された二次DBである。PDBに登録された原子座標データの元となった実験データの一部は，別のDBで管理されている。 NMR法で得られた化学シフト等のデータはBiological Magnetic Resonance Data Bank(BMRB)に登録される。電子顕微鏡法[1-21]の場合、PDBの原子座標の構築に用いた3Dマップは必ずElectron Microscopy Data Bank(EMDB)に登録される。また，マップの再構成に用いた2D電顕画像の一部はElectron Microscopy Public Image Archive(EMPIAR)に収集されている。

≫ PDBフォーマット

各行80文字の固定幅テキストで書かれ，行頭の数文字のヘッダー[3-1]がその行に記述される内容を指定するというフォーマットである。これは1970年代に初めてPDBがつくられて以来つづく伝統的な形式である。このフォーマットは人間にとっては読みやすいが，参考文献や実験条件などさまざまなアノテーション[3-1]の書き方が厳密に定義されておらず，コンピュータによって処理することが難しい。また1行あたりのデータ量に限りがあるため，近年の立体構造データの複雑化に対応することが難しく

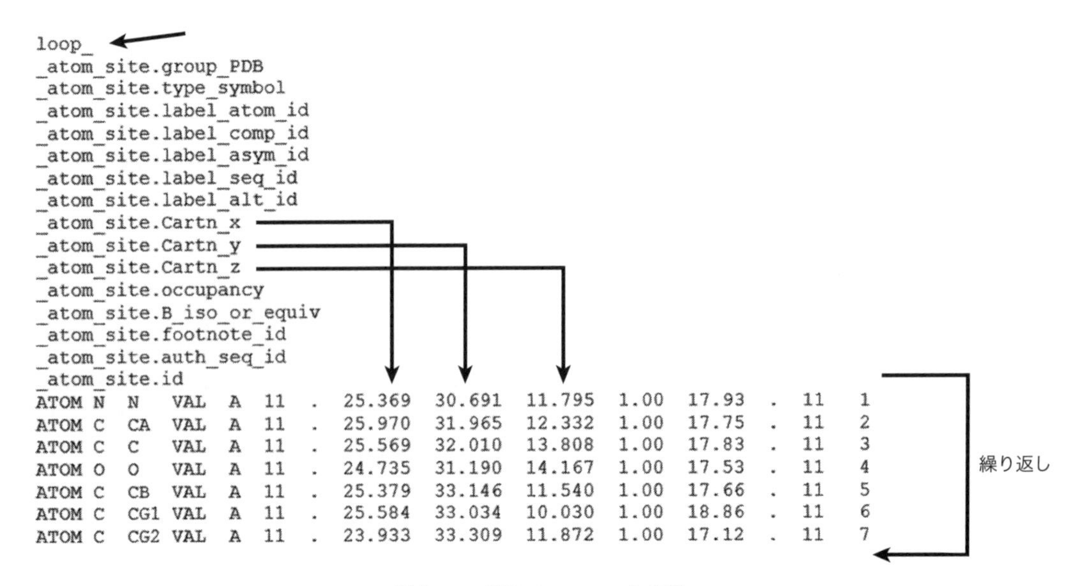

図1. mmCIFフォーマットの例

上から順に，_atom_siteカテゴリーのタグが並んでいる。タグの順番は，下方にあるデータのカラムに左から順に対応している。ATOMで始まる原子座標は，_atom_siteのタグに対して複数あるので，先頭のloop_で繰り返しを指定する。

なってきている。たとえば原子の通し番号は5桁，分子の識別子(チェインID)は1文字に限られており，巨大な分子複合体のデータを表現できない。他にもさまざまな制約があり，PDBではPDBフォーマットを段階的に廃止していく予定である。現在PDBフォーマットでのデータ配布も継続しているが，標準フォーマットであるPDBx/mmCIFデータに対し多くの情報が欠落している。その一方でPDBフォーマットはさまざまなソフトウェアにおいて一般的に利用されるデータフォーマットとなっており，構造バイオインフォマティクスにおいてPDBフォーマットが必要となる場面は少なくない。

≫ PDBx/mmCIF フォーマット

国際結晶学連合が結晶構造データのフォーマットとして定めたCIF(crystallographic information file)を生体高分子(macromolecule)用に拡張したものがmmCIFであり，さらにPDBに応用されたものがPDBx/mmCIFである。これは伝統的なPDBフォーマットとは異なり，STAR形式(self-defining text archive and retrieval)文法で書かれている。さまざまなデータは「__カテゴリーグループ__カテゴリー．アイテム」という階層性のあるタグで分類される。たとえばカテゴリーグループはstruct(二次構造など構造特徴)，citation(文献情報)，atom(各原子の情報)，chem_comp(化合物情報)，exptl(実験条件情報)，cell(結晶格子の情報)などで構成され，atomカテゴリーグループにはatom_site(原子座標)，atom_type(元素)などのカテゴリーがあり，atom_siteカテゴリーにはlabel_atom_id(原子名)，label_comp_id(残基名)，Cartn_x(x座標の値)などのアイテムがある。このようなタグを見出しとした表(テーブル)形式▼2-11でデータの内容が記述される。タンパク質の原子座標のように1つのタグにデータ内容が複数ある場合は，“loop_”の記述とともに，データが繰り返される(**図1**)。PDBx/mmCIFフォーマットはデータの定義が明確であり，人間が読んでも理解しやすく，コンピュータによる処理にも向いている。

≫ PDBML フォーマット

ウェブ画面を表示するにはHTML(hypertext markup language)やその発展形▼2-4のXML(extensible markup language)フォーマットを用いるが，PDBMLは，PDBx/mmCIFの内容をXMLフォーマットで記述したものである。たとえば，

```
<PDBx:atom_typeCategory>
    <PDBx:atom_type symbol="N"></PDBx:atom_type>
    <PDBx:atom_type symbol="C"></PDBx:atom_type>
    …
</PDBx:atom_typeCategory>
```

のように，実データとなる文字列に“<”と“>”で囲まれた標識を埋め込むことで，文書構造やデータの内容，意味などを表現することができる。人が読みにくい書き方だが，コンピュータによる処理には適している。

練習問題 出題▶H23（問55） 難易度▶B 正解率▶64.2%

PDB(Protein Data Bank)はさまざまなファイルフォーマット(書式)で立体構造情報を配布しているが，立体構造の記述にはもっとも不適切なフォーマットを選択肢の中から1つ選べ。

1. PDBフォーマット
2. mmCIFフォーマット
3. PDBMLフォーマット
4. FASTAフォーマット

解説 選択枝1，2，3，4のフォーマットは，すべてPDBからダウンロードできるものである。そのうち選択肢1，2，3は，本文に述べたとおり生体分子の原子座標が記述されており，立体構造を表わすのに用いられる代表的な3つの形式である。それに対して選択肢4のFASTAフォーマットは，アミノ酸や核酸の配列を表わすのに用いられるフォーマットである。これは，1行目に「>」のあと，配列の名前や付加情報を記載し，2行目から1文字コードで塩基またはアミノ酸の配列を記述したフォーマットである(以下に例として，プリオンの配列▼3-1をFASTAフォーマットで示す)。したがって，立体構造の記述にもっとも不適切なフォーマットは選択肢4であり，これが正解である。

```
>sp | P04156 | PRIO_HUMAN Major prion protein OS=Homo sapiens GN=PRNP PE=1 SV=1
MANLGCWMLVLFVATWSDLGLCKKRPKPGGWNTGGSRYPGQGSPGGNRYPPQGGGGWGQPHGGGWGQPHGGGWGQPHGGGWGQPHGGGWGQGGGTHSQWNKP
SKPKTNMKHMAGAAAAGAVVGGLGGYMLGSAMSRPIIHFGSDYEDRYYRENMHRYPNQVYYRPMDEYSNQNNFVHDCVNITIKQHTVTTTTKGENFTETDVK
MMERVVEQMCITQYERESQAYYQRGSSMVLFSSPPVILLISFLIFLIVG
```

参考文献

1)「日本蛋白質構造データバンク - PDB Japan - PDBj」https://pdbj.org/
2)「PDBx/mmCIF」http://mmcif.pdbj.org/dictionaries/mmcif_pdbx_v50.dic/Index/

立体構造を構造重ね合わせにより比較する方法

Keyword 重ね合わせ，原子座標，RMSD，構造アラインメント

タンパク質が進化する過程で，立体構造はアミノ酸配列よりも保存される傾向がある。そのため，立体構造を比較すると，アミノ酸配列の比較では見つからなかった進化的な関係性を見いだすことができる。2つのタンパク質分子の立体構造の比較は，原子座標の重ね合わせによって行なわれ，その類似性を表わす指標としてRMSD（root mean square deviation，根平均二乗偏差）が一般的に用いられる。立体構造の重ね合わせによるアミノ酸残基の対応づけを構造アラインメントという。配列類似性が低いタンパク質では，構造アラインメントにより，配列アラインメントよりも正確なアミノ酸残基のアラインメントが得られることが多い。

≫タンパク質立体構造の比較

一般にタンパク質は，一次構造（アミノ酸配列）よりも立体構造のほうが進化過程での保存性が高い。そのため，タンパク質の立体構造を比較することで，アミノ酸配列の比較からは見つからなかったタンパク質どうしの相同性[▼5-8]（進化的な類縁関係）を見いだすことができる。しかし，タンパク質の立体構造は複雑であるため，目視で2つの立体構造が似ているか似ていないかを定量的に判断することは難しい。2つのタンパク質の立体構造を比較するには，対応する原子の座標を重ね合わせて，それらがどの程度一致しているかを評価する。対応する原子としては，多くの場合は配列アラインメントによって対応づけられるアミノ酸の C_α 原子[▼4-1]をとり，重ね合わせはそれらの原子間距離がもっとも小さくなるように，一方の構造を他方の構造に対して並進・回転することで行なわれる（**図1**）。このときの最適な並進・回転を求める計算手法はすでに確立されていて，MATRAS，DALI，ASHなどのプログラムが開発されている。

≫ RMSD

重ね合わせを行なう際の2つの構造間の相違度の指標として，RMSD（根平均二乗偏差）がよく用いられる。RMSDは対応する原子間距離の二乗の平均値の平方根であり，以下の計算式によって求めることができる。

$$RMSD = \sqrt{\frac{1}{N}\sum_{i=1}^{N}(d_{A-B,\,i})^2}$$

ここで，Nは重ね合わせた原子の数，$d_{A-B,i}$はタンパク質分子Aおよび分子Bにおいてi番目の対応する原子間距離を表わす。**図1**の例では，RMSDはおよそ1.6Åとなる（$\sqrt{(1.9^2+1.2^2+1.3^2+2.0^2+1.5^2)/5}=1.611$）。RMSDが小さいほど両者の構造は似ていると考えられる。

≫タンパク質の類似度の表現法

タンパク質のアミノ酸配列や核酸の塩基配列の一致度（保存度）は，ペアワイズアラインメント[▼3-2]をしたときに対応するアミノ酸や塩基どうしの一致度（%）で表わす（**図2**）。これに対して立体構造のちがいはさまざまな方法で表わせるが，対応する原子間の距離のRMSDで表わす方法が最も一般的である。もし，2つのタンパク質の立体構造が完全に一致すればRMSDは0になり，構造に差があればRMSDはその差分に対応して大きくなる。

≫構造アラインメント

タンパク質の立体構造を重ね合わせによって比較するためには，2つのタンパク質のアミノ酸残基の対応づけをしなければならない。比較したいタンパク質のアミノ酸配列が類似している場合は，配列アラインメント[▼3-2]により容易に対応づけできるが，配列の類似性が低い場合は配列アラインメントの信頼性が低くなるので，立体構造の重ね合わせを使ってアラインメントを評価したほうがよい。その際，二次構造要素どうしの対応づけをして大雑把に構造を重ね合わせたあと，その重ね合わせで接近したアミノ酸残基を暫定的に対応させて再び重ね合わせを行なうなど，繰り返し対応づけを改良していく手法が一般的である。この空間的なアミノ酸残基の対応づけは，アミノ酸配列の類似性に基づく配列アラインメントに対して，構造アラインメントとよばれる（**図2**）。一般に，配列類似性が低いタンパク質どうしの構造アラインメントは，同じタンパク質どうしの配列アラインメントよりも正確な残基間の進化的対応関係を表わしていると考えられる。

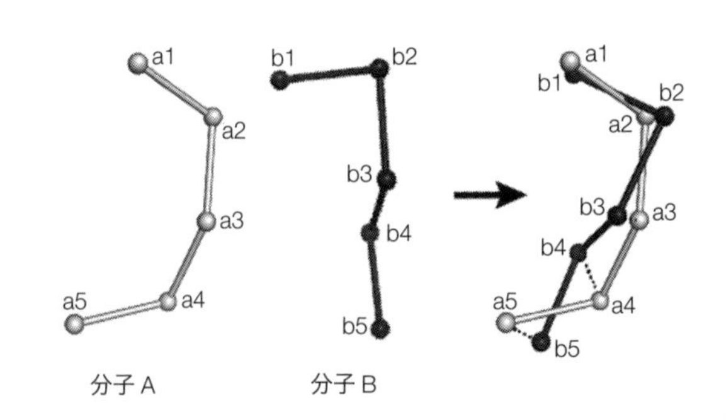

図1. 構造重ね合わせ

分子Aと分子Bの各アミノ酸残基のC_α原子を球で，C_α間のつながりを棒で示している。2つの分子の原子座標を重ね合わせ，それぞれの対応原子間距離からRMSDを求める。a1–b1：1.9Å，a2–b2：1.2Å，a3–b3：1.3Å，a4–b4：2.0Å，a5–b5：1.5Å，RMSD＝1.6Å。

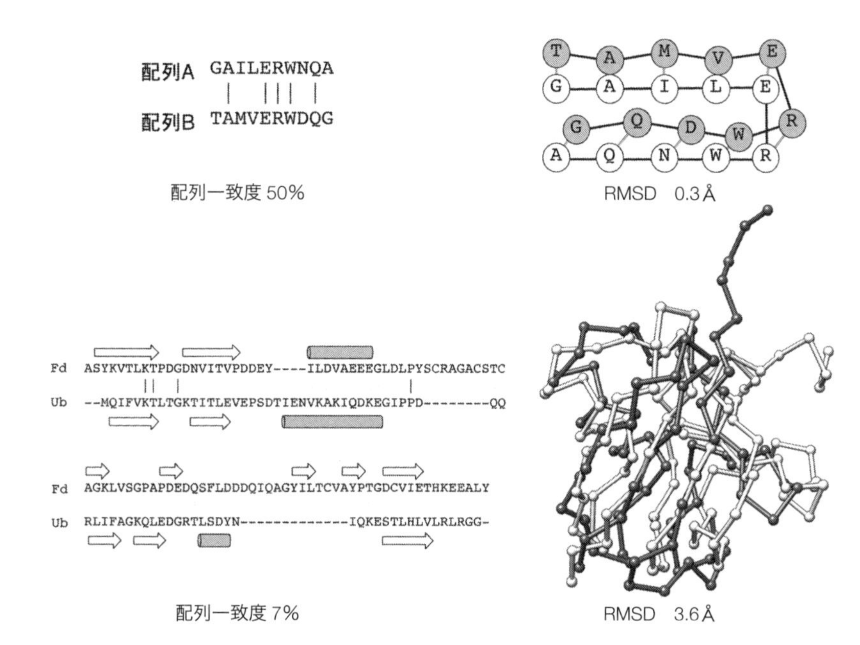

図 2. 配列一致度と RMSD

(上)2つのアミノ酸配列のアラインメント(ペアワイズアラインメント；左)で対応したアミノ酸残基(C_α原子▼4-1)を重ね合わせて RMSD を求める。(下)フェレドキシン(Fd；光合成過程などで電子伝達を行なうタンパク質)とユビキチン▼1-11(Ub)の配列アラインメントと構造アラインメントの実例を示す。この例では2つのタンパク質のあいだで 57 個のアミノ酸(C_α原子)を重ね合わせることが可能で，その際のアミノ酸配列一致度はわずか 7% であるが，RMSD は 3.6Å であり，立体構造はよく似ていることがわかる。配列アラインメントのアミノ酸配列の上下には，それぞれのタンパク質の二次構造▼1-9(灰色円柱はαへリックス，白矢印はβストランドを表わす)を示しており，二次構造の配置がよく似ていることがわかる。配列一致度 7% は，無関係な配列間で偶然に期待される値と有意な差はなく，この場合はアミノ酸配列だけからこれらのタンパク質の類似性を発見することは困難である。

第4章 構造解析

練習問題 出題▶H24（問 56） 難易度▶B 正解率▶62.7%

それぞれ 5 アミノ酸残基(残基 A1〜A5 と残基 B1〜B5)からなる 2 つのペプチドの立体構造を重ね合わせたとき，対応する残基の C_α原子間距離が以下の通りであった。この構造重ね合わせの C_α原子間 RMSD(Root Mean Square Deviation)値としてもっとも適切なものを選択肢の中から 1 つ選べ。

A1-B1 間 3.0Å
A2-B2 間 1.0Å
A3-B3 間 0.0Å
A4-B4 間 1.0Å
A5-B5 間 3.0Å

1. 1.5Å
2. 1.6Å
3. 2.0Å
4. 5.0Å

解説 RMSD の計算式に当てはめると，$\sqrt{(3.0^2+1.0^2+0.0^2+1.0^2+3.0^2)/5}=2.0$Å となり，選択肢 3 が正解であることがわかる。

参考文献

1)『はじめてのバイオインフォマティクス』(藤博幸編，講談社，2006) 第 2 章
2)『タンパク質の立体構造入門』(藤博幸編，講談社，2010) 第 3 章
3)「MATRAS」(タンパク質構造比較) http://strcomp.protein.osaka-u.ac.jp/matras/
4)「DALI」(タンパク質構造比較) http://ekhidna.biocenter.helsinki.fi/dali/
5)「ASH」(タンパク質構造比較) https://pdbj.org/help/ash

構造重ね合わせによるタンパク質立体構造の保存性分析

Keyword 配列類似性，アミノ酸保存度解析，立体構造類似性，基質結合部位

タンパク質の立体構造の一致度を評価することを，構造の保存性分析という。通常，２つのタンパク質のアミノ酸配列が非常に似ているならば，立体構造も似ていると考えられる。ところが，配列の類似性が低くてもタンパク質の立体構造は良く保存されることが多い。そこでどのくらいの配列の保存度（類似度）があればどのくらい立体構造が似ているのか評価する研究が多くなされてきた。

≫配列類似性と立体構造類似性

相同なタンパク質においては，アミノ酸置換が蓄積してアミノ酸配列の一致度が低くなっても立体構造は保存される場合が多い。配列の一致度と立体構造の一致度の関係はどのようになっているのだろうか。

配列一致度100％のまったく同じタンパク質は，完全に同じ構造になるように思える。しかし実際は，RMSDは0にはならない場合がかなりある(**図1**)。これはタンパク質自体が，熱振動をしていたり，機能する過程で大きく構造を変化させたりするからである。立体構造(原子座標)はこのような動きの瞬間をとらえたスナップショットであるので，同じ配列でも立体構造に差が出る。配列の一致度が高ければ，RMSDは平均して1～2Å程度に収まる。この関係性は，お互いの配列一致度が低下しても20％程度までであれば，RMSD値が徐々に大きくなりながらも維持される。この場合，２つのアミノ酸配列は同じ起源のホモログであると考えられ，構造が類似するのは妥当であるといえる。配列一致度が20％程度よりも低くなると，RMSDが大きい(＞3Å)場合が急激に増えてくる。経験的にはRMSDが6Å以上であればまったく異なるフォールド[▼4-2]であるとされる。一方で，配列一致度が20％以下であっても，RMSDが小さい場合が少なからず存在しており，これは配列上の類似性が低くても，立体構造を比較することによって認識できる相同タンパク質があることを示唆している。

≫機能部位の保存性

２つの機能がよく似ているファミリー[▼4-4]に属するタンパク質のアミノ酸配列をアラインメントすると，配列全体の一致度は一般に30％以上を示すが，基質結合部位などの機能を担うアミノ酸残基に限定すると，配列全体の場合の一致度よりも高い配列一致度を保ち，立体構造もその周辺領域は保存性が高い場合が多い。これは，生物進化の過程で遺伝子変異が許容される割合が，アミノ酸配列上の位置(部位)により異なるためである。タンパク質の機能発現に必要な活性部位(酵素[▼1-12]で化学反応を触媒する)，他の分子を結合する相互作用部位(結合される分子をリガンド分子とよぶ)，あるいは立体構造形成に重要なアミノ酸残基は保存される傾向が高い。この経験則をより配列一致度の低いタンパク質に広げて，アミノ酸保存度から機能部位を判定することができる。多数の相同タンパク質[▼5-8]のアミノ酸配列をマルチプルアラインメント[▼3-6]する，あるいは進化的隔たりの大きいタンパク質の立体構造の重ね合わせ[▼4-7]を行なうことで，保存残基を特定し立体構造上で観察すると，おおむね１カ所に集中して基質結合や触媒機能にかかわっていることがわかる。**図2**は，ペプチド分解酵素キモトリプシン[▼4-3](ChT)とウイルスNS3プロテアーゼ(NS3)の例を示している。構造の重ね合わせから特定された保存部位は12カ所だけであるが，そのうち２つは活性部位Asp102とHis57(黒で示した側鎖)である。また,その他の保存部位のいくつかも,**図2**に灰色で示したリガンド(酵素の活性を抑える阻害剤)に近い位置に存在し，機能的に重要であると推定される。このような解析を保存部位のマッピングという。

逆に，アミノ酸が大きく変化したり，欠失[▼3-2](“–”で表わす。ギャップともいう)している部位は，タンパク質の表面に多い。これは，活性部位や相互作用部位以外の分子表面での変化は，タンパク質の構造と機能への影響が比較的少ないためである。機能は基質結合部位の原子の空間配置により規定されることが多いので，同じフォールドをもつ２つのファミリーであっても，機能部位の構造が異なるために別の機能をもつケースや，全体のフォールドが異なる２つのファミリーであっても，機能部位の原子配置が類似した構造モチーフ[▼4-3]をもっていて，同一の機能をもつケースも見られる。

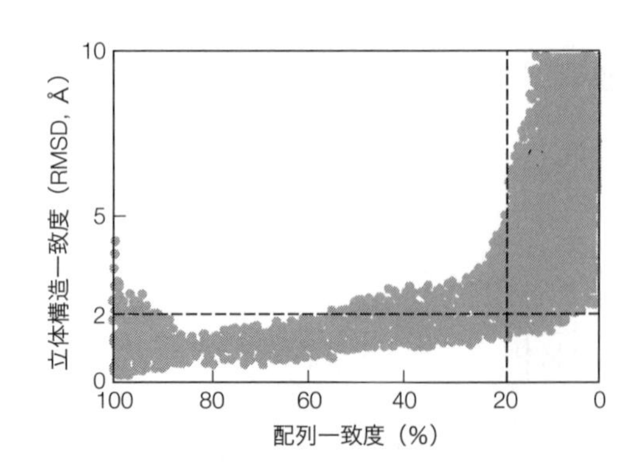

図1. 配列類似性と構造類似性の関係性
構造解析されたタンパク質のすべての組合せのあいだでの配列一致度(横軸)に対して，構造一致度(縦軸)の関係が示されている。

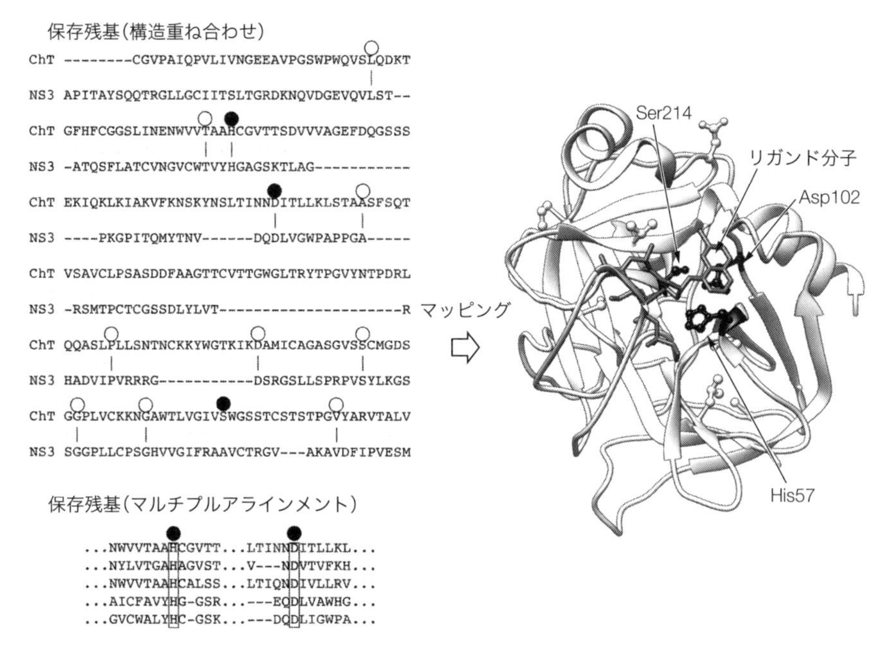

図 2. アミノ酸保存部位のマッピング

アミノ酸の保存部位は，構造重ね合わせやマルチプルアラインメント（左）で効率的に絞り込むことができる。図では特定された保存部位（丸印）をキモトリプシンの立体構造上にマッピングし，球棒モデルで示している（右）。リガンド分子は灰色の棒モデルで示されている。黒で示した3つの活性部位アミノ酸残基の配置〔ただし，Ser214 は NS3 プロテアーゼではアラニン（A）に置換されている〕はズブチリシンなどにも見られる構造モチーフ▼4-3 だが，キモトリプシンとズブチリシンはフォールドが異なるのに対して，ここに示したキモトリプシンと NS3 プロテアーゼは 4.2 Å の RMSD で構造重ね合わせ可能な同じフォールドであるので，アミノ酸配列一致度は 9% と低いものの遠く隔たった相同タンパク質であると推定される。

練習問題 出題 ▶ H24（問 60） 難易度 ▶ C 正解率 ▶ 74.5%

タンパク質のアミノ酸配列の一致度，立体構造の違い，および相同性についてもっとも不適切な記述を選択肢の中から1つ選べ。

1. アミノ酸配列の一致度が 30% 以上なら，多くの場合，C_{α} に関する RMSD（立体構造の違い）は数 Å 以下である。
2. アミノ酸配列の一致度が 100% であっても，実験条件の違いなどによって，立体構造が多少異なる場合がある。
3. 立体構造の違いが数 Å 以下であっても，アミノ酸配列の一致度が 30% 未満であれば，相同である可能性はない。
4. 相同で機能の保存されたタンパク質を立体構造でアラインメントした場合，アミノ酸配列の一致度が 30% 以下であっても，機能部位の位置は対応し，そのアミノ酸種は同一であることが多い。

解説 **図 1** のプロットの変化をだいたい理解していれば答えられる問題である。**図 1** を見ると，2つのタンパク質のアミノ酸配列一致度が 30% 以上であれば，RMSD は数 Å 以下に収まっている場合が多い。たまに，10 Å 以上の場合も見られるが，これはまれな例外である。このことから，選択肢 1 の内容は正しい。**図 1** でアミノ酸配列の一致度 100% の領域を観察すると，RMSD は 0 にならない（構造が異なる）場合が見られる。これは，さまざまな実験条件によって異なるタンパク質の動きをとらえたスナップショットを比較していることを意味しており，妥当な結果である。したがって選択肢 2 の内容は正しい。

図 2 の例のように，RMSD で表わされる立体構造のちがいが数 Å 以下であれば，アミノ酸配列全体の一致度が 30% 未満であっても少なくとも立体構造が似ているため，同じ先祖から発生した相同なタンパク質である可能性を否定することはできない。したがって選択肢 3 の内容はまちがいであり，これが正解である。機能の保存された相同なタンパク質であれば，機能部位の一致度は全体の一致度よりも高くなることが経験的に知られている。したがって選択肢 4 の内容は正しい。

参考文献

1）『タンパク質の立体構造入門』（藤博幸編，講談社，2010）第 4 章

タンパク質立体構造による相互作用分析

Keyword 超分子，分子認識，相互作用，構造変化

タンパク質などの生体高分子が，単独で機能することはほとんどない。酵素は化学反応を促進するために基質分子を結合する。また，酵素以外のタンパク質も他のタンパク質と結合して複合体（超分子）を形成し，その複合体の立体構造が機能に重要な役割を果たす。タンパク質はアミノ酸残基によって形成された固有の原子空間配置をつかって，その他の分子を特異的に結合（分子認識）するが，その位置や結合状態の構造が実験的に明らかになっている場合はまれであるので，計算的手法を使ってこれらを予測する方法が工夫されている。

≫立体構造による相互作用解析

タンパク質立体構造の重ね合わせで，配列保存度だけでは不明な相互作用による構造変化を解析できる。**図1**上の例は，糖結合タンパク質のリガンド(糖)を結合していない構造と結合した構造の重ね合わせだが，リガンド分子が2つのドメインのあいだに結合することで，タンパク質が開いた構造(オープン構造；白色)から閉じた構造(クローズ構造；濃灰色)に変化することがわかる。また，さらに複雑な構造変化によるタンパク質機能制御の例が，タンパク質キナーゼ(タンパク質リン酸化酵素)の活性構造と不活性構造の比較である(**図1**下)。キナーゼはタンパク質をリン酸化して細胞内シグナル伝達[▼1-13]を行なうので，その活性は厳密に制御されている。不活性状態では，キナーゼドメインのチロシン残基がリン酸化されて*O*-ホスホチロシン[▼1-11]になり，機能に不適当な立体構造をとるが，細胞外からシグナルを受けると修飾リン酸が分解され活性構造になる。このとき，不活性状態では立体構造をもたない活性化ループの構造が安定化されるが，このような通常は立体構造をとらない(変性している)領域を天然変性領域(intrinsically disordered region；IDR)あるいは天然変性タンパク質(intrinsically disordered protein；IDP)とよぶ。IDRやIDPはタンパク質の機能制御に深くかかわることが明らかになってきている。

≫分子ドッキングによる相互作用予測

これらの例からもわかるように，タンパク質の相互作用予測は生体分子の理解と制御に重要であり，医薬品の設計(ドラッグデザイン)にも利用される。**図2**下の例はインフルエンザウイルスの酵素の活性部位に結合した医薬品を示しているが，医薬品は活性部位をブロックして酵素の機能を阻害し，ウイルスの伝播を防ぐ。

コンピュータにより分子間相互作用を予測する方法をドッキングシミュレーションという。タンパク質に対するリガンドの位置を特定(ドッキング)する計算は膨大になる傾向がある。通常は，最初にリガンド結合部位を予測し，予測結合部位に対してタンパク質－リガンド間相互作用を詳細に検討する2段階の予測を行なう。**図2**下の例のように，結合部位はリガンド分子の形状に一致したくぼみ(ポケット)や溝(クレフト)である場合が多い。リガンドはこれら特定の表面上で，水素結合[▼4-2]，静電相互作用，疎水性相互作用などのタンパク質内部と同様の非共有結合で安定化される。これを「鍵と鍵穴」モデルとよぶ。相互作用面はタンパク質の空間充填モデル上で水分子に模した半径1.4Å程度の球を転がしたときに，球の中心がなぞる面(溶媒可接触面，accessible surface；**図2**上左。この面積をaccessible surface area；ASAとよぶ)や，その球が入れない領域の境界面(コノリーサーフェス)で定義される(**図2**上右)。

また，相互作用部位をタンパク質表面のアミノ酸の性質から予測する方法も多数考案されている。たとえば，リガンドとの複合体構造が解明されたタンパク質を調査して，目的のリガンドに類似した分子に接触したアミノ酸の統計からアミノ酸傾向値を求める。アミノ酸aが

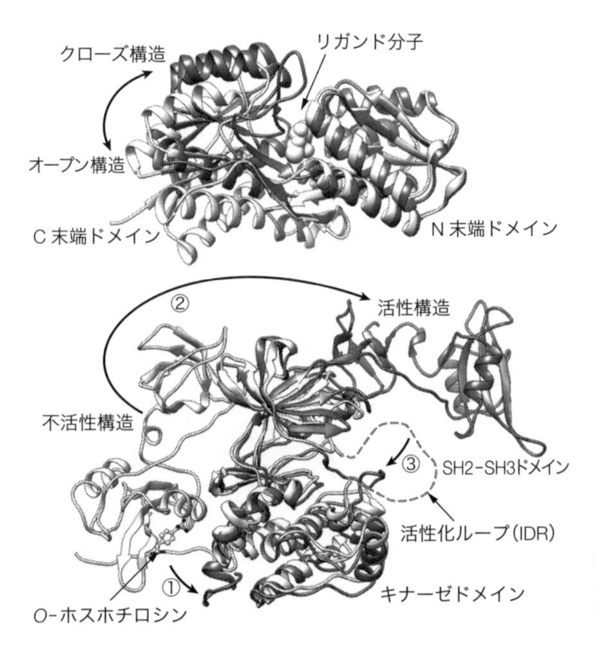

図1. 分子間相互作用によるタンパク質の構造変化
(上)糖結合タンパク質の構造変化。リガンド(糖)が結合して，オープン構造(白色)からクローズ構造(灰色)に変化する。(下)翻訳後修飾アミノ酸の相互作用によるキナーゼの活性化。*O*-ホスホチロシンのリン酸分解で，キナーゼドメインのC末端はSH2-SH3ドメインから離れ(①)，SH2-SH3ドメインは解放されて大きく移動する(②)。最終的に活性化ループが構造をとって活性化される(③)。

一般に分子表面に観察される割合が$p_s(a)$，同アミノ酸がリガンド相互作用部位に現われる割合が$p_i(a)$であったとき，アミノ酸類似性スコア▼3-3と同様に対数オッズ比$\log(p_i(a)/p_s(a))$を求め，この傾向値スコアが高いアミノ酸が集中する部位を探索する。

予測された結合部位にリガンドをドッキングするためには，分子シミュレーション▼4-12によりエネルギー的に安定な位置を探索する，または水素結合可能な位置などの情報をあらかじめ求めて，リガンド側の原子配置と高速に照合するなどの手法がとられる。

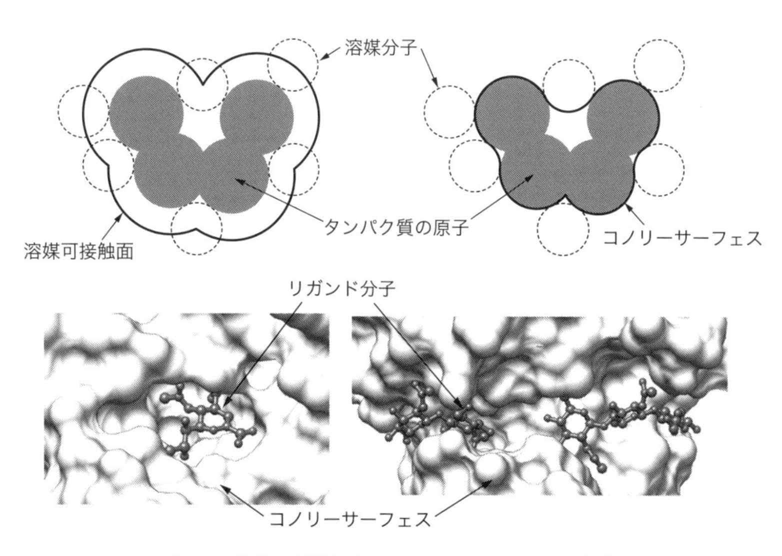

図2. 溶媒可接触面とコノリーサーフェスの定義
(上)溶媒可接触面は溶媒球の中心(右図の太線)，コノリーサーフェスは溶媒球が入れない領域の境界面(左図の太線)である。(下)コノリーサーフェスで表わしたポケット(左；タンパク質はインフルエンザウイルスの酵素で，抗インフルエンザ薬が結合している)とドメイン間のクレフト(右)。クレフトは糖鎖や核酸などの比較的大きなリガンドの結合に用いられる傾向がある。

練習問題 出題▶H24（問59） 難易度▶B 正解率▶63.6%

タンパク質の分子間結合部位の特徴について，もっとも不適切な記述を選択肢の中から1つ選べ。

1. 核酸分子は負に帯電しているため，タンパク質の核酸結合部位には正の電荷をもつグルタミン酸，アスパラギン酸が多く見られる。
2. 低分子との結合部位は，結合分子を覆い囲むようなポケット型の形状となっていることが多い。
3. 核酸やタンパク質など高分子との結合部位は，ポケット型の形状ではないことも多い。
4. 他の分子が結合することで，結合部位周辺の立体構造が，開いた形から閉じた形へ変化することがある。

解説 基質やリガンド分子などの低分子量の分子(低分子)は原子数が少ないので，特異的に認識するためにはタンパク質が低分子の表面を大きく覆う必要がある。このため低分子は多くの場合タンパク質表面にあるポケット(くぼみ)に結合する。このとき，さらに接触面積を増やすために，タンパク質の一部がポケットに入った低分子を蓋状に覆い囲む，あるいはタンパク質ドメイン間の溝(クレフト)に結合した低分子をドメインが閉じるように包み込む場合もよく見られる。一方，タンパク質の結合相手がDNA，RNAなどの核酸▼4-5やタンパク質などの高分子である場合は，対象分子を覆い囲むことは困難であるので，その場合の結合部位はポケット状の構造をしていない場合が多い。いずれの場合もタンパク質と対象分子のあいだには，静電相互作用，水素結合，ファンデルワールス力，疎水性相互作用などの物理化学的な相互作用▼4-2が形成される。たとえば核酸はリン酸骨格が負に帯電しているので，これらに結合するタンパク質は正電荷による静電相互作用を形成することが多いが，正電荷をもつアミノ酸▼1-8はリジン，アルギニン，ヒスチジンなどであるので，負電荷をもつグルタミン酸，アスパラギン酸をあげている選択肢1は不適切であり，これが正解である。

参考文献

2)『タンパク質の立体構造入門』（藤博幸編，講談社，2010）第3章

4-10 マップ分析

タンパク質立体構造のマップ分析

Keyword 立体化学，ドメイン，コンタクトマップ，ラマチャンドランマップ

多くのタンパク質は数千〜数万の原子からなる複雑な分子であるので，その立体構造のようすを理解するのは難しい。そこで，タンパク質の構造を簡単に把握するために各種のマップ分析法が工夫されている。ここでは分子内の相互作用を解析するためのコンタクトマップと，主鎖構造の概要を把握するためのラマチャンドランマップについて説明する。

≫コンタクトマップ

タンパク質のフォールド[4-2]は，ポリペプチド鎖上の特定のアミノ酸残基同士が接触(コンタクト)することで形成される。そこで**図1**のように，タンパク質内でどのアミノ酸残基が接近しているかコンタクトマップを描いて調べると，フォールドの概要がわかる。コンタクトマップの縦軸と横軸にアミノ酸残基番号を展開し，対応するアミノ酸の組(**図1**の場合はiとj)のC_α原子間距離が一定の値以下の場合に対応するマス目を塗る。しきい値となる原子間距離は5〜10Åが目安になる(**図1**では8Å以下を黒，16Å以下を灰色で塗っている)。コンタクトマップからは以下のことを読み取ることができる。黒マスが集中している領域は，アミノ酸残基が密にコンタクトしているので，ドメインとよばれる立体構造上ひとまとまりの領域を形成する。図の抗体分子[1-12]ではN末端とC末端の2つのドメインが存在することがわかる。また2つのドメイン間にはコンタクトがほとんどない(**図1**左の点線内がほとんど塗られていない)ので，これらのドメインは構造上独立性が高いこともわかる。この2つのドメインは構造がよく似ており，免疫グロブリンフォールド[4-4]をもった遺伝子の重複によってできたと推定される。構造上独立性は構造上のドメインの定義の1つであり，コンタクトマップにより容易に同定できる。

このコンタクトマップを配列情報のみから予測することができれば，立体構造予測[4-11]における残基間距離の拘束条件として用いることができる。コンタクトマップ予測にはさまざまな機械学習手法[2-17]が適用され，とくに相同配列から取り出される共進化情報を利用する直接結合分析(Direct-coupling analysis)法の登場によって，その精度は近年飛躍的に発展し，立体構造予測精度の向上に大きく寄与している。

≫ラマチャンドランマップ

タンパク質のフォールドは，ポリペプチド鎖の化学結合の回転によるコンフォメーション変化によって形成される。ポリペプチド鎖ではペプチド結合は二重結合性があり自由に回転できないので[4-2]，C_α原子–アミノ基N原子間の結合の回転角ϕ(ファイ)角とC_α原子–カルボキシ基C原子間の結合の回転角ψ(プサイ)角の2つでそのおおよその構造が決定される[4-1]。R. A. ラマチャンドランによって提案されたラマチャンドランマップは，横軸にϕ角，縦軸にψ角をとり，対応する点にそれぞれのアミノ酸残基をプロットする。このマップは，構造がわかっているタンパク質内のアミノ酸による統計的分布から，もっとも好まれるmost favored領域(90%以上のアミノ酸は

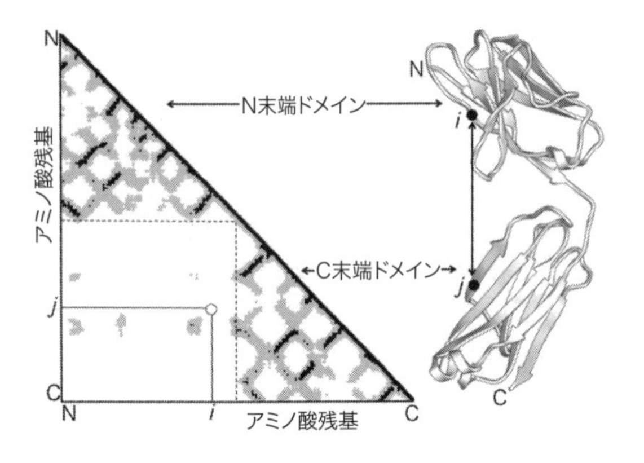

図1. 抗体分子(右)のコンタクトマップ(左)
βシート構造では，逆平行βシートは対角線に垂直に，平行βシートは対角線に平行に，コンタクトの黒線が現われる。

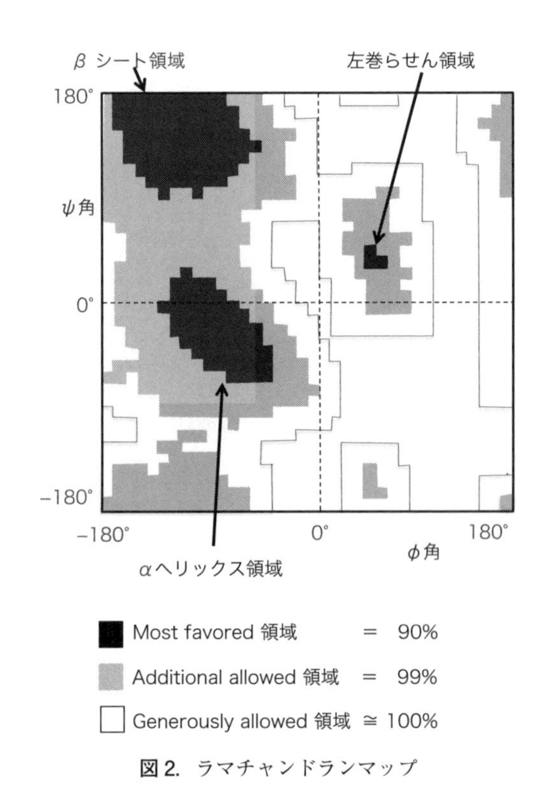

図2. ラマチャンドランマップ

この領域に入る。**図2**の濃灰色領域)，allowed 領域(同じく99%。**図2**の薄灰色)，generously allowed 領域(基本的に100%。**図2**の枠線内)に分かれる。most favored 領域は大きく3つに分かれており，それぞれαヘリックス領域，βシート領域，左巻き(ターン)領域[▼1-9]に対応する。ラマチャンドランマップから以下のことを読み取ることができる。まず，generously allowed 領域をはずれるアミノ酸が多いことはまれなので，そのような立体構造にはまちがいがある可能性が高い。よって，ラマチャンドランマップは実験的に求めた立体構造の検証に用いられる。また，そのタンパク質がおもにαヘリックスからなるのかβシートからなるのかを一目で判断することができる。アミノ酸の種類ごとにラマチャンドランマップを描くと，グリシンやプロリンなどのアミノ酸は，他のアミノ酸と異なる特徴的な分布をもっている(練習問題を参照)。

練習問題　出題▶H25（問58）　難易度▶A　正解率▶27.0%

タンパク質の主鎖の二面角ϕとψの二次元分布図はラマチャンドランマップとよばれる。ラマチャンドランマップは二次構造やアミノ酸ごとに分布に特徴があることから，タンパク質のモデル構造の質の評価などに用いられる。以下の3つのラマチャンドランマップA，B，Cは，アラニン，グリシン，プロリン(順不同)について，タンパク質の代表構造のデータセットからそれぞれのアミノ酸を抽出して作成したものである。アミノ酸とラマチャンドランマップの組み合わせとして，もっとも適切なものを選択肢の中から1つ選べ。

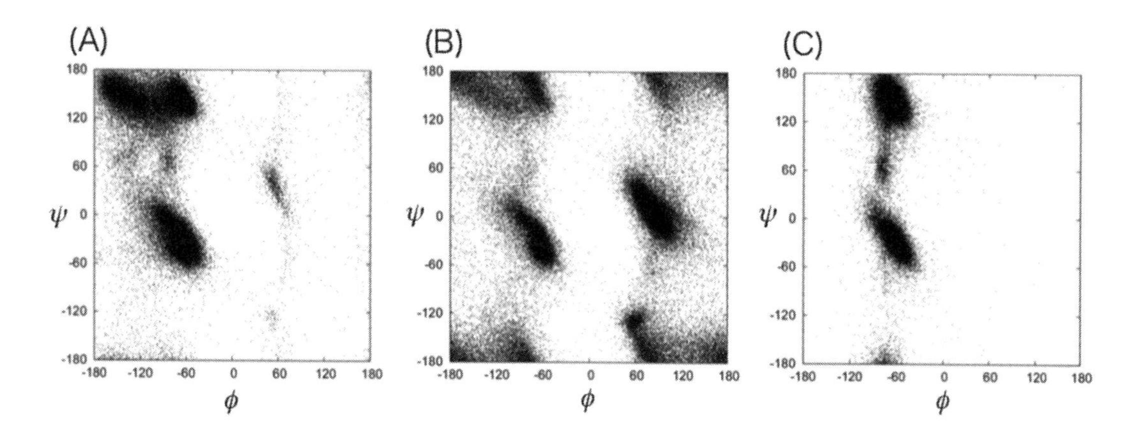

1. (A) アラニン　(B) グリシン　(C) プロリン
2. (A) グリシン　(B) プロリン　(C) アラニン
3. (A) プロリン　(B) グリシン　(C) アラニン
4. (A) グリシン　(B) アラニン　(C) プロリン

解説　(B)は一般のアミノ酸に見られない領域(右上$\phi = 180°$，$\psi = 180°$付近，右下$\phi = 180°$，$\psi = -180°$付近など。**図2**参照)にも頻度をもっている。これは側鎖原子がとても小さいアミノ酸は，主鎖原子との衝突が起こらないので通常より広い領域を取りうることに由来する。よってこのアミノ酸は，側鎖が水素原子(-H)のグリシンであると考えられる。(C)ではϕ角が$-40°$付近に固定されていることがわかる。これはプロリン[▼1-8]では側鎖がアミド基のN原子と共有結合しているので，ϕ角がほぼ固定されているためである[▼1-8]。(A)のラマチャンドランマップは，一般のアミノ酸残基が高頻度で出現する領域(most favored 領域)に頻度をもっているので，グリシン，プロリン以外のアミノ酸，すなわちこの場合はアラニンが適当であることがわかる。よって，選択肢1が正解となる。

参考文献

1)『構造生物学』(A. リリアスほか著，田中勲・三木邦夫訳，化学同人，2012) 第2章

タンパク質の立体構造を予測する方法

Keyword 二次構造予測，コンタクトマップ予測，ホモロジーモデリング，フォールド認識，*de novo* 予測法，*ab initio*予測法，深層学習

計算機によるタンパク質立体構造予測は，立体構造未知タンパク質の機能発現のメカニズムを知る上で重要である．立体構造予測手法には，データベースに登録されている他の立体構造を利用するホモロジーモデリング法やフォールド認識法，既知構造に依存しない *de novo*（デノボ）予測法，*ab initio*（アブイニシオ）予測法などがある。近年では，深層学習の応用が進み，*de novo* 予測法をベースにさまざまな手法を統合した手法が成功を収めている。古くから取り組まれてきた立体構造上のさまざまな特徴の予測とあわせて紹介する。

≫配列・構造特徴の予測

タンパク質の配列・立体構造中に見出される特徴的な部分配列や構造は，立体構造予測に役立つさまざまな情報を提供する。二次構造予測法は，アミノ酸配列中で二次構造[▼1-9]（αヘリックス，βストランド，それ以外）をとるアミノ酸残基を予測する。天然変性領域[▼4-9]予測は単量体としては特定の構造をとらない残基を予測する。また，コンタクトマップ[▼4-10]予測は，配列を構成するどのアミノ酸残基同士が接触するかを予測する。とりわけ相同配列から取り出される共進化情報を利用する直接結合分析（direct-coupling analysis）法により，その精度は近年飛躍的に向上した。

≫鋳型（テンプレート）を用いた立体構造予測

立体構造未知のタンパク質のアミノ酸配列（標的）と有意な配列類似性をもつ構造既知タンパク質がデータベース中に存在すれば，その既知構造を鋳型として，予測標的配列の構造予測を行なうことができる．鋳型構造を用いる予測では，鋳型配列と予測標的配列との正確なアラインメント[▼3-2]を必要とする。

≫比較モデリング法（comparative modeling）・ホモロジーモデリング法（homology modeling）

相同なタンパク質のフォールドはアミノ酸配列より保存される傾向にある[▼4-8]。比較モデリング法，またはホモロジーモデリング法は，この性質を利用する。まず，標的配列の類似配列の中から立体構造既知の配列を選び，この配列の立体構造を鋳型とする。次に，鋳型と標的配列のアラインメントを参照しながら，鋳型構造のアミノ酸を標的のアミノ酸に置換する。鋳型に対して標的側への欠失または挿入と見なされる部位は，それぞれ除去あるいは挿入してモデリングする。最後に，原子間の衝突や化学結合のゆがみを分子力学計算[▼4-12]等で排除し，標的の立体構造を予測する（**図1**上）。ホモロジーモデリング法では，標的と鋳型の配列類似度が高いほど予測精度は高い。配列一致度20%以上が，鋳型選択時の目安である。

≫フォールド認識法（fold recognition）

鋳型とする立体構造に相同性を仮定しない手法も存在する。データベース中には配列間の類似性が微弱であるにもかかわらず，立体構造が酷似している例が多く存在する．また，新規フォールドの報告数は年々減少し，自然界に存在するタンパク質フォールド数は有限である[▼4-4]と考えられている。これらの事実をもとに，フォールド認識法では標的配列を報告されているフォールドのいずれかに当てはめて立体構造を予測する。この方法は，アミノ酸配列をアラインメントするのと同様に立体構造（3D）とアミノ酸配列（1D）をアラインメントするので3D-1D法，あるいは，アミノ酸配列を糸（スレッド）として立体構造を裁縫するイメージから，スレッディング法とよばれる。

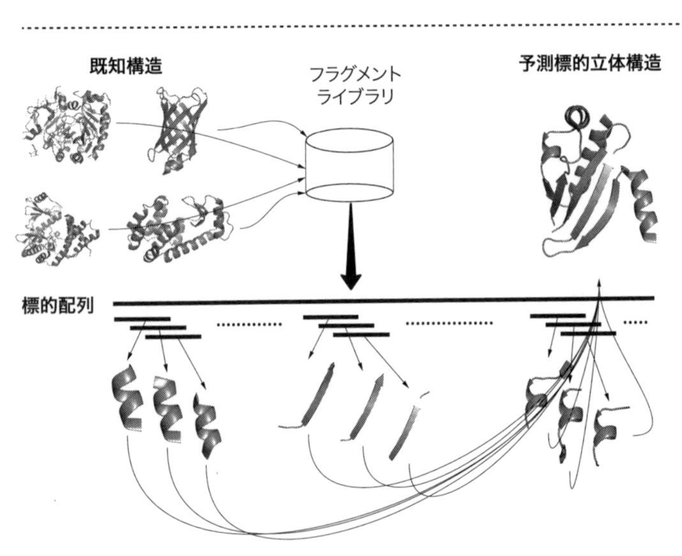

図1. ホモロジーモデリング法（上），フラグメントアセンブリ法（下）の概略

≫鋳型を用いない立体構造予測

分子動力学を用いた *ab initio* 法や，データベース中から部分的に類似した断片を取得して組み合わせるフラグメントアセンブリ法に代表される *de novo* 法は，鋳型立体構造が存在しない場合でも適用できる。

≫ *ab initio* 法

タンパク質の立体構造は，アミノ酸配列の物理化学的性質によって規定される。したがって，物理学の原理に基づいた分子動力学シミュレーション[4-12]により，タンパク質の折りたたみ[1-9]（フォールディング）過程を計算機によって再現することで立体構造を予測する方法が存在する。しかし，必要な計算機資源が膨大で，汎用的な計算機上では対象タンパク質のサイズが大きく制限される。

≫ *de novo* 法

アミノ酸配列全体の類似性ではなく，部分的な類似性に着目した予測法がフラグメントアセンブリ（fragment assembly; FA）法（**図1下**）に代表される *de novo* 予測法である。FA法では，標的配列を短い断片（フラグメント）に分割し，断片ごとによく似た特徴をもつ部分配列を既知構造データベースから検索する。そして収集した断片構造を組み合わせ，全体構造を構築する。データベースに未登録の新規フォールドであっても，その断片構造はデータベースに存在することが期待され，それらを組み合わせることで全体を予測できる可能性がある。FA法は新規フォールドの設計[4-15]にも有効である．

≫近年の改善

近年の構造予測コンテストCASPでは，RosettaやI-TASSERなど，鋳型を用いた予測法と鋳型を用いない *de novo* 法による予測の両方を組み合わせた複合的な予測手法が成功を収めている。また，深層学習[2-19]を高度に利用したAlphaFold2が開発され，CASP14で他を圧倒する高い性能を示した。AlphaFold2は，注意機構（attention mechanism）を用いたTransformerという深層学習の方式を採用している。標的配列に対するマルチプル配列アラインメントの生成と鋳型構造の検索をまず行ない，それらを符号化したあと，各残基の局所構造と接触残基ペアを推定する“Evoformer”というブロック，Evoformerの出力を利用して原子の3次元座標を改善する“structure module”というブロックを通して予測が行なわれる。また，一度出力された予測を再びEvoformerの入力とし，反復的に構造を改善させる（recycling）。鋳型構造を使用しなくても，性能はさほど低下せず，*de novo* 法としても高い性能をもつ。同様の設計方針で，やはり深層学習を用いたRoseTTAFoldも提案されている。これらの深層学習の手法では，従来，独立に行われてきた，二次構造予測，共進化を利用したコンタクトマップ予測[4-10]，局所構造予測，主鎖原子の座標生成，側鎖原子の座標生成がすべて一連のニューラルネットワークの中に組み込まれている。ただし，予測の計算コストは高く，学習時にはさらに莫大な計算資源が必要とされている。こうした深層学習を用いた予測法の精度は従来法の精度をはるかに上回るため，X線結晶解析[1-21]の分子置換法や，クライオ電子顕微鏡[4-14]の3Dマップの解釈にも使われ始めている。

練習問題 出題▶H22（問61）改変　難易度▶A　正解率▶43.5%

立体構造を推定したいタンパク質のアミノ酸配列があるが，PDB（Protein Data Bank）に登録された分子に対してBLASTによる配列検索をしたところ，有意な類似性を示すタンパク質は見つからなかった。この後に試みる予測法としてもっとも不適切なものを選択肢の中から1つ選べ。

1. フォールド認識法
2. *de novo*（*ab initio*）構造予測法
3. 二次構造予測法
4. ホモロジーモデリング法

解説 配列検索を行なうBLAST[3-5]によって配列類似性を示すタンパク質が見つからなかったということは，相同性（ホモロジー）を利用した方法が利用できないことを意味する。よってホモロジーモデリングが不適切であることは明らかであるので，選択肢4が正解である。選択肢1はBLASTでは見つからないような微弱な配列類似性を見出す方法，選択肢2はタンパク質の物理化学的性質のみから立体構造を推定する方法であるからBLASTでうまくいかない場合に試みる予測法として適切である。選択肢3は，立体構造を直接的に予測する方法ではないが，αヘリックスやβストランドを取りうる領域の情報が得られるため，必ずしも不適切であるとはいえない。

参考文献

1)『よくわかるバイオインフォマティクス入門』（藤博幸編，講談社，2019）第3章 タンパク質の立体構造解析
2)『タンパク質の立体構造入門』（藤博幸編，講談社，2010）第5章

4-12 分子動力学法

分子動力学法による分子運動のシミュレーション

Keyword 分子動力学法（MD），力場，分子力学法

タンパク質などの分子を構成する原子は常に運動し続けているが，X線結晶解析などの実験的手法で求められる立体構造は，それらの平均像として静止状態で得られる。原子の運動による構造変化は，タンパク質の機能や相互作用の特異性に重要な役割を果たすことが多い。この，実験的には求めることが困難なタンパク質分子の運動を，コンピュータを使って再現する手法が分子動力学法である（molecular dynamicsの頭文字でMD（エムディー）とよばれることが多い）。

≫分子シミュレーションと分子動力学法

分子シミュレーションは分子の立体構造を計算機上に表現し，物理法則に従って分子を動かしていくことでその動的性質を調べたり，安定構造を探索したりする計算手法である。とくにニュートン力学に基づいて分子の運動を計算する方法を分子動力学法(molecular dynamics；MD)といい，よく用いられている。MDでは，まず3次元空間上の粒子(原子)の集合を初期構造として用意し，下記の手順に従って分子の運動を計算していく。(1)与えられた立体構造についてポテンシャルエネルギーを計算する。(2)ポテンシャルエネルギーの微分をとることで，各原子に働く力を計算する。(3)ニュートンの運動方程式(力＝質量×加速度)より，各原子の速度を更新する。(4)各原子の現在位置と速度から，微小時間(Δ t)後の位置を求める。更新された位置を用いて(1)から(4)の手順を繰り返すことで，Δtごとの各原子の位置を逐次計算していく。Δtは通常1～2fs(フェムト秒，10^{-15}秒)程度である。結果として，各時点での立体構造データ(原子座標)が得られ，これをトラジェクトリとよぶ。

≫力場

上記(1)でのポテンシャルエネルギー計算には，経験的に決められた関数とパラメータを用いる。これらをまとめて力場(りきば)と言い，AMBER力場やCHARMM力場などさまざまな力場が開発されてきた。基本的には，ポテンシャルエネルギーは共有結合性と非共有結合性の2種類から計算される。共有結合性ポテンシャルは共有結合した2原子間の距離，3原子間の結合角，4原子間の二面角によって定義され(**図1**左)，バネ関数で表現されることが多い。非共有結合性ポテンシャルは直接共有結合しない2原子間の距離に応じたポテンシャルであり，おもにファンデルワールス相互作用，静電相互作用▼4-2の2つがある。ファンデルワールス相互作用にはレナードジョーンズ関数(**図1**右)がよく用いられている。静電相互作用は2つの原子の電荷に依存し，2つの原子が同符号なら反発，異符号なら引きつけ合う。各関数のパラメータは原子の種類毎に決める必要があり，実験データや量子化学計算に合うよう調整される。このような力場によってポテンシャルエネルギーを計算する方法を分子力学法(molecular mechanics；MM)という。

≫さまざまな分子シミュレーション手法

分子シミュレーションにもさまざまな方法があり，分子をどの程度詳しく扱うか，そして分子をどのように動かすのか，の2つの観点から整理できる。上記のように原子1つひとつを扱う方法は全原子モデルとよばれるが，原子の集まり(たとえばアミノ酸1残基)を1つの粒子として近似する場合もあり，これは粗視化モデルとよばれる。電子レベルでの解析には，シュレーディンガーの波動方程式に基づいて電子状態を求める量子化学計算が用いられる。一方，分子の動かし方としては前述のMDの他に，モンテカルロ(Monte Carlo；MC)法や，エネルギー極小化(energy minimization)計算等がある。MCはMDと異なり，時間や速度の概念がなく，運動方程式も用いない。ランダムに分子を動かし，エネルギーと乱数を評価してその構造を採択するか，元に戻るかを選ぶ。これを繰り返して構造集団を生成する。MDとMC

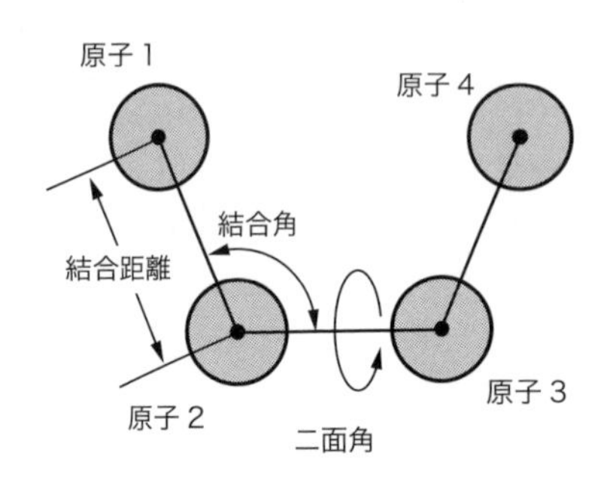

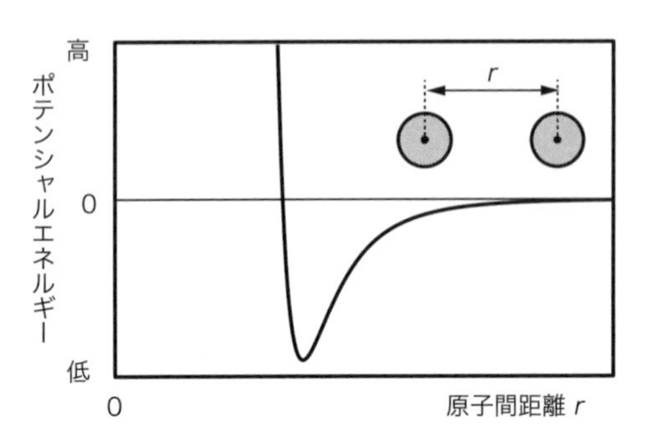

図1. 共有結合性ポテンシャル(左)とレナードジョーンズポテンシャルの関数形(右)

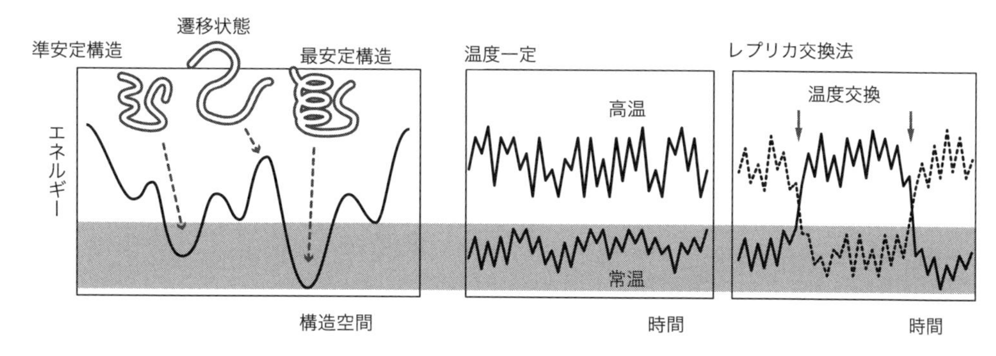

図 2. 分子シミュレーションによる構造空間の探索
(左)横軸は分子のとり得る多様な構造を表現する空間を模式的に示したものである。縦軸は各構造のとるエネルギーである。複数の安定構造があり，他の安定構造に移るためには高いエネルギーをもつ遷移状態を経なければならない。(中央)温度一定のシミュレーションを行なった場合のエネルギーの経時変化を模式的に示している。灰色の帯で示すように，常温では高いエネルギー障壁を越えることができない。(右)レプリカ交換法を用いると，広いエネルギー範囲を往復できる。ここでは常温と高温で2本のシミュレーションを実行し，ある瞬間に2つのシミュレーションの温度を交換している。これを繰り返すことでエネルギー障壁を越え，さまざまな安定構造が得られることが期待される。

はいずれも設定した温度や圧力等の条件を反映した構造集団(アンサンブル)が得られる。エネルギー極小化計算はポテンシャルエネルギーが小さくなるように分子の構造を変化させていくもので，温度などの熱力学的な概念は考慮しない。

温度一定条件での MD や MC はエネルギー的に安定な構造に留まりやすいため，安定構造から抜け出して広い構造空間を調べるには長時間の計算が必要となる。この問題に対して MD や MC と組み合わせて利用するさまざまなサンプリング手法が考えられており，たとえばレプリカ交換法では温度などの条件のみが異なるシミュレーションを並列に複数実行し，それらのあいだで温度などの条件を交換していくことで，広い構造空間を探索する(**図 2**)。

練習問題 **出題▶H22（問 56） 難易度▶C 正解率▶71.0%**

生体高分子の立体構造解析に用いられる計算手法のうち，分子動力学法と分子力学法に関する以下の記述において，不適切なものを選択肢の中から1つ選べ。

1. 分子動力学法は，英語では Molecular Dynamics であり，MD という略称も使われる。
2. 分子力学法は，英語では Molecular Mechanics であり，MM という略称も使われる。
3. 分子動力学法では，分子を構成する各原子の運動は，ニュートンの運動方程式で記述される。
4. 分子力学法では，分子を構成する各原子の運動は，シュレーディンガーの波動方程式で記述される。

解説 シュレーディンガーの波動方程式は電子の軌道を計算するものであり，原子運動を直接計算するものではしない。その他の選択肢は本文の解説のとおり正しいので，選択肢4の内容がもっとも不適切であり，これが正解である。通常の MD 法と MM 法では電子を扱わない。しかし実際には，電子局在による分極が生体高分子の機能に重要な役割を果たす場合もあり，そのような場合には量子化学計算が使用される。活性中心など部分的に量子化学計算を用い，全体を MM で扱う場合には QM/MM(quantum mechanics/molecular mechanics)法ともよばれる。

参考文献

1)『タンパク質計算科学』(神谷成敏ほか著，共立出版，2009）第4章

ケモインフォマティクスによる低分子化合物の情報処理

Keyword 化合物DB，SMILES，記述子，ligand-based drug design

生命情報を対象とするバイオインフォマティクスに対し，低分子化合物の情報処理を扱う分野をケモインフォマティクスとよぶ。バイオインフォマティクスではおもに核酸・タンパク質などの生体高分子を扱うことが多いが，生命活動には内在性リガンド，医薬品，代謝物など膨大な量の低分子化合物が関与しており，これらを情報科学的に取り扱うこともまた重要である。低分子化合物をどのように計算機上でデータとして表現するか，どのように蓄積，検索，比較，評価するかが，ケモインフォマティクスにおける基本的な課題である。おもに創薬応用に向けて発展してきた分野であるため商用のソフトウェアが多いが，Chemistry Development Kit（CDK）やRDKitなどオープンソースのライブラリも充実してきている。

≫化合物データベース(DB)

これまでさまざまな低分子化合物が発見，合成され，沸点や溶解度，等電点のような物理化学的性質や，特定のタンパク質に対する活性値など，さまざまな分析がなされてきた。これら低分子化合物に関するデータを蓄積する公共DB[▼3-1]がいくつか存在する。代表的なものとして，欧州バイオインフォマティクス研究所(EBI)が運営するChEMBL，米国立生物工学情報センター(NCBI)によるPubChemなどがあり，いずれも100万種以上の低分子化合物データが登録されている。低分子化合物結晶の立体構造データ(原子座標)はCambridge Structural Database(CSD)に収集されている。ZINCは市販されている低分子化合物を収集したデータベースであり，ドッキング計算[▼4-9]用の3Dデータ等も提供している。

≫データ記述方法とSMILES

低分子化合物の構造は基本的にはラベル付きの無向グラフ[▼2-6]と考えられる場合が多いが，立体化学[▼4-1]を考慮する必要がある場合や，3次元空間上の原子座標が重要な場合などもあり，構造の記述方法は単純ではない。原子座標を扱う場合にはMOLフォーマットやSDFフォーマット，PDBフォーマット[▼4-6]などがよく利用されている。

原子座標を扱わず化学構造のみを記述する場合は線形記法が便利である。標準的なものとしてSMILES記法やInChI記法がよく知られている。**図1**に示すように，SMILES記法では水素原子を省略し，共有結合した原子の並びを文字列で表現する。たとえば“CCC”ではCH3-CH2-CH3を，“CCCC”ではCH3-CH2-CH2-CH3を表わす。分岐する場合はカッコで表わし，二重結合は“=”，三重結合は“#”で表わす。環状構造は，2つの原子に同じ数字を付与することで，それらの原子が結合して環を形成することを示す(**図1**)。とくに芳香環の場合は原子を小文字で表記する。その他さまざまなルールが用意されており，多様な低分子化合物を表現できる。

検索性を改善したSMARTSや，一意な表現を可能とするcanonical SMILESなど，その他さまざまな線形記法が開発されている。

≫記述子と類似性評価

低分子化合物をその構造や性質に基づいて比較する場合や，機械学習[▼2-17]を適用する場合には，低分子化合物の特徴を数値化してベクトルとして表現すると便利である。このベクトルを記述子といい，とくにバイナリベクトル(要素が0と1のみのベクトル)である場合はフィンガープリントともよぶ。ここでどのような特徴に着目し，それらをどのようにベクトル化するのかに応じてさまざまな方法が提案されている。記述子には大きく分けて化学構造に基づくものと物性に基づくものがある。単純な化学構造記述子としては，低分子化合物を特徴付ける部分構造(官能基など)の辞書をあらかじめ定義しておき，ある低分子化合物がどの部分構造を含んでいるかをバイナリベクトルで表現するものがある(MACCS keyなど)。また，あらかじめ定義した辞書を用いずに，低分子化合物の構造に含まれるさまざまな部分構造を機械的に検出してハッシュ関数[▼2-7]を用いて固定長のベクトルに変換する方法もよく使われる(Morganフィンガープリントなど)。

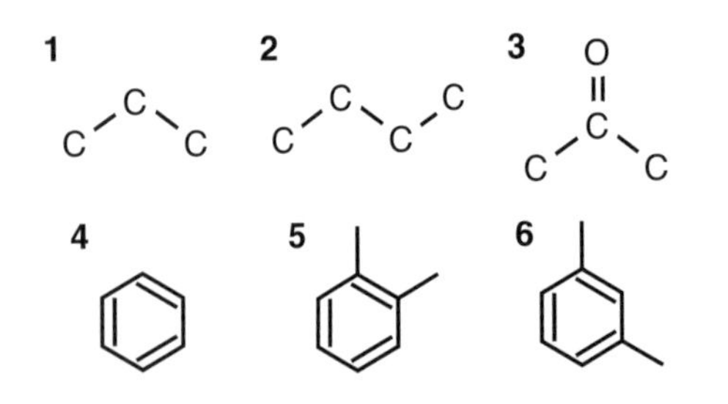

	SMILES記法	InChI記法
1	CCC	InChI=1S/C3H8/c1-3-2/h3H2,1-2H3
2	CCCC	InChI=1S/C4H10/c1-3-4-2/h3-4H2,1-2H3
3	CC(C)=O	InChI=1S/C3H6O/c1-3(2)4/h1-2H3
4	c1ccccc1	InChI=1S/C6H6/c1-2-4-6-5-3-1/h1-6H
5	Cc1ccccc1C	InChI=1S/C8H10/c1-7-5-3-4-6-8(7)2/h3-6H,1-2H3
6	Cc1cccc(C)c1	InChI=1S/C8H10/c1-7-4-3-5-8(2)6-7/h3-6H,1-2H3

図1. SMILES記法とInChI記法の例

フィンガープリントA　0100110

フィンガープリントB　1101010

↓

$A \cap B$　0100010

$A \cup B$　1101110

$A \cap \bar{B}$　0000100

$\bar{A} \cap B$　1001000

- タニモト係数

$$\frac{|A \cap B|}{|A \cup B|} = 0.4$$

- コサイン係数

$$\frac{|A \cap B|}{\sqrt{|A| \cdot |B|}} = 0.577$$

- ハミング距離

$$|A \cap \bar{B}| + |\bar{A} \cap B| = 3$$

図2. 低分子化合物の類似性および距離の計算例

2つの低分子化合物AとBのフィンガープリント(バイナリベクトル)が図左上のようになった場合，タニモト係数，コサイン係数，ハミング距離は図右のように計算される。∩は2つのフィンガープリントで共通して1のビットを得る演算であり，∪はどちらかが1のビットを得る。上付き線‾は0と1を逆転させる演算を示す。|・|は1を示すビットの数を示す。タニモト係数およびコサイン係数は0から1のあいだの値を取り，1のときもっとも類似している。ハミング距離は一致しないビットの数を示しており，数値が大きいほど類似性が低い。

物性値としてはLogP値，分子量，水素結合[▼4-2]のドナー・アクセプター数，総電荷など基本的なものから，分子力場計算[▼4-12]等から算出されるものもある。

化合物の特徴をベクトルに変換したあとは，ベクトル間の差を数値化することで化合物間の距離(または類似性)を評価することができる。定量化の方法としてはさまざまな指標があるが，基本的なものとしてユークリッド距離，マンハッタン距離，コサイン係数等がよく使われる。0と1からなるバイナリベクトルの場合は，ハミング距離，タニモト係数がよく使われる(**図2**)。化合物同士の距離や類似性が定義できれば，ある化合物から似たものを探すことや，化合物の集合をクラスタリング[▼2-20]して分類することなどが可能となる。指標によって性質が異なるため，目的に応じて適切な指標を選ぶ必要がある。

≫ Ligand-based drug design(LBDD)

フィンガープリントを説明変数，標的タンパク質に対する生理活性を目標変数として，機械学習等によって化学構造と活性値の相関を調べる試みもよく行なわれている。これは定量的構造活性相関(quantitative structure-activity relationship; QSAR)とよばれる。このように低分子化合物の情報のみを用いるインシリコ創薬手法を総じてligand-based drug design(LBDD)とよぶ。これに対してタンパク質の立体構造情報を利用する場合は，structure-based drug design(SBDD)とよぶ。

共通の骨格(スキャフォールド)を持ち置換基のみが異なる低分子化合物の集合について，ある標的タンパク質に対する活性値がそれぞれ得られている場合，それらの化合物を重ね合わせて比較することで，活性に必要な構造的要素の空間配置を調べることができる。たとえば，活性が高い化合物は共通して同じ位置に同じ特徴の置換基(例えば水素結合ドナー・アクセプターや疎水性，芳香族性，荷電性置換基など)があれば，これが分子認識[▼4-9]に重要と推定できる。このような特徴をファーマコフォアとよび，これを整理することで新たな候補化合物設計の指針が得られる。

練習問題　**出題▶未出題　難易度▶B　正解率▶ー %**

SMILES記法は低分子化合物の化学構造を文字列で記述するための線形記法である。プロパンは“CCC”, ブタンは“CCCC”などのように結合している原子を並べて表記する。分岐する際には“CC(C)C”のようにカッコを用い，二重結合は“C=C”のようにイコール記号で示す。

右図の低分子化合物を示すSMILES表記として，誤っているものはどれか。選択肢より1つ選べ。

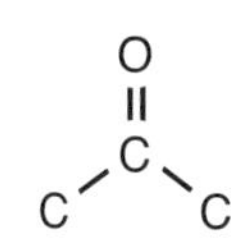

1. CC(=O)C
2. CC(C)=O
3. O=C(C)C
4. CO(=C)C

解説　SMILES記法では同じ構造を示す複数の書き方がある。この構造では“CCC”を基本骨格として“=O”が分岐していると見なせば選択肢1のような書き方となり，基本骨格を“CC=O”とすれば選択肢2，逆から見て“O=CC”とすれば選択肢3のように書ける。いずれの書き方でも示す構造は同じである。一方選択肢4では，Oを中心に3つのCが結合する(うち1つは二重結合)構造になっており，ちがう構造を示す(そもそも化学的に誤った構造である)。したがって選択肢4が正解となる。

参考文献

1)『化学のためのPythonによるデータ解析・機械学習入門』(金子弘昌著，オーム社，2019)
2)『ケモインフォマティックス 予測と設計のための化学情報学』(J Gasteiger，T. Engel編，船津公人監訳，丸善，2005)

電子顕微鏡のインフォマティクス

Keyword クライオ電子顕微鏡，単粒子解析，３次元再構成，フィッティング法，デノボモデリング法

生体高分子の原子レベルの立体構造を決定する第３の手法として，クライオ電子顕微鏡を用いた単粒子解析が急速に普及してきた。この手法は，膨大な量の二次元画像を計測・収集し，それらから3Dマップを計算，マップにあてはまるように原子モデルを構築する。X線やNMRの実験データは，そもそも多数分子の集団から得られた平均信号であるのに対し，単粒子解析の実験データは，１分子ごとの個別の画像であり，大量の１分子画像の統計処理で分子集団の構造情報が抽出される。そのため，必要なデータ量，計算量は他の手法に比べ大きく，情報処理技術に大きく依存する。

≫クライオ電子顕微鏡による単粒子解析の手続き

図1に電顕の単粒子解析(single particle analysis)の計測と画像処理の概要を示した。クライオ透過型電子顕微鏡で観察する試料は，多数の高分子を含んだ非晶質(アモルファス)の氷の薄い膜である。高分子が溶けた水溶液を，穴が開いたカーボン膜にのせて急速冷却することで作成する。この試料は真空や電子線照射による損傷を受けにくい。結晶状態[▼1-21]と異なり，分子の向きはそろっていないことに注意。最新の電子顕微鏡では，直接電子検出器を用いて，多数の画像を動画として撮影し，動画から電子線照射による試料の動きを補正して，ぶれのない1枚の画像を得る計算を行なう(動画補正)。次に，電顕画像に多数写っている分子の粒子のそれぞれの位置を同定する(ピッキング)。まず，数枚の画像に対して手作業でピッキングすることが多い。その後，各粒子画像を切り出し，画像の類似性からグループに分類する(2D画像分類)。同じ向きの分子が写っているグループの平均画像を計算すると，ホワイトノイズが相殺され，明瞭な分子像が得られる。よって，各グループの平均画像から，そのグループが実際の分子に相当するか(○)，ノイズや不純物によるものか(×)判断できる。ここで○の平均画像を鋳型として，鋳型ベースの自動ピッキングを多数の電顕画像に対して行なうと，良質な粒子画像を多数抽出できる。1000〜100万個ほどの粒子を用意するのが普通である。この後，後述する3次元再構成で3Dマップ[▼1-21]を推定する。こうした画像処理用のソフトとして，Relionとcryo SPARCがよく使われる。

≫３次元再構成の計算の手続き

多数の2D粒子画像とその投影方向がわかれば，3次元再構成(3D reconstruction)という計算を行なうことで，3Dマップの推定ができる。実空間で行なう重み付き逆投影法と周波数空間で行なうフーリエ再構成法がある(**図2**)。フーリエ再構成法は，投影切断面定理(projection slice theorem)に基づく。この定理は，「2D投影画像のフーリエ変換は，3Dマップのフーリエ変換の投影方向に直交する切断面に等しい」ことを保証する(**図2**)。よって，十分な種類の投影方向の投影画像があれば，周波数空間の3Dマップを埋めつくすことができ，それを逆フーリエ変換すれば，実空間の3Dマップを得ることができるはずである。

しかし，単粒子解析では各粒子の投影方向はわからない。そこで，**図3**のような反復的な算法で計算する。まず，何らかの初期3Dマップ(事前知識がなければランダム)を用意して，10^3-10^4通りの投影方向に対し，そのマップの投影2D画像群を生成，2D粒子画像と比較することで，投影方向を推定する(E-ステップ)。次に，推定された投影方向と粒子画像を使って3Dマップを更新する(M-ステップ)。フーリエ再構成法を用いる場合

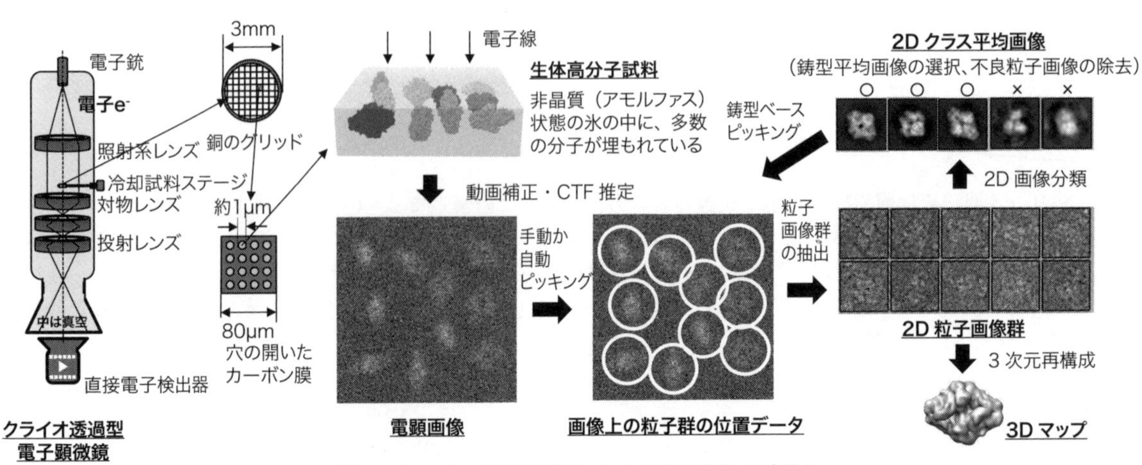

図1. クライオ電子顕微鏡による単粒子解析の手続き

が多い。この2つのステップを収束するまで反復する。この解法は，最尤法，あるいは最大事後確率推定[2-14]の形式であり，投影方向は潜在変数になる。[2D粒子画像]＝[投影演算子][3Dマップ]＋[ノイズ]の生成モデルを用いる。最大事後確率推定では，3Dマップの事前確率も考慮される。最初の3Dマップは，乱択した少数の粒子を用いる，確率的勾配降下法を用いて作成される。そのマップを基に，画素数，粒子数を増やし，より詳細なマップへ精密化を行なう。1組の粒子画像群から数個の3Dマップを同時に再構成する計算法も実装されている。

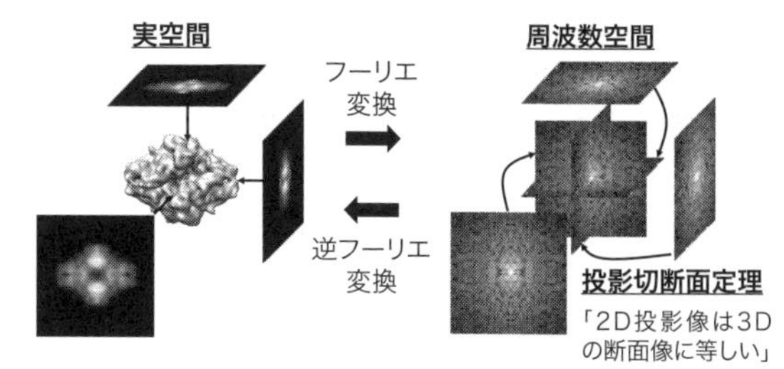

図2. 実空間と周波数空間の3次元再構成

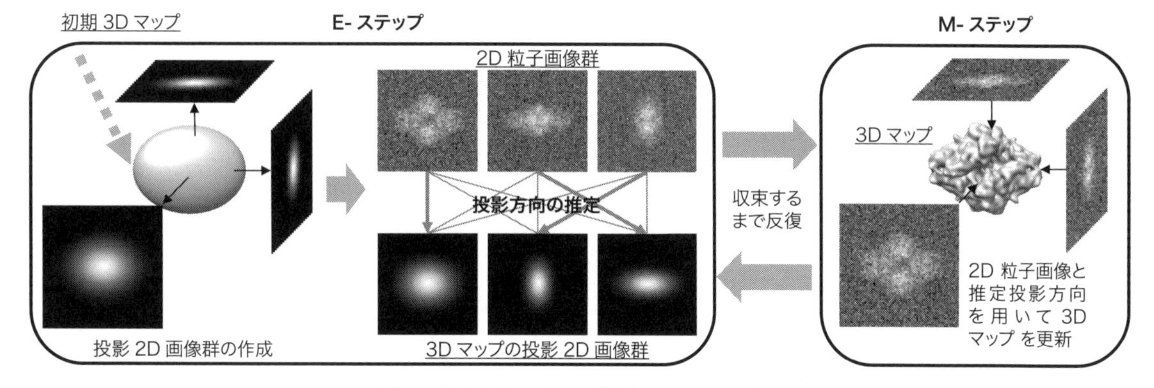

図3. 典型的な3次元再構成のアルゴリズム

≫電顕3Dマップに基づく原子モデリング

フィッティング法とデノボモデリング法の2つがある。フィッティング法では，X線など他の実験手法[1-21]や構造予測[4-11]による原子モデルを3Dマップに重ねる。デノボモデリング法では，既存の原子モデルを使わずに，最初から原子モデルを構築する。二次構造要素，アミノ酸などの位置をまず粗く同定し，それらを1本の配列に接続，さらにアミノ酸配列をあてはめる計算を行なう。フィッティングより高い分解能[1-21]が要求され，モデリングする領域をドメイン程度に限定する必要がある。最後に，手修正を行ない，精密化計算を行なうことで，よりよくマップに適合するよう原子モデルを局所変形させる。これら全過程において，手作業が多いが，主観性を排除するため，全自動モデリングの手法開発も試みられている。

電顕で決定された原子モデルを使用する場合，鵜呑みにせず，元にした3Dマップの分解能の値を確認，マップと原子モデルとの重なりを分子ビューアで視認すべきである。一般に分解能が4Åより悪い場合，側鎖や結合低分子の正確な構造は期待できない。分解能が悪くてもフィッティング法などで一見詳細なモデルが置いてある場合があるので注意を要する。また，1つの3Dマップ内の場所による分解能の差が大きい場合も多い。全体の分解能が良くても，柔軟に動く部分が不鮮明なマップになり，その部分の原子モデルの精度が下がることがある。

練習問題 出題▶未出題　難易度▶B　正解率▶－％

電子顕微鏡の単粒子解析(single particle analysis)に関する以下の記述において，もっとも不適切なものを選択肢の中から1つ選べ。

1. 単粒子解析は粒子1つ1つの2次元画像を入力データとして用いる。
2. 単粒子解析において多数の2次元粒子画像が必要なのは，平均化によりノイズを相殺するためである。
3. 単粒子解析において多数の2次元粒子画像が必要なのは，さまざまな方向の投影像を得るためである。
4. 単粒子解析により，それぞれの粒子ごとに別々の3Dマップを得ることができる。

解説 単粒子解析では多数の2D粒子像の統計処理で1つの3Dマップを得る。したがって選択肢4が正解。試料を傾けながら多数枚の画像を撮影する電子線トモグラフィー法では，粒子ごとの3Dマップを得ることができる。

参考文献

1)「クライオ電子顕微鏡で見えた生命のかたちとしくみ」(佐藤主税他著，『実験医学』5月号，Vol. 36, No. 8, 2018)

4-15 タンパク質デザイン

望みの立体構造や機能を有するタンパク質をデザインする方法

Keyword タンパク質デザイン，タンパク質工学，人工進化

望みの立体構造や機能を有する新しいタンパク質分子を人工的に作成する試みはタンパク質のデザインとよばれる。デザインにおける一連のプロセスは，主鎖構造設計→配列設計→配列最適化という３つの段階に分けられる。どこを出発点とするかは目的によって異なり，たとえば，まったく新しい立体構造を持つタンパク質の設計を目的とするなら主鎖構造の設計が出発点となり，既知のタンパク質の改良を試みる場合は配列最適化のみ行なう場合も多い（**図 1**）。ここでは，主鎖構造設計→配列設計→配列最適化という一連のプロセスに従い，その要素技術を概観する。

≫主鎖構造のデザイン

タンパク質のデザインと聞くと，アミノ酸残基[▼1-8]をどのような順につなげていくかという問題(配列の設計)に注目しがちである。しかし本来は，アミノ酸配列がどのように折りたたまれるのか，目的となる立体構造を先に設定する必要があり(構造の設計)，配列はその立体構造に適したものとなるように設計される。主鎖構造の設計は後に続く配列の設計に大きな影響を与えるため非常に重要である。

≫鋳型構造を用いた主鎖構造デザイン

目的構造の設定において，既知のタンパク質構造を設計の出発点とする場合がある。たとえば，天然タンパク質の構造を部分的に改変しようとする場合や，ターゲット分子の表面形状と相補的な構造をもつ既知構造を鋳型として利用する場合などである。前者はタンパク質の物理化学的特性をコントロールすることを目的とし，後者は特定のターゲット分子表面[▼4-9]へ結合してその活性を阻害するタンパク質の設計を目的することが多い。

≫鋳型構造を用いない主鎖構造デザイン

鋳型[▼4-11]として既知構造を設定しない場合，ゼロから立体構造を構築する必要がある。このように，天然タンパク質を鋳型とせずに新規人工タンパク質を設計する場合は特に *de novo* デザインと呼ばれる。*de novo* デザインでは，まずターゲットとする構造のおおまかな形状(フォールド[▼4-2])を決める必要がある。想定し得るあらゆるフォールドが必ずしもタンパク質分子として実現可能とは限らないため，フォールドの設定には注意を払う必要がある。一般的に，α-バンドル構造のような天然に頻出するパターンが選択されることが多い。

とくに対称性の高いフォールドを設定した場合，主鎖構造の構築は二次構造[▼1-9]間の距離や角度など少数のパラメータを変化させることで機械的に生成できる。この種の方法はパラメトリックデザインと呼ばれ，コイルドコイルや繰り返し構造を網羅的に生成する際に使われる。

一方，より汎用的な構造構築方法としては，立体構造予測[▼4-11]の分野と同様，フラグメントアセンブリ(FA)法が使われる。天然構造由来の断片構造を組み合わせて全体を構築することで，設計構造に含まれる局所的な構造要素の妥当性が保証される。FA 法は柔軟な構造構築が可能であるため，たとえば天然に観測されていないフォールドをもつタンパク質でも設計することが可能であり，正しく折りたたんだ成功例も実際に報告されている。

≫アミノ酸配列のデザイン

目的とする立体構造が設定された後，次に行なうのは配列のデザイン。つまり，目的構造を安定化するアミノ酸配列を設計することである。配列デザインでは，側鎖を含むモデルの作成と安定性の評価を繰り返し行なうことで，目的構造にもっとも適した配列を探索する。モデ

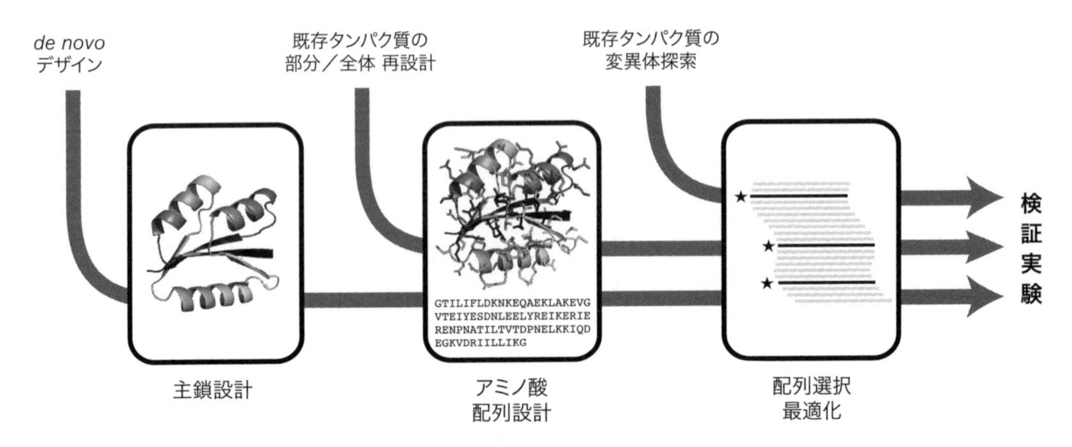

図 1. タンパク質デザインにおける，主鎖設計・アミノ酸配列設計・配列選択と最適化，という３つの段階の概念図
各段階のどこからデザインをスタートさせるべきかは目的に応じて異なる。

ルの作成では，任意の候補配列を主鎖構造に当てはめ，側鎖構造を含めた詳細なモデルを構築する。このモデルに対して安定性を評価し，配列の妥当性を判定する。この操作を膨大な数の配列候補に対して繰り返し適用することで，もっとも適した配列を探索する。ここでは，安定性を評価する関数と，安定な配列を見つけ出すための探索アルゴリズム，という2つの要素技術が鍵となる。評価関数は立体構造予測[▼4-11]で用いられるものと共通の手法が用いられることが多く，物理化学的な相互作用を表わす項と，既知構造データベース[▼4-6]の統計的傾向を反映するための項からなる。配列探索および側鎖の立体配座探索のためのアルゴリズムには，デッドエンド・エリミネーション法に代表される決定論的な手法と，遺伝的アルゴリズムやマルコフ連鎖モンテカルロ(MCMC)法などの確率論的な手法が用いられる。代表的なソフトウェアであるRosettaでは，MCMCによる焼きなまし法が採用されている。

近年現れた新たな配列デザイン手法として，生成的な機械学習モデル[▼2-17]を構築することでタンパク質配列を直接生成する方法も研究されている。このような手法は配列空間の探索を含まないため，高速に大量の配列を生成することが可能である。このような手法には，主鎖構造を入力とする構造ベースの手法と類縁配列群を入力とする配列ベースの手法が存在する。構造ベースの手法は天然に存在しないフォールドに対しても *de novo* デザイン法として使用できる。一方で配列ベースの手法は，構造が同定されていない巨大な配列データを学習および予測に用いることができるという利点がある。

≫アミノ酸配列の選択と最適化

現状，とくに機能性タンパク質を設計しようとする場合，計算機のみによる設計の成功率は高いとは言いがたい。したがって，設計されたタンパク質は人工進化実験等によるさらなる最適化が必要となる。人工進化実験では，遺伝子へのランダムな変異導入を行ない，その中からより望ましい性質をもった変異体を絞り込む。この変異とスクリーニングの操作を繰り返すことで，配列の最適化を行う。このような配列の最適化は，天然のタンパク質に対する機能や物性の改良を目的とする場合でも頻繁に使われる。最近では，実験で絞り込まれた配列やデータベースにある類縁配列などを学習データとして機械学習を行ない，より望ましい性質を示す配列を予測する手法が研究されている。数万から数百万といった規模の配列データが扱われるため，深層学習[▼2-19]を含む機械学習手法との相性が良いと考えられている。

近年タンパク質デザインの分野は大きく発展を遂げ，医療への応用を目的とした人工タンパク質分子の *de novo* デザインが行なわれるまでになった。また、膜タンパク質や複合体など，より複雑なタンパク質分子をターゲットとしたデザインも可能になった。今後，構造変化などのダイナミクスや，相互作用ネットワークといった集団としての振る舞いなど，さらに高度なタンパク質の性質がデザインのターゲットになると期待される。

練習問題 出題▶R2（CBT出題20071） 難易度▶C 正解率▶90.5%

コンピュータによる合理的タンパク質デザインについて記述した以下の文章のうち，もっとも不適切なものを選べ。

1. 一般に，目標とする構造や機能を示すアミノ酸配列は単一ではなく，複数種類のアミノ酸配列があり得る。
2. デザインした立体構造の安定性の評価に用いられるエネルギー関数や最適化手法などの要素技術は，立体構造予測や分子動力学などで用いられるものと多くの共通点をもつ。
3. 膜タンパク質や複合体タンパク質をターゲットとする合理的デザインも行なわれている。
4. 人工的にデザインできるタンパク質は，既知の天然タンパク質と同様のフォールドをもつものに限られる。

解説 通常，タンパク質には機能や構造に大きな影響を与えないアミノ酸置換が複数存在し，このような変異に対してタンパク質はある程度柔軟である。したがって1は正しい。2および3は本文に記述されているとおりであり，これらも正しい。4について，本文に記述されているとおり天然タンパク質に見られないフォールドをもつタンパク質でもデザインは可能であり，実際に成功例も複数報告されている。したがってもっとも不適切な選択肢は4である。

参考文献

1) Park, S. J. and Cochran, J. R. (2009) Protein Engineering and Design, CRC Press
2) Gray, J. J. and Labonte, J. W. (2014) The PyRosetta Interactive Platform for Protein Structure Prediction and Design: A Set of Educational Modules, Createspace Independent Publishing Platform

対立遺伝子頻度のハーディー・ワインベルク平衡

Keyword ハーディー・ワインベルク平衡，アレル，遺伝子プール，遺伝子型頻度

突然変異や個体の出入がない理想状態で任意交配を行なう集団では，同じ遺伝子座を占める対立遺伝子（アレル）の頻度が平衡状態になる。対立遺伝子頻度が世代間で変化しない（平衡状態）という法則を，発見者の名前にちなんでハーディー・ワインベルク平衡とよぶ。

≫ハーディー・ワインベルク平衡の原理

ハーディー・ワインベルク平衡(Hardy-Weinberg equilibrium；HWE)は，遺伝がメンデルの法則[▼1-14]に従う場合に，生物集団内の対立遺伝子[▼1-14]の頻度を説明する。N 個体の集団における対立遺伝子のプールを考え，プール内の対立遺伝子 A，B の割合(遺伝子型頻度)をそれぞれ p，q とする($q=1-p$)。遺伝子型の頻度は対立遺伝子頻度の積になる。つまり3つの遺伝子型 AA，AB，BB は，N 個体中にそれぞれ p^2，$2pq$，q^2 の割合で生じる($p^2+2pq+q^2=1$)。この集団内で任意交配によって次世代が形成される場合，3×3＝9種できる遺伝子型の組合せの数は「AA×AA」「AB×AB」「BB×BB」「2(AA×AB)」「2(AA×BB)」「2(AB×BB)」の6通りであり，それぞれの頻度は各遺伝子型の頻度の積によって与えられる。

それぞれの組合せにおける次世代の遺伝子型の比率は**表1**になる。ここから，次世代の遺伝子型頻度は以下のように求められる。

$$\text{AA:}\ (p^2\times p^2)+(2pq\times 2pq)/4+2(p^2\times 2pq)/2$$
$$=(p^2)^2+(pq)^2+2(p^2)(pq)=(p^2+pq)^2=p^2$$
$$\text{AB:}\ (2pq\times 2pq)/2+2(p^2\times 2pq)/2+2(p^2\times q^2)+2(2pq\times q^2)/2$$
$$=2(pq)^2+(p^2\times 2pq)+2(pq)^2+(2pq\times q^2)$$
$$=2pq(p^2+2pq+q^2)=2pq$$
$$\text{BB:}\ 1-p^2-2pq=q^2$$

すなわち親世代の遺伝子型頻度とぴったり一致する。つまり遺伝子型頻度は交配を経て変化せず，平衡状態にある。上記では親集団における遺伝子型の分布をあらかじめ p^2，$2pq$，q^2 に設定したが，初期の遺伝子頻度がこれと異なっていたとしても，交配が真にランダムであれば次世代の集団で分布は p^2，$2pq$，q^2 になり，たった1世代で平衡状態に至る。これを満たすには，交配がランダムであることに加えて，集団が十分大きい，遺伝子型による生存率などの差がない，遺伝子の突然変異なども生じないことが必要である。この理想条件は，考案者の名前をとってハーディー・ワインベルク条件とよばれる。

表1. 次世代の遺伝子型の比率

親の遺伝子型	AA	AB	BB
AA×AA	1	0	0
AB×AB	1/4	1/2	1/4
BB×BB	0	0	1
AA×AB	1/2	1/2	0
AA×BB	0	1	0
AB×BB	0	1/2	1/2

≫ハーディー・ワインベルク平衡検定

2つの対立遺伝子 A と B が存在する遺伝子座について遺伝子型をある生物100個体で調査したところ，**表2**の結果が得られたとする。この観測結果から，この遺伝子座で対立遺伝子にハーディー・ワインベルク平衡が成り立っているか否かを調べる統計検定[▼2-15]が，ハーディー・ワインベルク平衡検定である。この場合の統計手法としては，ピアソンの χ^2 検定(カイじじょう，またはカイスクエアと読む)がよく用いられる。これは観測分布が，ある特定のモデルから期待される分布と一致するか否かを検定するノンパラメトリック検定[▼2-15]の一種である。この場合の帰無仮説は「観測された遺伝子頻度はハーディー・ワインベルク平衡の原理に従っている」になる。

表2. 対立遺伝子頻度の調査結果

遺伝子型	AA	AB	BB
個体数	30	60	10

実際に計算をしてみよう。アレル(対立遺伝子)A の頻度を p，アレル B の頻度を q とすると，それぞれの値は以下のように求められる。

p＝(｛AA の個体数｝＋｛AB の個体数｝/2)/｛全個体数｝＝(30＋60/2)/100＝0.6

$q=1-p=0.4$

このとき，ハーディー・ワインベルク平衡が成り立っていると仮定した場合の，それぞれの遺伝子型個体数の期待値は以下のとおりである。

｛AA の期待値｝＝p^2×｛全個体数｝＝0.6×0.6×100＝36

｛AB の期待値｝＝$2pq$×｛全個体数｝＝2×0.6×0.4×100＝48

｛BB の期待値｝＝q^2×｛全個体数｝＝0.4×0.4×100＝16

ピアソンの χ^2 値は，カテゴリー i の期待値を E_i，観測値を O_i とした場合に，観測値の期待値からの差の自乗の期待値に対する割合を，すべてのカテゴリーについて和をとったもので，次の式で定義される。

$$\chi^2 = \sum_i \frac{(O_i - E_i)^2}{E_i}$$

χ^2が大きくなるほど観測値の分布はモデルから乖離していることを意味するが，この例では以下の値が得られる。

$$\chi^2 = \frac{(30-36)^2}{36} + \frac{(60-48)^2}{48} + \frac{(10-16)^2}{16} = 6.25$$

この場合は自由に変動できる数値はp(またはq。和が1であるので，一方が決まれば他方も決まる)だけなので，自由度は1である。自由度1のχ^2分布表(**表3**)を調べると，ここで求めた値は有意水準0.05と0.01のあいだにあることがわかる。よって，帰無仮説は有意水準5%(0.05)で棄却される。実際のp値は0.044になる。つまり，この遺伝子座ではハーディー・ワインベルク平衡が成立していないと推定される。ハーディー・ワインベルク平衡が成立していない理由を特定することは，一般に簡単ではない。しかし，この例ではヘテロ接合(遺伝子型AB)の頻度が期待値より高いことから，この遺伝子座がヘテロ接合の場合に，ホモ接合(遺伝子型AAやBB)よりも生存に有利になる超顕性(優性)とよばれる現象が起こっていることが，理由の一つとして考えられる。

≫歴史

G. H. ハーディー(イギリス)は存命中から著名な数学者(解析学)で，インドの大天才ラマヌジャンを見いだしたことでも知られる。本法則は1908年にハーディーが英文誌*Science*に発表して以来，しばらくハーディーの法則とよばれていた。しかし30年以上あとになってドイツの産科医W. ワインベルク(以下の過去問では名前を英語風に読んでワインバーグと記載)がハーディーより6カ月前にドイツ語で同じ内容を発表していたことがわかり，現在のようによばれる。

表3. 自由度1のχ^2分布表

有意水準	0.700	0.600	0.500	0.400	0.320	0.300	0.200	0.100	0.050	0.010
χ^2値の境界値	0.1485	0.2750	0.4549	0.7083	0.9889	1.0742	1.6424	2.7055	3.8415	6.6349

練習問題　出題▶H21（問64）　難易度▶B　正解率▶62.9%

ハーディ・ワインバーグ平衡(HWE)とは，2倍体生物の遺伝子型に観測される状態のことである。ある集団のある2アレル型の座位のアレル頻度と2倍体遺伝子型の関係がHWEを満足しているかどうかを調べている。この調査に関連する記述に関し，もっとも不適切なものを選択肢から1つ選べ。

1. 2つのアレルの頻度がp_1とp_2であるとすると，HWEのときこの2つのアレルが作るヘテロ接合体のHWEにおける頻度は$2p_1p_2$である。
2. 近親交配があるとき，ヘテロ接合体の割合が多くなる。
3. 集団がHWEを満足する複数の亜集団からなり，亜集団間の移動がないとき，ホモ接合体の割合が多くなる。
4. HWEを満足しない場合，その理由の一つとして，集団が小さい可能性が挙げられる。

解説　選択肢1はHWEの基本式に関する記述である。アレルA，aの頻度をそれぞれp_1，p_2とする。2アレル型の座位なので$p_1+p_2=1$が成立する。HWEが成立するとき，AA：Aa：aa＝p_1^2：$2p_1p_2$：p_2^2となっているはずである。つまりヘテロ接合体の頻度が$2p_1p_2$であるので内容は正しい。選択肢2については，近親交配では親の遺伝子型が似ているため，表1の上半分が下半分より出現しやすくなり，結果としてホモ接合体が増える。極端な例として，AA，Aa，aaという遺伝子型をもつ集団で，すべての個体が自家受精だけを繰り返す場合を考える。AAやaaからは同じ遺伝子型しか生じないが，AaからはAAとaaも生まれ，その分Aaの割合が減少する。よってホモ接合体が単調増加する。したがって，この内容は誤りである。選択肢3の内容は，亜集団内でHWEが成り立っていても，亜集団間での交配がなければ，集団全体としては任意交配しているとはいえないので，HWEは成り立たない。この場合も，集団全体で見ると，近親交配が行なわれたときと同様に，ホモ接合体の割合が増えることが知られているので正しい。選択肢4の内容は，集団が小さくなればなるほど近親交配の機会が増大するため，ヘテロ接合体の割合は減少するので正しい。よって選択肢2が正解である。

参考文献

1)『初歩からの集団遺伝学』(安田徳一著，裳華房，2007) 第4章

連鎖解析による遺伝子座の探索

Keyword 相同組換え，遺伝子座，連鎖地図，ハプロタイプ，連鎖不平衡

同一染色体上にある対立遺伝子の特定の組合せをハプロタイプとよぶ。この組合せが親から子に受け継がれる現象が連鎖である。遺伝病など特定の表現型と，ハプロタイプの遺伝様式との関係を遺伝統計的に解析する作業を連鎖解析とよび，疾患原因遺伝子の同定や育種に用いられる。

連鎖はメンデルの独立の法則[▼1-14]が成り立たない原因となる。たとえば，細胞が減数分裂するときに相同組換え[▼1-3]が起こらなければ，同一染色体にある遺伝子はいっしょに子どもに受け継がれ，完全な連鎖がみられる（組換え頻度0%）。実際は染色体における遺伝子座（染色体上の遺伝子の位置）が離れるほど距離に比例して組換えが起きやすくなり，その頻度は双方の遺伝子座が別の染色体上にあるときの値である最大値50%に近づく。100回の減数分裂で1回組換えが起きる（組換え頻度1%）遺伝子座間の距離を1センチモルガン（cM）といい，この距離に基づいて遺伝子間の位置関係を示した地図を染色体地図または連鎖地図[▼1-15]という。

連鎖をもとに遺伝的疾患の原因遺伝子を特定する手法を連鎖解析という。組換えによる遺伝子マーカー[▼5-3]の位置の変化と疾患の表現型頻度との関連を統計処理し，原因遺伝子の位置（遺伝子座）を確率的に絞り込んでいく作業を遺伝子マッピングとよぶ。遺伝病を解析する際に徹底的に家系図を調べるのは，これが目的である。

≫連鎖解析の原理

Aとa，Bとbという2つの対立遺伝子[▼1-14]を仮定する。メンデルの独立の法則では遺伝子型AaBbをもつF1（異なる系統の両親から生まれた雑種の第一世代）どうしが交雑した際の表現型の割合をAB：Ab：aB：ab＝9：3：3：1としていた（**図1**）。これは両対立遺伝子が完全に独立していると仮定したからである。もし両対立遺伝子が同一染色体上でつねにいっしょに受け継がれる場合，

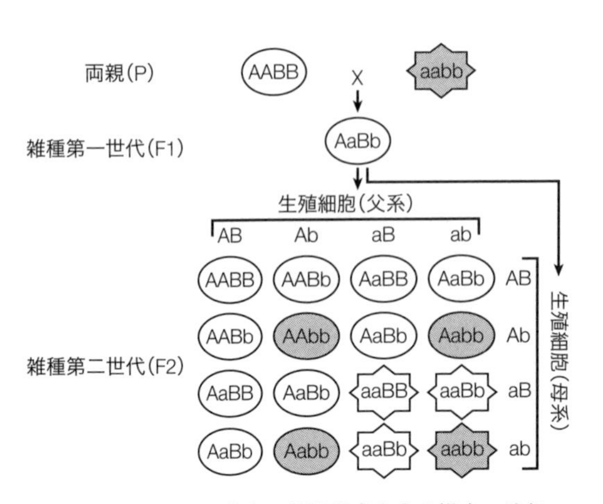

図1． メンデルの独立の法則が成立する場合の遺伝

F1の生殖細胞はABまたはabのハプロタイプだけをもつ。すると交雑した際の遺伝子型はAABB：AaBb：aabb＝1：2：1，つまり表現型はAB：ab＝3：1となる。このように，各対立遺伝子の独立性が保たれず特定のハプロタイプの頻度が高くなる現象を連鎖不平衡という。交配がランダムでない場合や，特定のハプロタイプが生存に有利な場合など，ハーディー・ワインベルク条件[▼5-1]が満たされないと連鎖不平衡が生じる。不平衡の度合い，つまり相関の強さは，遺伝子座のLOD（logarithm of odds）スコアで見積もる。これは連鎖しない場合と，連鎖する場合の確率比の対数をとったもので，遺伝子マーカーと病気などの原因遺伝子の連鎖解析をした場合に，スコアが高いほどその遺伝子マーカーは原因遺伝子に近いと考えられる。

≫家系分析とLODスコア

LODスコアを用いた家系解析の簡単な例を見てみよう。**図2**左のような家系があったとする。両親のうち母親はある遺伝的疾患を発症している（黒丸）。この両親がもうけた5人の子どものうち4人が同じ疾患を発症したとする（黒丸または黒四角）。この家族について遺伝子型を調べたところ，遺伝マーカーとなる遺伝子Aと疾患の原因となる遺伝子（またはゲノム上の領域）が連鎖していることが推測された。この家系では，この遺伝子座にA_1からA_6の6つの対立遺伝子が認められるが，A_1をもつ場合に明らかに発症するリスクが高いことがわかる。

LODスコア$Z(\theta)$は以下のように定義され，遺伝子間（この場合は遺伝子Aと疾患原因遺伝子のあいだ）の連鎖の強さを表わす。

$$Z(\theta) = \log_{10}\frac{L(\theta)}{L(0.5)}$$

ここで，θは遺伝子Aと疾患原因遺伝子のあいだの組換え率，$L(\theta)$は観測された結果がその組換え率のもとで起こる尤度[▼2-16]である。$L(0.5)$は同じ結果が組換え率の最大値$\theta=0.5$（組換え率50%。すなわちまったく連鎖がない状態に相当する）で観測される尤度である。θを変数として$Z(\theta)$の極大値を見積もることで，疾患原因遺伝子が連鎖地図上で遺伝子Aからどの程度離れた位置にあるかを推定することができる。これは疾患原因遺伝子を特定するための有力な手がかりとなる。

家系図を見ると，祖父母のうち祖母だけが発症してい

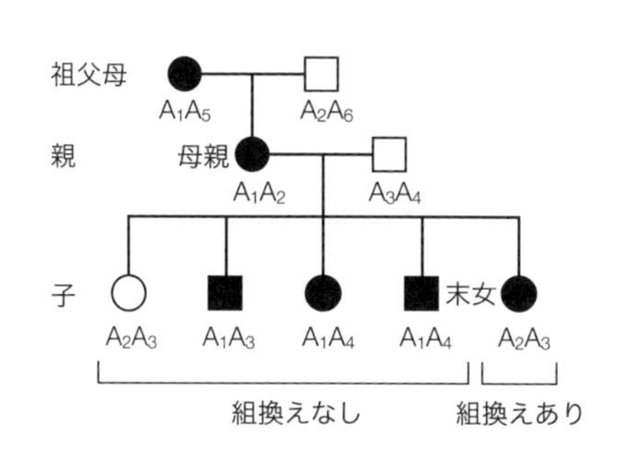

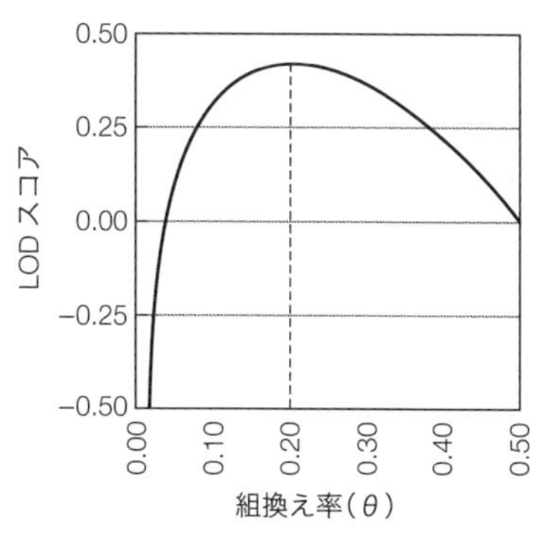

図 2. LOD スコアによる家系分析

(左)家系図と疾患の関係。丸が女性，四角が男性であり，黒は疾患に罹患，白は罹患していないとする。(右)組換え率(θ)と LOD スコアの関係。点線が極大値(θ =0.2)を示す。

ることから，母親は疾患遺伝子をヘテロでもつ(祖母だけから受け継いでいる)と考えられる。よって，この例で発症する子どもは，組換えが起こらずに母親から A_1 を受け継いだ，あるいは組換えが起こって母親から A_2 を受け継いだ(A_2 側の相同染色体と組換えられた疾患原因遺伝子を受け継いだ)ことになる。また，発症していない子どもは組換えなしで A_2 を受け継いだとわかる。その場合，5 人の子どものうち 4 人では組換えは起こっておらず，1 人(A_2A_3 で発症した末女)だけで起こったことになるので，LOD スコアは以下のように表わされる。

$$L(\theta) = (1-\theta)^4\,\theta$$

$$L(0.5) = (0.5)^4\,0.5 = (0.5)^5$$

$$Z(\theta) = \log_{10}\frac{(1-\theta)^4\,\theta}{(0.5)^5}$$

この $Z(\theta)$ を θ の関数としてグラフに描くと(あるいは微分して $dZ(\theta)/d\theta = 0$ を解くと)，$\theta = 0.2\,(1/5)$ で極大値をとることがわかる。組換え頻度が約 20% であるので，遺伝子 A から 20cM に疾患原因遺伝子が存在することが推定される。ゲノムの連鎖地図と物理地図▼1-15(塩基対単位で表わしたゲノム上の遺伝子間の距離)は厳密には相関しないが，ヒトでは 1cM はおよそ 100 万塩基対に相当するとされているので，2000 万塩基対(20 Mbp)が物理地図上のこれらの遺伝子間距離の目安になる。

練習問題　出題▶H22（問 64）　難易度▶B　正解率▶53.4%

以下の遺伝因子解析に関連する記述のうち，説明としてもっとも不適切なものを 1 つ選べ。

1. 複数の遺伝要因と複数の環境要因の影響による疾患を複合遺伝性疾患とよぶ。
2. 同一染色体上にある多型の連鎖不平衡は，距離が遠いものほど強くなる傾向がある。
3. 複合遺伝性疾患における遺伝因子の寄与の指標である遺伝率が大きい場合，遺伝因子を同定できる可能性が高い。
4. 集団がいくつかの分集団より構成されている場合には，異なる染色体上にある多型のアレルであっても，連鎖不平衡のように見える関連が認められることがある。

解説 同一染色体上の遺伝子間距離が遠くなればなるほど，それらのあいだで組換えが起こる頻度が高くなるので，連鎖が見られなくなる。すなわち連鎖不平衡は弱くなる傾向がある。よって選択肢 2 の内容は明らかなまちがいであり，これが正解である。集団内に遺伝子の多様性が乏しくランダムな交配が見られない場合，異なる染色体上にある遺伝子でも連鎖が見られる場合がある。つまり連鎖不平衡に見えるので選択肢 4 の内容は正しい。

参考文献

1)『初歩からの集団遺伝学』（安田徳一著，裳華房，2007）第 4 章，第 5 章

遺伝的多型と遺伝子マーカーとしての利用

Keyword マイクロサテライト，DNA マーカー，SNP，遺伝的多型，バイオマーカー

生物種の系統や生物個体の遺伝型を特定する目印となるDNA配列を遺伝子マーカーまたはDNAマーカーという。こうしたマーカーは種の系統保存から遺伝病の解析までさまざまな用途に用いられ，DNA鑑定による個人の特定にも応用されている。

≫遺伝的多型の種類

ゲノムの塩基配列は同じ生物種でも個人や個体のあいだで少しずつ異なっており，種内の一部の個体に特徴的な部分配列を遺伝的多型とよぶ。多型の種類はいろいろあるが，有名なのは，ヒトゲノムで1000塩基に1つの割合で存在するといわれる1塩基多型(single nucleotide polymorphism；SNP)である。これは，同一生物種のゲノムで対応する1塩基が異なっている現象であり，生物集団に固定していない突然変異を除外するため，通常集団の中で1％以上の頻度をもつものをSNP(スニップと読む)という。お酒に強い欧米人と，弱い日本人を分ける特徴的なSNPも見つかっている。たとえばアルデヒド脱水素酵素(ALDH2)の活性に影響するSNPは，お酒に強いかどうかの指標としてよく使われる。つまりアルコール耐性を判別するためのマーカーである(**図1**)。SNPの分類用語として，コーディング領域にありアミノ酸置換を伴うcSNP(coding SNP)，遺伝子調節領域にあるrSNP(regulatory SNP)，アミノ酸置換を伴わず機能が不明なsSNP(silent SNP)も使われる。

一般に，多型を利用して特定の形質や由来をもつ個体の検出に利用できるDNA部位を，遺伝子マーカーまたはDNAマーカーとよぶ。制限酵素断片長多型(restriction fragment length polymorphism；RFLP)は多型検出のための代表的手法である。RFLPでは特定の遺伝子領域をPCR[▼1-17]で増幅したあとに制限酵素で消化し，生じたDNA断片を電気泳動[▼1-19]に流してバンドの位置を比較する(**図2**)。制限酵素の認識部位が個人によって異なる場合，生成される断片長が異なるためにバンドパターンも

アルコール脱水素酵素(ADH)　アルデヒド脱水素酵素(ALDH2)

エタノール → アセトアルデヒド → 酢酸

ALDH2-1（487E）

```
...GGGGAGTGGCCGGGAGTTGGGCGAGTACGG
GCTGCAGGCATACACTGAAGTGAAAACTGTCAC
AGTCAAAGTGCCTCAGAAGAACTCATAAGAATC
ATGCAAGCTTCCTC...
```

ALDH2-2（487K）

```
...GGGGAGTGGCCGGGAGTTGGGCGAGTACGG
GCTGCAGGCATACACTAAAGTGAAAACTGTCAC
AGTCAAAGTGCCTCAGAAGAACTCATAAGAATC
ATGCAAGCTTCCTC...
```

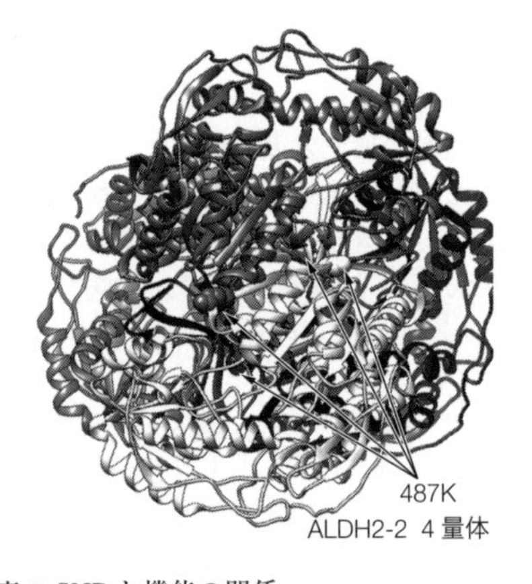

図1． アルデヒド脱水素酵素のSNPと機能の関係

(上)飲酒後，血液中のアルコール(エタノール)はアルコール脱水素酵素によりアセトアルデヒドに代謝[▼1-12]される。アセトアルデヒドは毒性をもち，血中に蓄積すると急性アルコール中毒や二日酔いなどの原因になるが，おもにアルデヒド脱水素酵素(ALDH2)により無毒な酢酸に代謝される。(下左)アルデヒド脱水素酵素遺伝子には1カ所のG(***ALDH2-1***)がA(***ALDH2-2***)に変化したSNP(アレル)が存在する。後者から翻訳[▼1-6]されたタンパク質ALDH2-2(習慣として，遺伝子は斜体で，翻訳産物は立体で表記される)はアセトアルデヒド代謝能力が低いが，日本人ではこのアレル頻度が高く，40％の人が***ALDH2-1/ALDH2-2***のヘテロ接合(お酒に弱い)である。常識的には半分は高活性型なので，***ALDH2-1/ALDH2-2***ヘテロ接合の人の代謝能力は，***ALDH2-1/ALDH2-1***ホモ接合の人の1/2になるように思われるが，実際は1/16にまで低下する。(下右)ALDH2-1では487番目のアミノ酸がグルタミン酸(487E)[▼1-8]だが，ALDH2-2ではリジン(487K)に変異している。ALDH2は4つのサブユニットで四次構造(4量体)[▼1-9]を形成して機能するが，487番目のアミノ酸残基はサブユニットが相互作用する領域にマッピング[▼4-8]され，487Kは4量体の機能を損なうことが知られている。すなわち，4つのサブユニットがすべて高活性型(ALDH2-1)でないと機能できないので，活性型の4量体は全体の$(1/2)^4=1/16$しか存在しないことになる。

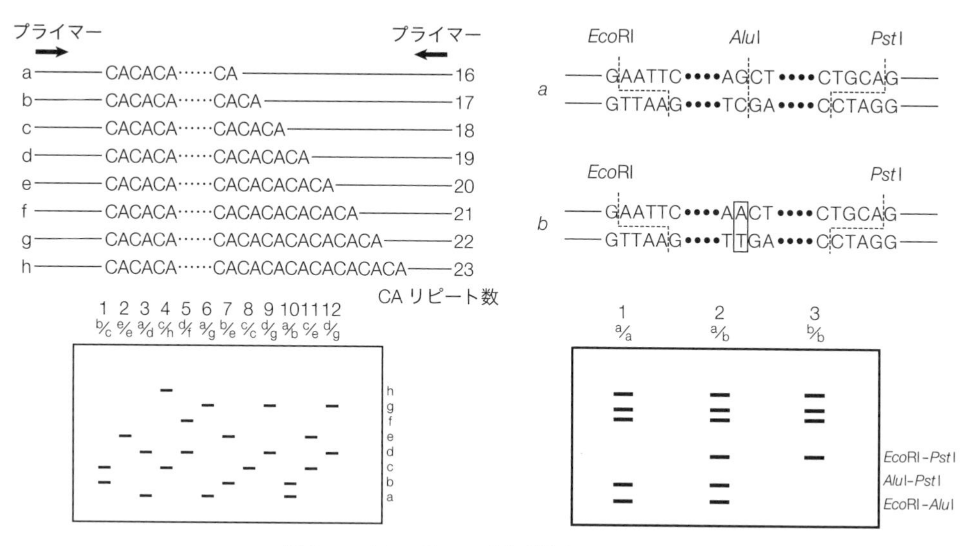

図 2. マイクロサテライト領域と RFLP の例

(左)マイクロサテライト領域。a～h は CA リピート数(右側の数字)が異なる DNA 領域である。この領域を上に示したプライマーで PCR 増幅すると，a～h のうち個人のもつ 2 つの組合せによって下に示したようにバンドパターンは異なる。(右)RFLP。上の *Eco*RI，*Alu*I，*Pst*I は制限酵素で，それぞれ図に示した配列を認識して DNA を切断する。SNP(四角で囲まれた塩基)がこれらの認識配列内で起こることで *Alu*I の認識部位は消滅し，切断によってできる DNA フラグメントの種類と長さが変化する。これらのバンドパターンのちがいは DNA 鑑定に用いることができる。

ちがってくる。同手法は病原菌の識別にも有効だが，その欠点は，判定に熟練を要し再現性が低い場合がある点だろう。

おもに SNP に起因している RFLP のほかにも，反復配列多型(variable numbers of tandem repeats；VNTR)とよばれる可変領域もマーカーとして使える。マイクロサテライト[▼1-15]ともよばれる反復配列は 2～5 塩基程度の短い配列の繰り返しで，100 回以上繰り返す場合もある。この長さのちがいを用いて，家系や個人の特定に利用する(**図2**)。こうした短い反復配列は縦列性反復配列(short tandem repeat；STR)や単純反復配列(simple sequence repeat；SSR)ともよばれる。RFLP や反復配列多型を示す電気泳動パターンは指紋のように扱えることから，これらの手法をまとめて DNA フィンガープリント(指紋)法とよぶこともある。

≫バイオマーカー

ハンチントン病のようにコーディング領域中の反復配列が直接の原因となる疾患もあるが(ハンチントン病の場合は CAG リピートの伸長)，マーカー自体は原因遺伝子そのものでなくてもよい。たとえば疾患遺伝子と強く連鎖する遺伝子変異が近傍にある場合は，その変異を疾患のマーカーとして利用できる。この発想を発展させ，近年はタンパク質や代謝物も疾患のバイオマーカーとして利用されている。健康診断における血液検査はこうしたバイオマーカーをチェックする作業である。

練習問題 出題▶H19(問 61) 難易度▶C 正解率▶83.6%

ヒトのゲノム DNA 配列中には，さまざまな多型が存在することが知られている。次に示した用語のうちヒトゲノムにおける多型の呼び名ではないものを 1 つ選べ。

1. SNP
2. VNTR
3. マイクロサテライト
4. ORF

解説 解説のとおり，選択肢 1～3 は多型の種類である。選択肢 4 の ORF[▼1-6] は open reading frame のことで，タンパク質をコードする可能性がある DNA の読み枠を意味している。よって選択肢 4 が正解である。

参考文献

1)『バイオインフォマティクス事典』(共立出版，2006) 連鎖解析，遺伝子地図作製，遺伝子多型データベース，多型タイピング，多型マーカー

ゲノムワイド関連解析（GWAS）による遺伝子の探索

Keyword ゲノムワイド関連解析，QTL，メタアナリシス，HapMap，1000人ゲノム

複数遺伝子が関与する疾患や量的形質の原因を明らかにするため，ゲノム全体にわたる膨大な量のSNP[5-3]を同定し，それらと疾患との関連を調べる手法をゲノムワイド関連解析とよぶ。近年はSNPに限らずゲノム全体の塩基配列を読み取って解析する研究が主流になっている。

穀物の品質，動物の肉質などの連続的な特徴を量的形質(quantitative trait)という。形質には遺伝子と環境の両方が影響するが，形質を定める遺伝子領域を連鎖解析により見つける手法を，QTL(quantitative trait locus)解析とよぶ。QTLは遺伝性疾患の原因遺伝子となる場合がある。QTL解析ではゲノム全体をカバーするように多くの遺伝子マーカーを設定し，注目する形質とマーカーとの連鎖[5-2]をみることで原因遺伝子の場所(遺伝子座位)を統計学的に絞りこむ。解析の戦略はヒトを対象にする場合と交配実験が可能な動植物を対象にする場合で大きく異なる。ヒトにおいては疾患を有する家系の遺伝子を調べることで，メンデル遺伝[1-14]をする単一遺伝子疾患の原因遺伝子，たとえばハンチントン病をひき起こす*HTT*などが多く見いだされた。また，作物の場合はおもに交配実験を重ねることで，形質にかかわる遺伝子(たとえばトマト果実の大きさにかかわる*codA*)が見いだされている。

これらの成功をふまえ，肥満や高血圧，糖尿病などのありふれた病気は，ありふれた遺伝子多型に基づくのではないかという仮説がたてられた(common disease common genetic variation仮説)。この仮説をもとに，特定の疾患をもつグループと健常者グループにおけるゲノム中のSNPを網羅的に比較・分析し，ありふれた疾患の原因解析や個別化医療に役立てようとする試みをゲノムワイド関連解析(genome wide association study；GWAS)という。

≫ GWAS

GWASは，ある疾患や形質に関連する遺伝子マーカー[5-3](主としてSNP)を，全ゲノムを対象に網羅的に検索する方法である。疾患群と対照(その疾患に罹患していない)群からそれぞれDNAを抽出し，SNPなどを検出して，ある座位で特定のアレル[1-14]が疾患群で有意に多く見られるとき，そのアレルが疾患と関連すると考える(厳密にはそのアレルと連鎖不平衡[5-2]にある，すなわち連鎖して挙動をともにする近傍のゲノム領域を含む。この領域をハプロタイプブロックとよぶ)。SNPの検出は，疾患群と対照群から抽出したDNAをSNPアレイ[6-1](SNPチップ)とハイブリダイズさせることにより行なう場合が多い。調査の規模はさまざまだが，およそ数百〜数千人の疾患群および対照群に対して，10万〜100万個程度のSNPが調査される。

疾患や形質とSNPの関連が有意であるか否かの統計検定[2-15]としてはχ^2検定[5-1]がよく用いられる。この場合の帰無仮説は「疾患群と対照群でこのSNP(アレル)の頻度に有意差がない」である。GWASの統計検定で注意すべき点は，10万〜100万のSNPを検定するため，通常の有意水準0.05程度では偽陽性[2-21]の数が多くなりすぎる点である。そのため，有意水準の決定にボンフェローニ補正などが用いられる場合がある。これは有意水準0.05をSNPの群数で割る補正で，たとえば10万SNPsを調査した場合は$0.05/10^5$，すなわちp値$<5\times10^{-7}$で有意と判定する(疾患群と対照群でSNPの頻度に有意差があ

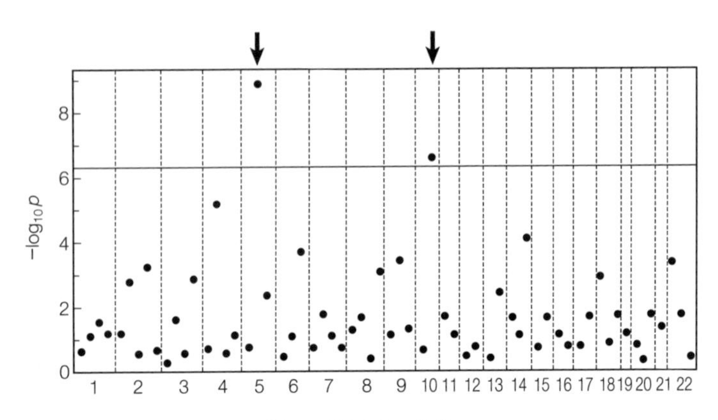

図1．GWASの結果

黒丸はSNPを示す。横軸はヒト染色体番号1〜22に対応し，縦軸はそれぞれのSNPの$-\log_{10}p$値である。有意水準を5×10^{-7}($-\log_{10}p$値で6.3)にとると，矢印で示した2個のSNPが有意に相関すると判定される。実際のGWASデータではSNP(黒丸)の数はこの例よりはるかに多い。

ると判断する)。**図1**は典型的なGWASの結果を模式的に示したものである。染色体に対して$-\log_{10}p$値をプロットすることで，p値が低い(有意性の高い)SNPほど上にプロットされることになる。

GWASの結果の解析に$-\log_{10}p$値とともによく利用される指標にオッズ比がある。これはそのSNPによって疾患のリスクがどれだけ高くなるかを示す指標であり，もともと疫学研究で広く用いられてきた経緯がある。あるSNPをもつ場合にある疾患になる確率がpならば，このSNPのオッズは$p/(1-p)$である。このSNPをもたない場合に同じ疾患になる確率がqならば，その場合のオッズは$q/(1-q)$である。オッズ比はこれらのオッズの比$p(1-q)/q(1-p)$となる。もしSNPが疾患のリスクと関連がない($q=p=0.5$)場合は，オッズ比は$(0.5\times0.5)/(0.5\times0.5)=1$となる。SNPをもたない場合に罹患する確率が5%($q=0.05$)で，SNPをもつと2倍の確率で罹患する($p=0.1$)場合，オッズ比は$(0.1\times0.95)/(0.05\times0.9)=2.111...$である。また，仮にSNPが完全な決定要因($p=1.0$かつ$q=0.0$)であれば，オッズ比は定義により無限大$(1.0\times0.0)/(0.0\times1.0)$になる。

オッズ比はハンチントン病などの原因が比較的明らかな遺伝病に対しては，調査によっては10をはるかに超える値を示す。しかし，GWASの結果が蓄積した結果，前述のありふれた病気に関連するSNPのオッズ比は平均1.2程度で，2を超える場合はほとんど見つからないことがわかってきた。これは疾患の原因が多様であり，原因を究明することが容易ではないことを意味している。

≫次世代ゲノム解析とメタアナリシス

しかし，ゲノム解析による疾患遺伝子探索はまだ端緒についたばかりであり，さまざまな解析が進行している。一般人のゲノム解析の代表例として，日本を含む世界6カ国の研究者や機関が共同で開始したHapMap国際プロジェクトがある。ヒトゲノムには1000万のSNPがあるといわれ，HapMapでは11集団(およそ1200人)における300万以上のSNP情報を見出した。その後次世代シークエンシング▼6-2のコストが下がったため，ゲノム全体が読まれるようになった。国際協力による1000人ゲノムプロジェクト▼1-16では世界中の26集団2500人以上を解析し，SNP情報は8千万以上に増えている。

さまざまな情報が入手できる現在，過去に実施された統計解析を再評価することが可能になってきた。過去の研究データを統合し，より高い見地から再解析することをメタアナリシス(メタ分析)とよぶ。統計解析でもっとも重要なのは標本のバイアス(偏り)を除くことだが，メタアナリシスはいわゆる文献データの再解析であり，出版バイアスの存在が指摘されている。論文として発表される多くは肯定的な結果であり，否定的な内容は出版されにくい。そのため肯定的結果を集めたメタアナリシスは，肯定的な方向に偏りやすい。

練習問題 出題▶H23(問66) 難易度▶C 正解率▶78.1%

ゲノムワイド関連解析(genome-wide association study，以後GWASと略す)において，メタアナリシスが実施されることが増えている。メタアナリシスについての説明としてもっとも不適切なものを選択肢の中から1つ選べ。

1. ある遺伝的多型と疾患の関連性についての複数のグループによるスタディの結果をメタアナリシスで統合して解析することで，多型の持つ疾患への影響を正確に推定できる。
2. 小規模の個別のスタディの統合においても，GWASのような大規模なスタディの統合においても，メタアナリシスによる統合の手順は同様である。
3. 出版された研究のみを対象とすることで，データソースに関するバイアスを排除できる。
4. メタアナリシスでは，対象候補となるスタディのうち，どのスタディを対象とするか否かの取捨選択を行う。この取捨選択が中立でなければ，恣意的な結論を導きうる。

解説 複数のグループによるスタディを統合して解析すれば，より多くの情報を扱うことで正確さを上げられるため，選択肢1の内容はまちがいとはいえない。また複数のスタディを考慮する際に，小規模・大規模という表現は相対的な尺度であり，メタアナリシスの手順において本質的に異なる部分はない。もっとも不適切なのは本文にも記してある出版バイアスを否定する，選択肢3である。どんなに大規模な解析でもバイアスを完全に排除することは難しい。解析の内容が真に中立であることを証明する手だてはないため，研究者には可能なかぎり恣意的な結果に至らないように注意を払う高い倫理観が要求される。よって選択肢3が正解である。

参考文献

1)『初歩からの集団遺伝学』(安田徳一著，裳華房，2007) 第9章
2)「国際HapMapプロジェクト」http://hapmap.ncbi.nlm.nih.gov/

ハプロタイプ解析や遺伝子パネル検査による分子疫学と個別化医療

Keyword 染色体異常，X 連鎖潜性（劣性）遺伝，HLA ハプロタイプ

分子疫学とは，分子生物学的手法により疾患原因や治療法を解明する研究分野であり，とくに疾患ゲノムなどの DNA 配列や疾患関連タンパク質の構造情報が重要な情報源となる。分子疫学の発展は，患者のゲノム配列などを解析しアレルや遺伝的多型の固有の組み合わせであるハプロタイプを特定することでより正確な診断を行ない，個人ごとに治療法の最適化を図る個別化医療（テーラーメード医療）につながっている。

≫染色体異常

疾患などの原因となる染色体異常には，大きく分けて構造異常と数的異常がある（**図 1**）。構造異常は特定の染色体[▼1-1, 1-3]の遺伝子構成が変化する現象であり，欠失（染色体の一部がなくなる）・逆位（染色体の一部が配列的に逆に挿入される）・重複（染色体の一部が複数コピー存在する）・転座（染色体の一部が本来と異なる位置に挿入される）がこれにあたる。数的異常は染色体の本数が変化する現象であり，染色体セットの数が異常になる倍数性と，特定の染色体の数が異常になる異数性がある。

いくつかの染色体異常はヒトの疾患と深く関連していることが知られている。21 トリソミーは 21 番染色体が 3 本存在する異数性の例であり，ダウン症候群でもっとも頻度が高いケースで標準型ともよばれる。一方，ロバートソン転座（14; 21）は，ヒト 14 番染色体と 21 番染色体のあいだで，染色体短腕が欠落し長腕どうしが結合して生じる構造異常（転座）である。ロバートソン転座染色体と正常な 21 番染色体が同一の配偶子に入る場合は，受精により 21 番染色体がトリソミー状態になりダウン症候群の表現型が発現し得る。

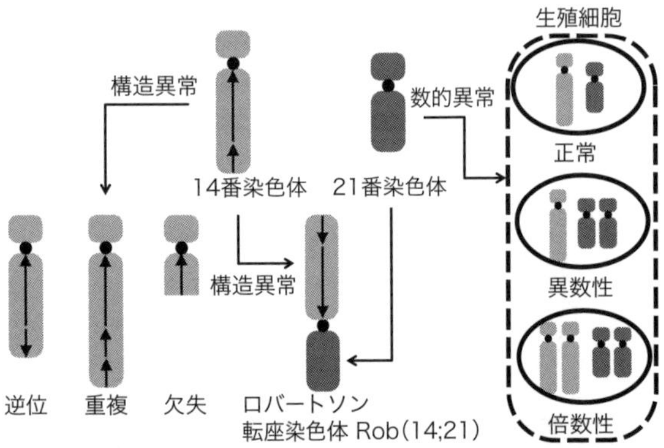

生殖細胞
構造異常
数的異常
正常
14番染色体　21番染色体
異数性
構造異常
逆位　重複　欠失　ロバートソン転座染色体 Rob(14;21)
倍数性

図 1. 染色体異常
各種の染色体異常をヒト 14 番・21 番染色体のみを表示している。右側の点線枠内は生殖細胞[▼1-3]を示しており，異数性・倍数性の細胞と正常の細胞が融合すると 21 トリソミーが生じる。

≫ X 連鎖潜性（劣性）遺伝

ヒト性染色体[▼1-16]は XX（女性）または XY（男性）であるが，Y 染色体には遺伝子がほとんどないことから，X 染色体上に潜性（劣性）[▼1-14]の疾患関連遺伝子が存在する場合は，女性と男性で表現型の発現の仕方が異なる。女性（XX）の場合は，疾患関連遺伝子をヘテロにもつ場合は保因者となるが発現（罹患）はしないことがほとんどであるのに対して，男性（XY）では 1 つしかない X 染色体が疾患関連遺伝子をもつ場合は，ほぼ必ず発現（罹患）することになる。逆にいうと，罹患していない男性が保因者であるケースは存在しないと考えてよい。

≫ HLA ハプロタイプ

ヒト白血球抗原（Human Lymphocyte Antigen, HLA）または主要組織適合性複合体（Major Histocompatibility Complex, MHC）[▼1-12]とよばれる遺伝子は，免疫系における抗原提示に関わり，この遺伝子のアレル（対立遺伝子）[▼1-14]のちがいが臓器移植・骨髄移植後の拒絶反応の主要因となることが知られている。ヒトゲノム（6 番染色体）には複数の HLA 遺伝子座クラスター（クラス I は HLA-A, B, C, クラス II は DRB1 など）が存在し，これらの遺伝子座におけるアレルの組み合わせを HLA ハプロタイプ[▼5-2]と呼ぶ（**図 2**）。臓器移植の際には，適切なドナーを選択する

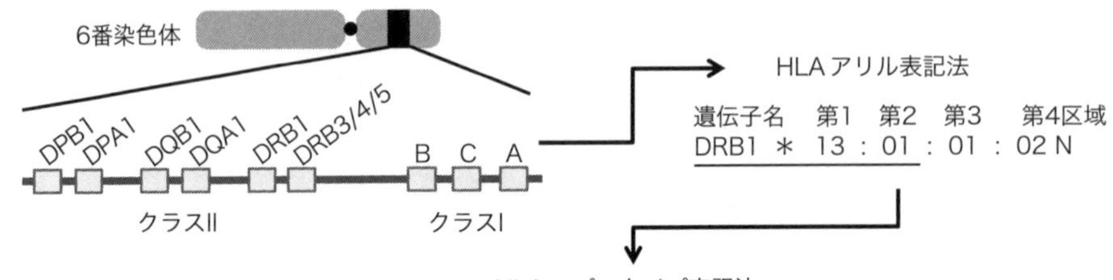

図 2. HLA アレル・ハプロタイプ表記法
下段の HLA ハプロタイプは第 1・第 2 区域のみが示されている。

ためにHLA型を調査するが，もっとも望ましいドナーはすべてのアレルが完全一致する場合である。ハプロタイプ識別の必要性から，HLAではアレルの系統的な表記法が定められている。この表記法では，まず遺伝子名を示し，遺伝子レベルの分類であることを示す＊の後に，第1～4区域の分類番号がコロン(：)区切りで示される。第1区域はHLA抗原型(抗体応答性)，第2区域はアミノ酸配列，第3区域はコード領域の塩基配列，第4区域はそれ以外の領域の塩基配列による分類を示している。終止コドンの挿入などによりタンパク質が発現しないアレルには最後にNが付される。たとえば，アミノ酸配列が異なっても抗体応答性は同じである場合は第2区域が異なっていても第1区域は同じ分類であり，また同義置換[▼5-6]により塩基配列が異なってもアミノ酸配列が同じであれば，第3区域は異なっていても第2区域は同じである。主としてHLA型の不一致に影響をもつのは第1，第2区域であり，この2つの分類番号のみを示す場合も多い。

≫遺伝子パネル検査

遺伝子パネル検査は，患者個人のゲノム解析[▼1-18]により診断の正確化と投薬を含む治療法の最適化を図る個別化医療(テーラーメード医療)であり，がん関連遺伝子に絞って検査を行なうがん遺伝子パネル検査に代表される。日本ではがん遺伝子パネル検査がすでに社会実装されており，2019年から保険適用が可能となっている。患者のがん組織や血液から抽出したDNAについて，がん関連性の解明されている遺伝子群(遺伝子パネル)のシーケンス解析を行ない，変異や遺伝子融合の有無を調査する(**図3**)。たとえば，アジア人の肺腺がん患者の4割程度でEGFR(上皮増殖因子受容体，Epidermal Growth Factor Receptor)遺伝子にLeu858 Argの変異が認められる。また，9番染色体と22番染色体のあいだで起こる転座によりフィラデルフィア染色体とよばれる異常染色体が

変異・増幅を調査する遺伝子(114遺伝子)	ABL1，AKT1，BRCA1，CDK4, EGFR, HRAS, JAK1，PTEN，ROS1，SMAD4，STAT3, TP53, …
融合を調査する遺伝子(12遺伝子)	ALK, AKT2, BRAF, ERBB4，FGFR2，FGFR3，NRG1，NTRK1, NTRK2, PDGFRA，RET, ROS1

配列解析，解析プログラムによるアノテーション・キュレーション，機械学習，エキスパートパネルによる検討など

変異	推奨される治療薬
EGFR p.Leu858 Arg Gefitinib	
EGFR p.Ser752_Ile759 del	-
BRAF p.Val600 Glu	Atezolizumab, Cobimetinib, Vemurafenib
…	…

図3． がんパネル検査

上段はがんパネル検査で調査の対象となる遺伝子であり，OncoGuide™ NCCオンコパネルを例として示している。下段の発見された変異はHGVS(Human Genome Variation Society)表記法で示されており，たとえばEGRF p.Leu858 Argは遺伝子変異によりEGRFタンパク質(p)の858番目のアミノ酸LeuがArgに変異していることを，p.Ser752_Ile759 delは同タンパク質の752から759番目のアミノ酸残基が欠失していることを示す。

形成され，転座領域に存在するBCR遺伝子とABL遺伝子が融合したBcr-Ablタンパク質が発現することが白血病の原因となることが知られている。がん遺伝子パネル検査の利点の1つは，配列データと過去の症例・投薬・治療履歴・予後のデータを照合することで，最適な治療薬を予測できる点である。これには機械学習[▼2-17]も活用されているが完全自動化されておらず，専門家グループ(エキスパートパネル)による法令・倫理[▼1-22]も含めた審議をへて患者および医師に結果が開示される。

練習問題 出題▶未出題 難易度▶B 正解率▶—%

単一遺伝子のX連鎖潜性(劣性)遺伝であることが疑われるヒトの遺伝性疾患について，母親が発症し父親が発症していないケースの家系分析を4例行なった。その結果として，X連鎖潜性(劣性)遺伝と矛盾しないケースを選択肢の中から1つ選べ。子供はすべて実子であり，子供に新たな変異は認められないものとする。

1. すべての女児が発症した。
2. すべての男児が発症した。
3. 女児の半数が発症した。
4. 男児の半数が発症した。

解説 母親(XX)が発症し父親(XY)が発症していないことから，母親は両方のX染色体に疾患遺伝子をもち，父親は疾患遺伝子をもたないと考えられる．その場合，男子(XY)はすべて母親由来の潜性(劣性)疾患遺伝子により発症し，女児(XX)はすべて父親由来の顕性(優性)遺伝子により発症しない。よって選択肢2のケースのみがX連鎖潜性(劣性)遺伝と矛盾しない。

参考文献

1)「日本組織適合性学会」http://jshi.umin.ac.jp/databank/index.html
2)「がんゲノム医療」https://ganjoho.jp/public/dia_tre/treatment/genomic_medicine/genmed02.html

5-6 分子進化

分子進化の中立説と分子時計

Keyword 中立進化，同義置換，非同義置換，アミノ酸置換率，分子時計

生物の進化を理解するうえで，環境に適応するように変化した生物個体が生き延びて繁殖すること（適者生存）で新たな種が形成されるとするダーウィンによる自然選択（自然淘汰）説は直感的に理解しやすく，基本原理と考えられていた。1968年に木村資生は一見これに反する「分子進化の中立説」を提唱した。すなわち，遺伝子の塩基配列やタンパク質のアミノ酸配列の種内および種間の差違の大部分は，生存に対する適応度に関し有利でも不利でもなく中立的であるという説である。この説は今日，多くの観察に基づく定説として定着している。

≫分子進化の中立説

キリンの首の伸長や産業革命時代の工業化に伴う蛾の体色の黒化は，適者生存原理（適応進化，ダーウィン進化）の実例としてよく知られている。生物の形や色などの表現型を決定している遺伝子のレベルでも同様の原理が働くものと，従来は当然のように考えられていた。しかし，1960年代になって多くのタンパク質のアミノ酸配列が決定され，それらのあいだの相互比較が可能となるに従い，アミノ酸配列やその基となる遺伝子の塩基配列の進化には別の原理が支配的であることが明らかになってきた。

木村資生が提唱した「分子進化の中立説」は，遺伝子の塩基配列やタンパク質のアミノ酸配列の種内および種間の差違の大部分は，生存に対する適応度に関し有利でも不利でもなく中立的であるという説である。ハーディー・ワインベルク平衡[▼5-1]は，変異が無視できて交配が真にランダムである場合に成立する平衡状態だったが，新たな変異をもった遺伝子が生物集団内に発生する場合を考えると，変異した遺伝子の頻度は（生殖は確率的な過程なので）世代を経るごとに確率的に増減する。これを遺伝的浮動という。遺伝的浮動が起こると，新たな変異をもった遺伝子は，とくに生存に有利でなくても，ある確率で集団内に固定することができる（**図1**）。「分子進化の中立説」は観察される変異は中立であって，変異が起こる確率が一定であれば，変異（すなわち分子進化）は一定の速度で遺伝子に蓄積することを予言した。これは実際に観察された分子時計という現象を正確に説明できる。

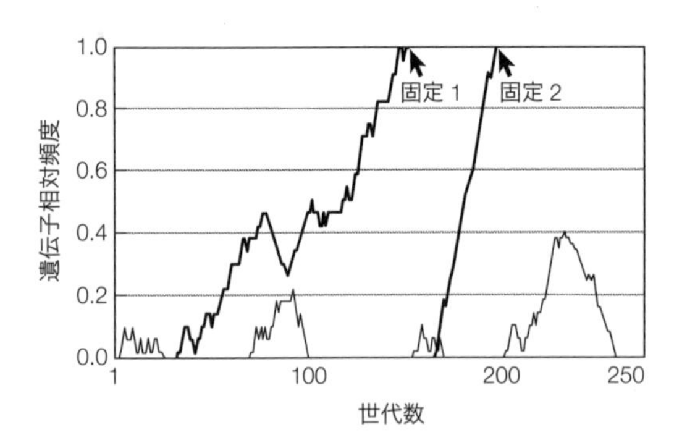

図1. 中立進化と遺伝的浮動

個体数が一定の生物集団を仮定する。横軸は世代数，縦軸は遺伝子の相対頻度（集団内のすべての個体がその遺伝子をもっているとき1になる）を表わす。新しく集団内に現われた変異遺伝子の多くは，進化的に中立であれば集団内の遺伝子相対頻度は微増と微減を積み重ねて，やがて消滅する（細線）。ただし一定の割合で，偶然に相対頻度1に達する遺伝子が現われ，その遺伝子は集団内に固定される（太線固定1）。もし進化的に有利な遺伝子であれば，中立な遺伝子より速く固定すると考えられる（太線固定2）。このような適者生存型の進化は，中立進化に対して分子レベルのダーウィン進化とよばれる。

≫分子時計

図2はさまざまな脊椎動物の組合せにつき，化石から推定される種間の分岐年代を横軸に，アミノ酸置換率（同一座位に複数回の置換が生じた可能性を補正した一座位あたりの置換数。進化速度という）を縦軸にプロットしたものである。この図から，次の2点が明らかである。

第1に，1つのオーソログ遺伝子群（たとえばヘモグロビンα鎖遺伝子[▼5-8]）に着目すると，分岐年代とアミノ酸置換率とのあいだにほぼ直線的な関係が認められる。この直線関係を分子時計とよび，それを利用すれば化石による証拠が得られなくともアミノ酸配列の比較から種間の分岐年代を推定することができる。第2に，遺伝子の種類ごとに直線の傾きが大きく異なる点である。一般に，ヒストン[▼1-1]など細胞内における役割が重要なタンパク質ほど進化速度が遅く（傾きが小さく），それ自体には機能がない（成熟タンパク質では切り取られる）フィブリノペプチド[▼1-11]などでは速い進化速度を示す。これらの現象を適応進化の立場から説明するのには無理がある。一方，適応度に不利に働く変異は集団から除去され，集団に定着した大部分のアミノ酸配列の置換が生物の適応度に影響しない中立的なものであると考えれば説明がつく。

細胞における重要度と進化速度とのあいだの逆相関は他にもさまざまな例が知られている。たとえば，正常な遺伝子と機能を失った偽遺伝子，真核生物遺伝子のエキソンとイントロン[▼1-5]，タンパク質をコードする遺伝子領域における塩基のアミノ酸置換を伴う非同義置換とアミノ酸置換を伴わない同義置換などである。いずれの例でも，機能的制約の強い前者に比べ後者はより速い進化速度を示す。これらのことも分子進化の中立説を支持する有力

な証拠となっている。しかし，ゲノム時代には中立説だけでは説明できない事象も明らかにされた。そのひとつが，ヒトのように集団サイズが小さい種ほど多くの変異が固定しやすい点である。変異が完全に中立であれば分子時計は種の集団サイズによらず不変となる。

当初からこの点に注目した太田朋子は1973年，大部分のアミノ酸置換は中立と有害のあいだの「ほぼ中立」であるとする，ほぼ中立説を提唱した。わずかでも有害であれば集団が大きいほど淘汰圧が強まるため，進化速度と集団サイズとのあいだに負の相関が期待できる。ほぼ中立説はその後多くの批判や検証に耐え，太田はリチャード・レウォンティンとともに2015年のクラフォード賞(ノーベル賞が扱わない分野を対象としてスウェーデン王立アカデミーより授与される)を受賞した。

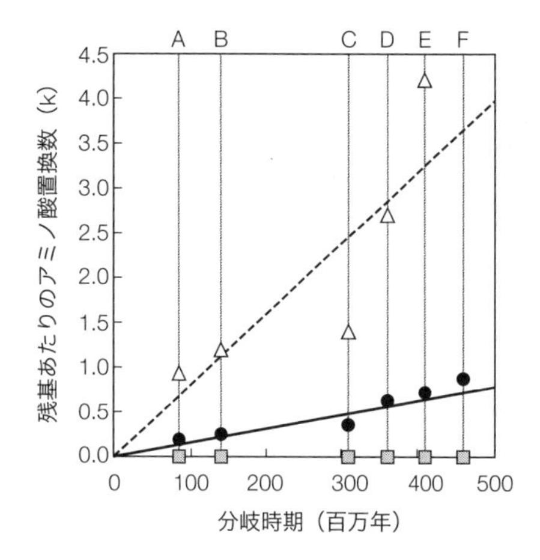

図2. 脊椎動物の分岐年代とアミノ酸置換率との関係
A：霊長類と齧歯類，B：有袋類と有胎盤類，C：哺乳類と鳥類，D：両生類と有羊膜類，E：硬骨魚類と四足動物，F：硬骨魚類と軟骨魚類，△：フィブリノペプチド，●：ヘモグロビンα鎖，■：ヒストンH3。

練習問題　出題▶H22（問68）　難易度▶B　正解率▶52.7%

遺伝子の進化的性質の一つに分子時計がある。分子時計について述べた次の文章のうちもっとも不適切なものを1つ選べ。

1. 分子時計とは，アミノ酸置換や塩基置換がほぼ一定の速度で起こる現象を指す。
2. 分子時計では，放射性同位体が一定の割合で崩壊することを利用して年代決定を行う。
3. 分子時計によって分岐年代を推定するには，化石などの分子以外の証拠から分岐時間がわかっている生物種が一組は必要である。
4. 遺伝子やタンパク質によっては分子時計が成り立たないこともあるので，分子時計を利用して生物の分岐時間を推定する場合には使う遺伝子やタンパク質の進化速度が近似的に一定になっていることを確認しておくことが必要である。

解説　選択肢1の内容のとおり，1つのオーソログ遺伝子群に着目すればアミノ酸置換や塩基置換がほぼ一定の速度で起きる現象を分子時計という。しかし，選択肢3の内容のとおり，分子時計からは分岐年代の相対的な比率が推定されるだけであり，実際の分岐年代を推測するには，基準となる絶対的分岐年代が少なくとも1つ必要である。

絶対的分岐年代は，2つの生物種間の最新共通祖先の化石年代や，大陸移動などの地理的隔離年代により推定される。^{14}Cなどの放射性同位元素が一定の比率で崩壊する現象を利用した年代測定法は，化石などの残存物から絶対的分岐年代推定を行なう方法の1つであり，分子時計自体の解析には直接関係しない。分子時計を用いた分岐年代推定は，現存生物の遺伝子塩基配列やタンパク質アミノ酸配列を用いて行なう。よって選択肢2の内容は不適切であり，これが正解である。

分子時計が成り立つには，対象となる遺伝子やタンパク質の機能が基本的に変わらないことが前提である。遺伝子重複により生じたパラログ[▼5-8]は，本来の機能を維持するオーソログとは一般に異なる進化速度を示す。ウイルス[▼1-1]などのさまざまな外敵と絶えず戦う必要のある抗体[▼1-12]などの免疫系遺伝子や，逆に免疫系から逃れることで増殖を図るウイルスのタンパク質では中立的な置換よりさらに高頻度なアミノ酸置換が起きる。そのような適応的分子進化が働く遺伝子では一定速度の進化速度は期待できず，分子時計に当てはめることは不適切である。したがって，選択肢4の内容のとおり，進化速度の一定性を事前に確認することが必要である。

参考文献

1)『生物進化を考える』（木村資生著，岩波新書，1988）第8章
2)『自然淘汰論から中立進化論へ』（斎藤成也著，NTT出版，2009）第5章
3)『分子進化遺伝学』（根井正利著，五条堀孝・斎藤成也訳，培風館，1987）第5章

5-7 進化系統樹

進化系統樹の表現方法

Keyword 系統樹，OTU，外群，共通祖先，ニューウィック形式

現存するすべての生物は単一の起源をもち，いく度もの種の分化を経て現在に至っている。もっとも古い共通の祖先を根（ルート），1つの種としての継続期間を枝（ブランチ），過去に起こった種の分化を枝分かれ（節，ノード），現存する生物種や絶滅した生物種を枝の先端に付く葉（リーフ）とすれば，生物進化の過程は逆さにした木の形で表わすことができる。そのような木を生命の木あるいは進化系統樹とよぶ。より一般に，同一種あるいは近縁種内の個体や小集団のあいだの系統関係や，特定のファミリーに属する遺伝子の進化過程も進化系統樹として表わすことができる。

≫進化系統樹の基本概念

進化系統樹はグラフ理論における木構造[▼2-6]（ツリー）の一種であり，根，葉，枝の分岐点をまとめて節（ノード）という。葉を特別に外部節（外部ノード）とよび，それ以外の内部節（内部ノード）と区別する（**図1**左）。外部節は何らかの基準で一単位とみなすことのできる遺伝子，個体，あるいは種，亜種，民族などの集団に対応し，その単位をOTU（operational taxonomic unit）という。すべてのOTUの共通祖先が根にあたり，その存在を明示した系統樹を有根系統樹という。有根系統樹では，2つの節を結ぶ枝は根から葉に向かう方向性をもつ。多くの場合，系統樹は，すべての内部節がつねに2つの子をもつ二分木で表わされる。多くの場合，OTU間の進化的な隔たりに比例して枝の長さを定める。遺伝子やタンパク質の配列から作成した系統樹（分子系統樹）では，枝の長さはマルチプルアラインメント[▼3-6]から求めた塩基置換率やアミノ酸置換率（1塩基または1アミノ酸残基あたりに起こった置換の回数）に比例する。

一方，現存する生物の情報だけからは，根の位置を一意に決められないことが多い。根のない系統樹は無根系統樹とよばれ，枝に方向性がない。しかし，全体としては無根系統樹でも，特定集団の根の位置を他の知識により推定できる場合もある。たとえば，哺乳類内部の系統樹をつくる際に鳥類のデータも付け加えたとする。そうして得られた無根系統樹の内部節のうち，鳥類に直結する枝をもつものが哺乳類の共通祖先を表わすものと予想される。このように，解析対象となるOTU群内の近縁関係より遠くに位置することがあらかじめわかっていて，根の位置を知るために付け加えられた1つないし複数のOTUを外群[▼5-7]（アウトグループ）とよぶ。

≫進化系統樹の定量的性質

OTUの数をNとしたとき，有根系統樹の内部節の数はトーナメント方式の試合数と同様に$N-1$であり，無根系統樹の内部節の数はそれより1つ少ない$N-2$である。有根系統樹の枝の数は根を除く節の数に等しいため$2N-2$であり，無根系統樹の枝の数は$2N-3$である。$N=3$の場合，無根系統樹の樹形（トポロジー；枝の長さを無視した系統樹の形）は一種類しかないが，有根系統樹ではどの枝に根を付けるかにより3通りの樹形が考えられる（**図1**右）。根の代わりに新しい枝を付け加えると考えれば，この数は$N=4$の場合の無根系統樹の樹形数に等しい。一般に，$N=n+1$の場合の無根系統樹の樹形数は，$N=n$の場合の樹形数を枝の数（$=2n-3$）倍したものになり，それは$N=n$の場合の有根系統樹の樹

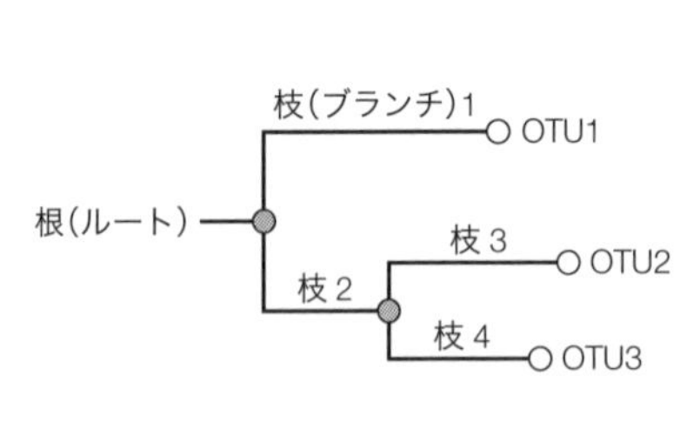

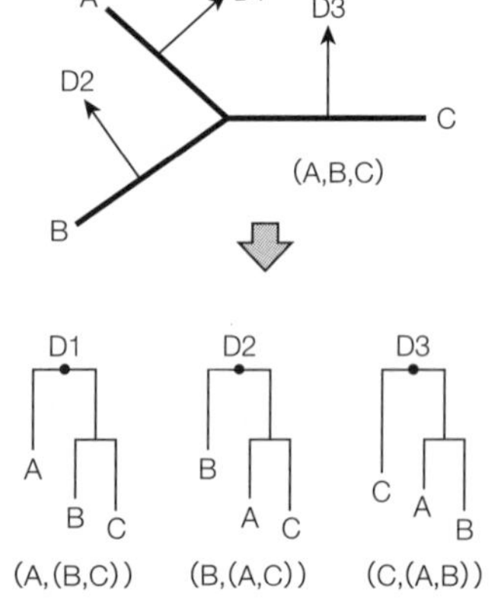

図1. 進化系統樹

（左）系統樹各部の名称。（右）上段は，OTU数3の無根系統樹である。これをニューウィック形式で表記すると，(A,B,C)となる。この系統樹を有根系統樹にするとき，根の付き方には矢印で示したD1～D3の3とおりの可能性がある。下段は，そのそれぞれに対応する3つの異なる有根系統樹とニューウィック形式の表現である。

形数に等しい。したがって，$N=3,\ 4,\ 5,\ 6,\ \cdots$の場合の無根系統樹の樹形数は1，3，15，105，…，$1\times3\times5\times\cdots\times(2N-5)$であり，有根系統樹の樹形数は3，15，105，945，…，$3\times5\times\cdots\times(2N-3)$となる。このように，樹形数が$N$とともに急速に増大することに注意が必要である。

≫系統樹の表現

ニューウィック(Newick)形式はコンピュータが扱いやすい文字列で系統樹を表現したものであり，各内部節を(左の子：左枝長，右の子：右枝長[，中の子：中枝長])という形式で表わす。第3項[，中の子：中枝長]は無根系統樹の最初の内部節のみに必要である。樹形だけが問題の場合には枝長を省略できる。子が外部節の場合には遺伝子名，タンパク質名，生物種名などそのノードを特定したラベルを記入する。内部節の場合には親と同じ形式の括弧表現に置き換える。たとえば，左の子がAというラベルをもつ外部節で右の子が内部節なら(A，(左の孫，右の孫))のようになる。根から始めて(無根系統樹の場合は任意の内部節を根とみなす)，すべての内部節が，外部節のラベルだけを含む入れ子状の括弧形式に置き換えられるまで，この操作を繰り返す(**図1**右)。括弧内の左右の子どもを入れ替えても樹形には影響せず，また無根系統樹の場合，最初の内部節を任意に選べるため，同じ系統樹を異なるニューウィック形式で表現できる。

練習問題　出題▶H23（問71）　難易度▶B　正解率▶63.5%

3本の配列A，B，Cについて，配列間距離が$d(\mathrm{A-B})=\alpha$，$d(\mathrm{A-C})=\beta$，$d(\mathrm{B-C})=\gamma$と計算されたとする。これら3本の配列の系統関係は図のように，A，Bが近く，Cがそれらに対して遠い関係になる。この図でOは，A，Bの共通祖先を表わす節である。相対速度テストで用いられる方法によって，OからAの距離を計算する。O-A間の距離として正しいものを選択肢の中から1つ選べ。

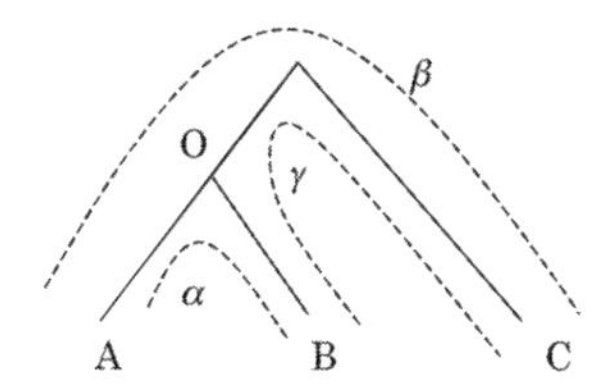

1. $d(\mathrm{O-A})=(\alpha+\beta+\gamma)/2$
2. $d(\mathrm{O-A})=(\alpha+\beta-\gamma)/2$
3. $d(\mathrm{O-A})=(\alpha-\beta+\gamma)/2$
4. $d(\mathrm{O-A})=(\alpha-\beta-\gamma)/2$

解説　相対速度テストとは，種分化から現在までに蓄積した塩基の置換数をもとに系統樹の樹形を検証する検定(テスト)を指す。たとえばABの共通祖先であるOからAとBのそれぞれまでは同じ時間が経過しているため，分子時計からは同程度の塩基置換が生じることが期待される。つまり，配列から推定されるO-A間とO-B間の枝長には大きなちがいがないはずである。ここでO-A間，O-B間，O-C間の枝長をそれぞれx，y，zとする。問は$d(\mathrm{O-A})=x$を求めるものである。A-B間の距離はO-A間とO-B間の枝長の合計であり，ほかも同様であるから，x，y，zを未知数とする連立方程式，

$$\begin{cases} x+y=\alpha \\ x+z=\beta \\ y+z=\gamma \end{cases}$$

が得られる。これを解くことにより，

$$x=(\alpha+\beta-\gamma)/2$$
$$y=(\alpha+\gamma-\beta)/2$$
$$z=(\beta+\gamma-\alpha)/2$$

が得られる。よって選択肢2が正解である。

配列が4本の場合，${}_4C_2=6$通りの配列間距離が得られるが，無根系統樹の枝数は5である。一般に$N\geqq4$では配列間距離の観測数より未知の枝数のほうが少ない。そのような場合，枝長の和から推定される配列間距離と観測値とのあいだの誤差が最小となるように，最小二乗法を用いて枝長を推定する。

以上の議論では配列間距離がそのあいだに介在する枝の長さの和で表わされることを仮定した。そのような性質を相加性という。距離の求め方によっては，相加性が成り立たないこともある。

参考文献

1)『分子進化と分子系統学』（根井正利・S.クマー著，大田竜也訳，培風館，2006）第5章，第6章
2)『新しい分子進化学入門』（宮田隆編，講談社，2010）第5章，第6章

進化系統樹によるホモログ・パラログ・オーソログの解析

Keyword 遺伝子重複，ホモログ，パラログ，オーソログ，水平伝播

現在の生物のゲノムにコードされる遺伝子群は，共通の起源をもつ遺伝子から遺伝子重複によって生じる（パラログ）か，あるいは生物種の分化（オーソログ）によって進化の過程で形成されてきたものである。遺伝子の進化過程は場合によって非常に複雑なものになるが，系統樹を用いることで解析が容易になる。

≫ホモログ・オーソログ・パラログ

たとえば哺乳動物のヘモグロビンα鎖(α-グロビン)遺伝子のように，共通祖先にすでに存在し，種の分化に伴いそれぞれの系統で独立に進化してきた遺伝子(タンパク質)群をオーソログとよぶ。ヘモグロビンα鎖とβ鎖(β-グロビン)遺伝子もまた共通の祖先に由来するが，それらは哺乳動物が分化するはるか以前の祖先動物内で生じた遺伝子重複に起因する。遺伝子重複に由来する一群の遺伝子はパラログとよばれる。種分化か遺伝子重複かによらず，共通の祖先に由来する遺伝子群は互いに相同であり，オーソログとパラログをあわせてホモログ(相同遺伝子)とよぶ。相同であることをホモロガスである，相同性をホモロジーともいう。

これらの関係は，遺伝子の塩基配列やタンパク質のアミノ酸配列のマルチプルアラインメント[3-6](配列を並べて比較することで塩基置換率やアミノ酸置換率を求める)を基に作成した系統樹[5-6](分子系統樹)から判断できる。**図1**は哺乳動物のヘモグロビンおよびミオグロビン，下等魚類ヤツメウナギのグロビンタンパク質の分子系統樹である。ヘモグロビンは血液中で酸素を運搬する4量体[1-9](α鎖2分子，β鎖2分子)のタンパク質であり，共通の祖先から生じて機能的に分化したホモログである。ミオグロビンはヘモグロビンと相同なタンパク質であるが，末端組織で酸素を運搬する単量体のタンパク質である。また，ヤツメウナギのグロビンもこれらと相同であるが，より原始的な酸素運搬タンパク質である。

この系統樹は無根系統樹[5-7]であるが，進化距離がもっとも隔たったヤツメウナギのグロビンを外群とすることで，ヘモグロビンとミオグロビンの根はノード1にあると推定できる。進化上起こった出来事は，根から葉の方向にたどってゆくことで解析できる。この場合，まずノード1でヘモグロビン群とミオグロビン群が分岐(枝分かれ)し，両群には同じ生物種が複数含まれることがわかる。これはα-グロビン/β-グロビン遺伝子とミオグロビン遺伝子への遺伝子重複が起こり，そのあと両遺伝子は独立に進化したと推定される。さらにノード2ではα-グロビン群とβ-グロビン群に，同じく遺伝子重複により分岐したことがわかる。この場合，ミオグロビン，α-グロビン，およびβ-グロビンはパラログである。その後，それぞれの群内で，ニワトリと哺乳類(マウスとヒト)が分岐(ノード3a〜3c)し，さらにマウスとヒトが分岐する(ノード4a〜4c)。この間，遺伝子重複は起こっていないので，これらの分岐はすべて種分化によることがわかる。この場合，ニワトリ，マウス，ヒトのミオグロビンはオーソログである(α-グロビンとβ-グロビンについてもそれぞれオーソログである)。

ここで，系統樹のそれぞれのノードには，過去に存在した遺伝子が対応する。たとえばノード1と2は，それぞれヘモグロビンとミオグロビンの祖先遺伝子，α-グロビンとβ-グロビンの祖先遺伝子にあたる。これらの

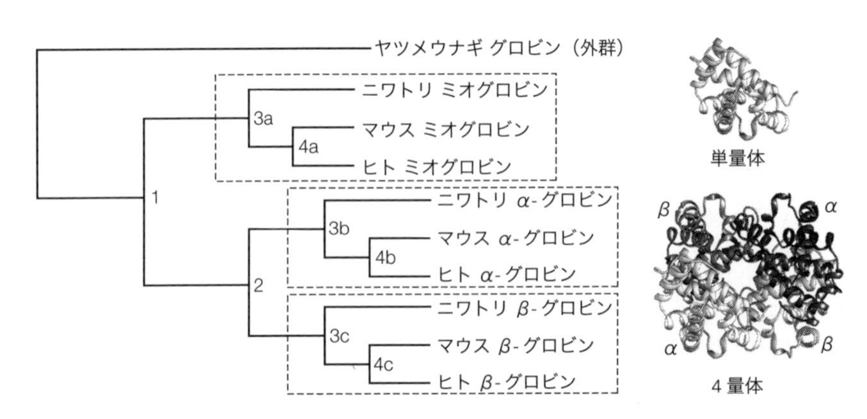

図1. グロビン，ミオグロビン，ヘモグロビンの系統樹

数字はノードの番号を示し，点線は種系統樹にあたる部分を示す。α-グロビン2分子とβ-グロビン2分子はヘモグロビン4量体となることで，サブユニット間の相互作用により協同性を獲得し，酸素の濃度勾配に応じて速やかに酸素を結合・解離できる。これはミオグロビンや外群のグロビンなど単量体のタンパク質分子には見られない性質であり，遺伝子重複によりタンパク質の機能の進化が起こる例である。

祖先遺伝子はノードで遺伝子重複して，その後は別の遺伝子に進化しているので最終共通祖先とよばれる。種分化のノードでは，生物種が分かれるので，それらのノードにおける遺伝子は共通祖先となる生物種がもっていたオーソログにあたる。

図1のように，遺伝子の塩基配列やタンパク質のアミノ酸配列で作成した系統樹は分子系統樹という。また，オーソログとパラログが混在したものは複合系統樹である。この系統樹から，ミオグロビン，α-グロビン，β-グロビンだけをそれぞれ取り出して，オーソログだけからなる系統樹（**図1**で破線で囲んだ部分）をつくると，それは種の分化過程を示す種系統樹になる。

≫遺伝子の水平伝播

遺伝子は通常は親から子へ伝えられるが，例外的に親子関係にない個体間，あるいは別種の生物間で遺伝子を含むゲノムの一部が移動する場合がある。これを遺伝子の水平伝播という（これに対して，通常の親子間での伝播は垂直伝播である）。水平伝播のメカニズムはまだ未解明の部分も大きいが，真核生物[▼1-1]ではウイルスによって持ち込まれる場合があり，核をもたない原核生物では自発的に細胞外のDNAを取り込むしくみが存在する。遺伝子の水平伝播が起こった場合は，その配列を用いて種系統樹を作成すると，一般に認められている生物進化過程と異なる結果が得られる。これを避けるため，種系統樹を推定するためには，rRNA[▼1-5]など水平伝播が非常にまれな遺伝子が使われる。

練習問題　出題▶H22（問69）　難易度▶C　正解率▶68.7%

次に示す系統樹は，遺伝子重複によってできたα-グロビン遺伝子とβ-グロビン遺伝子の両遺伝子を含む有根系統樹である。この系統樹について述べた次の選択肢のうち，もっとも不適切なものを1つ選べ。

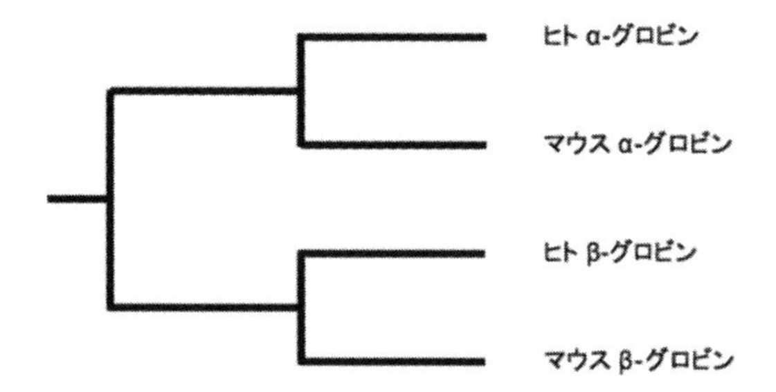

1. このような遺伝子重複によってできた2つ以上の遺伝子を含む系統樹は複合系統樹とよばれる。
2. ヒトα-グロビンとマウスα-グロビンは種分岐にともなってできた遺伝子であり，オーソログ（オーソロガスな関係にある遺伝子）とよばれる。
3. ヒトα-グロビンとマウスβ-グロビンは遺伝子重複によってできた遺伝子であり，パラログ（パラロガスな関係にある遺伝子）とよばれる。
4. α-グロビンとβ-グロビンの遺伝子重複はヒトとマウスの種分岐よりも後に起こっている。

解説　図1の系統樹を簡略化したものであるので，同様に解釈することで理解できる。この系統樹にはパラログであるα-グロビンとβ-グロビンが示されており，明らかに複合系統樹であるので選択肢1と3の内容は正しい。左から進化過程をたどっていくと，最初にα-グロビンとβ-グロビンの分岐が起こっていることがわかり，ヒトとマウスの種分化があとから起こっていることがわかる。よってヒトとマウスのα-グロビン（およびβ-グロビン）はオーソログであるので，選択肢2の内容も正しい。選択肢4の内容は，この系統樹から推定される進化過程と逆のことを述べている。よって選択肢4が正解である。

参考文献

1）『分子進化と分子系統学』（根井正利・S. クマー著，大田竜也訳，培風館，2006）第5章
2）『新しい分子進化学入門』（宮田隆編，講談社，2010）第3章

系統樹をつくるための系統推定アルゴリズム

Keyword UPGMA 法, 近隣結合法, 最大節約法, 最尤法

現存する生物（OTU[5-7]）の特徴に基づき，それらのあいだの進化系統樹を作成するためのアルゴリズム[2-7]には大きく分けて距離行列法と文字置換利用法がある。前者ではまず N 種の OTU を何らかの方法で互いに比較し，$N(N-1)/2$ の要素をもつ距離行列を作成する。後者では N 本の塩基またはアミノ酸配列からなるマルチプルアラインメント[3-6]をまず作成する必要がある。距離行列法では $O(N^2)$ ～ $O(N^3)$ の時間計算量[2-8]で結果が得られるのに対し，文字置換利用法では原理的にすべての可能な樹形を試す必要があるため，一般により多くの計算量を要する。その反面，より信頼性の高い結果が得られることも多い。

≫距離行列法

代表的な距離行列法には，UPGMA 法(unweighted pair group method with arithmetic mean；非加重平均距離法)，最小進化法(minimum evolution；ME 法)，近隣結合法(neighbor-joining；NJ 法)がある。

UPGMA 法は，単連結法，完全連結法，ウォード法などとともに階層型クラスタリング法[2-20]の一種である。これらの方法では，$N(N-1)/2$ 個の距離行列の要素のうち最小値を示す OTU のペア(仮に X_A，X_B とする)を探す。X_A と X_B を元の OTU の集合から取り除き，代わりにそれらをひとまとめにした X_{AB} を新たに加える。結果として，要素数が 1 つ減った集合ができる。また，X_A が関与する距離行列の要素をすべて X_{AB} のものに更新し，X_B が関与する要素を削除する。以上の操作を集合の大きさが 2 になるまで繰り返す。さまざまな階層型クラスタリング法のちがいは距離行列の更新法のちがいによる。UPGMA 法では名称が示すように非加重平均値を用いる。つまり上記における X_{AB} として，X_A からの距離と X_B からの距離の平均値を用いる。UPGMA 法はすべての枝で進化速度[5-6]が一定であることを暗に仮定しているため有根系統樹が得られるが，その仮定が成り立たない場合には誤差が大きくなる。

ME 法では，与えられた距離行列と樹形(枝の長さを無視した系統樹の形)に対し，その木の枝長を最小二乗法で推測する。すべての可能な樹形のうち枝長の合計が最短のものを最適な系統樹とする。

NJ 法は，より少ない計算量で最小進化樹形を探索する ME 法の近似法とみなすことができる。まず星形の樹形からはじめ，そこから一組のペアを突出させた**図 1a** のような樹形を考える。この木の枝長の合計を最小二乗法により算出する。どのペアを突出させるかにより $N(N-1)/2$ パターンの木が考えられるが，そのうち最小の合計枝長をもつものを選ぶ。UPGMA 法と同様にそのペアを 1 つにまとめ，距離行列を更新する。この操作を要素数が 3 に減少するまで繰り返す。ME 法や NJ 法では進化速度の一定性を仮定しないため，UPGMA 法の欠点を補えるが，得られるのは無根系統樹である。

≫文字置換利用法

代表的な文字置換利用法には，最大節約法(maximum parsimony；MP 法)と最尤(さいゆう)法(maximum likelihood；ML 法)がある。いずれの方法でも，マルチプルアラインメントの座位(列)ごとに，直接には観測できない内部節[5-6]の祖先の「状態」を推定する。状態は，各文字(塩基やアミノ酸)がそこに存在していた確からしさを反映し，文字の種類(核酸では 4，アミノ酸では 20)だけの要素をもつベクトルで表現される。核酸で例を示すと，ある座位が {A, T, G, C} = {0, 0.5, 0.5, 0} なら T と G が同様に確からしいことを示す。ME 法と同様にすべての可能な樹形を考え，それぞれの基準で求めた座位ごとのス

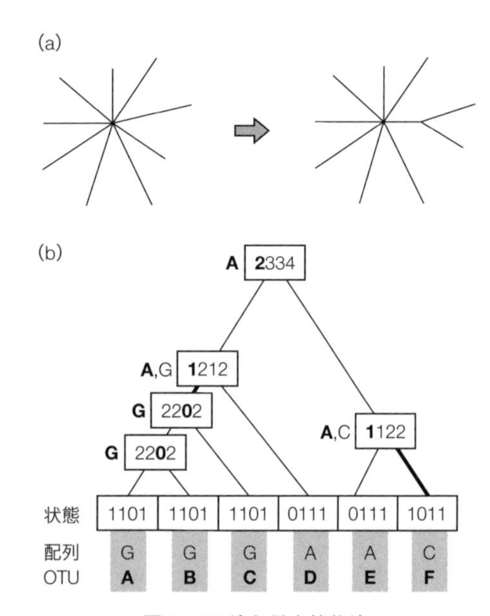

図 1. NJ 法と最大節約法

(a)NJ 法で用いる樹形。星形樹形(左)から 1 ペアの OTU を引き出した樹形(右)を考え，その枝長を計算する。(b)最大節約法の計算例。6 つの OTU(A～F)の系統樹として表記の樹形が与えられたとき，ある列の最小置換数を求める。四角で囲む「状態」は ACGT の順に並んでいるとする。たとえば，最上段の節の塩基が仮に A, C, G, T だったとすると，その実現にはそれぞれ最低 2，3，3，4 回の置換が必要であることを意味する。そのなかの最小値 2 が，この列のスコアとなる。すなわち，最上段の節における塩基が A であり，系統樹上に太線で示した枝で 2 回の塩基置換(左上の枝で A から G，右下の枝で A から C)が起こったとした場合に，最小置換数で 6 つの OTU の塩基がすべて説明できる。

コアの総和が最良となる樹形を最適な系統樹とする。

最大節約法では，ある内部節からその子孫であるOTUに至る経路で起きた文字置換を数え上げ，可能な最小値を状態として記録する（**図1**b）。それらの値は直下の子ども節の状態からボトムアップに決定することができる。経路の末端に位置するOTUでは，現実の配列で観測された文字の状態値を0，それ以外の文字の状態を1とする。次に，すでにこの値が定まっている末端節につながった内部節について，その節の状態{A，T，G，C}を実現するために必要とされる置換数を求める。たとえば，{A，T，G，C}＝{1，1，0，1}の2つの節（すなわちどちらもG）につながっていれば，G以外では少なくとも2回の置換が必要なので{2，2，0，2}になる。これを上位にむけて繰り返し，もっとも上位の節（有根系統樹では根，無根系統樹では任意の内部節）の状態から最小値を選び，その座位のスコアとする。トランジション（AG間とTC間の置換）とトランスバージョン（その他の置換）のように置換の種類により起こりやすさが異なる場合などは，スコアに重み付けを行なうことがある。

最尤法では，配列の進化に伴う文字置換がある遷移確率に従う確率過程であると仮定する。任意の内部節から出発し（どこから出発しても結果は変わらない），与えられた枝を経て現実に観測される配列に至るまでの尤度[▼2-16]を計算する。その際，確率が最大になるように各枝長を調整する。求まった確率の対数（対数尤度）をその座位のスコアとする。なお，最尤法と同様の確率モデルを用いるものの，最大尤度の樹形を探す代わりに，さまざまな樹形がもつ事後確率を用いて系統樹をベイズ推定[▼2-14]するベイズ法も近年多く用いられる。

練習問題　出題▶H22（問70）　難易度▶A　正解率▶35.9%

次の文章はいくつかの系統樹推定法についてその特徴を述べたものである。文章中の(a)，(b)内に入る語句の組み合わせとしてもっとも適切なものを選択肢の中から1つ選べ。

系統樹推定法には大きく分けて，平均距離法や(a)のように距離行列を用いる方法と，最尤法(ML法)のように配列データを直接用いる方法がある。

最尤法では，OTU(Operational Taxonomic Unit；遺伝子や種など，系統樹を推定する際の操作単位)が増えるに従って考慮すべき樹形の数が爆発的に増えていくことに注意する必要がある。無根系統樹において可能な樹形の数は，OTUが4つのときは3通り，OTUが5つのときは(b)通り，OTUが6つのときは105通りというように急速に増加する。

1. (a) 近隣結合法(NJ法)　(b) 15
2. (a) 近隣結合法(NJ法)　(b) 21
3. (a) 最大節約法(MP法)　(b) 15
4. (a) 最大節約法(MP法)　(b) 21

解説　近隣結合法は距離行列を使う代表的な方法である。OTUの数と可能な樹形については以下のように考える。OTUが2つで枝が1本の系統樹を起点として，系統樹の枝の数はOTUが1つ増えると2増加する。つまりn個のOTUからなる系統樹の枝の数は，$1+2(n-2)=2n-3$本である。ここでOTUを1つ増やす場合は，すでに存在する枝のどれか1つから分岐させることになるので，OTUが4つ（枝が5本）のときに樹形が3通りであれば，それぞれの樹形に対し5本の枝それぞれから分岐させられるため$3\times5=15$通りになる。よって選択肢1が正解である。

参考文献

1)『分子進化と分子系統学』（根井正利・S.クマー著，大田竜也訳，培風館，2006）第6章，第7章，第8章
2)『新しい分子進化学入門』（宮田隆編，講談社，2010）第6章

6-1 オーミクス解析の手法

オーミクス解析に用いる研究手法

Keyword トランスクリプトーム，メタゲノム，アンプリコン，質量分析，クロマトグラフィー

生命の設計図とよばれるゲノムが次々に明らかになると，その配列情報を利用して，発現する転写産物やタンパク質の全体像，さらには代謝産物や表現型の全体像を把握する解析が行なわれた。これらの網羅的な解析は総称してオーミクス解析とよばれる。解析には，対象となる分子を網羅的に，迅速に，正確に，かつ安価に検出できるアプローチが必要となる。

≫オーミクス解析

ゲノム(genome)という単語はその生物が生命活動を全うするのに必要な「遺伝子の一揃い」を意味する。この単語は，遺伝子を意味するgene[1-15]とギリシャ語で体を意味するσώμα(soma，接尾辞で使う場合は最初のsが省略されてオーム)から1920年代につくられた。当初は植物学者のウィンクラー(H. Winkler)が「配偶子がもつ染色体(chromosome)の一揃い」と定義したが，後にコムギ研究で知られる木原均により「ある生物をその生物たらしめるのに必須な遺伝情報」と修正された。

20世紀末にヒトゲノムの解析が進むと，ゲノムのような全体像を扱う研究アプローチにオームをつける呼び方が流行した。こうしてできた単語に，遺伝子転写産物(transcript)の総体を扱うトランスクリプトーム，タンパク質(protein)のプロテオーム[6-5]，代謝物(metabolite)のメタボローム[6-4]，表現型(phenotype)のフェノーム，微生物群集およびその生育環境まで含んだマイクロバイオームなどがある。

≫トランスクリプトーム解析

オーミクス解析の中でもっとも幅広く，盛んに実施されるのがトランスクリプトーム解析である．細胞からRNAを抽出すると9割以上はrRNAやtRNA[1-5]であり，3′末端にポリA鎖をもつmRNAは数パーセントしかない。しかしポリA鎖がオリゴdTと相補鎖を形成する性質を利用すると，mRNAだけを濃縮し逆転写酵素によってcDNAへ変換できる(**図1**)。こうして得たcDNAをDNAマイクロアレイや次世代シークエンサ(NGS)[6-2, 6-3]を用いて解析するアプローチをまとめて，トランスクリプトーム解析とよぶ。とりわけ次世代シークエンシング技術を使ったものはSeq解析とよばれ，RNA-Seqをはじめとするさまざまな手法を生んでいる。

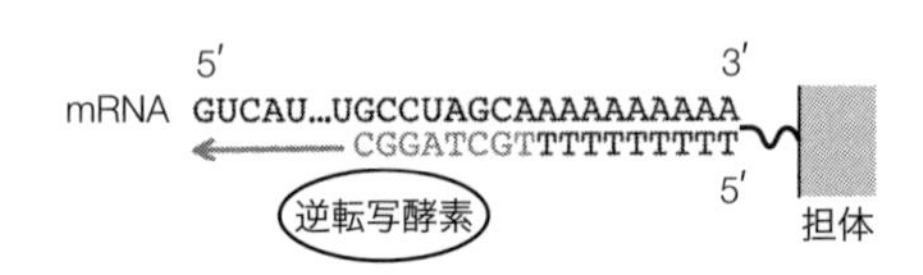

図1. mRNA濃縮の原理
担体に固定されたオリゴdT鎖を用いると，ポリA鎖をもったmRNAだけを精製できる。オリゴdT鎖はプライマーとして機能するため，逆転写酵素でDNAへの変換もできる。

≫メタゲノム解析

培養を介さずに微生物群集のゲノムをそのまま網羅的に解析する手法をメタゲノム解析とよぶ。微生物群集の環境に応じて，ヒト腸内メタゲノムや土壌メタゲノムといった呼び方をする。その目的は未知の微生物を含む細菌叢の把握，自然界に存在する遺伝子機能の多様性や分布の把握，さらにはそれらと環境との相互作用解明にある。手法としては，原核生物リボソームRNAの16Sサブユニット[1-6]や真菌の18SサブユニットあるいはITS領域(Internal Transcribed Spacer)を読み取るアンプリコン解析と，微生物のゲノム全体を読み取るショットガン解析に分けられる。

アンプリコン解析は読み取る配列量が少なく情報解析も容易になる。アンプリコンとは増幅されたDNAのことで，リボソームRNAの16Sや18Sサブユニット部分のPCR増幅断片を意味する。読取り結果はOTU[5-7]とよばれる配列グループに分類してからデータベースに照会する。欠点はPCRで生じる増幅バイアスと，微生物群集構造以外の情報を得られない点である。

ショットガン解析は微生物群集由来のゲノム全体をシークエンスするため，読むべき配列量が桁ちがいに多い。たとえばヒト腸内には1千種以上の微生物が存在するといわれている。

ショートリードNGS[6-2]によるショットガンメタゲノム解析では，メイトペアリード[6-2]を駆使して個々の細菌ゲノムを再現する。またロングリードNGS[6-2]を用いた解析では，完全長ゲノムの再構築も可能になった。しかし優勢菌ほどゲノム配列も多様になる傾向があり，デノボアセンブルによる完全長の再構築は容易ではない。ショットガン法で得られる情報は多岐にわたるため，利用目的にあわせた解析プロトコールが必要になる。

≫質量分析計を用いたオーミクス解析

メタボロームやプロテオームの測定に多用する機器は質量分析計[1-19](mass spectrometer)である。質量分析(mass spectrometry)は感度が高く，ナノモル量の試料でも分析できる。しかし代謝物[1-12]やタンパク質は細胞内濃度のダイナミックレンジが10^9以上と大きく，構造も多種多様である。測定対象や目的に応じ，試料を分画・濃縮したり，適切な装置を組み合わせる工夫が重要になる。

あらかじめ決められた物質を解析する手法をターゲット分析，新規物質などの発見を目標に網羅的に測定する

手法をノンターゲット分析とよぶ。ターゲット分析は特定の物質のみに注目するため高精度の定量が可能であり，ノンターゲット分析は精度よりも測定の幅広さを優先する。定量の精度と網羅性はトレードオフの関係にある。

質量が極めて近い分子は質量分析計で見分けることが難しい。そこで質量とは異なる性質によって分離する実験手法と組み合わせて利用する。その代表例がクロマトグラフィーである。

≫クロマトグラフィーによる分画

クロマトグラフィーでは，移動相とよばれる物質に混合物を添加し，吸着物質(固定相とよばれる)で満たされたカラムを無理やり通過させて混合物を分離精製する(**図2**)。クロマトグラフィーとは手法を意味する言葉で，その装置がクロマトグラフである。たとえばLC-MSは液体クロマトグラフ質量分析計となる。

ハイフンではなくスラッシュを用いる場合が手法を意味する。そのためLC/MSは液体クロマトグラフィー質量分析(法)を意味する。ただし国際的には記法が混在するのが現状である。

クロマトグラフのカラム端末から分離した物質が出てくる様子を時系列で表わした結果をクロマトグラムとよぶ。物質の出てくる時間が保持時間で，LCの場合は液体を用いるため溶出時間ともよばれる。**表1**に主要なクロマトグラフィーを記載する。

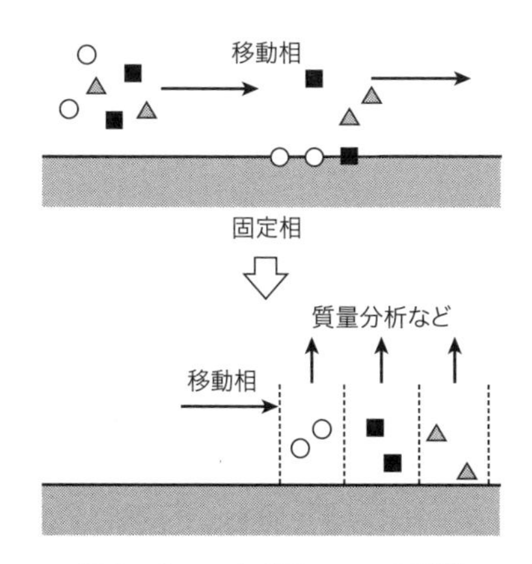

図2. クロマトグラフィーの原理
移動相にのせた分子は固定相と相互作用する度合いに応じて分かれていく。分けた領域を画分(かくぶん)とよぶ。

表1. 主要なクロマトグラフィー(クロマトと略記)

略　称	和　名	移動相の代表例	固定相の代表例
LC: liquid chromatogr.	液体クロマト	有機溶媒のときに順相，水などの極性溶媒のときに逆相とよぶ。	シリカゲル
GC: gas chromatogr.	ガスクロマト	不活性ガス．試料は高温にして揮発させる。	シロキサン化合物
IC: ion chromatogr.	イオンクロマト	水溶液，イオンの分離に用いる。	イオン交換樹脂
SFC: super-critical fluid chromatogr.	超臨界クロマト	超臨界状態の二酸化炭素。LCとGCの利点をあわせもつ。	シリカゲル

いずれも吸着物質は反応性の低いケイ素が主体で，分離能を上げるためさまざまな工夫を施す。高圧を用いてLCを高速化したものがHPLC(High Performance またはHigh Pressure LC)である。超臨界とは液体と気体の中間状態にあたり液体よりも粘性が低い。そのためLCよりも高速で，GCのような高温も必要としない分離が可能になる。

練習問題　出題▶H23（問76）　難易度▶B　正解率▶64.2%

オーミクス解析に利用される実験機器と使用目的の組み合わせとして，もっとも不適切なものを選択肢の中から1つ選べ。

選択肢番号	実験機器	目的
1	DNAマイクロアレイ	遺伝子発現量の解析
2	次世代シークエンサ	SNP解析
3	キャピラリーシークエンサ	選択的スプライシングの解析
4	質量分析装置	発現配列タグ(EST)の解析

解説　DNAマイクロアレイ[▼6-3]は遺伝子の発現量解析に使う。次世代シークエンサ[▼6-2]は，結果を既知ゲノム配列と比較して一塩基多型(SNP)を検出できる。キャピラリーシークエンサ[▼6-2]は，サンガー法を使った従来型のシークエンサのうち，合成されたDNA鎖の分離にキャピラリー(毛細管)ゲル電気泳動を用いたもの。mRNAの配列比較により選択的スプライシング[▼1-5]のちがいを知ることができる。発現配列タグ(EST)は，発現しているmRNAの3′末端や5′末端の配列を意味するが，質量分析装置[▼1-19]を配列解析には使わない。

第6章　オーミクス解析

参考文献

1)『ビッグデータ　変革する生命科学・医療』(永井良三ほか編集，実験医学増刊34（5），羊土社，2016)
2)『これならわかる　液体クロマトグラフィー』(松下至，石井孝昭著，学同人，2011)
3)『これならわかる　マススペクトロメトリー』(志田保夫ほか著，化学同人，2001)

サンガー法および次世代・超並列シークエンシング技術

Keyword シークエンサ，リード，アセンブリ，N50，マッピング

DNAの塩基配列を読み取る装置をDNAシークエンサ，あるいは単にシークエンサとよぶ。20世紀はサンガー法による読み取りが主流だったが，2007年頃に次世代シークエンシングあるいは超並列シークエンシングとよばれる技術が普及した。この手法は遺伝子発現量を測定するDNAマイクロアレイ（DNAチップ）を代替しつつあり，現在も新技術が発表されている。

≫サンガー型シークエンシング

20世紀のシークエンサはサンガー型とよばれ，1980年にノーベル化学賞を受けたサンガー(Frederick Sanger)の配列決定法に基づいている(**図1**)。サンガー法では，鋳型となるDNA[1-5]からDNAポリメラーゼによって相補鎖を作る際に，基質となる4種のデオキシ塩基にジデオキシ塩基を1%ほど加える(デオキシ塩基における3位の水酸基[1-7]が欠けたものでddNTPと書く。NはATGCの4種類)。加える割合は読み取る塩基長に応じて調節する。伸長の際にddNTPが取り込まれるとそれ以上伸びず，取り込まれた位置で相補鎖の合成がストップする。たとえばddATPを加えた場合はアデニンの部位で，ddCTPを加えればシトシンの部位で止まった，さまざまな長さの相補鎖が生じる。

そこで放射性同位元素^{32}P入りの塩基とddNTPを一種類(ATGCの4通り)だけ混ぜて作成した相補鎖を平板型のアクリルアミドゲル電気泳動[1-18]4レーンにかけ，泳動位置をオートラジオグラフィーで判定するとATGCの位置関係がわかる。ヒトゲノム計画が始まった1990年頃までは，サンガー法で300塩基を読むのにまるまる一日かかっていた。

国際ヒトゲノム計画をきっかけに，多くの作業が自動化・高速化された。まず放射性同位元素の利用は廃止して4種のddNTPを4色の蛍光色素で標識した。さらにゲル板の側面からレーザー照射して得た蛍光を，ラインセンサーで判定するようにした。最後に平板ゲルではなくキャピラリーゲル電気泳動[1-19]を採用し，泳動時間を短縮した。複数のキャピラリーから溶出する塩基を迅速かつ正確に判定する技術には日本が大きく貢献している。

≫次世代シークエンシング・超並列シークエンシング

サンガー型シークエンサの欠点は，鋳型となるDNAを大腸菌等の微生物を用いて個別に増幅(クローニング[1-17])する手間にあった。PCR産物を直接読み取ることも可能だが，1配列に1キャピラリーを要する。この欠点を解消したのが2007年頃から普及した次世代シークエンシング(NGS: Next Generation Sequencing)技術である。

NGSの特徴は反応のミニチュア化にある。エマルジョンとよばれる小さな油滴や，高密度に配置した反応セル毎に鋳型DNAをトラップし，超並列でPCR増幅と配列決定を実施する。並列化により1日あたりの読み取り塩基数は百ギガ超にまで向上した。各社で読み取り原理は異なるが，多くはDNAポリメラーゼ[1-4]による伸長反応のシグナルを読み取る。その手法は，4種の塩基が取り込まれる際に4種の異なる蛍光標識を出すようにしてCCDカメラで見分けるものと，4種の塩基を順番に適用して伸長する反応を半導体センサーで検出するものに大別される。

ショートリードのNGS技術は100塩基から200塩基

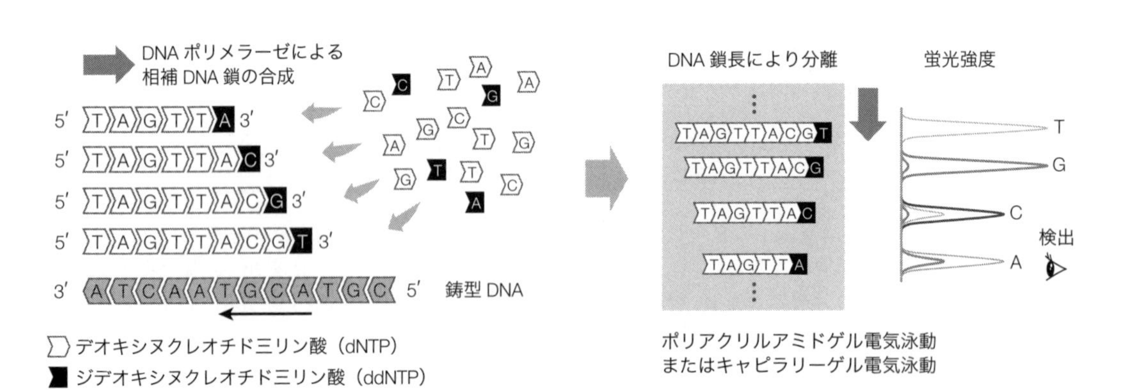

図1. サンガー法の原理

鋳型となるDNA(図では5′-CGTACGTAACTA-3′)に相補的な塩基を作成する際に、ddNTP(図では黒いブロック)によってさまざまな長さの相補鎖を作成する。4種のddNTPは異なる蛍光色素で標識してあり，どの塩基で停止しているかがわかる。電気泳動では短い配列ほど速く流れるため溶出する順番を記録すれば配列を決定できる。検出される蛍光にはノイズや重複もあり，そこから塩基を特定する作業をベースコールという。ベースコールの信頼性はクオリティスコアQで記載される。

程度の短い配列（リード）を出力する。用意したライブラリ配列の両端だけを読む技術がペアエンド・シークエンシングである。一定の長さ，たとえば10 Kbpのライブラリを環状化し，貼り合わせた末端部分のみを抽出して両端をペアエンドで読むと，ほぼ10 Kbpだけ離れたリードの組が得られる。これをメイトペア・シークエンシングとよぶ。異なる距離のメイトペア情報は後述するスキャフォールドの構築に役立つ。

2010年以降，第三世代シークエンシングあるいはロングリード・シークエンシングと呼ばれる技術が相次いで発表された。現在は1本のリードで数十キロ塩基以上を読み取れるまでに発展している。

ロングリードの読み取りでは，鋳型DNAをPCR増幅させずに単一分子のまま観測する。環状にしたDNAを微小セルに閉じ込めてポリメラーゼで読みつづける手法や，直径数ナノメートルの穴にDNAを通して電気的に塩基のちがいを読み取る手法が実用化されている。ただし，一塩基ごとにベースコール（**図1参照**）する仕組みではなく数塩基単位の電気信号から深層学習（ディープラーニング）[▼2-19]によってベースコールするため，読み取りエラーは非常に多くなる。

NGSデータを収載する代表的な公共リポジトリが国際塩基配列DB[▼3-1]連携によるSRA（Sequence Read Archive）である。当初はShort Read Archiveと名付けられたがロングリードの登場により名称を変更した。

≫デノボ（*de novo*）アセンブリ

NGS[▼3-8]リードから元のゲノムを再構築する過程をアセンブリとよぶ。多くの生物はゲノム中に繰り返し配列を含むため，その並びを完全には復元できない場合が多い。リードを重ねて得た配列断片（コンティグ）が数多く生じ，それらの正確な位置関係はわからない状態をドラフト配列とよぶ。また，コンティグの大まかな位置関係をスキャフォールド（scaffold）とよぶ。

ドラフト配列の完成度の指標にはN50という値が使われる。つながった配列を長いものから順に足していき，全体量の半分になるときの配列長（単位は塩基数）を意味する。N50の値が大きいほど，上手にアセンブルされた完成度の高いドラフトとみなされる。

従来はドラフトで抜けていたコンティグのあいだを埋めて完全長にするのにサンガー法を必要とした。しかし最近はスキャフォールドをメイトペア，ロングリード，あるいはHi-C法[▼6-3]で構築し，必要に応じてショートリードであいだを埋める。

ショートリード向けのアセンブリ・ソフトウェア（アセンブラとよぶ。計算機における機械語のアセンブラとは別）には，リードの重複関係を表わしたネットワークを一筆書き（オイラー路[▼3-8]）で網羅するアルゴリズムを使う。これに対してロングリード用のアセンブラにはNGS登場以前に使われていたOverlap Layout Consensus（OLC[▼3-8]）というサンガー法向けの手法が再び利用されている。

≫マッピングとデータ形式

解析対象となるゲノムが既知の場合，NGSリードをリファレンスと呼ばれる参照ゲノムにマッピングして解析できる。マッピングに使う基本データ構造が接尾辞配列（バローズ・ホイーラー変換[▼3-4]）であり，代表的なソフトウェアBWAの名前はこのアルゴリズムに由来する。リファレンスが入手できない場合は，近縁種のゲノムを用いてもよい。

シークエンサからの出力形式は配列とそのクオリティスコアを記載したfastqと呼ばれるテキストファイルである。マッピング結果の標準テキスト形式はSAM（Sequence Alignment/Map）フォーマットと呼ばれる。SAM形式をバイナリ変換したものがBAM形式，サイズを更に圧縮したものがCRAM形式として知られる。真核生物になると解析するデータ量は大きく，圧縮後でも数十ギガバイト以上に及ぶ。

練習問題　出題▶H31（問48）　難易度▶B　正解率▶49.0%

次世代シークエンサから得られたRNA-Seqのデータを用いた解析として，もっとも不適切なものを選択肢の中から1つ選べ。

1. ゲノム配列中の繰り返し配列の検出
2. 遺伝子配列に対するマッピングによる遺伝子発現量解析
3. ゲノム配列からの新規遺伝子の発見
4. *de novo*アセンブリに基づくCDS配列の構築

解説　RNA-Seq解析においては，リードを遺伝子配列にマッピングして数えることにより，発現量解析が行なわれる。リード数の差は発現量を反映するため，繰り返し配列の検出には向かない。よって選択肢1がもっとも不適切である。なお，CDS[▼3-8]はタンパク質をコードする配列（coding sequence）のことで，アセンブリで得られたmRNA配列から推定できる。

参考文献

1）『次世代シークエンサーDRY解析教本』（清水厚志，坊農秀雅著・編集，学研メディカル秀潤社，2019）
2）『バリアントデータ検索＆活用　変異・多型情報を使いこなす達人レシピ』（坊農秀雅編集，実験医学別冊，羊土社，2020）
3）『独習Pythonバイオ情報解析』（先進ゲノム解析研究推進プラットフォーム著，実験医学別冊，羊土社，2021）

DNA マイクロアレイと次世代シークエンシング技術による応用解析

Keyword DNA マイクロアレイ，RNA-Seq, Hi-C, 一細胞計測

NGS が普及する以前，遺伝子発現量は DNA マイクロアレイを用いて測定されていた。NGS が普及してからは，Seq 解析とよばれるさまざまな手法が生まれている。基本は mRNA を逆転写して読み出す RNA-Seq だが，タンパク質が結合あるいはアクセスできる部分だけを取り出す ChIP-Seq など幅広く実施されている。また微小流路を用いた測定系のミニチュア化が進み，一細胞計測も可能になった。

≫ DNA マイクロアレイ（または DNA チップ）

DNA マイクロアレイは，ガラスあるいはシリコン基板上にプローブとよばれる短い核酸配列を稠密に配置した測定装置である。細胞から抽出した mRNA を逆転写して cDNA に変換した試料とアレイをハイブリダイゼーションさせることで，遺伝子の発現量を測定する（**図 1**）。国際ヒトゲノム計画が佳境に入った 2000 年前後，DNA マイクロアレイは遺伝子の発現量を測定する際の第一選択肢であった（それ以前はリアルタイム PCR やブロッティング[1-19]を用いた）。

次世代シークエンシング（NGS[6-2]）装置が普及すると，DNA マイクロアレイを未知配列の決定や検出に使うことはほぼ無くなった。アレイはおもに，ヒトを含むモデル生物における遺伝子の発現量（トランスクリプトーム解析[6-1]）や多型[1-16]を判別する目的で利用される。

重要な応用先は医療検査や病気の診断である。ヒトの遺伝子型判別（ジェノタイピング[5-5]）のように確認すべき部位が定まっている場合，安定して迅速かつ低コストに定量・判別できるアレイ技術は，NGS に優る選択肢である。ヒト向けには一塩基多型（SNP）やコピー数多型（CNV[1-16]）を検出するアレイのみならず特定の疾患（たとえばがん）に特化したものなど，広く実用化されている。

≫ RNA-Seq 解析

RNA-Seq[1-18] とは，細胞から抽出した mRNA[1-6] をもとに作成した NGS リードをリファレンス配列にマップして遺伝子領域ごとにカウントする解析法である。リード数は 100 万単位で正規化し，RPKM（Read Per Kilobase per Million mapped reads）あるいは FPKM（Fragment PKM）という単位で集計する。この作業には NGS リードだけでなくゲノム上の遺伝子領域の情報が必要になる。そこで NGS 結果の SAM データ[6-2]とあわせ, GFF（General Feature Format）とよばれるエキソンや開始コドン[1-6]，保存配列などの特徴量（feature）を記載したタブ区切りファイルを利用する。GFF の拡張版が GFF2, GFF3, あるいは GTF である。モデル生物の GFF は Ensembl Genomes やカリフォルニア大学サンタクルーズ校（UCSC）ゲノムブラウザ等から取得できる。

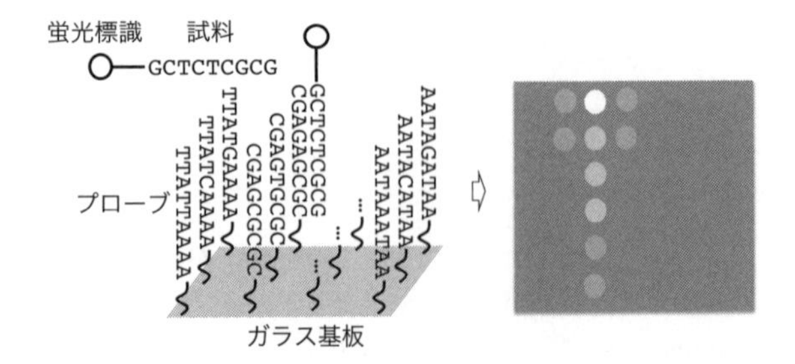

図 1. DNA マイクロアレイ

DNA マイクロアレイでは基板上に短い DNA 配列（プローブ）を位置を特定できるようスポット状に固定する（図左）。測定にはまず試料となる DNA を蛍光物質でラベルする。試料 DNA を相補的なプローブと結合させ，蛍光の強度で定量する（図右）。プローブの塩基長はアレイにより異なる。SNP アレイや DNA メチル化を検出するメチル化アレイでは 1 塩基のちがいでも検出できる

≫さまざまな Seq 解析

NGS 解析には，mRNA の末尾にあるポリ A 鎖[1-6]領域を欠いたもののみを選別して NGS を実施するノンコーディング RNA（ncRNA）-Seq や，ゲノムをバイサルファイト処理[1-20]して非メチル化シトシンをウラシルに変換してから実施するバイサルファイト -Seq がある。

転写制御因子のような DNA 結合タンパク質に対する抗体を用いて，当該タンパク質が結合するゲノム領域だけを切り出して濃縮して解析する手法を ChIP-Seq とよぶ。ChIP とはクロマチン免疫沈降（Chromatin Immuno Precipitation）の略であり，DNA チップの全盛期には ChIP-chip 解析が盛んであった。

医療分野ではヒトゲノムにおけるエキソン[1-5]部分のみに注目したエクソーム -Seq も実施される（エキソームとも書かれる）。ヒトゲノムは全長が既知のため，特別に設計したプライマー集合を用意すれば遺伝子疾患に関連しそうな部分だけを濃縮できる。

さまざまな Seq 解析の名前は，NGS データの公共リポジトリ SRA[6-2] に登録する際のライブラリ名として標準化されている。国内では DDBJ[3-1] による SRA ハンドブックにそのリストがある。中でも数が多いのは，NGS 解析を手がかりにクロマチン構造を探る手法である。

≫クロマチン構造の解析

核内において，DNA は小さく折りたたまれてクロマチン繊維[1-1]を構成する。この構造は発生過程や転写機構に応じて動的に変化（リモデリング[1-11]）している。ヌクレオソームがほどけて露出した部位をオープンクロマチン領域とよび，遺伝子発現を制御する領域と考えられているた

め，解析が盛んに行なわれている。クロマチン構造解析の端緒は，染色体コンホーメーションキャプチャ法(3C: Chromosome conformation capture)である。3Cではゲノムとタンパク質の複合体をホルムアルデヒドで架橋(固定)してから断片化し，リガーゼ(酵素の一種)で環状化する。この配列を読み出すと，物理的に近距離にあったDNA部位をライゲーション反応(化学結合による架橋)を通して検出できる。最後の読み出しにNGSを用いる場合をHi-C(ハイシー)法とよぶ。Hi-C法では数キロから数メガ塩基レベルの解像度でクロマチンの近接度を明らかにできる(**図2**)。ただし2つの場所を結ぶ近接度情報の解像度を10倍上げるためには，その2乗にあたる100倍のシークエンス量が必要になる。

そのほか，オープンクロマチン部分を酵素トランスポゼースを用いて取り出してNGS解析するものはATAC-Seq(Assay for Transposase-Accessible Chromatin)，クロマチンの露出部位をDNA分解酵素（DNase）で取り出すものはDNase-Seq，酵素を使わずにホルムアルデヒドで架橋したものを超音波破砕して読み出すものはFAIRE-Seqとよばれ，実験キットや受託解析として実用化されている。

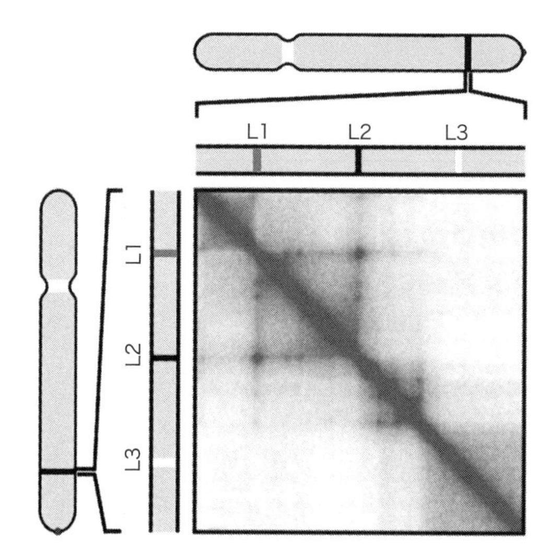

図2. Hi-C法による染色体のコンタクトマップ
縦横に同じゲノム配列を並べ，NGSリードで近接する部分をカウントしたヒートマップ形式。上三角と下三角は同一の情報。濃い部分ほど物理的に近接することを示す。この図では部位L1とL2が物理的に近いと推察できる。

≫品種改良や育種への応用

農業や畜産業における育種では、交配による組換えをゲノムレベルで把握して優良形質の選抜に利用する。解析の対象が多い場合やゲノムが既知の場合，個体ごとの全ゲノムを読まずに形質のQTL解析[5-4]を実施したい。それにはゲノムを制限酵素で消化して切断部位の近辺だけをマーカーとして読み出すSeq解析を実施する。これはRAD-seqやGBS(Genotyping By Sequencing)とよばれている。

≫一細胞計測

通常の発現量解析に必要とするRNA量は1ナノグラム程度だが，分析装置をミニチュア化しピコグラム量からRNA-Seqを試みる手法も盛んである。レーザー切除やセルソーターで細胞を単離してから微小流路にトラップし，cDNAへの逆転写をナノスケールで実施する。逆転写されたcDNA[1-18]もピコスケールになるが，バイアスを抑えつつ増幅してNGS解析する。

練習問題　出題▶H27（問19）　難易度▶C　正解率▶73.5%

次世代シークエンサの用途としてもっとも不適切なものを選択肢の中から1つ選べ。

1. RNA-SeqはcDNAの塩基配列を大量に決定することでサンプル中に含まれる転写物を計測するトランスクリプトーム解析手法である。
2. ChIP-Seqはタンパク質を免疫沈降した際に同時に回収されたDNAの塩基配列を決定することで，当該タンパク質と相互作用しているゲノム領域を同定するエピゲノム解析手法である。
3. 細菌の集団(細菌叢)から個々のクローンを単離したりせずに直接DNAを精製し，その配列決定を行なうことでその集団中の微生物の組成を明らかにする解析手法をメタボローム解析という。
4. キャプチャープローブを用いてゲノムDNAからおもにエキソン領域を濃縮・回収し，配列決定を行なう手法をエキソーム解析という。

解説　細菌叢からDNAを抽出し，配列決定と解析を行なう手法はメタゲノム解析[1-18]のため，正解は3。エキソーム(あるいはエクソーム)解析はおもに遺伝子疾患の解析に用いられる。単一手法であらゆる生物のエキソンだけを選ぶことはできない。たとえばヒトゲノム上のコーディング領域にハイブリダイゼーションするプライマー集合を用いてゲノム上の部分集合だけを濃縮する。NGSのコストが下がった現在，あまり実施されなくなった。

参考文献

1)『RNA-Seq実験ハンドブック』(鈴木穣編集，実験医学別冊，羊土社，2016)
2)『RNA-Seqデータ解析』(坊農秀雅編集，実験医学別冊，羊土社，2019)

6-4 メタボローム解析

メタボローム解析・メタボロミクス

Keyword 質量分析，核磁気共鳴，*m/z*，マススペクトル，クロマトグラフィ

生体内に含まれる代謝物質の総体であるメタボロームは質量分析計や核磁気共鳴装置を用いて解析される。質量分析だけからの化合物同定は難しいため，種々のクロマトグラフィーと組み合わせた分析装置が一般的である。質量分析による結果をマススペクトル，核磁気共鳴による結果をNMRスペクトルとよぶ。

≫メタボロミクスの対象と特徴

生体内に含まれる代謝物質の総体をメタボロームと呼び，関連する学問をメタボロミクスとよぶ。またゲノム[▼6-1]にちなんでメタボノミクスという言葉を使う研究者も少なくない。メタボロミクスが扱う対象は広汎で，アミノ酸や有機酸のような親水性の小分子から疎水性の脂質，さらには植物や微生物の二次代謝物[▼1-12]，オリゴ糖まで含んでいる。質量でいうとおおよそ2千ダルトン(Da, 分子質量の単位で1Daは約1.66×10^{-27}Kg)を上限とする点がプロテオーム解析と異なる。測定対象は生物のみならず，食品や環境などさまざまである。そのためサンプリングや試料作製にもさまざまなアプローチがある。試料の前処理や抽出法は対象とする分子によって異なり，それに応じて分析機器や解析法も異なる。たとえばホルモン[▼1-13]は数十 pmol/L レベルの濃度だが，糖やコレステロール[▼1-10]は mmol/L レベルと10^9倍の開きがある。また生体内における分布が異なれば抽出法も変わる。メタボロミクスの中でも脂肪酸および複合脂質に注目した解析はリピドミクスとよばれる。

≫メタボロミクスにおける分析機器

取得した試料は質量分析[▼1-19](MS: Mass Spectrometry)あるいは核磁気共鳴[▼1-21](NMR: Nuclear Magnetic Resonance)法により解析する。最近は装置の価格や運用コストから各種のクロマトグラフと質量分析計を組み合わせたものが主流である。ガスクロマトグラフィー[▼6-1](GC)，液体クロマトグラフィー[▼6-1](LC)の他に，キャピラリー電気泳動[▼1-19](CE: Capillary Electrophoresis)を利用する場合もある。

利用する質量分析計はメタボロミクスとプロテオミクスでほぼ同じである。ターゲット分析には三連四重極(TripleQ あるいは QqQ)型，ノンターゲット分析には四重極－飛行時間(Q-TOF)型や四重極－オービトラップ(Q-Orbitrap)型の質量分析計が一般的である。その他にもオービトラップ型に並ぶ高い質量分解能をもつフーリエ変換イオンサイクロトロン共鳴型(FT-ICR)など，さまざまな装置がある。

質量分析を連続して実施する手法をタンデム質量分析とよび，MS/MSあるいはMS^2と書く。たとえばQ-TOFの場合は，最初の四重極でイオンを選択し，断片化(フラグメンテーション)して生成したプロダクトイオンを次の飛行時間型で測定する。フラグメントからは分子の構造情報を得られるため，定性分析には重要である。オービトラップを含むイオントラップ型の装置はプロダクトイオンを捕捉してから計測する。多段階の断片化を実施する手法は，断片化の段数に応じてMS^nと書かれる。

≫質量分析のしくみ

どの質量分析計も，イオン化した個々の分子を真空電磁場中に放出し電荷に応じて受ける斥力をもとに質量の異なる分子を選り分けて検出する。そのため同位体も検出できるが，立体配置[▼4-1]までは検出できない。天然に存在する主要な安定同位体とその割合を**表1**にまとめる。

測定されるのは常に質量と電荷数の比を意味する *m/z* である。このエムオーバーズィーという表記は斜体が国際標準であり，質量電荷比と書くことも推奨されていない(電荷ではなく電荷数との比であるため)。

イオン化法にはGCと組み合わせて利用される電子イオン化(EI: Electron ionization)，LCと組み合わせるエレクトロスプレーイオン化(ESI: Electrospray ionization)，巨大分子のイオン化に適したマトリックス支援レーザー脱離イオン化(MALDI: Matrix-assisted laser disorption ionization)などがある。

≫マススペクトルとデータ解析

質量分析で得られる生データは時間軸に沿った *m/z* とイオン強度の羅列である。これを時間ごとに *m/z* と強度を軸にプロットしたものが(プロファイル型)マススペクトルである。さらにノイズ除去やスムージング処理をかけてイオンピークを検出すると，スペクトルを棒グラフのように整形できる(**図1**)。こうして整形したスペクトルを，純品を測定してつくられたスペクトルデータベースに照会して化合物名を推定する。

マススペクトルの類似性だけでは正確さに欠けるため，化合物の同定にはクロマトグラフィーによる保持時間や同位体の情報などもあわせて解析するのが普通である。化合物同定用のスペクトルデータベースとしてMETLIN，NIST，MassBankなどが知られる。

表1. 解析に重要となる天然の安定同位体
(左肩の数字が質量を表わす)

同位体	割合	同位体	割合
^{12}C	98.9%	^{13}C	1.07%
^{32}S	95.0%	^{34}S	4.25%
^{35}Cl	75.8%	^{27}Cl	24.2%

注：H, N, Oなどもすべて同位体をもつが，天然の存在比がほぼ0に近いため質量分析では検出されない。

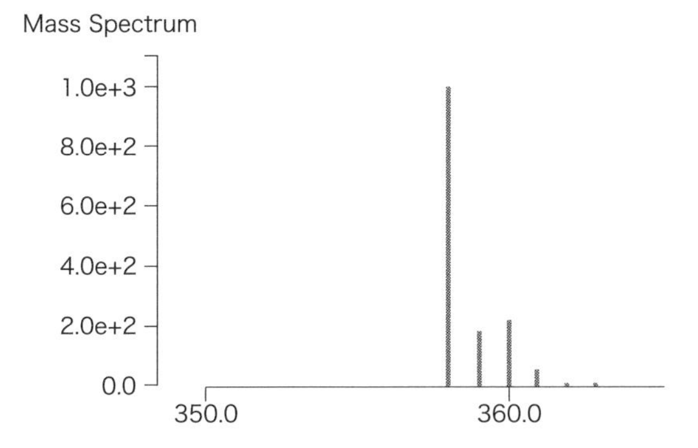

図 1. アブラナ科に特有の代謝物群であるグルコシノレートの一種，シニグリンのマススペクトル（整形後）
縦軸がイオン量（強度），横軸が m/z になる。シニグリンの組成は $C_{10}H_{16}NO_9S_2$（カリウムが外れた負イオン）で硫黄を 2 つ含むため，質量 358 のピーク（前駆イオン）の隣に同位体 ^{13}C に由来する 359 と ^{34}S に由来する 360 のピークが現れる。

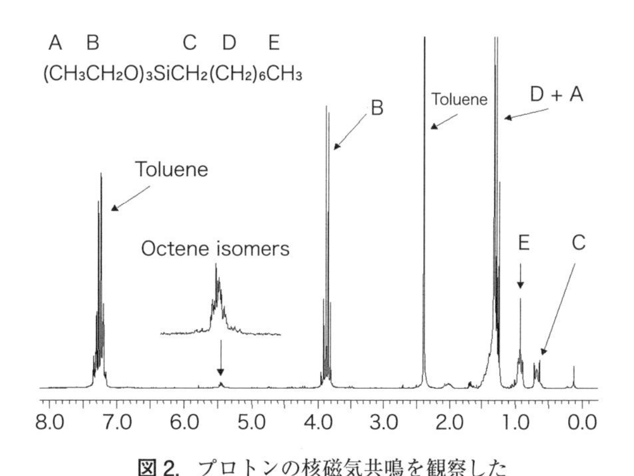

図 2. プロトンの核磁気共鳴を観察した ^{1}H-NMR のスペクトルの例
横軸が化学シフトで縦軸が相対強度。分子構造の中に含まれる水素の種類に対応したピークが生じる。

化合物同定を終えた結果は，物質名と測定量を列挙したデータ行列になる。多くの場合は多変量解析を用いて代謝の動きと表現型[▼1-14]あるいは遺伝型などの関係を見出す。クラスター解析[▼2-20]や主成分分析，回帰分析に加えて，PLS（Projection to Latent Structures あるいは Partial Least Squares）も多用される。

≫ NMR メタボロミクス

NMR 法は正確にいうと NMR 分光法（spectroscopy）である。測定するのは分子中の原子核が共鳴する周波数だが，周波数自体は磁場の強さに依存するためテトラメチルシラン（TMS）が出す基準周波数からのずれ（化学シフト）をスペクトルとして表現する。NMR 装置に書かれる 600 MHz や 900 MHz という値が基準周波数である。

化学シフトは原子の化学結合状態で決まる。よってこの値から近接する分子構造を立体配置を含めて同定できる。一次元 NMR スペクトルでは横軸に化学シフトとその相対強度を縦軸にとり，二次元 NMR スペクトルでは縦軸と横軸にそれぞれ異なる化学シフトを配置する。NMR スペクトルの単位に Hz ではなく ppm を用いるのは基準からのずれ（シフト）を百万分率（parts per million）で表わすためである。これにより測定磁場の強さに依存しないスペクトルとなる。

NMR 法の特徴は測定試料を破壊しない非侵襲法であること，そのため複雑なサンプル調製も不要のまま連続測定でき，再現性が高いことである。ただし質量分析に比べると感度は劣り，試料はマイクロモル量が必要になる（質量分析はナノモル量で済む）。また強磁場の測定装置ほど分解能が上がるが，超電導コイルを液体ヘリウムで冷やす装置およびその維持費は高価になる。

測定したスペクトルをデータベースに照会して物質同定するところは質量分析と共通である。しかし NMR のスペクトルデータベースに収載される物質数は 1000 程度にとどまっておりスケールアップが望まれている。

練習問題 出題 ▶ H30（問 77） 難易度 ▶ A 正解率 ▶ 36.3%

血液中や尿などの生体サンプル内の代謝物を網羅的に測定するメタボローム解析について，もっとも不適切なものを選択肢の中から 1 つ選べ。

1. 核磁気共鳴（NMR）を用いた解析は，測定のスループットが高く，多くのサンプルを測定するのに適している。
2. 液体クロマトグラフィー質量分析（LC/MS）による解析は，極性が比較的高い成分の分析に有効である。
3. ガスクロマトグラフィー質量分析（GC/MS）による解析は，ガス状または気化する成分の分析に有効である。
4. NMR は LC/MS に比べて感度が高く，より少ないサンプルで濃度の低い化合物を測定することができる。

解説 国際的な化学連合 IUPAC の推奨では，手法としての質量分析（mass spectrometry）を MS と略し，装置（mass spectrometer）を MS と単独では書かない。同様に NMR は現象を表わし，測定機械そのものは NMR 装置と記載する。NMR 法は質量分析に比べると感度は高くない。そのため必要なサンプル量は NMR 法 のほうが多くなる。

参考文献

1）『メタボロミクス実践ガイド』（馬場健史ほか編集，実験医学別冊，羊土社，2021）

プロテオーム解析・プロテオミクス

Keyword 質量分析，二次元ゲル電気泳動，FDR，フラグメンテーション，ショットガン

プロテオミクスという用語は従来，タンパク質を二次元ゲル電気泳動で分画してペプチド配列を読む手法や，質量分析を用いてタンパク質を個別に同定する手法を意味してきた。近年はショットガン法による網羅的な解析から立体構造解析も含んだ，より幅広い意味で用いられる。とりわけヒトや酵母に関しては多くの情報が公開･共有されており，国際ヒトプロテオーム機構（HUPO）ウェブサイトのリソース欄から主要情報にアクセスできる。

≫プロテオーム解析の変遷

ヒトゲノムにある遺伝子の数はおよそ2万である[1-16]。そこから選択的スプライシング[1-5]等を経て生成されるタンパク質は，組織のちがいなどを総合すれば数十万は存在する（UniProt データベース[3-1]にはヒト・アミノ酸配列が19万以上ある）。また，細胞内で働くタンパク質は翻訳後にさまざまな修飾を受ける[1-11]。その多くは，切断，メチル化・リン酸化，脂質や糖鎖の付加だが，列挙していくと修飾の多様性は数十に及ぶ。機能するタンパク質の量とその鋳型となる mRNA の量は必ずしも相関しないため，タンパク質の定量は重要である。

従来型のプロテオーム解析では細胞から抽出した全タンパク質を二次元ゲル電気泳動[1-19]で展開し，解析したい部分をトリプシン等のプロテアーゼでペプチドに分解して質量分析する。古くはエドマン分解によりアミノ酸の並びを決めた。得られたマススペクトルは，ゲノムから理論的に予測されるペプチドのデータベースと照合し，もとになる遺伝子を同定する。この手法は指紋照合にちなんでペプチドマスフィンガープリンティング（PMF）法とよばれる。

PMF 法によるタンパク質同定は，今でもヒト病態の解析などで実施される。疾患例とそうでない例など2種のプロテオーム試料をそれぞれ蛍光色素でラベルし，泳動結果を比較して差の大きな部分を解析すれば，疾患に関連するタンパク質がわかる。

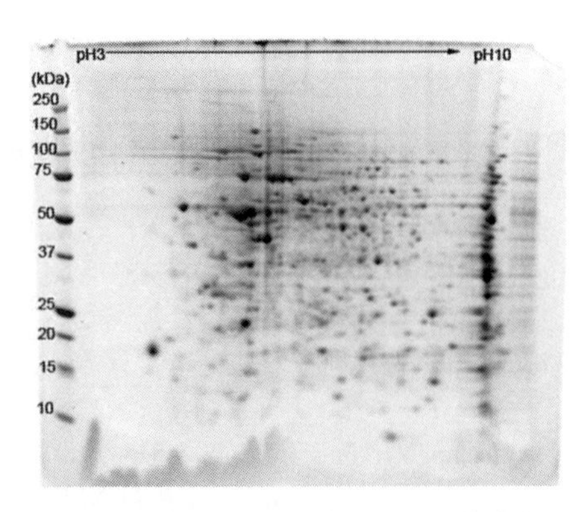

図 1. マウス精巣タンパク質の二次元電気泳動結果
等電点による分離が上部にあたり，軽いタンパク質ほど速く下方に移動する。結果はタンパク質を蛍光染色してからレーザースキャナでデジタル化する。医薬基盤・健康・栄養研究所疾患モデル小動物研究室の許可を得て掲載。

より基礎的な分野では電気泳動で分離せずタンパク質を混合物のまま分解，測定するショットガンプロテオミクスが主流になっている（ノンターゲット分析[6-1]の1つ）。混合物のままプロテアーゼ処理したペプチドを必要に応じてイオンクロマトグラフ等で分画し，液体逆相クロマトグラフ質量分析計（LC-MS/MS）にかける。タンパク質のままでは大きさや疎水性もまちまちだが，ペプチドにすることで性質を均質化し，統一された分析法をハイスループットに適用できる。リン酸化[1-11]されているペプチドだけを二酸化チタンビーズを用いて選択するなど，特定のペプチドを濃縮したショットガン解析も盛んに行なわれる。

≫二次元ゲル電気泳動の利点と欠点

二次元ゲル電気泳動[1-19]ではタンパク質の等電点に基づく分離をアガロースゲルを用いて実施し，その結果をポリアクリルアミド電気泳動（SDS-PAGE）によって分子量に基づいて展開する。この手法により，1000 以上のタンパク質をスポットとして分離，解析できる（**図 1**）。

等電点に基づく電気泳動では 100K ダルトン（Da）を超える巨大タンパク質は泳動しづらく，10KDa 以下のものはゲルを SDS-PAGE 用に洗浄する際に抜けおちやすい。また分析が容易な等電点の範囲は酸性側に偏る。上手な展開にも多くの熟練を要するため，最近はショットガンプロテオミクスが主流になってきた。

≫質量分析計によるタンパク質同定

ショットガンプロテオミクスで用いるデータベースとは，対象とする生物種のゲノム上に記載される全タンパク質のアミノ酸配列ライブラリである。ここからペプチドに対応する m/z を自動計算し，翻訳後修飾も考慮して検索に使う。当然のことながら，ゲノムから予測できないタンパク質は同定できない。さらに，同じペプチドあるいはほとんど同じ質量のペプチドが複数のタンパク質から生じうるため，遺伝子の推定は容易ではない。

混合物試料からペプチドを測定するにはタンデム質量分析（MS/MS）を利用するため，データベース検索は MS/MS イオンサーチともよばれる。前駆体イオンとして検出されたペプチドがフラグメントになるとき，ペプチド結合がランダムに1箇所切断されてイオンになる（**図 2**）。理論的にはすべての部分配列がプロダクトイオ

ンとして生じるのだが，実際にはフラグメントごとにイオン化のしやすさが異なる。また多価イオンとなるペプチドも多い(つまりm/zにおけるzの値が1とは限らない)。翻訳後修飾の可能性を網羅しようとすると組み合わせが多すぎ，事実上検索を実施できない。そのため起こりうる修飾パターンを大幅に限定した検索を実施し，プロダクトイオンに対応するペプチドをまず推定する。次にペプチドの頻度や類似性からもとのタンパク質を推定する。ペプチドとタンパク質どちらの推定にも適当なしきい値の設定が必要となる。

≫デコイデータベースとFDR

上手にしきい値を設定しても，データベースによる予測結果には必ず偽陽性[▼2-21]が紛れ込む。偽陽性の割合をFDR(False Discovery Rate)とよび，以下で定義される。

FDR＝[偽陽性割合]／([偽陽性割合]＋[真陽性割合])

ここで分母の値はデータベース検索によって同定された総数に相当するが，実際の偽陽性の割合はわからない。この割合を推測するため，検索に用いたライブラリとまったく同じ特徴をもちつつ，陽性と判断されたらそれは必ず誤りとなるデータを用意しておく。具体的にはゲノムから予測されたアミノ酸配列をすべて逆向きにしたライブラリをデコイ(おとりの意味)として利用する。逆向きでなくアミノ酸をシャッフルする場合もある。これによりアミノ酸組成や長さの分布はすべて同じまま，ヒットしても必ず不正解のデータベースができあがる。同じ検索プログラムを用いて，元のライブラリで予測した数を分母，デコイで予測した数を分子としてFDRを算出し，目的に応じてFDRが1%から5%になるように検索アルゴリズムのしきい値を設定する。FDRを低く設定するほど正しく予測していながら棄却するタンパク質(偽陰性)が多くなるが，まちがって予測するタンパク質(偽陽性)の数を低く抑えられる。

≫定量プロテオミクス

タンパク質の定量には同位体を用いてタンパク質(ペプチド)を標識した試料を準備し，標識していない試料と混合して質量分析を実施する。するとどちらの試料もペプチドの特徴が一致するためにクロマトグラフから同時に溶出するが，同位体により質量が異なるため，ずれたマススペクトルが観測される。そこでマススペクトル中のピーク強度比を利用して試料間の相対定量が可能になる。あるいは，同位体標識した既知濃度のペプチドを測定試料に加えてから質量分析を行ない，既知濃度から相対定量してもよい。同位体でタンパク質を標識にするには，培養細胞に同位体標識したアミノ酸を加える手法(SILAC)や，個々の試料を異なる同位体試薬(isobaric tag)で化学標識する手法が開発されている。

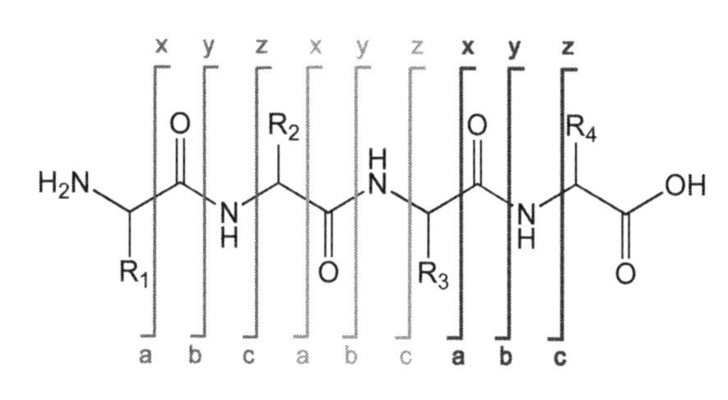

図2. ペプチドのフラグメントイオン表記法
N末端(図の左)側はa, b, c，C末端側はx, y, zで記載する。通常はペプチド結合部分で開裂し，b, yイオンが生じるが，フラグメンテーションの手法によってa, xイオンも生じうる。

≫ターゲットプロテオミクス

ショットガンプロテオミクスでも同位体標識による定量は可能である。しかしより正確な定量には三連四重極型質量分析計を用いたターゲット分析が役立つ。選択反応モニタリング(SRM: Selected Reaction Monitoring)あるいは多重反応モニタリング(MRM: Multiple Reaction Monitoring)とよばれる手法では，あらかじめ指定しておいたイオンのみを重点的に測定する。これにより細胞あたり数十個という微量なタンパク質でも定量できる。

練習問題 出題▶H21（問16） 難易度▶C 正解率▶92.7%

プロテオーム解析に関する次の記述の中で，もっとも不適切なものを選択肢の中から1つ選べ。

1. 二次元電気泳動法は，タンパク質間相互作用を一度に検出できる方法である。
2. 質量分析装置の解析結果とアミノ酸配列データベースとの照合により，タンパク質の同定が可能である。
3. 細胞内でのタンパク質の局在を観察するためには，蛍光分子等で標識された抗体が用いられることが多い。
4. 酵母ツーハイブリッド法により，ヒト由来のタンパク質間相互作用も検出することができる。

解説 二次元電気泳動は相互作用を検出するものではないため，1が正解。

参考文献

1)『LC/MS, LC/MS/MSの基礎と応用』(中村洋監修，オーム社，2014)
2)『LC/MS, LC/MS/MSにおけるスペクトル解析』(中村洋監修，オーム社，2020)
3)『プロテオミクス辞典』(日本プロテオーム学会編集，講談社，2013)

タンパク質間相互作用の大量解析手法

Keyword 酵母ツーハイブリッド法，ドメイン，タンパク質相互作用解析，合成致死

多くのタンパク質は，他のいくつかのタンパク質と相互作用することによって，本来の機能を発揮したり，機能の制御を受けたりしている。タンパク質間の相互作用を実験的に調べる手法の1つに，酵母ツーハイブリッド法がある。得られた実験データをもとに，未知のタンパク質間相互作用を推定することもできる。これらのデータは，遺伝子発現の情報などと合わせて，未知タンパク質の機能解析や細胞内制御機構の解明に役立てられている。

タンパク質の機能は立体構造と密接に関係している。タンパク質が他のタンパク質や化合物と会合(相互作用[4-9])すると，立体構造が変化して機能も変化する。この性質は，遺伝子発現や酵素反応など，生体内のさまざまな制御機構の基礎となっているため，タンパク質間相互作用の情報は，生物システムを理解するうえで不可欠である。

≫酵母ツーハイブリッド法

酵母のGAL4タンパク質は，ガラクトースの利用にかかわる遺伝子群(GAL遺伝子群)の転写因子[1-5]である(**図1a**)。GAL4タンパク質のDNA結合ドメイン(DBD)と転写活性化ドメイン(AD)は，それぞれ別のタンパク質分子に分割しても個々の機能を失わず，細胞内で両者が接近していれば，GAL遺伝子の転写を促進することがわかっている。そこで，相互作用を調べたいタンパク質の片方(タンパク質A)をDBDと，もう一方(タンパク質B)をADと融合させたキメラ(合いの子)タンパク質をつくり，酵母細胞内で発現させる。もし細胞内でタンパク質AとBが相互作用すれば，DBDとADは接近し，転写が起こる(**図1b**)。AとBが相互作用しなければ，両者は接近せず，転写は起こらない(**図1c**)。GAL遺伝子の代わりに転写が起きたことを示す発光タンパク質などのレポーター遺伝子[1-19]を組み込めば，タンパク質AとBの相互作用を実験的に検出できる。

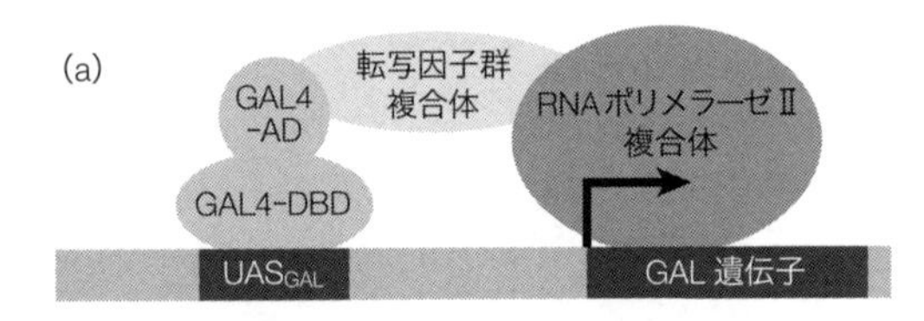

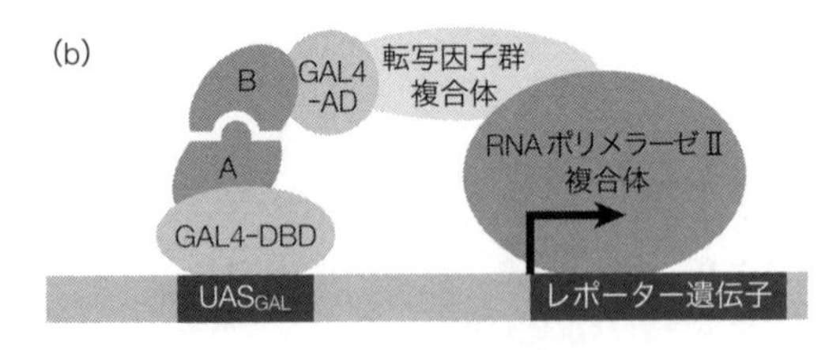

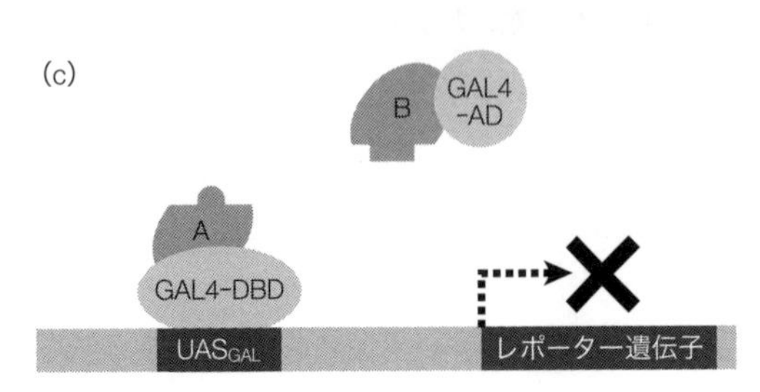

図1. 酵母ツーハイブリッド法

酵母ツーハイブリッド法では，既知タンパク質Aと相互作用する未知のタンパク質Xを探索することもできる。この場合，ADとのキメラタンパク質を作成する際にcDNAライブラリ[1-18]を用いる。異なるADキメラをもつ多数の酵母株でレポーター遺伝子の発現を確認すれば，タンパク質Aと相互作用するタンパク質Xを探すことができる。このため，DBDとキメラをつくる遺伝子をベイト(bait，釣り餌)，ADとキメラをつくる遺伝子をプレイ(prey，獲物)とよぶ。

また，その他の方法としてプルダウンアッセイもよく用いられる。これはタンパク質A，またはこれに特異的に結合する抗体[1-12]をビーズなどに固定し，細胞破砕液などの多種類のタンパク質を含む溶液中でビーズを遠心分離で沈降させることで，タンパク質Aと結合する分子が，ビーズ上のタンパク質Aや抗体と一緒に沈降することを利用して同定する方法である。抗体を用いる場合は免疫沈降法ともいう。

≫合成致死性にもとづく相互作用解析

遺伝子の二重欠損株は致死であるのに片側の遺伝子欠損では生育できる関係を合成致死(synthetic lethality)とよぶ。遺伝子は直接相互作用しないため，細胞死は転

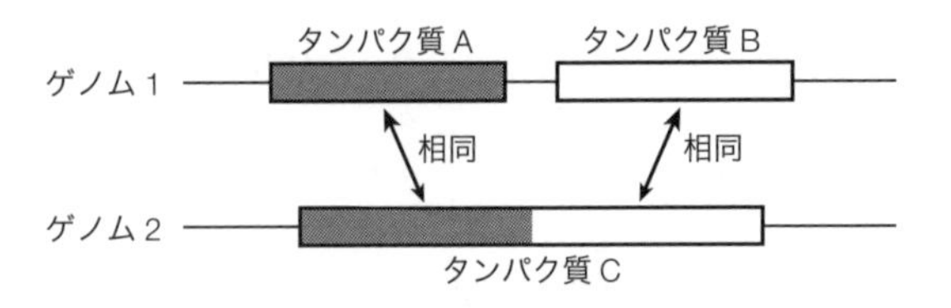

図2. ロゼッタストーン法

ある生物(ゲノム1)では，タンパク質AとBは別の遺伝子にコードされているが，他の生物(ゲノム2)では1個の相同タンパク質Cのドメインとして存在したとする。この場合，ゲノム2の生物ではAとBの相同タンパク質(ドメイン)が同時に発現し，同じように細胞内に局在する必然性があることを意味するので，ゲノム1をもつ生物においてもAとBは相互作用すると予測される。

写産物やタンパク質の相互作用で起きている。その網羅的な解析は，出芽酵母の接合とロボティクスを応用して実施されており，その技術をSGA（Synthetic Genetic Array）スクリーニングとよぶ。すでに100万以上の相互作用が解析されておりデータベース化されている。

≫タンパク質間相互作用の推定

酵母ツーハイブリッド法などで実験的に確かめられたタンパク質間の相互作用のデータは，データベースとして公開されており，細胞内のさまざまな制御がどのようなタンパク質の連携で行なわれているかを解明するのに役立てられている。しかし，ゲノム解読で得られたすべてのタンパク質について，互いに相互作用をするかどうか，その組み合わせをすべて実験で確認することは難しい。そこで，タンパク質どうしの相互作用の可能性をコンピュータで推定する研究が行なわれている。タンパク質間相互作用の情報は生物種を越えて保存されている可能性が高く，ある生物種で得た知見から他の生物種における相互作用を予測するのに広く活用されている。また，タンパク質ドメインに注目して相互作用を推定する方法もある。GAL4タンパク質におけるDBDやADのように，多くのタンパク質の分子はいくつかの機能ドメインから構成されているため，タンパク質間の相互作用も機能ドメインのあいだで起こっていると考えられる。そこで，実験的に確かめられた相互作用のデータから，相互作用を示した2つのタンパク質に高頻度で見られる機能ドメインのペアを探すことで，この機能ドメインを互いにもつタンパク質どうしは，相互作用を示す可能性が高いと予測できる。また，ゲノムの比較[▼3-12]から，ある生物では別々にコードされている2つのタンパク質の相同配列[▼5-8]が，1個の連続した融合タンパク質としてコードされている例が見つかる場合がある。この場合の融合タンパク質をロゼッタストーンとよび，2つのタンパク質が相互作用することを示す進化的な痕跡と考えられる（**図2**）。このようなタンパク質間相互作用の推定情報は，DNAマイクロアレイ[▼6-3]や次世代シークエンサ[▼6-2]による遺伝子発現解析のデータなどと合わせて，未知タンパク質の機能解明や細胞内での制御機構の解明に役立てられている。

練習問題　出題▶H19（問68）　難易度▶D　正解率▶90.2%

5つのタンパク質（タンパク質A，B，C，D，E）の相互作用を酵母ツーハイブリッド法を用いて観察した結果，以下に示した組み合わせにおいて相互作用が見られた。この実験の評価として適切ではないものを選択肢の中から1つ選べ。

〈相互作用した組み合わせ〉
タンパク質A—タンパク質C
タンパク質A—タンパク質A
タンパク質B—タンパク質C
タンパク質D—タンパク質E

1. タンパク質A，B，Cは，複合体を形成している可能性がある。
2. タンパク質Aはホモダイマーを形成する可能性がある。
3. タンパク質Aとタンパク質Bは，結合する可能性がある。
4. タンパク質Dとタンパク質Eは，結合する可能性がある。

解説　図を描きながら考えると答えを導き出せる。**図3**では便宜上，得られた相互作用の知見を全部同時に描いているが，これらが生体内でも同時に起こっているかどうかは，酵母ツーハイブリッド法の実験のみからはわからないことに注意する。選択肢1〜4の記述のうち，タンパク質Aとタンパク質Bの相互作用（選択肢3）の知見は得られていないことが図からわかるので，選択肢3が正解である。一方，タンパク質Dとタンパク質Eは，得られた知見のとおり結合する可能性があるので，選択肢4は正しい。複合体とは，複数のタンパク質などが会合したものを指すので，選択肢1の内容は正しい。同じタンパク質が2つ会合したものはホモダイマー（ホモ2量体[▼1-9]）とよばれるので，選択肢2の内容は正しい。

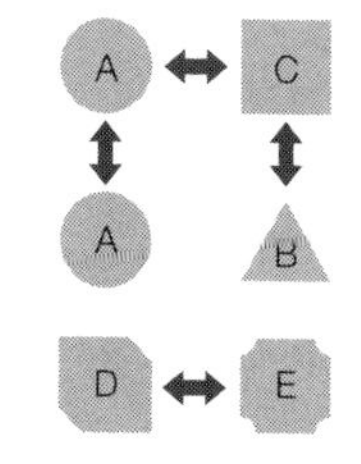

図3. 問題の酵母ツーハイブリッド法で求めた相互作用

参考文献

1）『バイオインフォマティクス事典』（日本バイオインフォマティクス学会編，共立出版，2006）酵母ツーハイブリッド法

遺伝子発現パターンによるサンプルのクラスタリング

Keyword 遺伝子発現解析，クラスタリング，サポートベクトルマシン，*k* 最近接近傍法，クロスバリデーション法

マイクロアレイやRNA-Seq法によって得られた遺伝子発現データの取り扱いにおいては，まずデータ全体の概要を理解するために，遺伝子や計測試料（サンプル）のクラスタリングが行なわれる。どちらのケースにおいても階層型クラスタリングが広く利用されている。また，診断などに用いるサンプルにおいては，サンプルの帰属（ラベル）を推定するための機械学習が利用されることもあり，なかでもサポートベクトルマシンは代表的なラベル予測手法である。

マイクロアレイ[▼6-3]やRNA-Seq[▼1-18]によって定量化された遺伝子発現量データは，遺伝子の種類を行とし，試料の種類を列とする表として表現される(**表 1**)。この表から有益な特徴を抽出するために，分類や可視化が行なわれる。

表 1. 遺伝子発現データ

	sample 1	…	sample j	…	sample M
gene 1	$E_{1,1}$		$E_{1,j}$		$E_{1,M}$
⋮					
gene i	$E_{i,1}$		$E_{i,j}$		$E_{i,M}$
⋮					
gene N	$E_{N,1}$		$E_{N,j}$		$E_{N,M}$

例として，$E_{N,M}$ は遺伝子(gene)N の試料(sample)M における発現量である。

≫遺伝子の分類

通常，遺伝子発現量の測定は遺伝子の機能を調べるために行なわれる。組織の種類や発生段階などで発現パターンの似た遺伝子は，類似の細胞機能に関与することから，発現パターンの似た遺伝子グループを見つけ出すという解析が遺伝子機能の推定に有効である。この遺伝子の分類に利用される手法がクラスタリング[▼2-20]である。クラスタリングには，あらかじめ指定したグループ数にすべての遺伝子を分類する非階層型クラスタリング(*k* 平均法)や，グループ数を決めずに階層的にグループ間の関係を表現するアプローチ(階層型クラスタリング)がある(**図 1**)。非階層型クラスタリングは分類結果の理解が容易である一方で，適切なグループ数をどのように選択するかという問題があり，遺伝子発現解析では階層型クラスタリングを用いることが多い。いずれの方法に関しても，遺伝子間の距離(1 から相関係数を引いた値，ユークリッド距離など)を選択する必要があり，また階層型クラスタリングにおいては，クラスター間の距離(最短距離法，最長距離法，群平均法など)を定義する必要があるため，実際のクラスタリング解析の実施にあたっては多くのバリエーションが存在する。

≫サンプルの分類

上記とは逆に遺伝子の発現量を各サンプルの特徴とみなし，発現している遺伝子の種類と発現量によって多数のサンプルをクラスタリングすることもある。サンプルのクラスタリングはがんサンプルの分類などでよく利用されるほか，網羅的な細胞刺激応答実験の分類などにも利用され，とくにサンプル数の多い実験においては重要なデータ解析となる。また，遺伝子やサンプルを直接分類するのではなく，低次元空間(おもに二次元)に射影し，目視でサンプル間の関係性を理解する解析も行なわれる。この目的では主成分分析の利用が多い。

診断という観点に注目すると，未分類のサンプルを発現パターンのみから，正常サンプルかがんサンプルかの属性(ラベル)を予測するという応用が考えられる。これは既知の正常サンプルとがんサンプルの遺伝子発現パターンのちがいを機械学習することで可能になり，判別分析やサポートベクトルマシン[▼2-17]，*k* 最近接近傍法(未知のサンプルにもっとも近い *k* 個の既知のサンプルを選び，多数決で未知サンプルの属性を予測する方法，たとえば $k=3$ で最近接近サンプルが｛正常，がん，正常｝

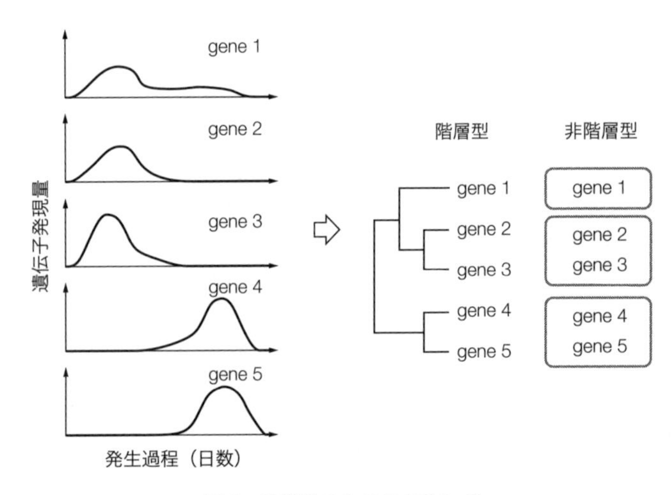

図 1. 遺伝子のクラスタリング
ある生物の発生過程に沿って，DNA マイクロアレイ[▼6-3]を使って 5 つの遺伝子(gene 1〜5)の発現パターンを解析した結果(左)をクラスタリングした場合を示す(右)。これらの遺伝子は，発生の初期にだけ発現が上昇するもの(gene 2, 3)，発生の後期にだけ発現が上昇するもの(gene 4, 5)，および初期に発現が増大するが後期まで維持されるもの(gene 1)に分類されることがわかる。

ならば，正常と予測する）などが利用される（**図 2**）。また，サンプルの離散的な属性ではなく，サンプルがもつ連続的な数値を予測する問題には，重回帰やサポートベクトル回帰などが用いられる。

≫測定サンプルの偏りが及ぼす影響

クラスタリング結果を解釈する際に，測定サンプルに偏りがあることがある。遺伝子クラスタリングにおいて，測定サンプルが独立であれば解釈しやすいが，実際にはサンプルも複雑な類似性の構造をもっている。もっとも単純なケースは，特定の処理のサンプルが他の処理のサンプルよりも多く測定されている場合であり，その場合には測定回数の多いサンプルにおける遺伝子発現パターンがより重要視された遺伝子クラスタリングが行なわれることになる。この問題を回避する方法としては，各環境で測定回数が等しくなるように代表サンプルを用いる方法や，測定回数に応じた重みを各サンプルに付ける方法がある。

クラスタリングのようなデータ群の特徴を見つけ出すアルゴリズムは教師なし学習[▼2-17]である。これは，複雑なデータを視覚的に把握するために重要であり，網羅的な遺伝子発現解析には頻繁に利用される。一方で，サポートベクトルマシンのように，正常細胞かがん細胞かを正解セットから学習するものは教師あり学習であり，未知データの予測を目的とする場合に使われる。予測性能はクロスバリデーション[▼2-22]などの手法により評価する必要がある。

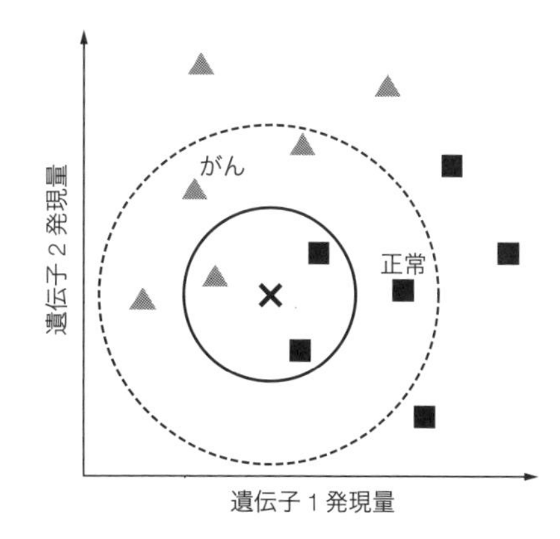

図 2. k 最近接近傍法によるサンプルの分類

遺伝子１と遺伝子２の発現量をがん患者６人（▲）と対照群６人（■）で調査し，サンプルを２次元のグラフに展開し，ラベル（がん/正常）を付している。ここで新たな被検者（×）について，同じ遺伝子の発現を調査したとする。k 最近接近傍法では，予測対象（この場合は被検者）に近い位置にあるラベルを参照する。ここで $k=3$ とすると，これは予測対象を中心に３個のラベル付きサンプルが内部に収まるまで，円を相似拡大することに相当する（実線の円）。この場合は，正常が２サンプル，がんが１サンプルとカウントされるので，被検者は正常と予測される。ただし，ここで $k=7$ とすると，正常３サンプル，がん４サンプルとなり評価は逆転する（破線の円）。この例では，遺伝子２の発現量が遺伝子１の発現量を上まわっているときはがんである傾向がみてとれるため，サポートベクトルマシンなどによる分類予測が適している可能性がある。

練習問題　出題▶H24（問 78）　難易度▶B　正解率▶49.1％

遺伝子発現量データの解析に利用される教師なし学習法として，もっとも不適切なものを選択肢の中から１つ選べ。

1. サポートベクトルマシン
2. k-平均法
3. 自己組織化マップ
4. 階層型クラスタリング

解説　サポートベクトルマシンは，ラベルが既知のデータを学習に用いて，ラベルが未知のデータのラベルを推定する学習モデルである。これは教師あり学習法の一つであるので，選択肢１が正解である。選択肢 2〜4 の方法は，いずれも教師なし学習法[▼2-22]である。

参考文献

1）『R と Bioconductor を用いたバイオインフォマティクス』（R. ジェントルマンほか編，荒川和晴ほか訳，丸善出版，2012）第 13 章
2）『マイクロアレイデータ統計解析プロトコール』（藤渕航・堀本勝久編，羊土社，2008）第 2 章，第 3 章

6-8 微分方程式

微分方程式による遺伝子発現量の変動予測

Keyword 1階常微分方程式，定常状態，変数分離形，遺伝子制御

mRNAや代謝物に代表されるさまざまな生体分子の細胞内での濃度は，生化学反応を通して時間とともに変化する。このような量の時間変化を記述し予測することは，生命動態の理解や応用にきわめて重要である。生体分子濃度の時間変化を予測するために，微分方程式は重要な役割を果たす。

≫細胞シミュレーション

生体の細胞内にはさまざまな種類の化学物質が存在し，それらは代謝[▼1-12]によってお互いに変換されつづけている。また，代謝は遺伝子の発現[▼1-5]によって制御されている。これらの生体内の分子（まとめてシステムまたは系とよぶ）の増減をコンピュータで再現し予測する手法を細胞シミュレーションという。

微分方程式は，量の時間変化を記述するための有効な数理モデルのひとつである。量はどのようなものでも適用可能である。そのため，微分方程式は生物学のみならずさまざまな分野で用いられ，私たちの生活を支えている。

しかし，細胞内のシステムは複雑である。このような多様な分子で構成されるシステムにおいて，それらの分子の増減を連立微分方程式で記述して数学的に解析する（代数的手法で解を得る）ことは不可能である場合が多い。このような場合，数値計算が役に立つ。具体的には，細胞内の状態の時間変化を微小時間に区切り，その微小時間内ではそれぞれの分子は，微小時間開始時点の状態で決まる（つまり，その微小時間内におけるその他の分子の増減の影響を受けない）方程式に従って，増減すると仮定する方法である。微小時間経過後の細胞内の状態を再評価し，再び微小時間後の状態を求めることで，順次経時変化を追跡することが可能になる。このような計算の仕方を，連立微分方程式を数値的に解くという。タンパク質などの分子の構造変化を解析する分子シミュレーション[▼4-12]は，分子を構成するそれぞれの原子が，ある時点(t)における速度(v)で微小時間(Δt)内は他の原子の影響を受けずに運動すると仮定して，$t+\Delta t$時点の座標と速度を求めることで分子全体の運動を追跡する手法で，これは連立運動方程式を数値的に解くことに相当する。

より単純なシステムや一定の仮定を導入したシステムに限定すれば，（連立）微分方程式の解を直接求めることでシステムの解析が可能である。このような計算の仕方を，（連立）微分方程式を解析的に解くという。もっとも単純で細胞シミュレーションによく現われる例として，ある代謝物Aの濃度[A]の一定時間での減少速度が濃度[A]自体に比例する場合を考える。これを微分方程式で表現すると，以下のようになる（aは定数であり，Aが減少するので$a<0$である）。

$$\frac{\mathrm{d}[\mathrm{A}]}{\mathrm{d}t}=a[\mathrm{A}]$$

このように，微分すると自分自身（の定数倍）になる関数は，自然対数の底（ネイピア数e）の指数関数e^tであることはよく知られている。これを解くと以下のようになる。

$$[\mathrm{A}]=be^{at}$$

時間0で$[\mathrm{A}]=be^0=b$なので，bは定数で初期濃度に等しい。

細胞内では，[A]はAを代謝する酵素，その酵素を発現する転写因子[▼1-5]，あるいはAから代謝された分子自体の影響などを受けると考えられるので，この方程式では単純すぎるが（単にAが濃度0に向かって漸近的に減少するだけ），以下の例などの比較的小さく限定されたシステムの解析には有効に適用できる。

≫発現制御を受ける遺伝子の解析

ここでは「ある1つの転写因子[▼1-5]のシグナルを受けて遺伝子Xの発現量（mRNAの量）が増加する」という単純な遺伝子制御（**図1**a）を考える。

ここで，遺伝子Xの時間tにおける発現量$X(t)$の微小時間における変化は，合成による増加と希釈や分解による減少の差として，**図1**bのような1階常微分方程式で近似される。現存量$X(t)$のうちの一定の割合で分解・希釈され減少するため，化学反応速度論に従って，減少の項は$X(t)$に比例する。

このモデルに対して，$X(t)$の定常状態を議論してみよう。定常状態とは時間に対して状態（この場合は

$$\frac{\mathrm{d}}{\mathrm{d}t}X(t)=a-bX(t)$$

図1. 微分方程式に基づく単純な遺伝子制御の数理モデル化

mRNA の量)が変化しないことを指す。つまり,

$$\frac{\mathrm{d}}{\mathrm{d}t}X(t)=0$$

図 1b に示した例の場合，この微分方程式は $a-bX(t)=0$ という代数方程式になる。これから定常状態における $X(t)$ (X_{st})は，$X_{st}=a/b$ になることがわかる。

また，$X(t)$ の時間を追った変化(時間発展)を求めるには，この微分方程式の一般解を求めればよい。変数分離形なので，左辺に $X(t)$ を，右辺に t をまとめる。

$$\frac{1}{X(t)-a/b}\mathrm{d}X(t)=-b\mathrm{d}t$$

この式の両辺を積分して一般解を求める。

$$\int\frac{1}{X(t)-a/b}\mathrm{d}X(t)=-\int b\mathrm{d}t$$

$$\log\left|X(t)-\frac{a}{b}\right|=-bt+C' \text{ (C' は積分定数)}$$

両辺の指数をとり，$C=\pm\exp(C')$ と定数を置き換えると次の一般解を得る。

$$X(t)=Ce^{-bt}+\frac{a}{b}$$

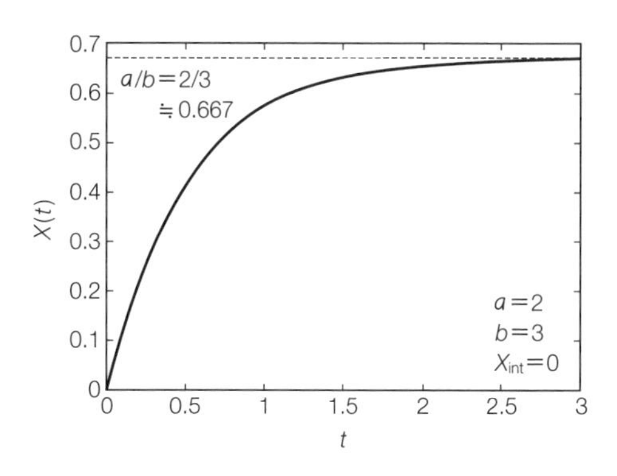

図 2. $X(t)$ の挙動の一例

初期値 $X(0)=X_{\mathrm{int}}$ として C を求めると，最終的に以下の式を得る。

$$X(t)=\left(X_{\mathrm{int}}-\frac{a}{b}\right)e^{-bt}+\frac{a}{b} \quad (1)$$

この式の時間発展による挙動を**図 2** に示した。時間 t とともに $X(t)$ が増加し，やがて定常状態の X_{st} に収束するようすがわかる。

練習問題　**出題 ▶ H23（問 80）　難易度 ▶ B　正解率 ▶ 56.9%**

ある mRNA の時刻 $t(\geqq 0)$ での発現量を $X(t)$ としたとき，$X(t)$ は正の定数 a と b を含む以下の方程式に従うとする。

$$\frac{\mathrm{d}X(t)}{\mathrm{d}t}=a-bX(t)$$

このとき，この mRNA の定常状態での発現量に関する以下の文章の(ア)(イ)に入れるもっとも適切な語句の組み合わせを，選択肢の中から 1 つ選べ。

$X(0)$ の値が大きくなった場合，定常状態でのこの mRNA の発現量は(ア)。また，mRNA の定常状態での発現量は，b の値が一定のときに，a の値が大きくなると(イ)。

1. (ア) 変わらない　(イ) 小さくなる
2. (ア) 変わらない　(イ) 大きくなる
3. (ア) 大きくなる　(イ) 小さくなる
4. (ア) 大きくなる　(イ) 大きくなる

解説　この問題は定常状態，つまり $\mathrm{d}X(t)/\mathrm{d}t=0$ の場合を議論するものなので，微分方程式を直接解いて $X(t)$ を求めなくても，答を導くことができる。定常状態においては $X_{st}=a/b$ であるから，X_{st} は X_{int} に依存していないことがすぐにわかる〔これは式(1)からも明らか〕。また，b の値が一定のときに a の値が大きくなると，X_{st} は大きくなることもすぐにわかる(減少速度に比べて合成速度が上がるので，X_{st} が大きくなることは直感的にわかる)。つまり，選択肢 2 が正解となる。

参考文献

1)『システム生物学入門』(U. アーロン著，倉田博之・宮野悟訳，共立出版，2008) 第 2 章
2)『細胞のシステム生物学』(江口至洋著，共立出版，2008) 第 2 章

6-9 システム安定性

固有値の分析によるシステムの安定性解析

Keyword 連立微分方程式，線形安定性解析，固有値

現実の生体システムでは，遺伝子，タンパク質，代謝産物などの生体分子が複雑に相互作用しており，生体分子の内在的な不正確性や外界の環境変動にもかかわらず「安定」に機能している。このような生命システムのロバストネス（頑健性）を解析するひとつの方法として，そのシステムを反映する連立微分方程式の局所安定性に注目する方法がある。

≫行列解析

生体システムのダイナミクスが連立微分方程式でモデル化される場合，行列の性質に注目することで，そのダイナミクスの特性を議論することができる。行列とは数値(あるいは記号や式など)を以下の $\boldsymbol{A}$ のように m 行(縦の数) n 列(横の数)，この場合は2行2列，に並べたものである。$\boldsymbol{A}$ にベクトル $(x\quad y)$ を掛けると，その結果もベクトルになる(求めるベクトルの n 番目の要素は，元のベクトルの m 番目の要素に行列の n 行 m 列の要素を掛けた値の総和になる)。

$$\boldsymbol{A}=\begin{pmatrix} a & b \\ c & d \end{pmatrix},\quad \boldsymbol{A}\cdot(x\quad y)=\begin{pmatrix} a & b \\ c & d \end{pmatrix}\begin{pmatrix} x \\ y \end{pmatrix}=\begin{pmatrix} ax+by \\ cx+dy \end{pmatrix}$$

この計算はベクトル $(x\quad y)$ を変形させる(別の見方では座標空間自体を変換する)ことに相当し，行列によって，拡大・縮小，回転，あるいはさらに複雑な変形を行なうことができる。たとえば，以下の行列 $\boldsymbol{R}$ はベクトルを回転させる(**図1**)。

$$\boldsymbol{R}=\begin{pmatrix} 0 & -1 \\ 1 & 0 \end{pmatrix},\quad \boldsymbol{R}\cdot(1\quad 0)=(0\quad 1),$$
$$\boldsymbol{R}\cdot(0\quad 1)=(-1\quad 0),\cdots$$

また，行列 $\boldsymbol{S}$ は y 軸方向にベクトル(空間)を縮小する(**図1**)。

$$\boldsymbol{S}=\begin{pmatrix} 1 & 0 \\ 0 & 0.5 \end{pmatrix},\quad \boldsymbol{S}\cdot(1\quad 1)=(1\quad 0.5)$$

このとき $\boldsymbol{A}\cdot(x\quad y)=(\varepsilon x\quad \varepsilon y)=\varepsilon(x\quad y)$ のように行列の演算により方向の変化しないベクトルを固有ベクトル，固有ベクトルにかかる係数 ε を固有値という。たとえば，$(1\quad 0)$ は行列 $\boldsymbol{S}$ の固有ベクトルで，固有値は1である。以下の例で説明するように，固有値と固有ベクトルは，行列の性質を判定するための指標となる。生体システムにおいて，分子の濃度や遺伝子の発現量などをベクトルとみなし，その量に対する一定時間後の変化を記述する方程式を行列で表わした場合，行列演算を繰り返し適用することで，そのシステムの挙動をモデル化することができる。また，固有値と固有ベクトルを解析することで，実際に行列演算(シミュレーション)を実行しないでも，システムの挙動を予測することが可能である。

≫遺伝子制御の行列解析

たとえば，単純な遺伝子制御▼6-8は，遺伝子Xと遺伝子Yが互いに転写を調節するシステム(**図2**)に拡張することができる。このような相互作用システムは連立微分方程式として記述することができる〔簡単のために，おのおののmRNAとタンパク質(転写因子)の量は等しいと仮定する。また，a，b，c，d は正の定数である〕。

$$\begin{cases} \dfrac{\mathrm{d}}{\mathrm{d}t}X(t)=bY(t)-aX(t) \\ \dfrac{\mathrm{d}}{\mathrm{d}t}Y(t)=cX(t)-dY(t) \end{cases}$$

つまり，

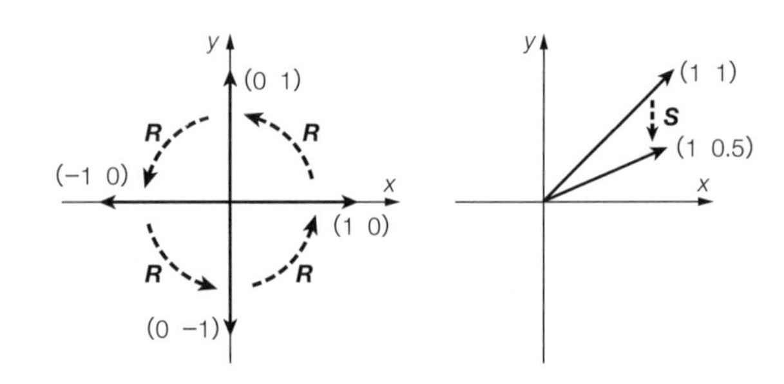

図1. 行列によるベクトルの変換
(左)行列 $\boldsymbol{R}$ によるベクトルの回転，(右)行列 $\boldsymbol{S}$ による縮小を示す。

図2. 相互作用する遺伝子制御の概念図

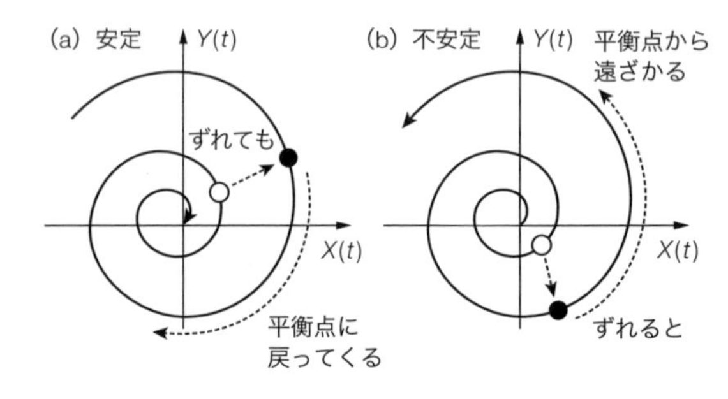

図3. 安定性の概念図

$$\frac{\mathrm{d}}{\mathrm{d}t}\begin{pmatrix} X(t) \\ Y(t) \end{pmatrix} = \begin{pmatrix} -a & b \\ c & -d \end{pmatrix}\begin{pmatrix} X(t) \\ Y(t) \end{pmatrix} \tag{1}$$

このようなシステムはより一般的に，ベクトル関数 $\boldsymbol{X}(t)=(X_1(t),\cdots,X_n(t))$ と $n\times n$ の係数行列 $\boldsymbol{A}$ を用いて，次のように書くことができる。

$$\frac{\mathrm{d}}{\mathrm{d}t}\boldsymbol{X}(t)=\boldsymbol{A}\boldsymbol{X}(t) \tag{2}$$

このようなシステムのロバストネスを評価する1つの視点として「平衡点(原点)における振る舞い」を議論することがあげられる。

たとえば，式(1)の $X(t)$ と $Y(t)$ の解軌道(関係性)を考える(**図3**)。**図3**aの場合，$X(t)$ と $Y(t)$ の状態が摂動などによって○から●に変わったとしても，その状態は○(最終的に平衡点)に戻ってくる(収束する)ので，そのシステムは漸近安定(しだいに元の状態に戻るシステム)であると考える。一方，**図3**bの場合，状態が少しでも変化すると，○からも平衡点からも離れて(発散して)しまうので，そのシステムは不安定であると考える。

このような安定性は係数行列 $\boldsymbol{A}$ の固有値から以下のように議論できる。

【定理】線形システム〔式(2)〕が漸近安定であるための必要十分条件は，係数行列 $\boldsymbol{A}$ のすべての固有値($\lambda_1,\cdots,\lambda_n$)の実部が負であることである。

式(2)の一般解は($\boldsymbol{A}$ が対角化可能なとき)以下のようになる。

$$\boldsymbol{X}(t)=c_1\boldsymbol{u}_1e^{\lambda_1 t}+\cdots+c_n\boldsymbol{u}_ne^{\lambda_n t} \tag{3}$$

ここで，$\boldsymbol{u}_1,\cdots,\boldsymbol{u}_n$ はそれぞれの固有値に対応する固有ベクトルである。$\boldsymbol{A}\times\boldsymbol{u}=\lambda\boldsymbol{u}$ となる λ，$\boldsymbol{u}$ をそれぞれ行列 $\boldsymbol{A}$ の固有値，固有ベクトルという。式(3)をみるとすべての固有値はネイピア数(自然対数の底)e の肩に乗っている。つまり，すべての固有値の実部が負であるならば，任意の定数 $a(a>0)$ において $e^{-at}=1/e^{at}\to 0(t\to\infty)$ であるので，$\boldsymbol{X}(t)$ は必ず収束する。したがって，このシステムは漸近安定であることがわかる。また，$\boldsymbol{A}$ が対角化不可能な場合でも，上の定理は成り立つ。

練習問題　出題▶H24（問80）　難易度▶B　正解率▶46.4%

時間の関数である二次元のベクトル変数 $\boldsymbol{y}$ からなるシステムの連立微分方程式が，

$$\frac{\mathrm{d}\boldsymbol{y}}{\mathrm{d}t}=\boldsymbol{A}\boldsymbol{y}$$

のように表される。ただし行列Aは以下で与えられるとする。

$$\boldsymbol{A}=\begin{pmatrix} 2 & -3 \\ 4 & -5 \end{pmatrix}$$

このシステムの安定性は行列 $\boldsymbol{A}$ の固有値を用いて論じることができるが，平衡状態(原点)におけるシステムの安定性に関する記述でもっとも適切なものを選択肢の中から1つ選べ。安定とは，システムに摂動が与えられた場合すみやかに元の平衡状態にもどれることをいう。

1. 固有値は1，2であるので，システムは不安定である。
2. 固有値は1，2であるので，システムは安定である。
3. 固有値は−1，−2であるので，システムは不安定である。
4. 固有値は−1，−2であるので，システムは安定である。

解説　本文で説明した固有値と安定性に関する定理(すべての固有値が負であれば，システムは安定する)から，選択肢2と3はまちがいであることがすぐにわかる。あとは実際に，この行列 $\boldsymbol{A}$ の固有値を求めればよい。

行列の固有値は，特性方程式 $\det(\boldsymbol{A}-\lambda\boldsymbol{E})=0$ ($\boldsymbol{E}$ は単位行列)の解である。つまり，以下のように因数分解をすれば解を求めることができる。

$\boldsymbol{E}=\begin{pmatrix} 1 & 0 \\ 0 & 1 \end{pmatrix}$ および $\det\begin{pmatrix} a & b \\ c & d \end{pmatrix}=\begin{vmatrix} a & b \\ c & d \end{vmatrix}=ad-bc$ をふまえて，

$$\begin{vmatrix} 2-\lambda & -3 \\ 4 & -5-\lambda \end{vmatrix} \Leftrightarrow (2-\lambda)(-5-\lambda)-(-3)4=(\lambda+1)(\lambda+2)=0$$

このとき，$\lambda=-1,\ -2$ なので，正解は選択肢4となる。

第6章　オーミクス解析

参考文献

1)『細胞のシステム生物学』(江口至洋著，共立出版，2008) 第2章
2)『微分方程式（第7版）』(長瀬道弘著，裳華房，2000) 第6章

ネットワークの構造とダイナミクス

Keyword ネットワークモチーフ，フィードフォワードループ，論理近似

遺伝子制御ネットワーク（図 1a）のような現実の生物ネットワークは，多くの生体分子が相互作用しているので複雑である。しかしながら近年，このような複雑なネットワークは，特徴的な部分構造（ネットワークモチーフ）の組合せから構築されていることがわかってきた。このような特徴的なネットワーク構造のダイナミクスを明らかにすることはシステム全体の理解において重要である。

生物に内在するネットワークの代表として，代謝ネットワーク[▼1-12]，遺伝子制御ネットワーク[▼6-9]，タンパク質相互作用ネットワーク[▼6-6]などがある。ネットワークモチーフとは，グラフ[▼2-6]で表現した現実に観測されたネットワーク（**図 1a**）において，エッジをランダムに付け替えるなどしてランダム化されたネットワーク（**図 1b**，この場合は帰無仮説[▼2-15]に相当する）と比較して，統計学的に有意に多く観測される部分構造（たとえば**図 1c**）のことをいう。とくに，遺伝子制御ネットワークではフィードフォワードループ（FFL；**図 1c**）が特徴的に見いだされており，このネットワークモチーフは生命動態において重要な役割を果たすと考えられている。

FFL のダイナミクスは微分方程式を用いてモデル化することができる。遺伝子制御がすべて活性化に働き，論理ゲート[▼2-2]が AND（つまり両遺伝子が発現しているときにのみ下流遺伝子が発現する）である場合を考えてみよう（**図 2**）。この場合，分子 Z の濃度は微分方程式[▼6-8](1)のように記述される。

$$\frac{\mathrm{d}}{\mathrm{d}t}Z=aXY-bZ \qquad (1)$$

ここで，大文字の斜体は対応する分子の濃度を意味し，a と b は正の定数である。Z の発現は X と Y をシグナル分子（入力）とする AND 回路で制御されているので，遺伝子 Z の発現は X 分子と Y 分子の濃度の積によって表わされる。また，分子 Z の濃度に応じた分解（減少）が$-bZ$ で表現されている。

同様にして，X と Y についても微分方程式[▼6-9]をつくり，最終的に連立微分方程式を組み立てることで，このネットワークの時間変化（ダイナミクス）が議論できる。

しかしながら，通常このように変数が多くなるとモデルが複雑化し，解析解を得ることができないことがある。そのためモデルを直感的に理解するのは難しくなる。このような場合，シグナルの量の代わりにシグナルの有無に基づいてモデルを単純化することが有効である。たとえば，活性化に関するモデルを（値が不連続に変化する）ステップ関数 $\theta(X)$ を用いて次のように表現する（抑制の場合は符号が逆，すなわち $X<K$ になる）。

$$f(X)=\beta\theta(X)$$

β は最大発現レベルに相当する正の定数である。ここで，

$$\theta(X)=\begin{cases}1 & (X>K\text{であれば})\\ 0 & (\text{そうでなければ})\end{cases}$$

ここで，K は活性化（抑制）のための閾値を意味する。$f(X)$ は分子 X の濃度に応じて 0 か β のみの値をとり，シグナルは X の濃度 (X) が K を超えないかぎり発生しないとしたモデルである。

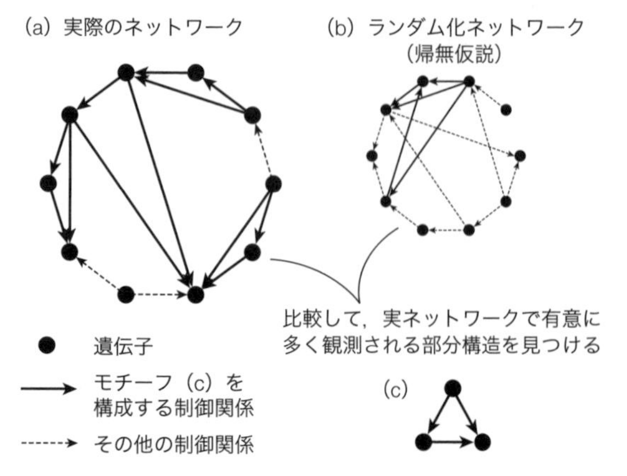

図 1. 遺伝子制御ネットワークにおけるネットワークモチーフの概念図

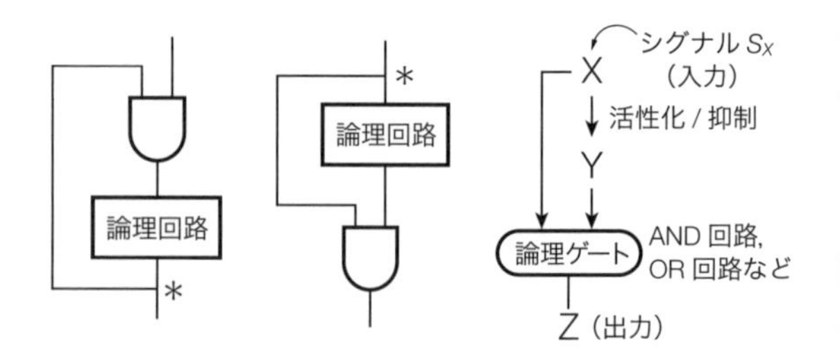

図 2. FFL のモデル化

（左）論理回路[▼2-2]で，ある段階の出力を分岐して（＊），その段階の直前または何段階か前の入力として渡す回路をフィードバックループ（FBL）という。フリップフロップ回路[▼2-2]も FBL からなる。（中）同じく，分岐した出力（＊）を何段階か後の入力として渡す回路がフィードフォワードループ（FFL）である。（右）生体ネットワークをこれらの回路を模してモデル化することができる。図は FFL の例である。

練習問題 出題▶H22（問 80） 難易度▶C 正解率▶73.3%

右図のようなタンパク質X，Y，Zからなるフィードフォワードループがある。シグナルSxを感知して，タンパク質Zが合成される。Zの合成式は，

$$\frac{dZ}{dt}=\theta_x\cdot\theta_y-Z$$

$$\theta_x=\begin{cases}1 & Sx>0\\0 & Sx=0\end{cases}\qquad\theta_y=\begin{cases}1 & Y>0.5\\0 & Y\leq 0.5\end{cases}$$

である。斜体の文字は対応する物質の濃度を表わすものとする。このとき，下図に与えられたSxとYの時間変化に対するZの時間変化曲線でもっとも適切なものを選択肢の中から1つ選べ。

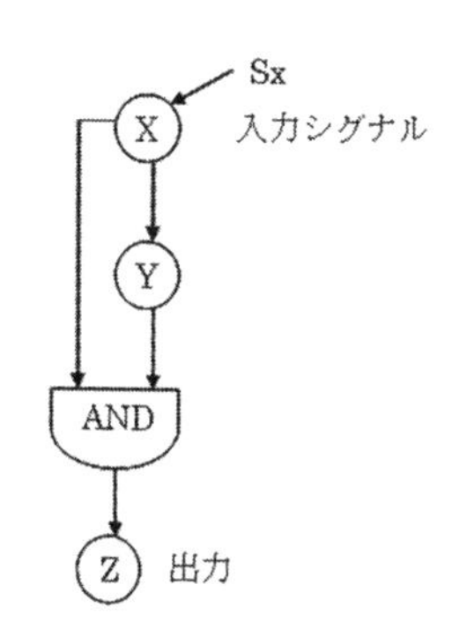

図 タンパク質X，Y，Zのフィードフォワードループ

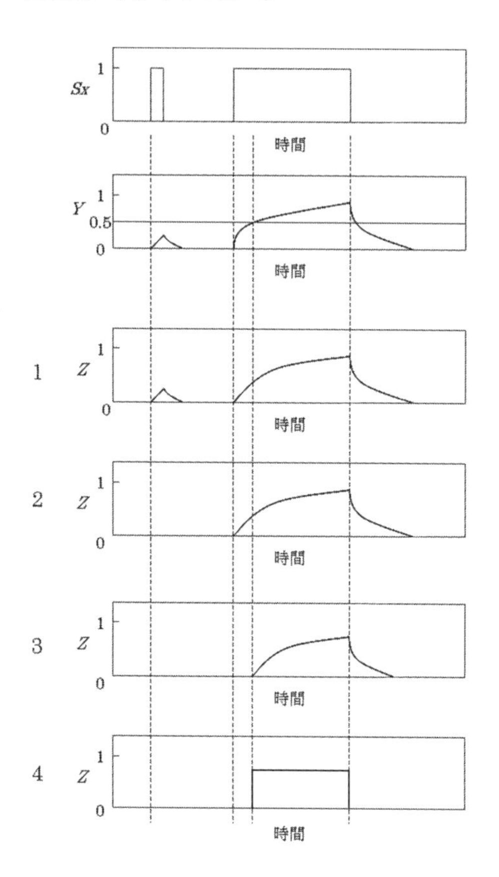

解説 まず，選択肢4は除外される。θ_xとθ_yはステップ関数だが，Zは微分方程式で記述されるので，このような不連続な挙動はありえない。具体的には，選択肢4のグラフは垂直に立ち上がり，その後垂直に降下しているが，これはこれらの時点での増減率が無限大であることを意味する。このような関数は該当する時点では微分不能であり，増減率が微分方程式で表わされるというモデルの設定と矛盾する。

問題文の微分方程式において，$\theta_x\theta_y$は$Y>0.5$のときに正(この場合は1)になり，Zは増加するという点が重要である。つまり，$Y\leq 0.5$において，Zが増加するような挙動はありえない。したがって，選択肢1と2はまちがいであり，正解は選択肢3である。

正解である選択肢3のグラフは，入力シグナルSxに対してZが少し遅れて応答することを示しており，このような感知性の遅延はロバストネスと関係がある。たとえば，式(1)はSxのグラフに見られる最初の短い(パルス様の)シグナルを無視し，長いシグナルのみを選択して応答している。この問題のようなFFLは，ノイズが入ったシグナルに対して適切に応答する役割があると考えられている。

参考文献

1)『システム生物学入門』（U. アーロン著，倉田博之・宮野悟訳，共立出版，2008）第3章，第4章

索引（太字は最優先の参照先を示す）

数字

ギリシャ字

英字

あ行

か行

さ行

た行

な行

は行

ま行

や行

ら行

練習問題解答一覧

問 1-1	問 1-2	問 1-3	問 1-4	問 1-5	問 1-6	問 1-7	問 1-8	問 1-9	問 1-10
3	3	1	2	4	3	3	3	2	2
問 1-11	問 1-12	問 1-13	問 1-14	問 1-15	問 1-16	問 1-17	問 1-18	問 1-19	問 1-20
1	4	4	1	2	3	1	4	2	3
問 1-21	問 1-22	問 2-1	問 2-2	問 2-3	問 2-4	問 2-5	問 2-6	問 2-7	問 2-8
2	3	4	1	3	3	4	2	2	1
問 2-9	問 2-10	問 2-11	問 2-12	問 2-13	問 2-14	問 2-15	問 2-16	問 2-17	問 2-18
2	3	4	4	1	1	2	3	4	3
問 2-19	問 2-20	問 2-21	問 2-22	問 3-1	問 3-2	問 3-3	問 3-4	問 3-5	問 3-6
4	4	2	3	4	3	3	3	1	2
問 3-7	問 3-8	問 3-9	問 3-10	問 3-11	問 3-12	問 4-1	問 4-2	問 4-3	問 4-4
3	4	3	4	1	2	1	1	2	3
問 4-5	問 4-6	問 4-7	問 4-8	問 4-9	問 4-10	問 4-11	問 4-12	問 4-13	問 4-14
1	4	3	3	1	1	4	4	4	4
問 4-15	問 5-1	問 5-2	問 5-3	問 5-4	問 5-5	問 5-6	問 5-7	問 5-8	問 5-9
4	2	2	4	3	2	2	2	4	1
問 6-1	問 6-2	問 6-3	問 6-4	問 6-5	問 6-6	問 6-7	問 6-8	問 6-9	問 6-10
4	3	3	4	1	3	1	2	4	3

執筆者一覧（順不同で主な担当箇所にのみ氏名を記載しています。下線は各分野の代表者）

スーパーバイザー	秋山　　泰（東京工業大学） 中井　謙太（東京大学） 冨田　　勝（慶應義塾大学）
第1章　生命科学	向井　有理（明治大学） 長崎　英樹（かずさDNA研究所） 中村　保一（国立遺伝学研究所） 池田　修己（産業技術総合研究所） 向井　友花（神奈川県立保健福祉大学） 越中谷賢治（青山学院大学） 飯田　泰広（神奈川工科大学） 濱田　康太（富士フイルムヘルスケア株式会社） 川嶋　実苗（科学技術振興機構）
第2章　計算科学	榊原　康文（慶應義塾大学） 舟橋　　啓（慶應義塾大学） 鎌田真由美（京都大学） 小森　　隆（株式会社インテック） 佐藤　健吾（慶應義塾大学） 浜田　道昭（早稲田大学） 加藤　　毅（群馬大学）
第3章　配列解析	内山　郁夫（基礎生物学研究所） 阿部　貴志（新潟大学） 野口　英樹（国立遺伝学研究所）
第4章　構造解析	白井　　剛（長浜バイオ大学） 土方　敦司（長浜バイオ大学） 諏訪　牧子（青山学院大学） 笠原　浩太（立命館大学） 根本　　航（東京電機大学） 川端　　猛（蛋白質研究奨励会） 南　慎太朗（Neoreukin Therapeutics Inc.）
第5章　遺伝・進化解析	有田　正規（国立遺伝学研究所） 後藤　　修（京都大学名誉教授）
第6章　オーミクス解析	大林　　武（東北大学） 竹本　和広（九州工業大学） 櫻井　　望（国立遺伝学研究所）

バイオインフォマティクス入門［第2版］

2015年8月31日　第1版第1刷発行
2021年12月25日　第2版第1刷発行
2023年7月7日　第2版第2刷発行

編　者――――日本バイオインフォマティクス学会
発行者――――大野友寛
発行所――――慶應義塾大学出版会株式会社
〒108-8346　東京都港区三田2-19-30
TEL〔編集部〕03-3451-0931
〔営業部〕03-3451-3584〈ご注文〉
〔　〃　〕03-3451-6926
FAX〔営業部〕03-3451-3122
振替　00190-8-155497
https://www.keio-up.co.jp/
装　丁――――辻　聡
印刷・製本――中央精版印刷株式会社
カバー印刷――株式会社太平印刷社

Printed in Japan　ISBN 978-4-7664-2791-2